高职高专土建专业“互联网+”创新规划教材

建筑力学与结构

（少学时版）

第三版

主　编◎吴承霞　宋贵彩
副主编◎魏玉琴　王　焱
参　编◎宋　乔　李亚敏　王小静
孔　惠　何迎春　曾福英
尚瑞娟

内 容 简 介

本书依据现行国家规范编写，紧密围绕一套钢筋混凝土框架结构施工图纸展开知识的介绍和讲解。本书内容按模块化教学设计，包括概述，建筑结构施工图，建筑力学基本知识，结构上的荷载及支座反力计算，构件内力计算及荷载效应组合，钢筋混凝土梁、板构造，钢筋混凝土楼盖、楼梯及雨篷构造，钢筋混凝土柱和框架结构，多高层建筑结构概述，装配式混凝土结构，地基与基础概述，钢结构。

本书可作为高等职业教育智能建造技术、建筑装饰工程技术、建筑设计、城乡规划、村镇建设与管理、建筑设备工程技术、建筑工程管理、工程造价、房地产经营与管理等专业的教材，也可作为岗位培训教材。

图书在版编目(CIP)数据

建筑力学与结构：少学时版 / 吴承霞，宋贵彩主编. —3 版. —北京：北京大学出版社，2023.5
高职高专土建专业“互联网+”创新规划教材
ISBN 978-7-301-33855-1

Ⅰ. ①建…　Ⅱ. ①吴… ②宋…　Ⅲ. ①建筑科学－力学－高等职业教育－教材②建筑结构－高等职业教育－教材　Ⅳ. ①TU3

中国国家版本馆 CIP 数据核字(2023)第 051590 号

书　　名	建筑力学与结构(少学时版)(第三版) JIANZHU LIXUE YU JIEGOU (SHAO XUESHI BAN) (DI-SAN BAN)
著作责任者	吴承霞　宋贵彩　主编
策划编辑	杨星璐
责任编辑	曹圣洁
数字编辑	蒙俞材
标准书号	ISBN 978-7-301-33855-1
出版发行	北京大学出版社
地　　址	北京市海淀区成府路 205 号　100871
网　　址	http://www.pup.cn　新浪微博：@北京大学出版社
电子邮箱	编辑部 pup6@pup.cn　总编室 zpup@pup.cn
电　　话	邮购部 010-62752015　发行部 010-62750672　编辑部 010-62750667
印 刷 者	河北滦县鑫华书刊印刷厂
经 销 者	新华书店
	787 毫米×1092 毫米　16 开本　18 印张　432 千字
	2013 年 2 月第 1 版　2018 年 1 月第 2 版
	2023 年 5 月第 3 版　2025 年 5 月第 3 次印刷
定　　价	58.00 元

第三版前言

Preface

《建筑力学与结构（少学时版）》是我们针对高职高专土建大类开设本课程学时较少的专业专门编写的一本“必需、够用”的力学与结构教材，结合该课程的教学任务，打破传统的学科体系，将力学和结构融合在一起，难度适中，配合理论知识编写了大量的案例进行讲解，更易于学生掌握。

为响应党的二十大报告中提出的我国新型工业化、信息化、城镇化、绿色化、智能化的发展需求，落实教育部关于“三教”改革、1+X 证书制度等政策要求，使教材和职业教育、行业发展保持紧密的结合度，特修订教材。结合“建筑力学与结构”课程的教学任务，本书力求向学生讲解必要的力学基础知识和建筑结构基本概念，使学生能够运用所学知识解决工程实践中简单的结构问题，教学内容与 1+X（建筑工程识图）职业技能等级证书、建筑工程识图职业技能赛项中的技能需求，以及施工员、建造师的执业要求相一致。修订后的教材具有以下特点。

（1）体现工程伦理和精益求精的大国工匠精神及使命担当，把党的二十大精神融入教材，真正融“知识、能力、价值”于一体。

（2）突出绿色低碳发展理念，扩充装配式建筑内容，增加装配式结构识图、节点连接构造等建筑新知识，把最新国家规范《建筑与市政工程抗震通用规范》（GB 55002—2021）、《工程结构通用规范》（GB 55001—2021）的内容写入教材。

（3）落实重要生态系统保护和修复工程、自然保护地建设工程，保护耕地，删去砌体结构的内容。

（4）坚持“学”“做”一体，在关键内容和重要节点插入“学中做”“想一想”，帮助学生能够及时掌握所学知识，学会独立思考；添加“课外阅读”，扩展学生的知识面。

（5）创新思维导图，在每个模块前建立“知识树”，直观呈现每个模块的重点内容，使学生更为系统地理解、掌握知识结构和教学重点。

（6）探索“岗课赛证融通”，本书内容与 1+X（建筑工程识图）职业技能等级证书及建筑工程识图职业技能赛项的技能需求相吻合，附录给出全套建筑施工图及结构施工图，进一步训练识图能力；有机融入职业技能标准的内容，满足施工员、建造师岗位需求，全面助力学生可持续发展。

（7）优化更新“互联网+”资源，顺应人工智能发展趋势，附录中提供 AI 伴学内容及提示词，引导学生利用生成式人工智能（AI）工具，如 DeepSeek、Kimi、豆包、通义千问、文心一言、ChatGPT 等来进行拓展学习。

（8）符合手册式教材的编写思路，书中多处设置“应用案例”，结合附录中给出的常用量表，学生能够快速理解计算公式并应用其解决实际问题。

本书的推荐学时为 56 学时，各模块学时分配见下表（供参考）。

序次	模块 1	模块 2	模块 3	模块 4	模块 5	模块 6
学时数	4	4	4	4	4	10
序次	模块 7	模块 8	模块 9	模块 10	模块 11	模块 12
学时数	4	8	2	4	2	6

本书由广州城建职业学院吴承霞、河南建筑职业技术学院宋贵彩任主编，河南建筑职业技术学院魏玉琴、河南工业职业技术学院王焱任副主编，河南建筑职业技术学院宋乔、李亚敏、王小静、孔惠、何迎春、曾福英、尚瑞娟参编。编写分工如下：吴承霞编写模块1和模块2，宋乔编写模块3，魏玉琴编写模块4，宋贵彩编写模块5、附录B及附录C，李亚敏编写模块6，王小静编写模块7，孔惠编写模块8，何迎春编写模块9，曾福英编写模块10，王焱编写模块11，尚瑞娟编写模块12。本书图纸（附录A）由国家一级注册结构工程师丘兴凯设计。数字资源所有权归河南建筑职业技术学院所有。

由于编者水平有限，不足之处在所难免，恳请广大读者批评指正。

编　者

2022年12月

目录
Catalog

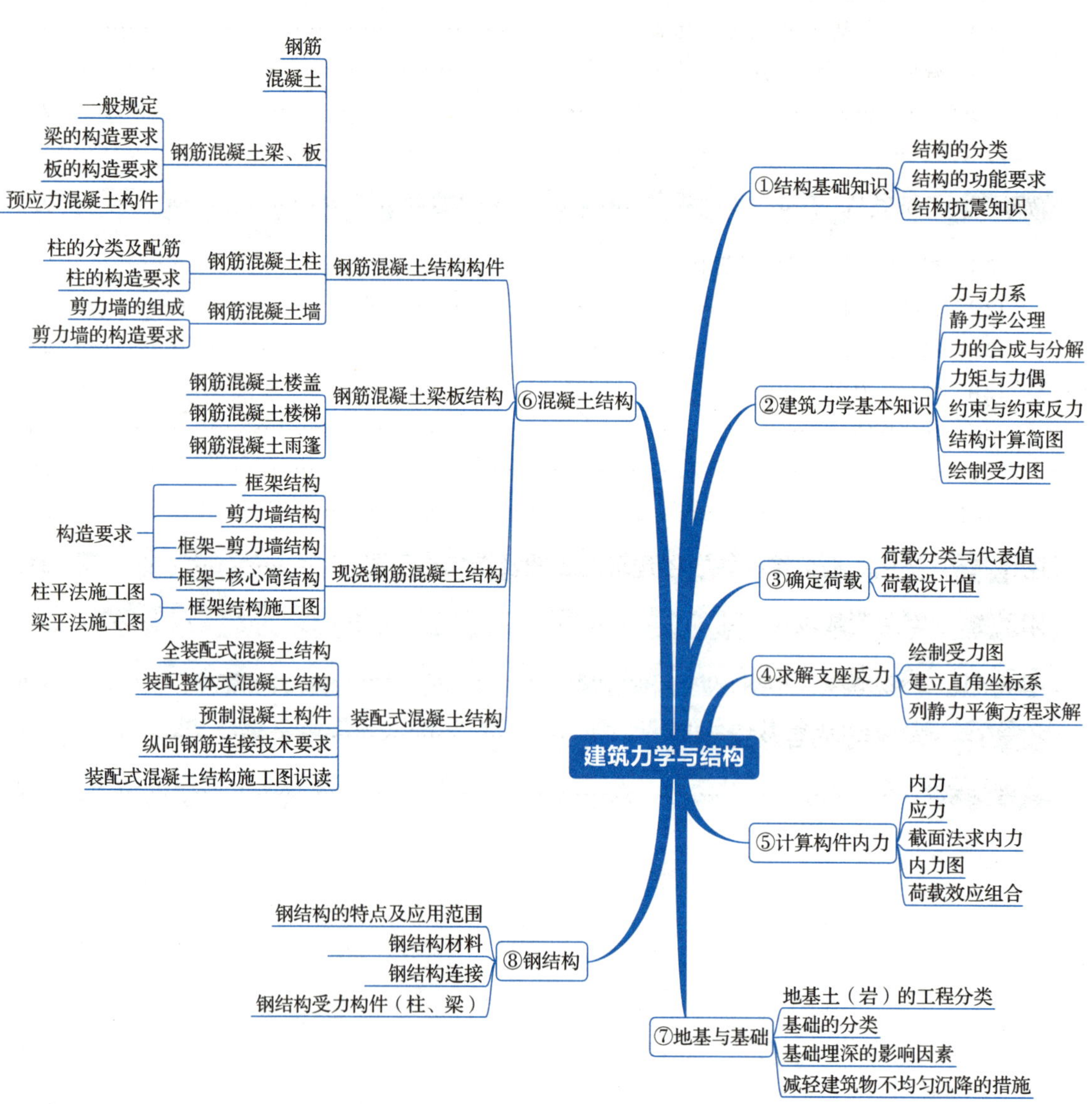
建筑力学与结构
①结构基础知识
结构的分类
结构的功能要求
结构抗震知识
②建筑力学基本知识
力与力系
静力学公理
力的合成与分解
力矩与力偶
约束与约束反力
结构计算简图
绘制受力图
③确定荷载
荷载分类与代表值
荷载设计值
④求解支座反力
绘制受力图
建立直角坐标系
列静力平衡方程求解
⑤计算构件内力
内力
应力
截面法求内力
内力图
荷载效应组合
⑥混凝土结构
钢筋混凝土结构构件
钢筋
混凝土
钢筋混凝土梁、板
一般规定
梁的构造要求
板的构造要求
预应力混凝土构件
钢筋混凝土柱
柱的分类及配筋
柱的构造要求
钢筋混凝土墙
剪力墙的组成
剪力墙的构造要求
钢筋混凝土梁板结构
钢筋混凝土楼盖
钢筋混凝土楼梯
钢筋混凝土雨篷
现浇钢筋混凝土结构
构造要求
框架结构
剪力墙结构
框架-剪力墙结构
框架-核心筒结构
框架结构施工图
柱平法施工图
梁平法施工图
装配式混凝土结构
全装配式混凝土结构
装配整体式混凝土结构
预制混凝土构件
纵向钢筋连接技术要求
装配式混凝土结构施工图识读
⑦地基与基础
地基土（岩）的工程分类
基础的分类
基础埋深的影响因素
减轻建筑物不均匀沉降的措施
⑧钢结构
钢结构的特点及应用范围
钢结构材料
钢结构连接
钢结构受力构件（柱、梁）

全书思维导图

模块 1 概述

思维导图

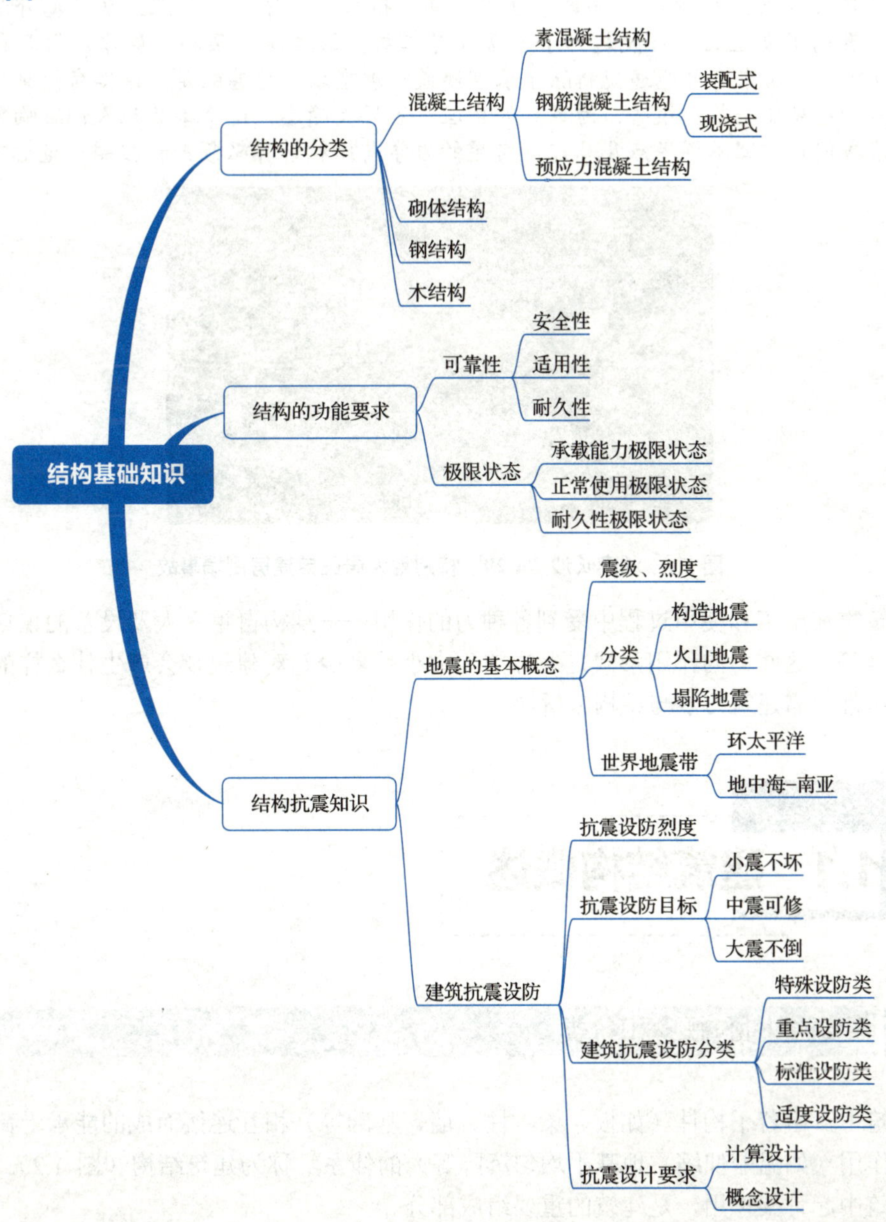

结构基础知识
结构的分类
混凝土结构
素混凝土结构
钢筋混凝土结构
装配式
现浇式
预应力混凝土结构
砌体结构
钢结构
木结构
结构的功能要求
可靠性
安全性
适用性
耐久性
极限状态
承载能力极限状态
正常使用极限状态
耐久性极限状态
结构抗震知识
地震的基本概念
震级、烈度
分类
构造地震
火山地震
塌陷地震
世界地震带
环太平洋
地中海–南亚
建筑抗震设防
抗震设防烈度
抗震设防目标
小震不坏
中震可修
大震不倒
建筑抗震设防分类
特殊设防类
重点设防类
标准设防类
适度设防类
抗震设计要求
计算设计
概念设计

引例

2022 年 4 月 29 日 12 时 24 分，湖南省长沙市望城区金山桥街道金坪社区盘树湾一居民自建房发生倒塌事故（图 1.1），事故造成 54 人遇难，给人民群众生命财产造成了严重损失。

任何楼房的建造，都必须符合力学与结构的计算要求，同时要符合国家规范规定。楼房倒塌，必然是受到了超出其承载能力的荷载作用。那么，该楼房的荷载为什么会超出其承载能力呢？可能有以下三个原因：第一，自建房的设计常常仅凭经验或者抄图纸，有的还会自我发挥更改设计，造成楼房设计不规范、不科学；第二，私自加层建设，该楼房最早建成时只有 6 层，2018 年又加建了 2 层，建筑荷载明显增大；第三，从废墟外观来看，倒塌是垂直向下发生的，可能起始于一层或者二层，该楼房一层和二层作为门面和饭店使用，空间较大，房东有可能违规拆除了承重墙或非承重墙。更甚的是，该楼房检测机构违规出具虚假的房屋安全鉴定报告，为事故发生埋下了巨大隐患。这个事故为人们敲响警钟，同时也告诫我们科学容不得半点儿马虎，房屋的力学与结构计算必须严格按照规范标准进行。

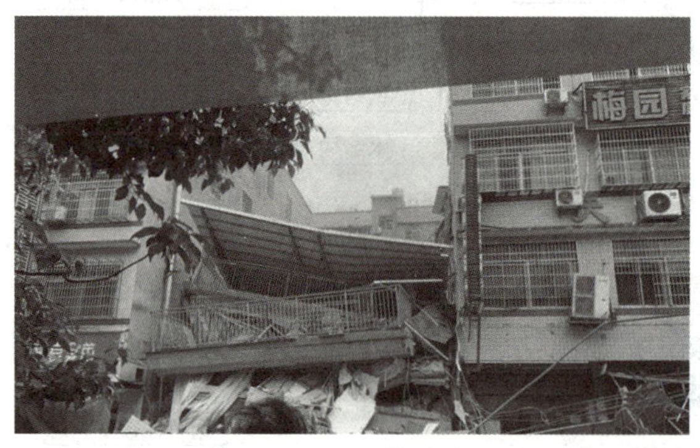

图 1.1　湖南长沙“4·29”特别重大居民自建房倒塌事故

建筑物在施工和使用过程中受到各种力的作用——结构自重、人及设备的重量、风、雪、地震等。这些力的作用形式是怎样的？大小是多少？对建筑物会产生什么样的效应？这些问题都要靠建筑力学与结构来解决。

1.1　建筑结构概述

1.1.1　建筑结构的概念和分类

建筑中，由若干构件（如板、梁、柱、墙、基础等）相互连接而成的能承受荷载和其他间接作用（如温差伸缩、地基不均匀沉降等）的体系，称为建筑结构（图 1.2）。建筑结构在建筑中起骨架作用，是建筑的重要组成部分。

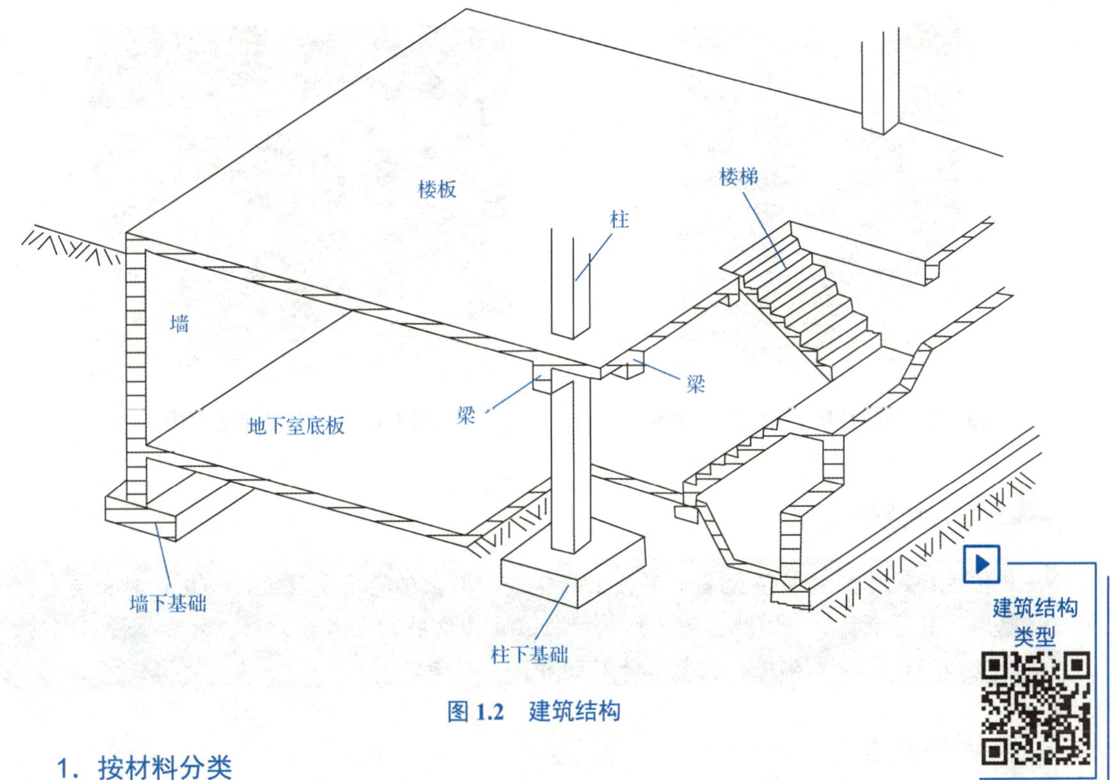

图 1.2 建筑结构

建筑结构类型

1. 按材料分类

根据所用材料的不同，建筑结构可分为混凝土结构、砌体结构、钢结构和木结构。

1）混凝土结构

混凝土结构可分为素混凝土结构、钢筋混凝土结构、预应力混凝土结构，其中应用最广泛的是钢筋混凝土结构（图1.3）。它具有强度高、耐久性好、抗震性能好、可塑性强等优点；但也有自重大、抗裂能力差，现浇时耗费模板多、工期长等缺点。

混凝土结构在工业与民用建筑中应用极为普遍，如多层与高层住宅、写字楼、教学楼、医院、商场及公共设施等。

课外阅读

钢筋混凝土的发明者通常被认为是法国的一名花匠约瑟夫·莫尼尔。在19世纪60年代，一天，莫尼尔在砌花坛时，为防止被人踩坏，他试着将铁丝编成植物根系的形象，并将其与黏合性更好的水泥、砂、小石子浇灌一起，制成了一个新花坛，果然很坚固！他甚至鼓励别人踩坏它，可谁也踩不碎。这就是钢筋混凝土诞生的故事，后来人们才将其用于房屋建筑中。可见，伟大来自平凡，发明来源于生活，我们作为普通人同样可以创造伟大。

2）砌体结构

砌体结构是指各种块材（包括砖、石材和砌块等）通过砂浆砌筑而成的结构（图1.4）。砌体结构的主要优点是能就地取材、造价低廉、耐火性强、工艺简单、施工方便，其缺点是自重大、强度较低、抗震性能差。

图 1.3　钢筋混凝土结构施工现场

图 1.4　砌体结构施工现场

特别提示

传统的砌体结构房屋大多采用黏土砖建造，黏土砖的用量巨大，而生产黏土砖会毁坏农田，且污染环境。因此，砌体结构材料应大力发展新型墙体材料，如蒸压粉煤灰砖、蒸压灰砂砖、混凝土砌块、混凝土多孔砖和实心砖等。

课外阅读

赵州桥

安济桥因坐落于古称赵州的河北赵县，故人们多称之为赵州桥。赵州桥（图 1.5）建于隋开皇年间（公元 595—605 年），由工匠李春等修建，是一座全长 64.4m、跨度 37.02m，当时中外跨度最大的单孔石拱桥。此桥在技术上最突出的特点是在单孔大桥拱两端的上方再各做两个小桥拱，既节省了修桥的材料，减轻桥身自重和桥基压力，水涨时，又可增大排水面积，减小水流推力，延长桥的寿命，是具有高度科学水平的技术与智慧的产物。

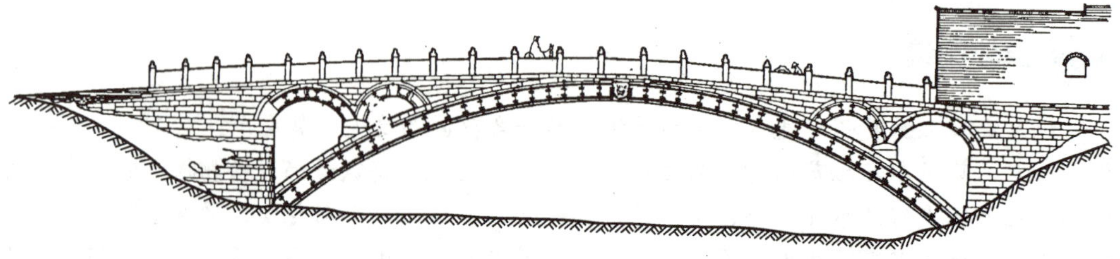

图 1.5　赵州桥

赵州桥的另一特点是造型美观大方，雄伟中显出秀逸、轻盈、匀称。桥面两侧石栏杆上那些“若飞若动”“龙兽之状”的雕刻，体现了隋代建筑艺术的独特风格。赵州桥修成距今已 1400 多年，是世界上保存完好的最古老的石拱桥，在世界桥梁史上占有十分重要的地位。

万里长城

为抵御外敌侵略，古人修筑了长城。自春秋起，长城经过历代不断地加固和增修，直至明朝修建的明长城保留至今，成为我们今天所见的万里长城（图 1.6）。明长城东起辽宁虎山，西至甘肃嘉峪关，全长 8851.8km。明长城主体是城墙，多修筑在分水岭线蜿蜒曲折的山脉上，人工墙体长 6259.6km，墙高 3～8m，顶宽 4～6m，有石墙、夯土墙、砖墙等多种材料墙体，呈现出地区特点。城墙相距约 100m 处建有敌楼，敌楼分空心与实心两种，既作瞭望之用，又兼击射之功。城墙上还筑有雉堞，用作掩护。

万里长城

图 1.6　万里长城

万里长城在世界建筑史上享有盛誉，其建筑持续时间之长、形制规模之雄伟、分布范围之辽阔、影响之深远巨大，使其成为世界新七大奇迹之首。万里长城以壮阔的英姿，雄踞我国北部河山，展现古代以举火为号传达军情的军事文化，让世人惊叹不已。万里长城这样庞大而艰巨的工程，凝聚着古代劳动人民的血汗和聪明才智，展现了中华民族的智慧和气魄，这不仅是中国人民的骄傲，更是世界文明的宝贵遗产。

3）钢结构

用钢材制作的结构称为钢结构。钢结构具有强度高、变形能力好、运输方便等优点。钢结构主要用于大跨度屋盖（如体育场馆）、高层建筑、工业厂房、承受动力荷载的结构及塔桅结构。2008 年北京奥运会国家体育场——鸟巢（图 1.7）即为钢结构建筑。

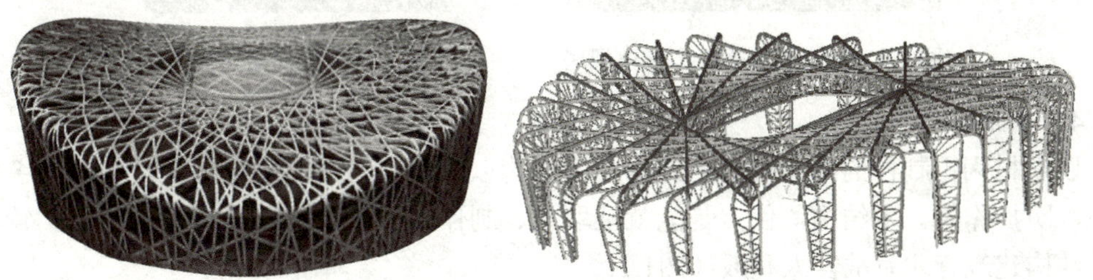

图 1.7　2008 年北京奥运会国家体育场——鸟巢

鸟巢

1935 年，中国工农红军长征途中强渡的大渡河铁索桥——泸定桥（图 1.8），是清康熙四十四年（公元 1705 年）建造的。该桥由条石砌成的东西桥台和 13 根横亘的铁索组成，桥净跨 100m，净宽 2.8m，13 根铁索由 12164 个熟铁锻造扣环连接而成，重约 21t。

图 1.8　大渡河铁索桥——泸定桥

我国著名的钢结构建筑还有上海东方明珠广播电视塔（图 1.9），高 468m，1994 年竣工，建成时高度居亚洲第一，世界第三；上海金贸大厦（图 1.10），地上 88 层，高 420.5m，1999 年竣工，是 20 世纪中国高层建筑的代表。

图 1.9　上海东方明珠广播电视塔

图 1.10　上海金贸大厦

4）木结构

以木材为主制作的结构称为木结构。木结构以梁、柱组成的构架承重，墙体则主要起填充、防护作用。木结构的优点是能就地取材、制作简单、造价较低、便于施工。较典型的木结构建筑有北京故宫太和殿（图1.11）。

特别提示

（1）从造价的角度来讲，砌体结构最为经济，混凝土结构次之，钢结构最贵。

（2）从抗震的角度来讲，砌体结构最差，混凝土结构次之，钢结构最好。

（3）实际工程中，建造房屋的用途、层数及当地经济发展状况等决定了采用何种结构形式。

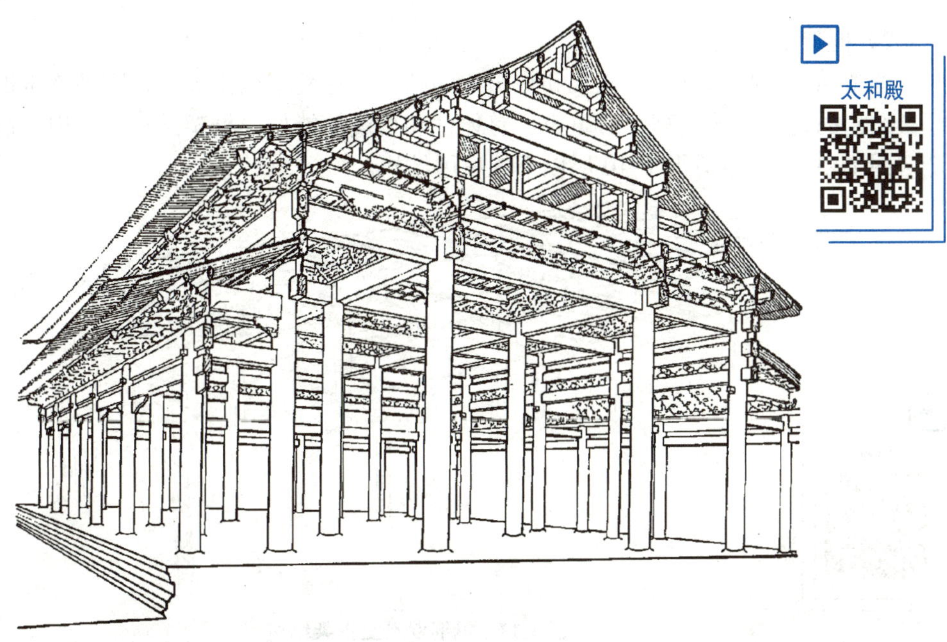

太和殿

图 1.11　北京故宫太和殿梁架结构

2. 按受力和构造特点分类

建筑结构按受力和构造特点的不同可分为混合结构、框架结构、剪力墙结构、框架-剪力墙结构、筒体结构等。

1）混合结构

混合结构是指由砌体结构构件和其他材料构件组成的结构。如垂直承重构件用砖墙、砖柱，而水平承重构件用钢筋混凝土梁板，这种结构就是混合结构（图1.12）。

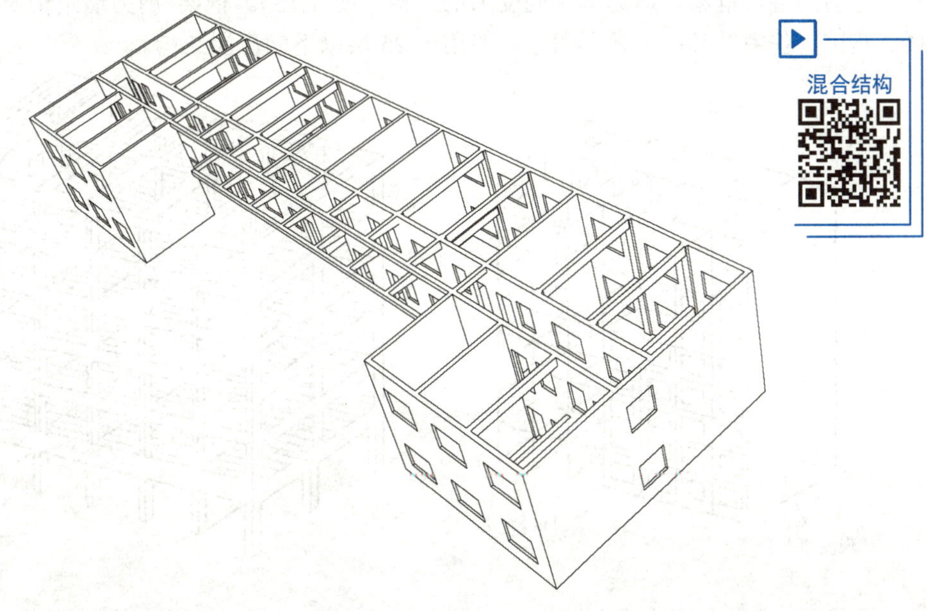

混合结构

图 1.12　混合结构

2）框架结构

框架结构是指由纵梁、横梁和柱组成的结构，这种结构由梁和柱刚性连接形成骨架。框架结构的优点是强度高、自重小、整体性和抗震性能好。框架结构多采用钢筋混凝土建造（图 1.13），一般适用于 10 层以下的房屋结构。

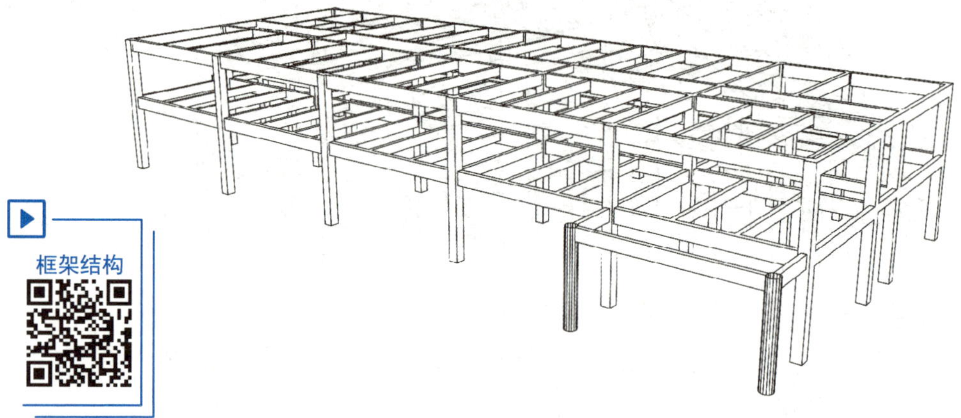

框架结构

图 1.13　钢筋混凝土框架结构

3）剪力墙结构

剪力墙结构是由纵向、横向的钢筋混凝土墙体（剪力墙）所组成的结构（图 1.14）。这种结构的侧向刚度大，适宜做较高的高层建筑，但由于剪力墙位置的约束，其建筑内部空间的划分比较狭小，不利于形成开敞的空间，因此较适宜用于宾馆与住宅。剪力墙结构常用于 25～30 层的房屋结构。

4）框架-剪力墙结构

框架-剪力墙结构又称框剪结构，它是在框架纵向、横向的适当位置，在柱与柱之间设置几道剪力墙，框架与剪力墙协同受力的结构（图 1.15）。框架-剪力墙结构一般用于办公楼、宾馆、住宅及某些工艺用房，一般用于 25 层以下的房屋结构。

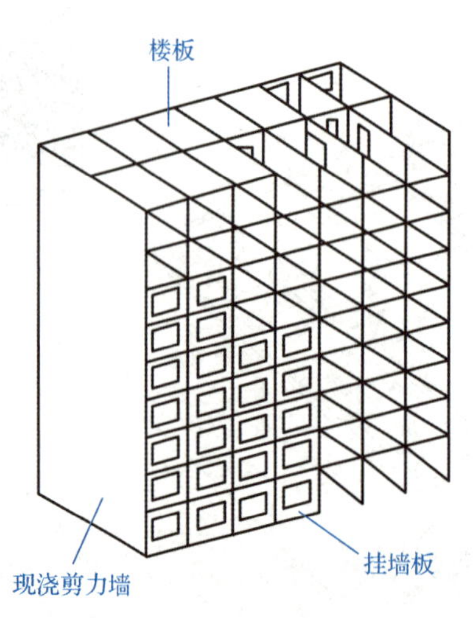

图 1.14　剪力墙结构

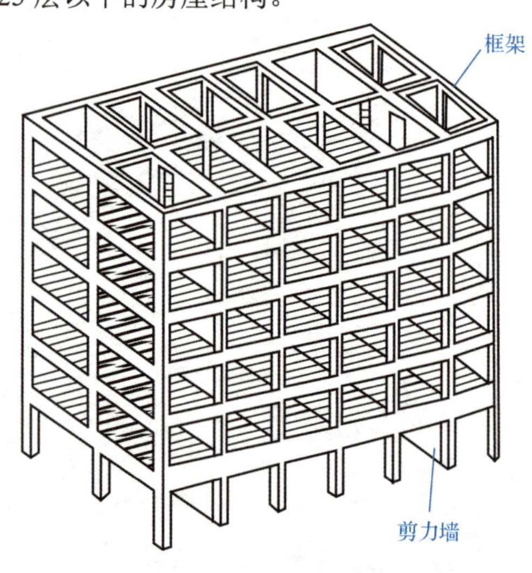

图 1.15　框架-剪力墙结构

如果把剪力墙布置成筒体，即为框架-筒体结构。

5）筒体结构

筒体结构是用钢筋混凝土墙围成侧向刚度很大的筒体的结构形式（图1.16）。筒体结构多用于高层或超高层公共建筑，用于30层以上的超高层房屋结构时，经济高度以不超过80层为限。

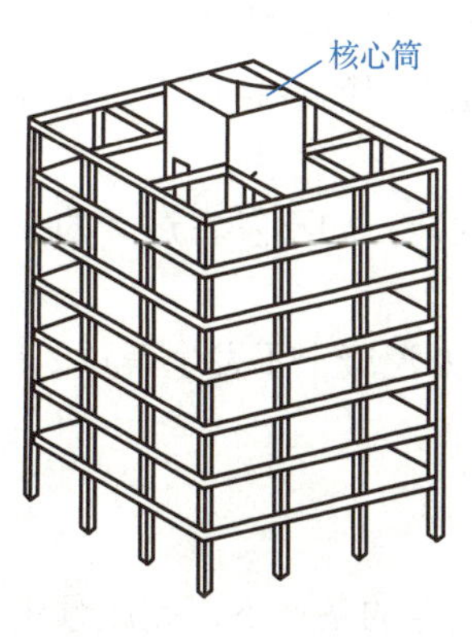

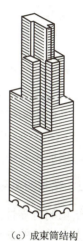

（a）框架-核心筒结构　（b）筒中筒结构　（c）成束筒结构

图 1.16　筒体结构

学中做

请分别将下图与其对应的建筑结构类型连线。

	砌体结构		筒体结构
	混凝土结构		框架结构
	木结构		剪力墙结构
			框架-剪力墙结构

1.1.2 建筑结构的功能

1. 结构的功能要求

不管采用何种结构形式，也不管采用什么材料建造，任何一种建筑结构都是为了满足特定功能而设计的。建筑结构在规定的设计使用年限内，应满足下列功能要求。

（1）安全性：即结构在正常施工和正常使用时能承受可能出现的各种作用，在设计规定的偶然事件发生时及发生后，仍能保持必需的整体稳定。

（2）适用性：即结构在正常使用条件下具有良好的工作性能。如不发生过大的变形或振幅，以免影响使用，也不发生足以令用户不安的裂缝。

（3）耐久性：即结构在正常维护下具有足够的耐久性能。如混凝土不发生严重的风化、脱落，钢筋不发生严重锈蚀，以免影响结构的使用寿命。

2. 结构的可靠性

结构的可靠性是这样定义的：结构在规定的时间内，在规定的条件下，完成预定功能的能力。结构的安全性、适用性和耐久性统称为结构的可靠性。

3. 结构的极限状态

整个结构或结构的一部分超过某一特定状态就不能满足设计规定的某一功能要求，此特定状态为结构该功能的极限状态。极限状态实质上是一种界限，是有效状态和失效状态的分界。极限状态可分为三类。

（1）承载能力极限状态（图 1.17）：结构或结构构件达到最大承载力，出现疲劳破坏或不适于继续承载的变形或结构连续倒塌。当结构或结构构件出现下列状态之一时，应认定为超过了其承载能力极限状态。

图 1.17 承载能力极限状态

① 结构构件或连接因超过材料强度而破坏，或因过度变形而不适于继续承载。
② 整个结构或结构的一部分作为刚体失去平衡（如阳台、雨篷的倾覆）等。
③ 结构转变为机动体系（如构件发生三角共线而形成机动体系丧失承载力）。
④ 结构或结构构件丧失稳定（如长细杆的压屈失稳破坏等）。
⑤ 结构因局部破坏而发生连续倒塌。

⑥ 地基丧失承载能力而破坏（如失稳等）。

⑦ 结构或结构构件的疲劳破坏。

（2）正常使用极限状态：结构或结构构件达到正常使用或耐久性能的某项规定限值。当结构或结构构件出现下列状态之一时，应认定为超过了正常使用极限状态。

① 影响正常使用或外观的变形。

② 影响正常使用的局部损坏。

③ 影响正常使用的振动。

④ 影响正常使用的其他特定状态（如沉降量过大等）。

（3）耐久性极限状态（图 1.18）：当结构或结构构件出现下列状态之一时，应认定为超过了耐久性极限状态。

① 影响承载能力和正常使用的材料性能劣化。

② 影响耐久性能的裂缝、变形、缺口、外观、材料削弱等。

③ 影响耐久性能的其他特定状态。

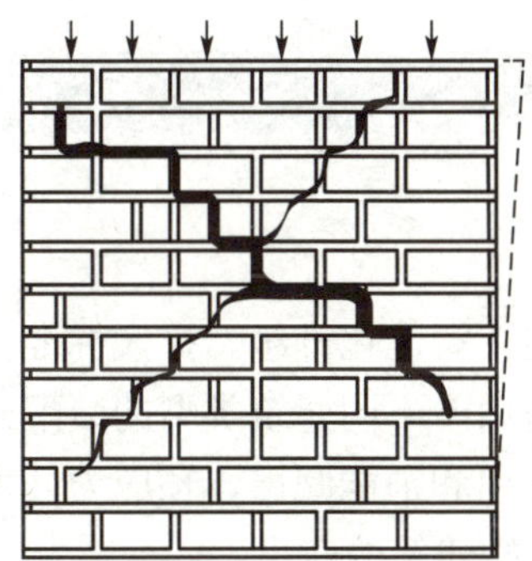

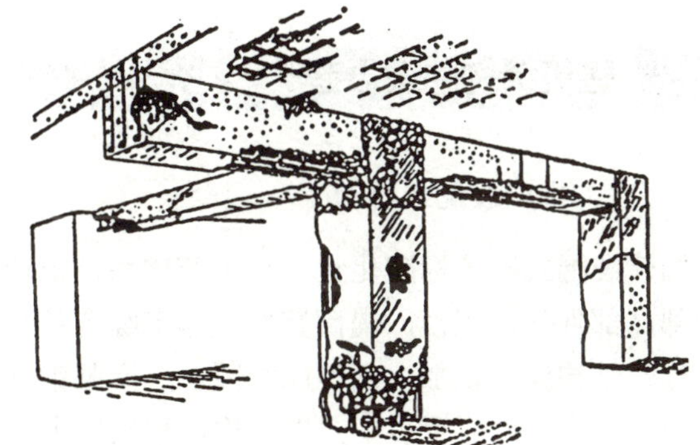

图 1.18　耐久性极限状态

特别提示

（1）承载能力极限状态是保证结构安全性的，正常使用极限状态是保证结构适用性的，而耐久性极限状态是保证结构耐久性的。

（2）建筑结构设计使用年限。

临时性建筑结构：设计使用年限 5 年。

易于替换的结构构件：设计使用年限 25 年。

普通房屋和构筑物：设计使用年限 50 年。

标志性建筑和特别重要的建筑结构：设计使用年限 100 年。

学中做

如果一栋建筑物倒塌了，说明其达到了_________极限状态；如果建筑物的承重墙出现了 2mm 裂缝，说明其达到了_________极限状态。

4. 结构极限状态方程

结构和构件的工作状态，可以由该结构和构件所承受的荷载效应 S 和结构抗力 R 两者的关系来描述，即

$$Z = R - S$$

上式称为结构极限状态方程，用来表示结构的三种工作状态，具体如下。

（1）当 $Z>0$ 时（即 $R>S$），结构处于可靠状态。

（2）当 $Z=0$ 时（即 $R=S$），结构处于极限状态。

（3）当 $Z<0$ 时（即 $R<S$），结构处于失效状态。

特别提示

（1）荷载效应 S 与施加在结构上的外荷载有关，其计算方法见模块 5。

（2）要保证结构可靠，所有的结构计算都要满足 $S \leqslant R$（即 $Z \geqslant 0$）。

1.1.3 建筑结构的发展趋势

1. 大力推广装配式建筑

构建装配式建筑标准化设计和生产体系，推动生产和施工智能化升级，扩大标准化构件和部品部件使用规模，提高装配式建筑综合效益。完善适用于不同建筑类型的装配式混凝土建筑结构体系，加大高性能混凝土、高强钢筋的投入使用和消能减震、预应力技术集成应用。大力推广应用装配式钢结构，积极推进高品质钢结构建筑的建设。

2. 推进 BIM 技术及数字化协同设计应用

加快推进 BIM 技术在工程全寿命周期的集成应用，健全数据交互和安全标准，强化设计、生产、施工各环节数字化协同。建立数字化协同设计平台，推进建筑、结构、设备管线、装修等一体化集成设计，提高各专业协同设计能力。完善施工图设计文件编制深度要求，提升精细化设计水平，为后续精细化生产和施工提供基础。

3. 推进智能化和绿色建造方式

积极推进建筑机器人在生产、施工、维保等环节的典型应用，重点推进与装配式建筑相配套的建筑机器人的应用，辅助和替代“危、繁、脏、重”施工作业。推广智能塔式起重机、智能混凝土泵送设备等智能化工程设备，提高工程建设机械化、智能化水平。积极推进施工现场建筑垃圾减量化，加强建筑废弃物的高效处理与再利用。

加快发展方式绿色转型①，建筑结构及其材料的应用需体现建筑领域清洁低碳转型②的新要求，符合绿色、循环、低碳的国家发展战略。

---

① 党的二十大报告提出：“加快发展方式绿色转型。推动经济社会发展绿色化、低碳化是实现高质量发展的关键环节。”

② 党的二十大报告提出：“推动能源清洁低碳高效利用，推进工业、建筑、交通等领域清洁低碳转型。”

1.2 结构抗震知识

应用案例 1-1

北京时间 2008 年 5 月 12 日，在我国四川省发生了里氏 8.0 级特大地震。震中位于四川省汶川县的映秀镇（东经 103°24′，北纬 31°），震源深度 33km，震中烈度达 11 度，破坏特别严重的地区范围超过 1×10^5km^2。地震造成特别重大灾害，给人民的生活和财产造成了巨大损失。

那么什么是地震？震中、震源、震源深度、震中烈度如何解释？房屋如何抗震？

1.2.1 地震的基本概念

地震是一种突发性的自然灾害，其作用结果是引起地面的颠簸和摇晃。由于我国地处两大地震带（即环太平洋地震带和地中海-南亚地震带）的交会处，且东部台湾地区及西部青藏高原直接位于两大地震带上，因此地震区分布广，是一个地震多发的国家。

地震发生的地方称为震源；震源正上方的位置称为震中；震中附近地面振动最厉害，也是破坏最严重的地区，称为震中区或极震区；地面某处至震中的距离称为震中距；地震时地面上破坏程度相近的点连成的线称为等震线；震源至地面的垂直距离称为震源深度（图 1.19）。

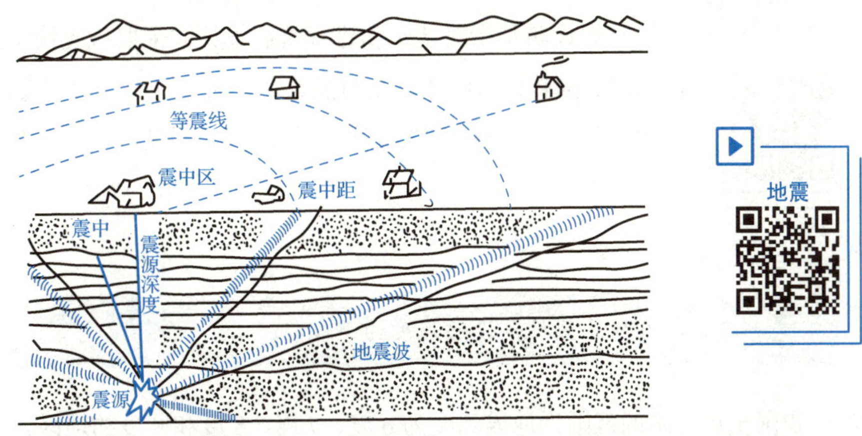

图 1.19　地震的基本概念示意图

地震

依其成因，地震可分为三种主要类型：火山地震、塌陷地震和构造地震。根据震源深度不同，又可将构造地震分为三种：浅源地震——震源深度不大于 60km；中源地震——震源深度 60～300km；深源地震——震源深度大于 300km。

地震引起的振动以波的形式从震源向各个方向传播，使地面发生剧烈的运动，从而使建筑结构产生上下跳动及水平晃动。当建筑结构经受不住这种剧烈的颠晃时，就会产生破坏甚至倒塌。

1. 地震的震级

衡量地震大小的等级称为震级，它表示一次地震释放能量的多少，一次地震只有一个震级。地震的震级一般采用里氏震级，用符号 M 表示。

一般来说，震级小于里氏 2.0 级的地震，人们感觉不到，称为微震；里氏 2.0～4.0 级的地震称为有感地震；里氏 5.0 级以上的地震称为破坏地震，会对建筑物造成不同程度的破坏；里氏 7.0～8.0 级的地震称为强烈地震或大地震；超过里氏 8.0 级的地震称为特大地震。截至目前，世界震级最大的地震是 1960 年发生在智利的里氏 9.5 级地震。

2. 地震烈度

地震烈度是指某一地区地面和建筑物遭受一次地震影响的强烈程度。地震烈度不仅与震级大小有关，而且与震源深度、震中距、地质条件等因素有关。一次地震只有一个震级，然而同一次地震却有好多个地震烈度区。一般来说，离震中越近，地震烈度越高，震中区地震烈度最高，称为震中烈度。我国地震烈度采用十二度划分法。

3. 抗震设防烈度

抗震设防是指对建筑物进行抗震设计并采取抗震构造措施，以达到抗震的效果。抗震设防的依据是抗震设防烈度。抗震设防烈度是按国家批准权限审定，作为一个地区抗震设防依据的地震烈度。

学中做

查一查你所在的地区抗震设防烈度为几度。

我国抗震设防的范围为地震烈度为 6 度、7 度、8 度和 9 度的地区。抗震设防烈度为 6 度及以上地区的建筑，必须进行抗震设计。抗震设防烈度大于 9 度地区的建筑和行业有特殊要求的工业建筑，其抗震设计应按有关专门规定执行。

特别提示

（1）震级和地震烈度的区别：地震时，新闻报道中的都是震级，如我国“7·28”唐山地震是 7.8 级，“5·12”汶川地震是 8.0 级。一次地震只能有一个震级，而可以有多个烈度。一般来说，离震中越远，地震烈度越小，我国地震烈度分为十二度。

（2）震级和抗震设防烈度的区别：震级越大，地震对建筑物的破坏作用也越大，为了减小地震对建筑物的影响，我们设计的建筑物要能抵抗地震的破坏。我国抗震设防烈度有 6 度、7 度、8 度、9 度，抗震设防烈度越高，寓意着结构抗震性能越好。

1.2.2 地震的破坏作用

1. 地表的破坏现象

在强烈地震作用下，地表的破坏现象为地裂缝（图 1.20）、喷砂冒水、地面下沉，以及河岸、陡坡滑坡。

2. 建筑物的破坏现象

（1）结构丧失整体性：房屋建筑或构筑物是由许多构件组成的，在强烈地震作用下，构件连接不牢、支承长度不够和支承失稳等都会使结构丧失整体性而破坏（图 1.21）。

图 1.20 地震产生的地裂缝

图 1.21 地震产生的房屋破坏现象

（2）强度破坏：如地震时砖墙产生交叉斜裂缝，钢筋混凝土柱被剪断、压酥等（图 1.22）。

（3）地基失效：在强烈地震作用下，地基承载力可能下降甚至丧失，也可能由于地基饱和砂层液化而造成建筑物沉陷、倾斜或倒塌。

图 1.22　地震时砖墙产生交叉斜裂缝、钢筋混凝土柱被压酥的现象

3. 次生灾害

次生灾害是指地震时给排水管网、煤气管道、供电线路的破坏，以及易燃、易爆、有毒物质、核物质容器的破裂，堰塞湖等造成的水灾、火灾、污染、瘟疫等严重灾害。这些次生灾害造成的损失有时比地震造成的直接损失还大。

2011 年 3 月 11 日，日本当地时间 14 时 46 分，东北部海域发生里氏 9.0 级地震并引发海啸，导致日本福岛第一核电站 1～4 号机组发生核泄漏事故，造成重大人员伤亡和财产损失。地震引发的海啸还影响到太平洋沿岸的大部分地区。

1.2.3 建筑抗震设防

1. 建筑抗震设防目标

《建筑抗震设计规范（2016 年版）》提出了“三水准两阶段”的建筑抗震设防目标。

（1）第一水准——小震不坏：当遭受低于本地区抗震设防烈度的多遇地震影响时，建筑一般不受损坏或不需修理可继续使用。

（2）第二水准——中震可修：当遭受相当于本地区抗震设防烈度的地震影响时，建筑可能损坏，经一般修理或不需修理仍可继续使用。

（3）第三水准——大震不倒：当遭受高于本地区抗震设防烈度预估的罕遇地震影响时，建筑不致倒塌或发生危及生命的严重破坏。

“两阶段”指弹性阶段的承载力计算和弹塑性阶段的变形验算。

2. 建筑抗震设防分类

在进行建筑设计时，应根据建筑的重要性不同，采取不同的抗震设防标准。《建筑工程抗震设防分类标准》将建筑按其使用功能的重要程度不同，分为以下四类。

建筑工程抗震设防分类标准

（1）甲类（特殊设防类）：指使用上有特殊设施，涉及国家公共安全的重大建筑工程和地震时可能发生严重次生灾害等特别重大灾害后果，需要进行特殊设防的建筑。

（2）乙类（重点设防类）：指地震时使用功能不能中断或需尽快恢复的生命线相关建筑，以及地震时可能导致大量人员伤亡等重大灾害后果，需要提高设防标准的建筑。

（3）丙类（标准设防类）：指大量的除（1）、（2）、（4）条以外按标准要求进行设防的建筑。如居住建筑的抗震设防类别不应低于标准设防类。

（4）丁类（适度设防类）：指使用上人员稀少且震损不致产生次生灾害，允许在一定条件下适度降低要求的建筑。

学中做

根据《建筑工程抗震设防分类标准》，教学楼属于_____类设防，医院属于_____类设防。

1.2.4 抗震设计的基本要求

为了减轻房屋的地震破坏，避免人员伤亡，减少经济损失，对地震区的房屋必须进行抗震设计。建筑结构的抗震设计分为两大部分：一是计算设计——对地震作用效应进行定量分析计算；二是概念设计——正确地解决总体方案、材料使用和细部构造，以达到合理抗震设计的目的。根据概念设计的原理，在进行抗震设计时应遵守下列要求。

（1）选择对抗震有利的场地和地基。

（2）选择对抗震有利的建筑体型。建筑平面和立面布置宜规则、对称，其刚度和质量分布宜均匀。

（3）选择合理的抗震结构体系。

（4）结构构件应有利于抗震。

砌体结构应按规定设置钢筋混凝土圈梁和构造柱、芯柱，或采用配筋砌体等；多高层的混凝土楼、屋盖宜优先采用现浇混凝土板。

（5）处理好非结构构件。

（6）采用隔震和消能减震设计。

（7）合理选用材料。

结构材料性能指标，应符合下列最低要求。

① 砌体结构材料应符合下列规定：普通砖和多孔砖的强度等级不应低于 MU10，其砌筑砂浆强度等级不应低于 M5；混凝土砌块的强度等级不应低于 MU7.5，其砌筑砂浆强度等级不应低于 Mb7.5。

② 混凝土结构材料应符合下列规定：框支梁、框支柱及抗震等级为一级的框架梁、柱、节点核心区的混凝土，其强度等级不应低于 C30；构造柱、芯柱、圈梁及其他各类构件的混凝土强度等级不应低于 C20。

③ 钢材应有良好的焊接性和合格的冲击韧度。

④ 普通钢筋宜优先采用延性、韧性和可焊性较好的钢筋；纵向受力钢筋宜选用符合抗震性能指标的 HRB 400 级热轧钢筋，也可采用符合抗震性能指标的 HRB 335 级热轧钢筋；箍筋宜选用符合抗震性能指标的不低于 HRB 335 级的热轧钢筋，也可选用 HPB 300 级热轧钢筋。

（8）保证施工质量。

① 在施工中，当需要以强度等级较高的钢筋代替原设计中的纵向受力钢筋时，应按照钢筋受拉承载力设计值相等的原则换算，并应满足最小配筋率要求。

② 钢筋混凝土构造柱和底部框架-抗震墙房屋中的砌体抗震墙，其施工应先砌墙后浇混凝土构造柱和框架梁柱。

特别提示

（1）砌体块材的强度等级表示方法为MU××；砂浆的强度等级表示方法为M××。

（2）混凝土的强度等级表示方法为C××。后面数值越大，其强度等级越高。

课外阅读

图1.23　释迦塔

享誉中外的释迦塔（即山西应县木塔，图1.23）建于辽清宁二年（公元1056年），是中国现存最高、最古老，且是唯一的木结构塔式建筑，与意大利比萨斜塔、法国埃菲尔铁塔并称“世界三大奇塔”。塔高67.31m，底层直径30.27m，呈平面八角形。释迦塔遭受了多次强地震袭击，仅地震烈度在5度以上的就有十几次，而保证木塔千年不倒的原因是其结构科学合理，卯榫结合，刚柔相济。这种刚柔结合的结构特点有着巨大的耗能作用，释迦塔的这一减震设计在某些程度上甚至超过现代的建筑科技水平。

1.3　课程教学任务、目标和特点

1.3.1　教学任务

本课程的教学任务是使学生了解必要的力学基础知识，掌握建筑结构的基本概念以及结构施工图的识读方法，能运用所学知识分析和解决建筑工程实践中较为简单的结构问题；培养学生的力学素质，为学习其他课程提供必要的基础；同时培养学生严谨、科学的思维方法和认真、细致的工作态度。

学好“建筑力学与结构”是正确理解和贯彻设计意图、确定建筑及施工方案、组织施工、处理建筑施工中的结构问题、防止发生工程事故及保证工程质量，所必须具备的基础。

课程讲授时，建议多结合当地实际，播放录像、进行多媒体教学、参观建筑工地等。

1.3.2 教学目标

本课程教学约 56 学时，通过一学期的学习，应达到以下目标。

1. 知识目标

领会必要的力学概念；了解建筑结构材料的主要力学性能；掌握建筑结构基本构件的受力特点；掌握简单结构构件的设计方法；了解建筑结构抗震基本知识；掌握建筑结构施工图的识读方法。

2. 能力目标

具有对简单结构进行结构分析和绘制内力图的能力；具有正确选用各种常用结构材料的能力；具有熟练识读结构施工图和绘制简单结构施工图的能力；理解钢筋混凝土基本构件承载力的计算思路；熟悉钢筋混凝土结构、装配式混凝土结构、钢结构及建筑物基础的主要构造，能理解建筑工程中出现的一般结构问题。

3. 思想素质目标

形成从事职业活动所需要的工作方法和学习方法，养成科学的思维习惯；培养勤奋向上、严谨求实的工作态度；具有自学和拓展知识、接受终身教育的基本能力。

1.3.3 课程特点

（1）本课程内容较多，公式多，符号多，不能死记硬背，要结合图纸、结合实际来理解，在理解的基础上逐步记忆。

（2）注意学习我国现行规范，本课程涉及主要规范见表 1-1。

表 1-1　本课程涉及主要规范

名称	编号
工程结构通用规范	GB 55001—2021
建筑与市政工程抗震通用规范	GB 55002—2021
建筑结构荷载规范	GB 50009—2012
建筑结构可靠性设计统一标准	GB 50068—2018
混凝土结构设计规范（2015 年版）	GB 50010—2010
钢结构设计标准	GB 50017—2017
建筑地基基础设计规范	GB 50007—2011
建筑抗震设计规范（2016 年版）	GB 50011—2010
建筑工程抗震设防分类标准	GB 50223—2008
混凝土结构施工图平面整体表示方法制图规则和构造详图	22G101—1 22G101—2 22G101—3

百年大计，质量为本。国家规范是工程人的行动准则，必须严格按照我国规范开展工程，不能违背，也容不得半点儿马虎。在课程学习过程中，一定要养成科学严谨、一丝不苟的工作习惯，遵纪守法，严守规范，要做一名合格的施工员。

（3）教学内容围绕一套图纸展开，因此必须先看懂图纸，同时结合当地的实际工程，做到学有所用。

（4）本课程与“建筑材料”“建筑识图与构造”“建筑施工技术”等课程密切相关，要学好这门课程必须努力学好上述几门课程。

模块小结

（1）结构的功能要求。在正常施工和正常使用时能承受可能出现的各种作用，在设计规定的偶然事件发生时及发生后，仍能保持必需的整体稳定性；在正常使用条件下具有良好的工作性能；在正常维护下具有足够的耐久性能；概括起来就是安全性、适用性、耐久性，统称可靠性。

（2）结构的极限状态。整个结构或结构的一部分超过某一特定状态就不能满足设计规定的某一功能要求，此特定状态就称为结构该功能的极限状态，包括承载能力极限状态、正常使用极限状态和耐久性极限状态。承载能力极限状态是指结构或结构构件达到最大承载能力而出现不适于继续承载的变形等，一旦超过此状态，就可能发生严重后果；正常使用极限状态是指结构或结构构件达到正常使用的某项规定限值；耐久性极限状态是指材料性能劣化、材料削弱等。

（3）我国建筑抗震设防目标是“三水准两阶段”。“三水准”指小震不坏，中震可修，大震不倒；“两阶段”指弹性阶段的承载力计算和弹塑性阶段的变形验算。

（4）抗震设计的基本要求：选择对抗震有利的场地和地基；选择对抗震有利的建筑体型；选择合理的抗震结构体系；结构构件应有利于抗震；处理好非结构构件；采用隔震和消能减震设计；合理选用材料；保证施工质量。

习　题

一、填空题

1．房屋建筑中能承受荷载作用，起骨架作用的体系称为______________。

2．建筑结构按受力和构造特点不同可分为______________、______________、______________、______________、______________。

3．建筑结构按所用的材料不同分为______________、______________、______________、______________。

4．框架结构的主要承重体系由______________和______________组成。

5．结构的______________、______________和______________总称为结构的可靠性。

6. 结构或结构构件达到最大承载能力而出现不适于继续承载的变形的极限状态称为______________。

7. 结构或结构构件达到正常使用的某项规定限值的极限状态称为______________。

8. 根据结构的功能要求，极限状态可划分为______________、______________和______________。

二、选择题

1. 当结构或结构的一部分作为刚体失去了平衡状态，就认为超出了（　　）。
   A. 承载能力极限状态　　B. 正常使用极限状态
   C. 刚度　　D. 柔度
2. 下列几种状态中，不属于超过承载能力极限状态的是（　　）。
   A. 结构转变为机动体系　　B. 结构丧失稳定
   C. 地基丧失承载力而破坏　　D. 结构产生影响外观的变形
3. 结构的可靠性是指（　　）。
   A. 安全性、耐久性、稳定性　　B. 安全性、适用性、稳定性
   C. 适用性、耐久性、稳定性　　D. 安全性、适用性、耐久性
4.《建筑抗震设计规范（2016 年版）》提出的抗震设防目标为（　　）。
   A. 三水准两阶段　　B. 三水准三阶段
   C. 两水准三阶段　　D. 单水准单阶段
5. 在抗震设防中，小震对应的是（　　）。
   A. 小型地震　　B. 多遇地震　　C. 偶遇地震　　D. 罕遇地震
6. （　　）结构形式对抗震是最有利的。
   A. 框架　　B. 砌体　　C. 剪力墙　　D. 桁架
7. 下列结构类型中，抗震性能最佳的是（　　）。
   A. 钢结构　　B. 现浇钢筋混凝土结构
   C. 预应力混凝土结构　　D. 装配式钢筋混凝土结构
8. （　　）结构布置对抗震是不利的。
   A. 不对称　　B. 各楼层屈服强度按层高变化
   C. 同一楼层的各柱等刚度　　D. 采用变截面抗震墙
9. 框架结构的特点有（　　）。
   A. 建筑平面布置灵活　　B. 适用于商场、展厅及轻工业厂房
   C. 构件简单　　D. 施工方便

三、判断题

在线答题

1. 结构在正常使用时，不能出现影响正常使用或外观的变形。（　　）
2. 构件若超出承载能力极限状态，就有可能发生严重后果。（　　）
3. 目前来讲，抗震能力的概念设计比理论计算重要。（　　）

模块 2 建筑结构施工图

思维导图

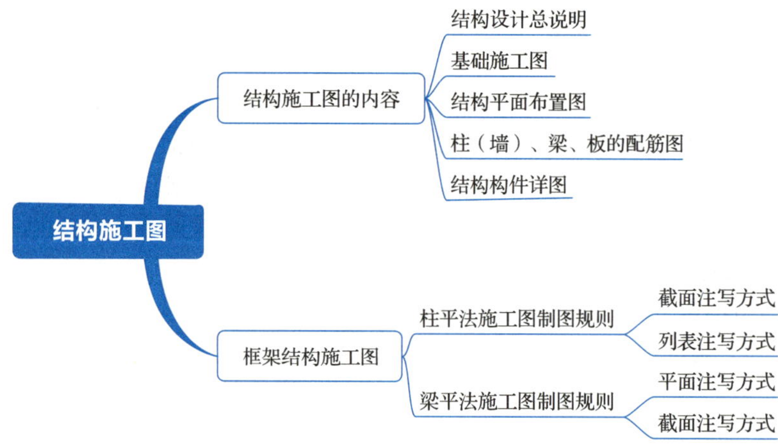

引例

图 2.1 所示为二层框架结构教学楼（实例）的建筑效果图，其建筑施工图和结构施工图见附录 A。

图 2.1　实例的建筑效果图

一栋房屋从施工到建成，需要有全套房屋施工图（即常说的建筑施工图、结构施工图、给排水施工图、电气施工图、暖通施工图等）作指导。在整套施工图中，建筑施工图处于主导地位，结构施工图是施工的重要依据。

思考：如何读懂结构施工图？结构施工图表达的内容是什么？

结构施工图概述

我们在“建筑识图与构造”课程中学习过建筑施工图，知道建筑施工图只表达了建筑的外形、大小、功能、内部布置、内外装修和细部结构的构造做法，而建筑的各承重构件（如基础、柱、梁、板等）的布置和配筋并没有表达出来。因此，在进行建筑设计时，除了要画出建筑施工图，还要进行结构设计，画出结构施工图。本模块将介绍结构施工图的内容。

2.1　结构施工图的内容与作用

2.1.1　结构施工图的内容

结构施工图主要表示承重构件（基础、墙、柱、梁、板等）的结构布置，构件种类、数量，构件的内部构造，配筋和外部形状大小，材料及构件间的相互关系。其内容如下。

（1）结构设计总说明。

（2）基础施工图，包括基础（含设备基础、基础梁、地圈梁）平面布置图和基础详图。

（3）结构平面布置图，包括楼层结构平面布置图和屋面结构平面布置图。

（4）柱（墙）、梁、板的配筋图，包括梁、板结构详图。

（5）结构构件详图，包括楼梯结构详图和其他详图（如预埋件、连接件等）。

剪力墙结构图

上述顺序即为识读结构施工图的顺序。

特别提示

结构施工图必须与建筑施工图密切配合，它们之间不能产生矛盾。

根据工程的复杂程度，结构说明的内容有多有少，一般将内容详列在一张“结构设计总说明”图纸上。

2.1.2 结构施工图的作用

结构施工图主要作为施工放线、开挖基槽、安装梁板构件、浇筑混凝土、编制施工预算、进行施工备料及作施工组织计划等的依据。

2.1.3 常用结构构件代号和钢筋的表示方法

结构施工图的常用结构构件代号见表2-1。

表 2-1　常用结构构件代号

序号	名　称	代号	序号	名　称	代号
1	板	B	15	楼梯梁	TL
2	屋面板	WB	16	框支梁	KZL
3	空心板	KB	17	框架梁	KL
4	槽形板	CB	18	屋面框架梁	WKL
5	折板	ZB	19	框架	KJ
6	楼梯板	TB	20	刚架	GJ
7	预应力空心板	YKB	21	柱	Z
8	梁	L	22	构造柱	GZ
9	屋面梁	WL	23	承台	CT
10	吊车梁	DL	24	桩	ZH
11	圈梁	QL	25	雨篷	YP
12	过梁	GL	26	阳台	YT
13	连系梁	LL	27	预埋件	M
14	基础梁	JL	28	基础	J

钢筋代号：ϕ——HPB 300 级钢筋；Φ——HRB 400 级钢筋；Φ̄——HRB 500 级钢筋。

例如，ϕ8@200 表示 HPB 300 级钢筋，直径为 8mm，间距为 200mm；4Φ18 表示 4 根直径为 18mm 的 HRB400 级钢筋。

2.2 钢筋混凝土框架结构施工图

应用案例 2-1

实例中教学楼为二层全现浇钢筋混凝土框架结构，层高为 3.6m，平面尺寸为 45m×17.4m，建筑抗震设防烈度为 7 度。其建筑平、立面图见附录 A 建施-1~建施-3。该楼的图纸表达与本模块引例（建筑效果图）有何异同？

结构施工图见附录 A 结施-1~结施-8。结施-3 是柱平法施工图，结施-5、结施-7 分别为楼面、屋面梁平法施工图。那么什么是平法施工图？制图规则有何规定？

平法是目前我国混凝土结构施工图的主要设计表示方法。平法的表达形式，概括来讲，是把结构构件的尺寸和配筋等，按照平面整体表示方法制图规则，整体直接表达在各类构件的结构平面布置图上，再与标准构造详图相配合，构成一套完整的结构设计施工图纸，即平法施工图。

由于平法施工图采用了全新的平面整体表示方法制图规则来表达，在识读平法施工图时，应首先掌握平法制图规则，能识读平法标准构造图集，逐步理解规范条文和积累一定的施工经验。现主要介绍 22G101—1 标准构造图集的制图规则。

1. 柱平法施工图制图规则

柱平法施工图即在柱平面布置图上采用截面注写方式或列表注写方式表达柱构件的截面形状、几何尺寸、配筋等设计内容，并用表格或其他方式注明包括地下和地上各层的结构层楼（地）面标高、结构层高及相应结构层号（与建筑楼层号一致）。

柱编号见表 2-2。

表 2-2 柱编号

柱类型	代号	序号
框架柱	KZ	××
转换柱	ZHZ	××
芯柱	XZ	××

结构层标高指扣除建筑面层及垫层厚度后的标高，如图2.2所示。结构层应含地下及地上各层，同时应注明相应结构层号（与建筑楼层号一致）。

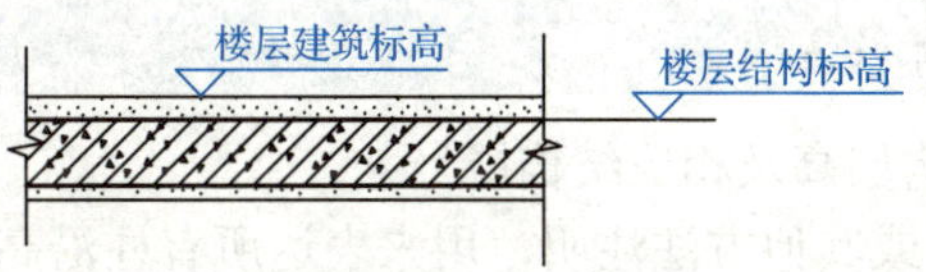

图 2.2 结构层楼面标高示例

1）截面注写方式

截面注写方式是指在分标准层绘制的柱平面布置图的柱截面上，分别在同一编号的柱中选择一个截面，以直接注写截面尺寸和配筋具体数值的方式，来表达柱平法施工图（图2.3）。其步骤为：首先对所有柱截面进行编号，然后从相同编号的柱中选择一个截面，按另一种比例在原位放大绘制柱截面配筋图，并在各配筋图上继其编号后再注写截面尺寸 $b\times h$，角筋或全部纵向钢筋、箍筋的具体数值，以及柱截面与轴线关系的具体数值。

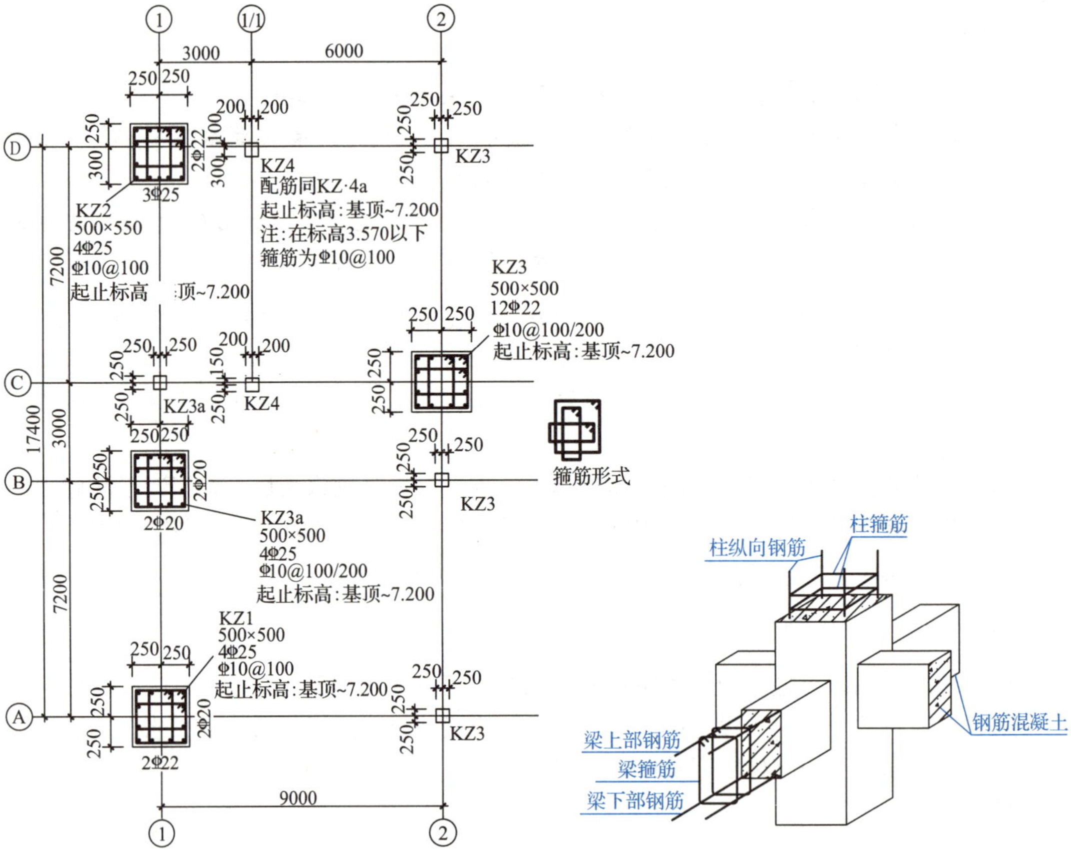

图 2.3　柱平法施工图截面注写方式

特别提示

截面注写方式绘制的柱平法施工图图纸数量一般与标准层数相同。但对不同标准层的不同截面和配筋，也可根据具体情况在同一柱平面布置图上用加括号“(　)”的方法来区分和表达不同标准层的注写数值。加括号的方法是设计人员用来区分图纸上图形相同、数值不同的情况的有效方法。

2）结构层标高、结构层高及相应结构层号

此项内容可以用表格或其他方法注明，用来表达所有柱沿高度方向的数据，方便设计和施工人员查找、修改。层号为 2 的楼层，其结构层楼面标高为 3.570m，结构层高为 3.6m，其表格见表 2-3。

表 2-3 结构层标高及结构层高示例

层号	标高/m	结构层高/m
屋面	7.200	0
2	3.570	3.6
1	基础顶面	3.6

应用案例 2-1 解读 1

图 2.3 为实例中结施-3 节选。图中框架柱 KZ1 是角柱，截面尺寸为 500mm×500mm，柱中纵向受力钢筋：四角 4Φ25，两边各配有 2Φ22 和 2Φ20 钢筋，箍筋 Φ10@100（表示箍筋为 HRB 400 级钢筋，直径为 10mm，沿全高加密，间距为 100mm）。框架柱 KZ2 仍是角柱，截面尺寸为 500mm×550mm，柱中纵向受力钢筋：四角 4Φ25，两边各配有 3Φ25、2Φ22 钢筋，箍筋 Φ10@100（表示箍筋为 HRB 400 级钢筋，直径为 10mm，沿全高加密，间距为 100mm）。框架柱 KZ3，截面尺寸 500mm×500mm，柱中纵向受力钢筋 12Φ22，箍筋 Φ10@100/200（表示箍筋为 HRB 400 级钢筋，直径为 10mm，加密区间距为 100mm，非加密区间距为 200mm）。柱高度自基础顶到 7.200m。

图 2.4 所示为 KZ3 配筋图及抽筋图，读者可以对照阅读。

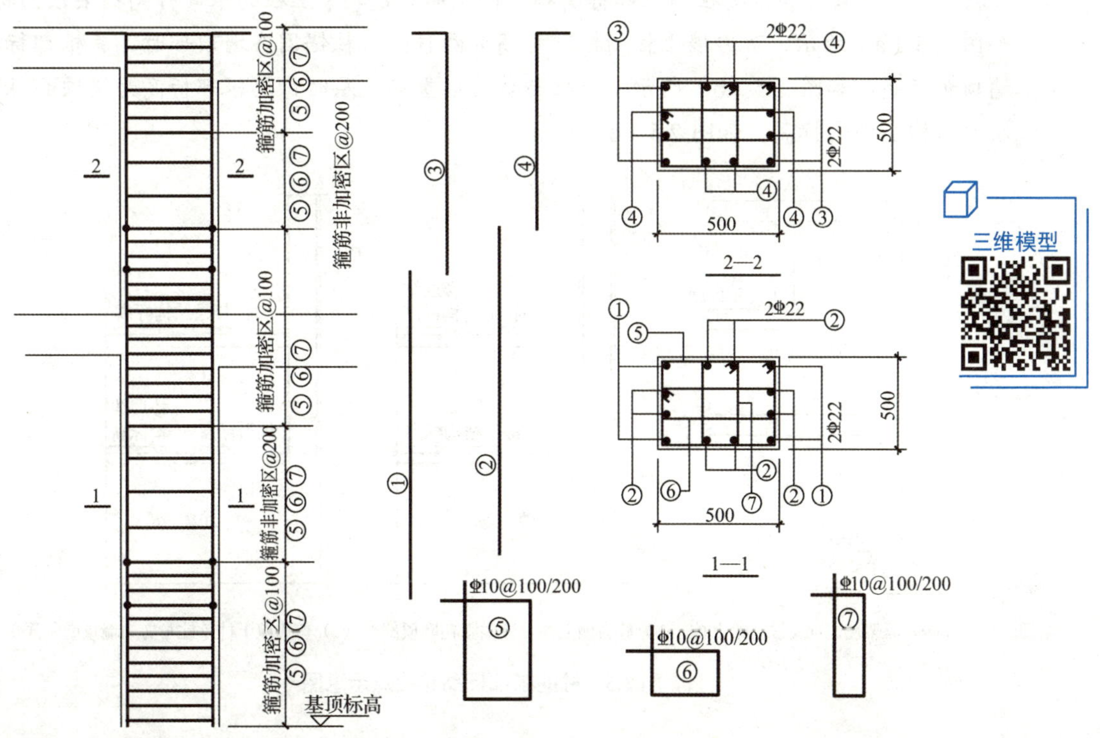

图 2.4 KZ3 配筋图及抽筋图

知识链接

柱平法施工图列表注写方式

柱平法施工图列表注写方式，就是在柱平面布置图上，分别在不同编号的柱中各选择一个（有时需几个）截面，标注柱的几何参数代号；另在柱表中注写柱号、柱段起止标高、柱的几何尺寸与配筋具体数值；同时配以各种柱截面形状及其箍筋类型图，来表达柱平法施工图。一般情况下，用一张图纸便可以将本工程所有柱的设计内容（构造要求除外）一次性表达清楚。

第 1 部分：柱平面布置图。在柱平面布置图上，分别在不同编号的柱中各选择一个（或几个）截面，标注柱的几何参数代号 b_1、b_2、h_1、h_2，用以表示柱截面形状及与轴线的关系。

第 2 部分：柱表。柱表内容包含以下六部分。

（1）柱号：由柱类型代号（如 KZ）和序号（如 1，2，…）组成，应符合表 2-2 的规定。给柱编号一方面使设计和施工人员对柱的种类、数量一目了然；另一方面在必须与之配套使用的标准构造详图中，也按构件类型统一编制了代号，这些代号与平法施工图中相同类型的构件的代号完全一致，使二者之间建立明确的对应互补关系，从而保证结构设计的完整性。

（2）各段柱的起止标高：自柱根部往上，以变截面位置或截面未变但配筋改变处为界分段注写。框架柱和框支柱的根部标高指基础顶面标高，梁上柱的根部标高指梁顶面标高，如图 2.5（a）所示。剪力墙上柱的根部标高分两种：当柱锚固在墙顶部时，其根部标高为墙顶面标高，如图 2.5（b）所示；当柱与剪力墙重叠一层时，其根部标高为墙顶面往下一层的结构层楼面标高，如图 2.5（c）所示。

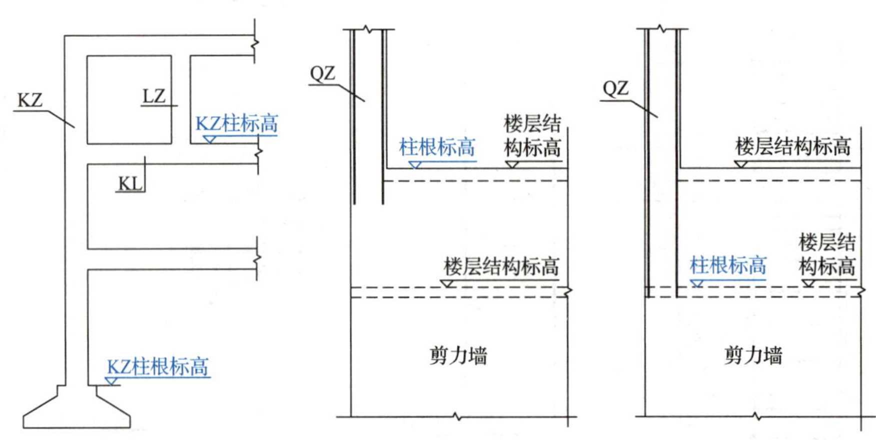

（a）框架柱、框支柱、梁上柱（b）剪力墙上柱（柱锚固在墙顶部）（c）剪力墙上柱（柱与剪力墙重叠一层）

图 2.5　柱的根部标高起始点示意图

(3) 柱截面尺寸 $b \times h$ 及与轴线关系的几何参数代号 b_1、b_2 和 h_1、h_2 的具体数值，须对应各段柱分别注写。其中 $b=b_1+b_2$，$h=h_1+h_2$。当截面的某一边收缩变化至与轴线重合或偏离轴线的另一侧时，b_1、b_2、h_1、h_2 中的某项为零或为负值，如图 2.6 所示。

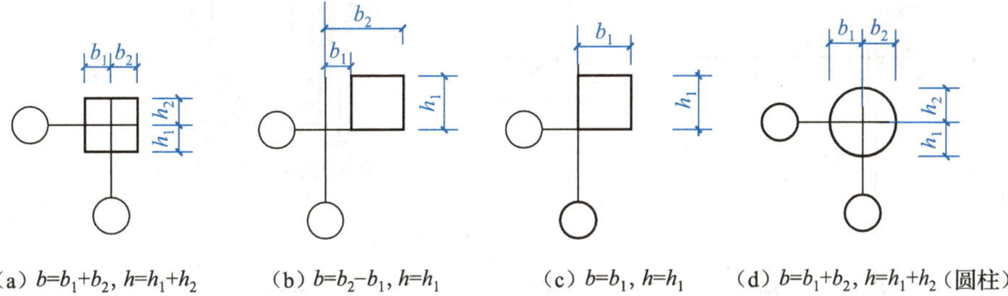

(a) $b=b_1+b_2$, $h=h_1+h_2$　(b) $b=b_2-b_1$, $h=h_1$　(c) $b=b_1$, $h=h_1$　(d) $b=b_1+b_2$, $h=h_1+h_2$（圆柱）

图 2.6　柱截面尺寸与轴线的关系

(4) 柱纵向钢筋：分角筋、截面 b 边一侧中部筋和 h 边一侧中部筋三项。当柱纵向钢筋直径相同，各边根数也相同时，可将纵向钢筋写在"全部纵筋"一栏中。采用对称配筋的矩形柱，可仅注写一侧中部筋，对称边省略。

(5) 箍筋种类、类型号及箍筋肢数：在"箍筋类型号"栏内注写。具体工程所设计的箍筋类型图及复合箍筋的具体方式，须画在表的上部或图中的适当位置，并在其上标注与表中相对应的 b、h 和类型号，如图 2.7 所示。

(6) 柱箍筋：包括钢筋级别、直径与间距。当为抗震设计时，用斜线"/"区分柱端箍筋加密区与柱身非加密区长度范围内箍筋的不同间距。例如：Φ8@100/200，表示箍筋为 HRB 400 级钢筋，直径为 8mm，加密区间距为 100mm，非加密区间距为 200mm。当柱纵向钢筋采用搭接连接时，在柱纵向钢筋搭接长度范围内（应避开柱端的箍筋加密区）的箍筋，均应按 ≤5d（d 为柱纵向钢筋较小直径）及 ≤100mm 的间距加密。

应用案例 2-1 解读 2

图 2.3 所述框架柱若用列表注写方式表达，如图 2.7 所示。

柱　表

柱号	标高/m	$b \times h$ /mm	b_1 /mm	b_2 /mm	h_1 /mm	h_2 /mm	角筋	b边一侧中部筋	h边一侧中部筋	箍筋类型号	箍筋	备注
KZ1	基顶～7.200	500×500	250	250	250	250	4Φ25	2Φ22	2Φ20	1（4×4）	Φ10@100	起止标高：基顶～7.200
KZ2	基顶～7.200	500×550	250	250	300	250	4Φ25	3Φ25	2Φ22	1（4×4）	Φ10@100	起止标高：基顶～7.200
KZ3	基顶～7.200	500×500	250	250	250	250	4Φ22	2Φ22	2Φ22	1（4×4）	Φ10@100/200	起止标高：基顶～7.200
KZ4	基顶～7.200	400×400	200	200	250（300）	150（100）	4Φ22	2Φ22	2Φ20	1（4×4）	Φ10@100 Φ10@100/200	起止标高，基顶～3.570 3.570～7.200

图 2.7　柱平法施工图列表注写方式

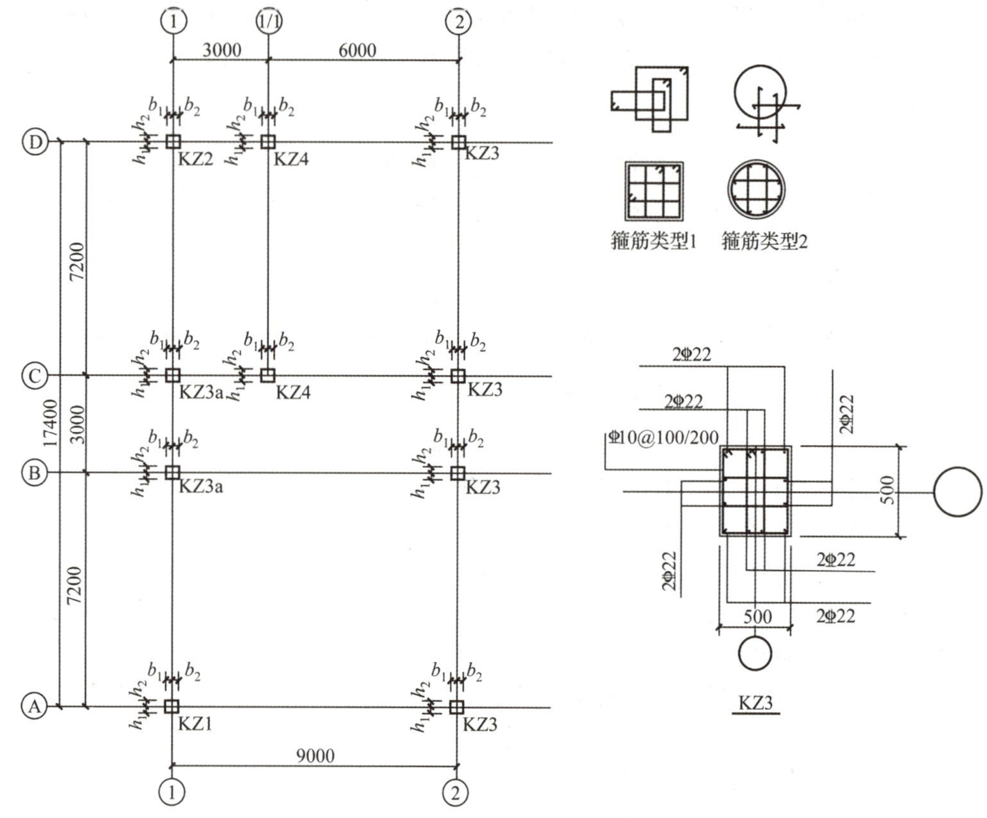

图 2.7　柱平法施工图列表注写方式（续）

2．梁平法施工图制图规则

梁平法施工图，是在梁平面布置图上采用平面注写方式或截面注写方式表达。在梁平法施工图中，也应注明结构层标高及相应的结构层号（同柱平法标注）。需要注意的是：在柱、剪力墙和梁平法施工图中分别注明的结构层标高及结构层高必须保持一致，以保证用同一标准竖向定位。通常情况下，梁平法施工图的图纸数量与结构楼层的数量相同，图纸应清晰简明，便于施工。

平面注写方式是在梁平面布置图上，分别在不同编号的梁中各选 1 根梁，在其上注写截面尺寸和配筋等的具体数值（图 2.8）。

平面注写包括集中标注和原位标注。集中标注表达梁的通用数值，即梁多数跨相同的数值；原位标注表达梁的特殊数值，即梁个别截面与多数跨不同的数值。

特别提示

当集中标注中的某项数值不适用于梁的某部位时，则将该项数值原位标注。施工时，原位标注取值优先。这样既有效减少了表达上的重复，又保证了数值的唯一性。

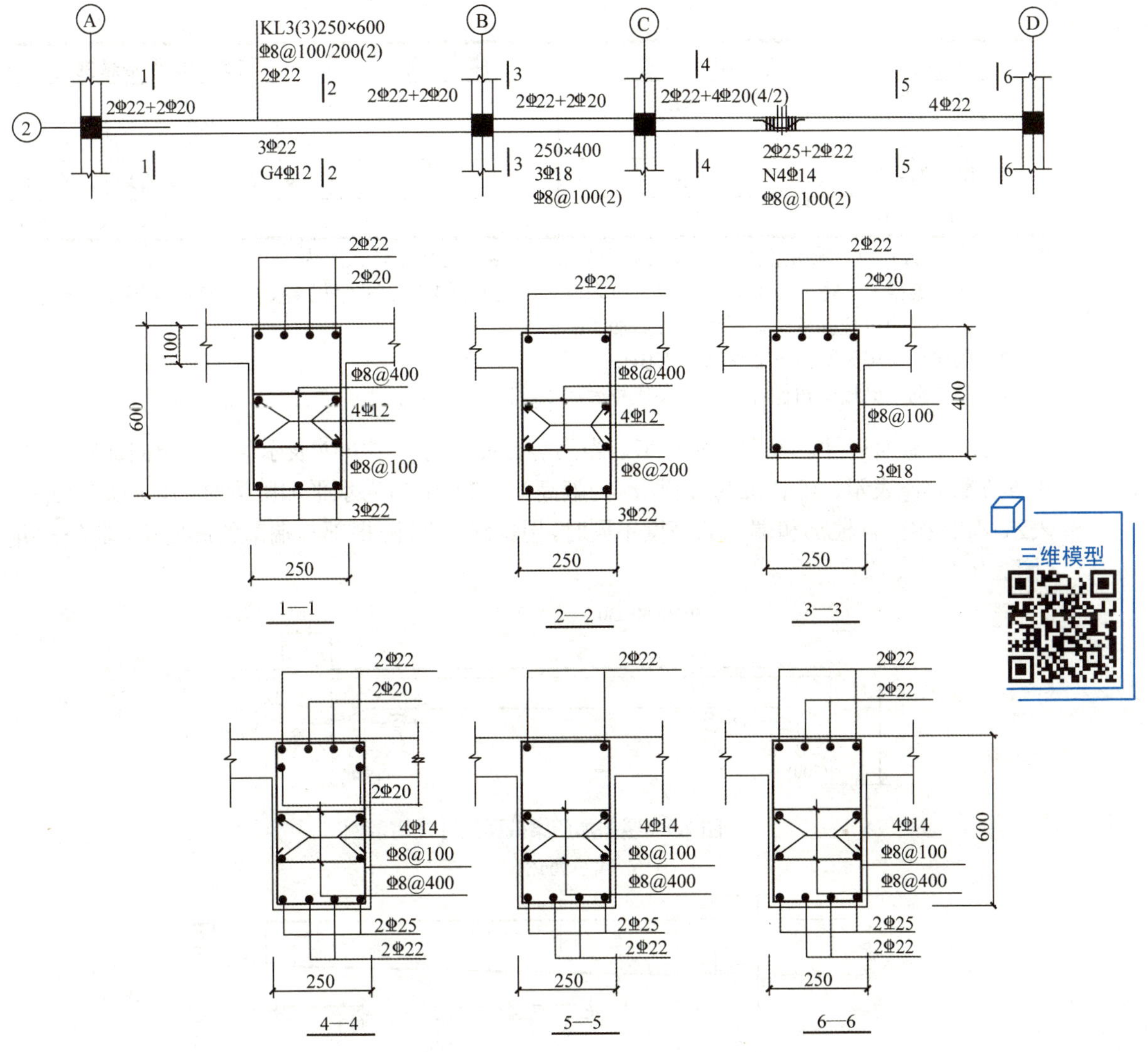

图 2.8 实例中 KL3 梁平面注写方式对比示例

1）梁集中标注的内容

梁集中标注的内容，有五项必注值及一项选注值，规定如下。

（1）梁编号。该项为必注值，由梁类型代号、序号、跨数及悬挑代号（如有）组成。根据梁的受力状态和节点构造的不同，将梁类型代号归纳为八种，其编号见表 2-4。

表 2-4 梁编号

梁类型	代　　号	序　　号	跨数、是否带悬挑
楼层框架梁	KL	××	（××）、（××A）或（××B）
屋面框架梁	WKL	××	（××）、（××A）或（××B）
框支梁	KZL	××	（××）、（××A）或（××B）
非框架梁	L	××	（××）、（××A）或（××B）

续表

梁类型	代　号	序　号	跨数、是否带悬挑
悬挑梁	XL	××	
井字梁	JZL	××	(××)、(××A)或(××B)
楼层框架扁梁	KBL	××	(××)、(××A)或(××B)
托柱转换梁	TZL	××	(××)、(××A)或(××B)

注：1.（××A）为一端有悬挑，（××B）为两端有悬挑，悬挑不计入跨内。

2. 非框架梁 L、井字梁 JZL 表示端支座为铰接；当非框架梁、井字梁端支座上部纵向钢筋为充分利用钢筋的抗拉强度时，在梁代号后加“g”。
3. 楼层框架扁梁节点核心区代号 KBH。
4. 当非框架梁按受扭设计时，在梁代号后加“N”。

（2）梁截面尺寸。该项为必注值。当为等截面梁时，用 $b\times h$ 表示；当为竖向加腋梁时，用 $b\times h$ Y$c_1\times c_2$ 表示，其中 c_1 为腋长，c_2 为腋高（图 2.9）；当为水平加腋梁时，用 $b\times h$ PY$c_1\times c_2$ 表示，有悬挑梁且根部和端部的高度不同时，用斜线“/”分隔根部与端部的高度值，即 $b\times h_1/h_2$（图 2.10）。

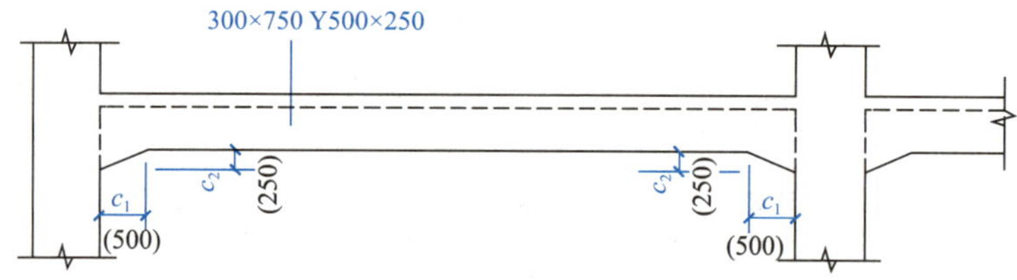

图 2.9　竖向加腋梁截面尺寸注写示例

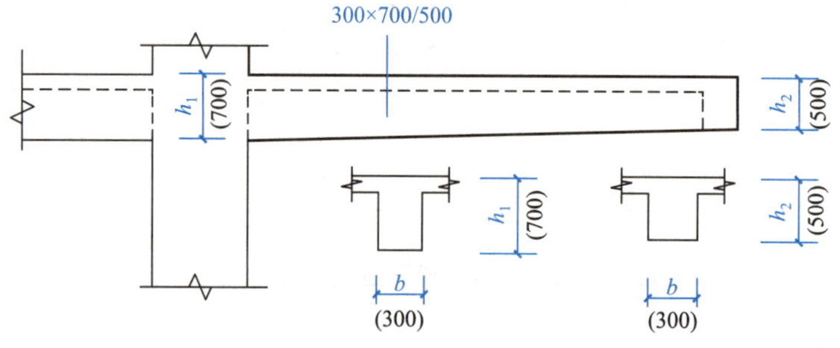

图 2.10　悬挑梁不等高截面尺寸注写示例

（3）梁箍筋。该项为必注值，包括钢筋级别、直径、加密区与非加密区间距及肢数。箍筋加密区与非加密区的不同间距及肢数需用斜线“/”分隔；当梁箍筋为同一种间距及肢数时，则不需用斜线；当加密区与非加密区的箍筋肢数相同时，则将肢数注写一次；箍筋肢数应写在括号内。加密区范围见相应抗震级别的构造详图（模块 8）。

特别提示

框架抗震级别分四级，相应的加密区范围也有规定，详见本书模块 8 表 8-4。实例中框架抗震等级为二级。

（4）梁上部通长钢筋或架立钢筋配置（通长钢筋可为相同或不同直径采用搭接连接、机械连接或对焊连接的钢筋）。该项为必注值，应根据结构受力要求及箍筋肢数等构造要求而定。当同排纵向钢筋中既有通长钢筋又有架立钢筋时，应采用加号“+”将通长钢筋与架立钢筋相连。注写时须将角筋写在加号的前面，架立钢筋写在加号后面的括号内，以示不同直径及与通长钢筋的区别。当全部采用架立钢筋时，则将其写入括号内。

当梁的上部和下部纵向钢筋均为通长钢筋，且各跨配筋相同时，此项可加注下部纵向钢筋的配筋值，用分号“；”将上部与下部纵向钢筋的配筋值分隔开来，少数跨不同者，可取原位标注。

（5）梁侧面纵向构造钢筋或受扭钢筋配置。该项为必注值。

当梁腹板高度 $h_w \geqslant 450$mm 时，须配置纵向构造钢筋，所注规格与根数应符合规范规定。此项注写值以大写字母“G”打头，接续注写设置在梁两个侧面的总配筋值，且对称配置。

当梁侧面需配置纵向受扭钢筋时，此项注写值以大写字母“N”打头，接续注写配置在梁两个侧面的总配筋值，且对称配置。纵向受扭钢筋应满足梁侧面纵向构造钢筋的间距要求，且不再重复配置纵向构造钢筋。

（6）梁顶面标高高差。该项为选注值。梁顶面标高高差指相对于该结构层楼面标高的高差值，有高差时，须将其写入括号内，无高差时不注。一般情况下，需要注写梁顶面高差的有洗手间梁、楼梯平台梁、楼梯平台板边梁等。

2）梁原位标注的内容

梁原位标注的内容规定如下。

（1）梁支座上部纵向钢筋，应包含通长钢筋在内的所有纵向钢筋。

① 当上部纵向钢筋多于一排时，用斜线“/”将各排纵向钢筋自上而下分开。

例如，KL3 梁 C 支座上部纵向钢筋注写为 2⌀22+4⌀20 4/2，表示第一排纵向钢筋为 2⌀22（两侧）+2⌀20（中间），第二排纵向钢筋为 2⌀20（两侧）。

② 当同排纵向钢筋有两种直径时，用加号“+”将两种直径的纵向钢筋相连，注写时角筋在前。

例如，KL3梁A支座上部纵向钢筋注写为2⌀22+2⌀20，表示有4根纵向钢筋，2⌀22放在角部，2⌀20放在中部。

③ 当梁中间支座两边的上部纵向钢筋不同时，须在支座两边分别标注；当梁中间支座两边的上部纵向钢筋相同时，可仅在支座的一边标注配筋值，另一边省去不注。

（2）梁下部纵向钢筋，规定如下。

① 当下部纵向钢筋多于一排时，用斜线“/”将各排纵向钢筋自上而下分开。

例如，梁下部纵向钢筋注写为 6⌀25 2/4，表示上一排纵向钢筋为 2⌀25，下一排纵向钢筋为 4⌀25，全部伸入支座。

② 当同排纵向钢筋有两种直径时，用加号“+”将两种直径的纵向钢筋相连，注写时角筋在前。

例如，KL3 梁右跨下部纵向钢筋注写为 2⌀25+2⌀22，表示 2⌀25 放在角部，2⌀22

放在中部。

③ 当梁下部纵向钢筋不全部伸入支座时，将梁支座下部纵向钢筋减少的数量写在括号内。

例如，下部纵向钢筋注写为 6Φ25 2（−2）/4，表示上一排纵向钢筋为 2Φ25，且不伸入支座；下一排纵向钢筋为 4Φ25，全部伸入支座。又如，梁下部纵向钢筋注写为 2Φ25+3Φ22（−3）/5Φ25，表示上一排纵向钢筋为 2Φ25 和 3Φ22，其中 3Φ22 不伸入支座；下一排纵向钢筋为 5Φ25，全部伸入支座。

（3）附加箍筋或吊筋，将其直接画在梁平面布置图中的主梁上，用线引注总配筋值（附加箍筋的肢数注在括号内），如图 2.11 所示。当多数附加箍筋或吊筋相同时，可在施工图中统一注明，少数不同值原位标注。

例如，KL3 支承一梁，在支承处设 2Φ25 吊筋和附加箍筋（每侧 3 根，直径 8mm，间距 50mm），类型为图 2.11 所示 A 类。

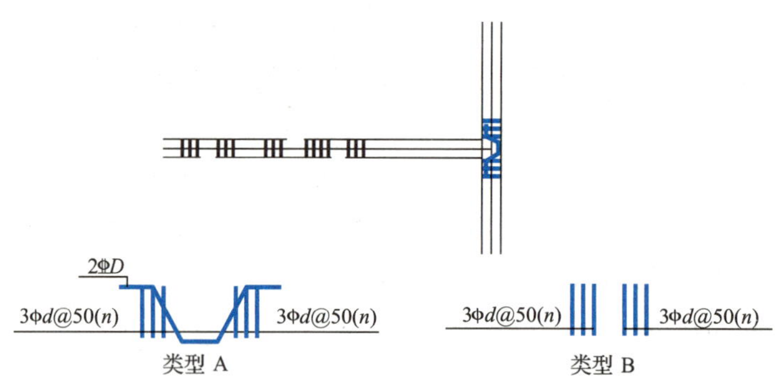

D—附加横向钢筋所在主梁下部下排较粗纵向钢筋直径，D≤20；
d—附加箍筋所在主梁箍筋直径；n—附加箍筋所在主梁箍筋肢数。

图 2.11 主次梁相交处主梁各类型附加横向钢筋画法示例

特别提示

在主次梁交接处，主梁必须设附加横向钢筋，附加横向钢筋可以是箍筋或吊筋，也可以是箍筋加吊筋。

（4）其他。当在梁上集中标注的内容如截面尺寸、箍筋、通长钢筋、架立钢筋、梁侧构造钢筋、受扭钢筋或梁顶面高差等，不适用某跨或某悬挑部分时，则将其不同数值原位标注在该跨或该悬挑部位，施工时应按原位标注数值取用。

应用案例 2-1 解读 3

实例中 KL3 为框架梁，有三跨，两端跨截面尺寸为 250mm×600mm，中跨截面尺寸为 250mm×400mm。左端跨箍筋“Φ8@100/200（2）”，表示箍筋为 HRB 400 级钢筋，直径为 8mm，双肢箍，端部加密区间距为 100mm，中部非加密区间距为 200mm。中跨、右端跨“Φ8@100（2）”，表示箍筋为 HRB 400 级钢筋，直径为 8mm，双肢箍，沿梁箍筋间距均为 100mm。

该梁上部通长钢筋 2⌀22，A 支座“2⌀22+2⌀20”表示通长钢筋 2⌀22 另加 2⌀20 支座负筋，B 支座“2⌀22+2⌀20”表示通长钢筋 2⌀22 另加 2⌀20 纵向钢筋，C 支座“2⌀22+4⌀20 4/2”表示通长钢筋 2⌀22 另加 4⌀20 纵向钢筋（共 6 根钢筋放两排，第一排 4 根，第二排 2 根），D 支座“4⌀22”表示通长钢筋 2⌀22 另加 2⌀22 纵向钢筋。

该梁下部第一跨纵向钢筋 3⌀22，“G4⌀12”表示梁的两个侧面共配置 4⌀12 的纵向构造钢筋，每侧各 2⌀12。由于是构造钢筋，其搭接与锚固长度可取为 15*d*。下部第二跨纵向钢筋 3⌀18。下部第三跨纵向钢筋 2⌀25+2⌀22，“N4⌀14”表示梁的两个侧面共配置 4⌀14 的纵向受扭钢筋，每侧各配置 2⌀14。由于是受力钢筋，其搭接长度为 l_l 或 l_{lE}，其锚固长度与方式同框架梁下部纵向钢筋。

知识链接

梁平法施工图截面注写方式

梁平法施工图截面注写方式，是在分标准层绘制的梁平面布置图上，分别在不同编号的梁中各选一根梁用剖面号引出配筋图，并在其上注写截面尺寸和配筋具体数值来表达梁平法施工图的方式。

其步骤为：对所有梁进行编号，从相同编号的梁中选择一根梁，先将“单边截面号”画在该梁上，再将截面配筋详图画在该图或其他图上。当某梁的顶面标高与该结构层的楼面标高不同时，应在其梁编号后注写梁顶面高差。

在截面配筋详图上注写截面尺寸 $b \times h$、上部纵向钢筋、下部纵向钢筋、侧面构造钢筋或受扭钢筋及箍筋的具体数值时，其表达形式与平面注写方式相同。

截面注写方式可以单独使用，也可以与平面注写方式结合使用。

板及现浇板式楼梯的平法注写方式

板的平法注写方式如图2.12所示。

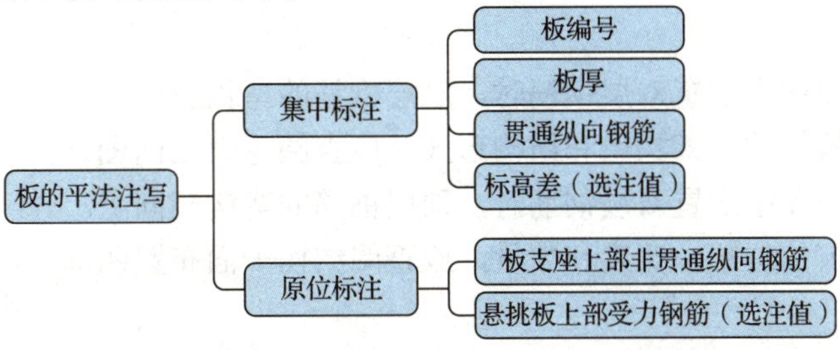

- 板的平法注写
  - 集中标注
    - 板编号
    - 板厚
    - 贯通纵向钢筋
    - 标高差（选注值）
  - 原位标注
    - 板支座上部非贯通纵向钢筋
    - 悬挑板上部受力钢筋（选注值）

图 2.12　板的平法注写方式

现浇板式楼梯的平法注写方式如图2.13所示。

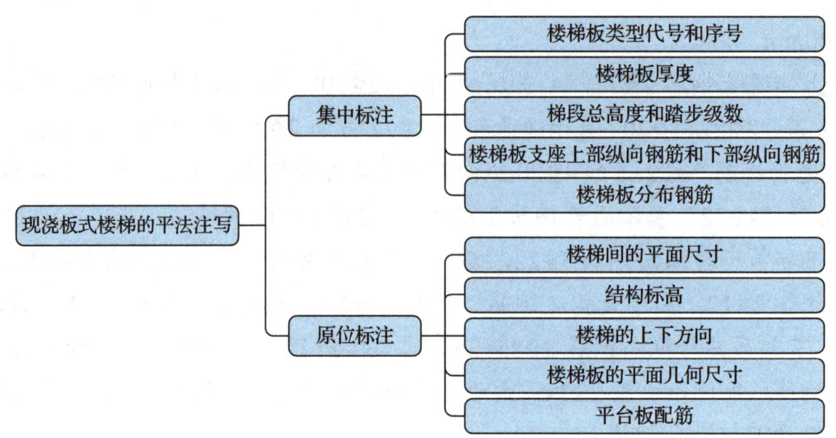

图 2.13　现浇板式楼梯的平法注写方式

模块小结

结构施工图是表达建筑物的结构形式及构件布置等的图样，是建筑施工的依据。

结构施工图一般包括基础施工图、结构平面布置图、构件详图等。基础施工图用来反映建筑物的基础形式、基础构件布置及构件详图。在识读基础施工图时，应重点了解基础的形式、布置位置、基础地面宽度、基础埋置深度等。楼层结构平面布置图主要反映了墙、柱、梁、板等构件的型号、布置位置、现浇及预制板装配情况。构件详图主要反映了构件的形状、尺寸、配筋、预埋件设置等情况。

在识读结构施工图时，要与建筑施工图对照阅读，因为结构施工图是在建筑施工图的基础上设计的。用平法表达梁、柱配筋是目前广泛应用的方法，只有掌握其制图规则才能看懂用平法表示的图纸内容。

习　题

一、判断题

1. 在结构平面图中配置双层钢筋时，底层钢筋的弯钩应向下。（　　）
2. 欲了解建筑物的内部构造和结构形式，应查阅建筑立面图。（　　）
3. 在结构平面图中配置双层钢筋时，顶层钢筋的弯钩应向上。（　　）
4. 欲了解门窗的位置、宽度和数量，应查阅结构平面布置图。（　　）

二、思考题

1. 说出下列构件代号所表示的内容。

   TB　QL　KZL　YP　J　KB　GL　TL　KL　KZ

2. 识读实例中 KL1 平法配筋图。
3. 识读实例中 KZ1 平法配筋图。

模块 3 建筑力学基本知识

思维导图

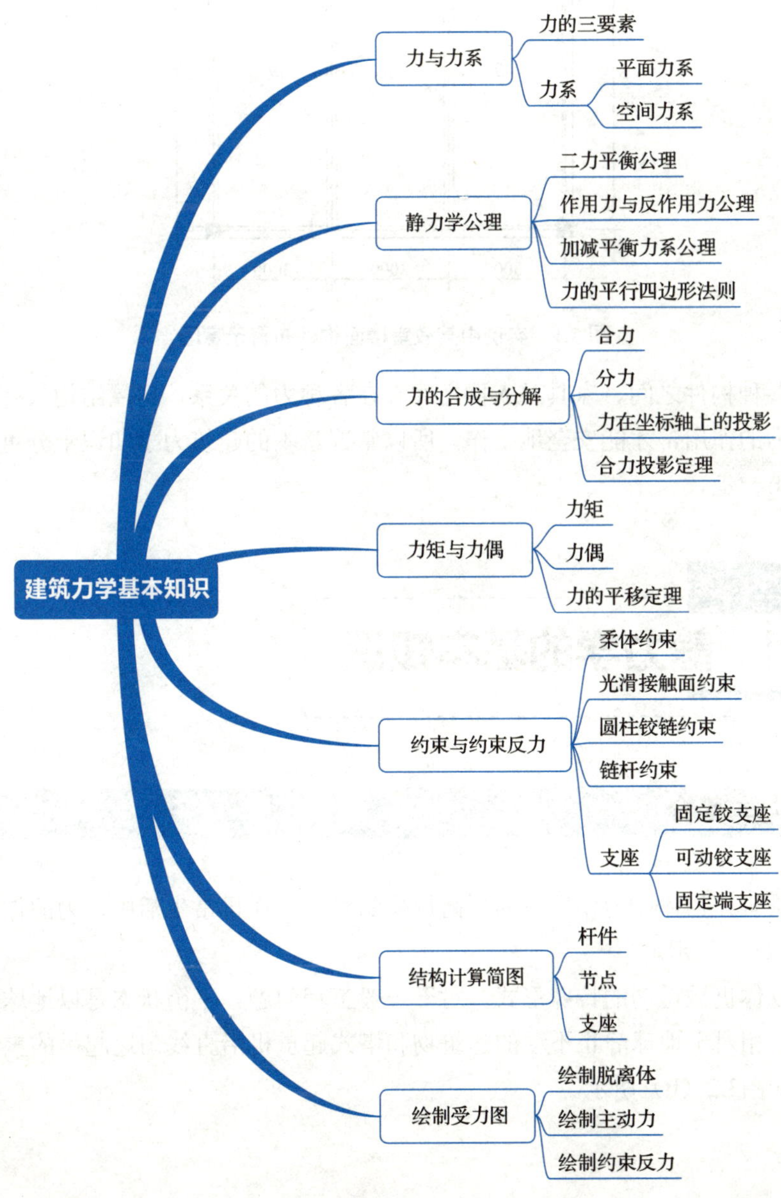

引例

实例中的两层现浇钢筋混凝土框架结构的教学楼，由现浇的钢筋混凝土梁、板、柱和基础等构件组成，这些构件浇筑成一个整体。楼面是现浇的钢筋混凝土板，由现浇的钢筋混凝土框架梁支承着，现浇钢筋混凝土柱支承着梁，柱固结于现浇钢筋混凝土基础上。图 3.1 所示为某教室楼面构件布置示意图。

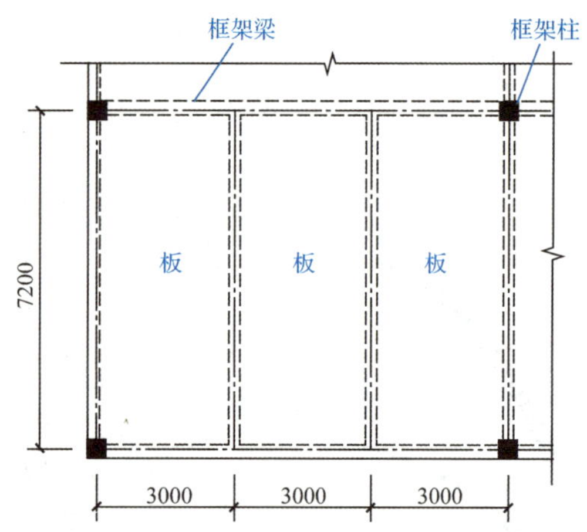

图 3.1　实例中某教室楼面构件布置示意图

实例中各种构件之间、家具及人群之间存在各种力的关系，房屋结构只有正确、合理地承担各种力的作用，才能安全地工作，所以掌握基本的建筑力学知识十分重要，这也是结构设计的第一步。

3.1　静力学的基本知识

3.1.1　静力学简介

静力学是研究物体在力作用下的平衡规律的科学。在日常生活中，力的作用也普遍存在，如图3.2（a）所示。

平衡是物体机械运动的特殊形式。对于一般工程问题，平衡状态是以地球为参照系确定的。例如，相对于地球静止不动的建筑物和塔式起重机沿直线匀速起吊的重物，都处于平衡状态，如图3.2（b）所示。

（a）力的作用

（b）平衡状态

图 3.2　生活中的力与平衡

特别提示

房屋从开始建造时起，就承受各种力的作用。例如，楼板在施工中除承受自身的重力外，还承受人和施工机具的重力；墙面承受楼面传来的竖向压力和水平的风力；基础则承受墙身传来的压力；等等。

3.1.2 力的概念

1. 力

1）力的定义

力是物体之间相互的机械作用，这种作用的效果是使物体的运动状态发生变化或使物体发生变形。

在研究物体的受力问题时，必须分清哪个是施力物体，哪个是受力物体。

特别提示

空心板支承在楼面梁上，板是施力物体，梁是受力物体；楼面梁支承在墙上，梁是施力物体，墙是受力物体。

2）力的三要素

实践证明，力对物体的作用效果取决于三个要素：力的大小、方向和作用点，如图3.3所示。

描述一个力时，要全面表明力的三要素，因为任一要素发生改变，都会对物体产生不同的效果。

（1）力的大小。力的大小表示物体间相互作用的强烈程度。为了度量力的大小，必须确定力的单位。在国际单位制中，力的常用单位为牛顿（N）或千牛顿（kN），1 kN=1000 N。

（2）力的方向。力的方向包含方位和指向两个含义。例如，重力的方向是铅垂向下的，

“铅垂”是力的方位，“向下”是力的指向。

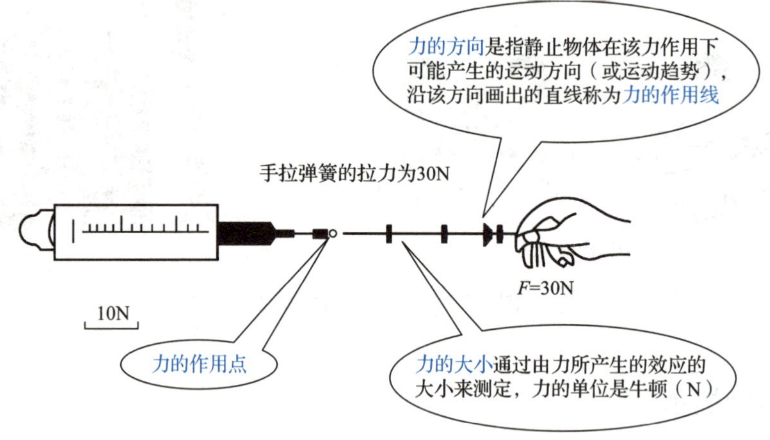

图 3.3　力的三要素

（3）力的作用点。力的作用点是指力在物体上的作用位置。力的作用位置，一般并不是一个点，而往往有一定的范围，但是，当力的作用范围与物体相比很小时，就可以近似地看成一个点，而认为力集中作用在这个点上。作用在这一点上的力称为集中力，工程中也称集中荷载。

3）力是矢量

力是一个有大小和方向的物理量，所以力是矢量。力用一段带箭头的线段来表示。线段的长度表示力的大小；线段与某定直线的夹角表示力的方位，箭头表示力的指向；线段的起点或终点表示力的作用点。用字母表示力时，采用黑体字 $\boldsymbol{F}$ 或 $\vec{F}$，而普通字母 F 只表示力的大小。

特别提示

空心板承受人群和家具的重力；梁承受着空心板传来的重力；外纵墙承受着梁传来的重力和外部的风力。这些力都有确定的大小、方向和作用点，它们都是矢量。

2. 刚体

任何物体在力的作用下，都会发生大小和形状的改变，即发生变形。在正常情况下，实际工程中许多物体的变形是非常微小的，对研究物体的平衡问题影响很小，可以忽略不计，这样就可以将物体看成不变形体。

在外力的作用下，大小和形状保持不变的物体称为刚体。例如，在对实例中的梁进行受力分析时，就把该梁看成刚体，梁本身的变形可以忽略。

特别提示

在静力学中，我们把所讨论的物体都看作刚体，但在讨论物体受到力的作用时是否会被破坏及计算变形时，就不能再把物体看成刚体，而应看作变形体。例如，对实例中的梁和板进行设计计算时，就要考虑梁和板本身的变形。

3. 力系

通常一个物体所受的力不止一个而是若干个，作用于物体上的一群力称为力系。力系是工程力学研究的对象，因为所有的工程构件都处于平衡状态，且由于一个力不可能使物体处于平衡状态，因此可以知道，工程构件都受到力系作用。

特别提示

楼面梁本身有重力，还承受其上空心板传来的竖向力；梁两端支承在墙上，墙对梁还有支承力。所以对于梁来讲，梁所受的力不止一个，而是多个，这些力就构成了力系。其他的房屋结构构件也都在力系的作用之下而处于平衡状态。

按照力系中各力作用线分布的不同，力系可分为以下三种。

（1）汇交力系：力系中各力的作用线汇交于一点。

（2）平行力系：力系中各力的作用线相互平行。

（3）一般力系：力系中各力的作用线既不完全交于一点，也不完全平行。

本书主要研究的是平面力系，即平面汇交力系、平面平行力系和平面一般力系。使同一刚体产生相同作用效应的力系称为等效力系。作用于刚体并使刚体保持平衡的力系称为平衡力系。

知识链接

楼面梁 L1 所承受的各个力组成了力系，如图 3.4 所示。这些力都作用在梁的纵向对称平面内，所以该力系为平面力系。经过分析，发现这个平面力系中的各个力的作用线是相互平行的，所以该力系又可以称为平面平行力系。

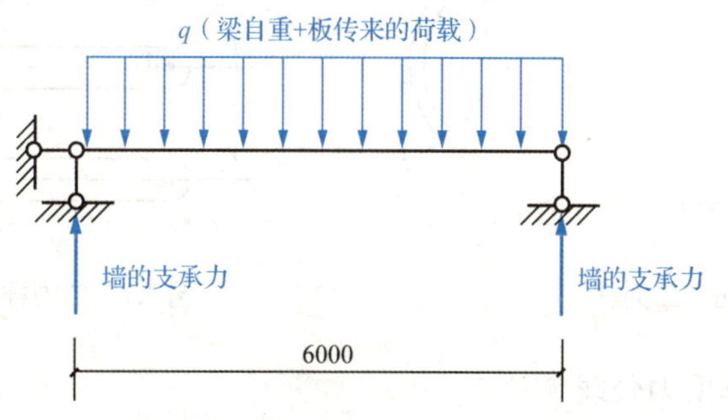

图 3.4 墙面梁 L1 上各个力的分布情况

简支梁实例
——过梁

3.1.3 静力学公理

静力学公理是人们在长期的生产和生活实践中，逐步认识和总结出来的力的普遍规律。它阐述了力的基本性质，是静力学的基础。

1. 二力平衡公理

作用在同一刚体上的两个力，使刚体处于平衡状态的充要条件是：这两个力大小相等，方向相反，作用线在同一直线上。

此公理说明了作用在同一个物体上的两个力的平衡条件。

知识链接

如图 3.5 所示，在起重机上挂一静止重物，如图 3.5（a）所示，重物受到绳索拉力 $\boldsymbol{T}$ 和重力 $\boldsymbol{G}$ 的作用，如图 3.5（b）所示，则这两个力大小相等、方向相反且作用在同一条直线上。

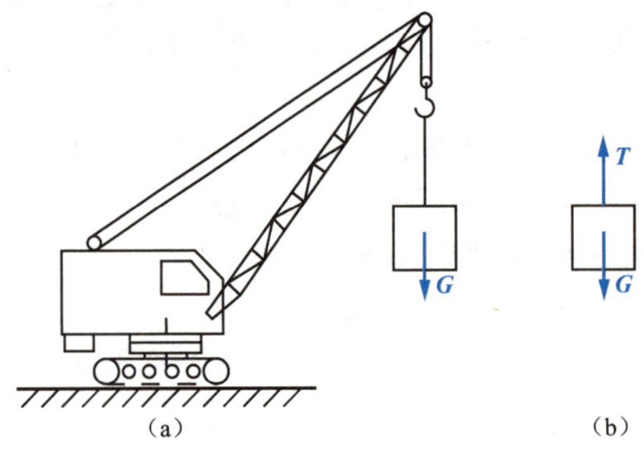

图 3.5　平衡力

只在两点受到力的作用而处于平衡状态的构件称为二力构件，简称为二力杆，如图 3.6 和图 3.7 所示。

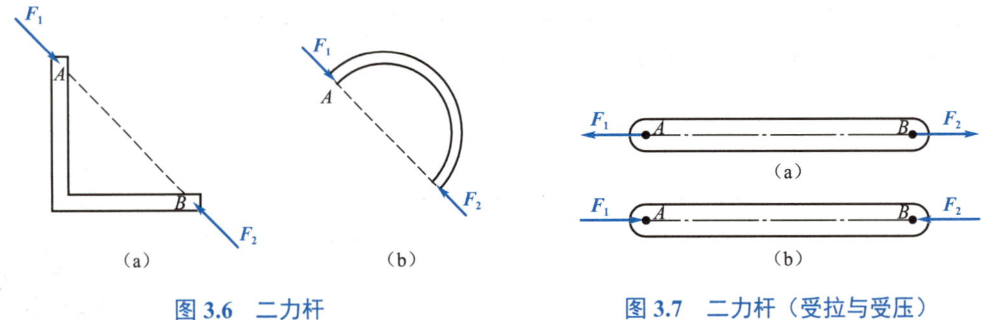

图 3.6　二力杆

图 3.7　二力杆（受拉与受压）

2. 作用力与反作用力公理

作用力和反作用力总是同时存在的，两力的大小相等、方向相反，沿着同一直线，分别作用在两个相互作用的物体上，如图3.8所示。

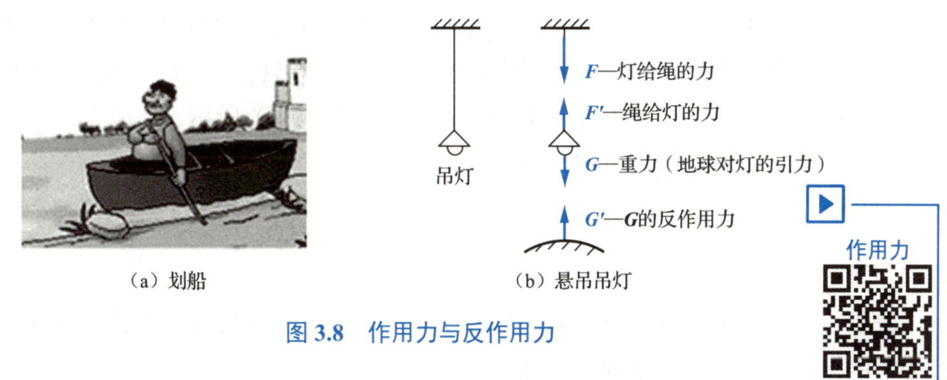

（a）划船　　（b）悬吊吊灯

图 3.8　作用力与反作用力

特别提示

各个受力构件之间都存在作用力和反作用力的关系。例如，支承在墙上的楼面梁 L1（图 3.4），梁对墙的压力和墙对梁的支承力是作用力和反作用力的关系。

3. 加减平衡力系公理

在作用着已知力系的刚体上，加上或者减去任意平衡力系，不会改变原来力系对刚体的作用效应。这是因为平衡力系对刚体的运动状态没有影响，所以增加或减少任意平衡力系均不会使刚体的运动效果发生改变。

推论　力的可传性原理：作用在刚体上的力，可以沿其作用线移动到刚体上的任意一点，而不改变力对物体的作用效果。

根据力的可传性原理可知，力对刚体的作用效应与力的作用点在作用线上的位置无关。因此，力的三要素可改为力的大小、方向、作用线。

知识链接

如图 3.9 所示，在 A 点作用一水平力 $\boldsymbol{F}$ 推车或沿同一直线在 B 点拉车，对小车的作用效果是一样的。

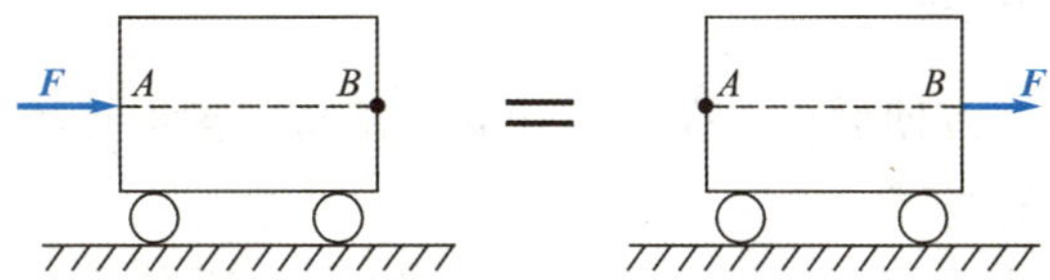

图 3.9　刚体上力的可传性

4. 力的平行四边形法则

作用于刚体上同一点的两个力，可以合成一个合力，合力也作用于该点，合力的大小和方向由以这两个力为邻边所组成的平行四边形的对角线确定。如图 3.10（a）所示，两力 $\boldsymbol{F}_1$、$\boldsymbol{F}_2$ 汇交于 A 点，它们的合力 $\boldsymbol{F}$ 也作用在 A 点，合力 $\boldsymbol{F}$ 的大小和方向由以 $\boldsymbol{F}_1$、$\boldsymbol{F}_2$ 为邻边所组成的平行四边形 $ABCD$ 的对角线 AC 确定：合力 $\boldsymbol{F}$ 的大小为此对角线的长，方向由

A 指向 C。

作用在刚体上的两个汇交力可以合成一个合力。反之，作用在刚体上的一个力也可以分解为两个分力。在工程实际中，最常见的分解方法是将已知力 $\boldsymbol{F}$ 沿两直角坐标轴方向分解，可分解为两个相互垂直的分力 $\boldsymbol{F}_x$ 和 $\boldsymbol{F}_y$，如图 3.10（b）所示。

按照三角函数公式，可得两分力的大小为

$$\begin{cases} F_x = F\cos\alpha \\ F_y = F\sin\alpha \end{cases} \tag{3-1}$$

推论 三力平衡汇交定理：若刚体在三个互不平行的力的作用下处于平衡状态，则此三个力的作用线必在同一平面且汇交于一点。

如图 3.11 所示，物体在三个互不平行的力 $\boldsymbol{F}_1$、$\boldsymbol{F}_2$ 和 $\boldsymbol{F}_3$ 作用下处于平衡，其中二力 $\boldsymbol{F}_1$、$\boldsymbol{F}_2$ 可合成一作用于 A 点的合力 $\boldsymbol{F}$。根据二力平衡公理，第三力 $\boldsymbol{F}_3$ 与 $\boldsymbol{F}$ 必共线，即第三力 $\boldsymbol{F}_3$ 必过其他二力 $\boldsymbol{F}_1$、$\boldsymbol{F}_2$ 的汇交点 A。

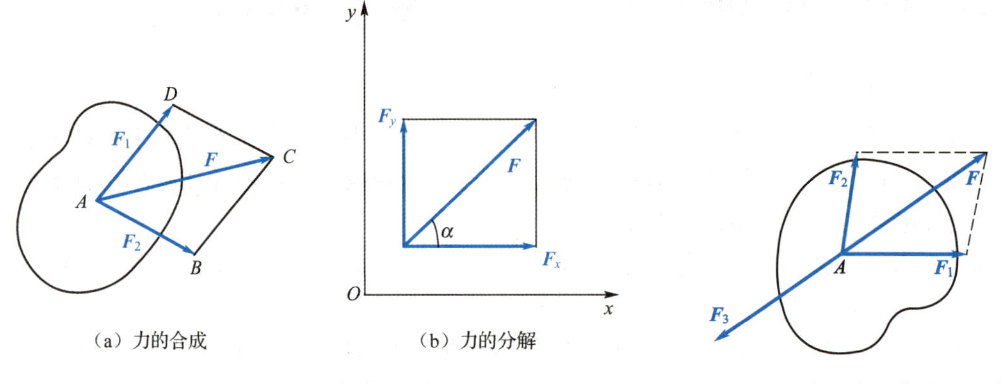

图 3.10 力的合成与分解

图 3.11 三力平衡汇交定理示意

3.1.4 力的合成与分解

1. 力在坐标轴上的投影

由于力是矢量，为了方便运算，在力学计算中常将矢量运算转化为代数运算。力在坐标轴上的投影就是转化的基础。

设力 $\boldsymbol{F}$ 作用在物体上点 A 处，用 AB 表示。通过力 $\boldsymbol{F}$ 所在平面的任意点 O 作直角坐标系 xOy，如图 3.12 所示。从力 $\boldsymbol{F}$ 的起点 A、终点 B 分别作垂直于 x 轴的垂线，得垂足 a 和 b，并在 x 轴上得线段 ab，线段 ab 的长度加以正负号称为力 $\boldsymbol{F}$ 在 x 轴上的投影，用 F_x 表示。同样方法也可以确定力 $\boldsymbol{F}$ 在 y 轴上的投影为线段 a_1b_1，用 F_y 表示。并且规定：从投影的起点到终点的指向与坐标轴正方向一致时，投影取正号；从投影的起点到终点的指向与坐标轴正方向相反时，投影取负号。

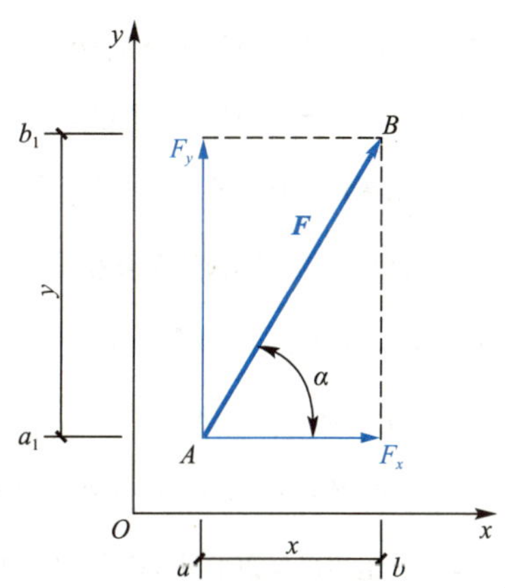

图 3.12　力在坐标轴上的投影

从图中的几何关系得出投影的计算公式为

$$\begin{cases} F_x = \pm F\cos\alpha \\ F_y = \pm F\sin\alpha \end{cases} \quad (3\text{-}2)$$

式中　α——力 $\boldsymbol{F}$ 与 x 轴所夹的锐角；F_x 和 F_y 的正负可按上面提到的规定直观判断得出。

反过来，力 $\boldsymbol{F}$ 在坐标轴上的投影 F_x 和 F_y 已知，则可以求出这个力的大小和方向。由图 3.12 中的几何关系可知

$$\begin{cases} F = \sqrt{F_x^2 + F_y^2} \\ \alpha = \arctan\dfrac{|F_y|}{|F_x|} \end{cases} \quad (3\text{-}3)$$

式中　α——力 $\boldsymbol{F}$ 与 x 轴所夹的锐角；力 $\boldsymbol{F}$ 的具体指向可由 F_x 和 F_y 的正负号确定。

特别要指出的是，当力 $\boldsymbol{F}$ 与 x 轴（y 轴）平行时，$\boldsymbol{F}$ 的投影 $F_y(F_x)$ 为零，$F_x(F_y)$ 的值与 F 的大小相等，方向按上述规定的符号确定。

应用案例 3-1

试分别求出图 3.13 中各力在 x 轴和 y 轴上的投影。已知 F_1=100N，F_2=150N，F_3=F_4=200N，各力方向如图 3.13 所示。

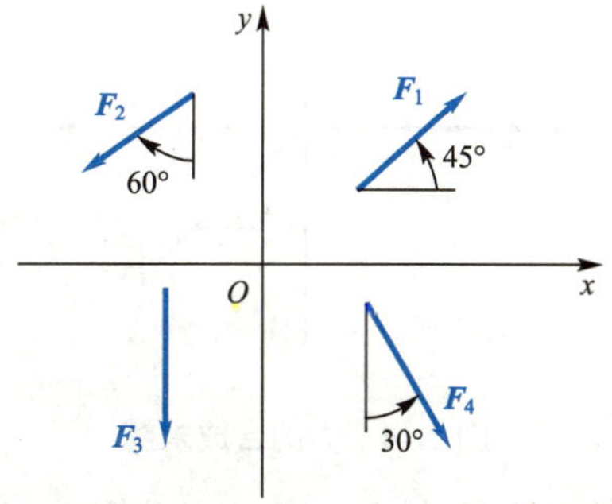

图 3.13　力的投影求解

解：由式（3-2）可得各力在 x、y 轴上的投影分别为

$$F_{1x}=F_1\cos 45°=100\text{N}\times 0.707=70.7\text{N}$$

$$F_{1y}=F_1\sin 45°=100\text{N}\times 0.707=70.7\text{N}$$

$$F_{2x}=-F_2\sin 60°=-150\text{N}\times 0.866=-129.9\text{N}$$

$$F_{2y}=-F_2\cos 60°=-150\text{N}\times 0.5=-75\text{N}$$

$$F_{3x}=F_3\cos 90°=0$$

$$F_{3y}=-F_3\sin 90°=-200\text{N}\times 1=-200\text{N}$$

$$F_{4x}=F_4\sin 30°=200\text{N}\times 0.5=100\text{N}$$

$$F_{4y}=-F_4\cos 30°=-200\text{N}\times 0.866=-173.2\text{N}$$

【案例点评】

以上案例中的各力出现在不同的方向上，具有代表性。在求解力的投影时要明确力的投影与坐标轴的正方向的关系，方向一致，力的投影就取正号；反之，取负号。

2. 合力投影定理

合力投影定理为合力在坐标轴上的投影（F_{Rx}，F_{Ry}）等于各分力在同一轴上投影的代数和：

$$\begin{cases} F_{Rx}=F_{1x}+F_{2x}+\cdots+F_{nx}=\sum_{i=1}^{n}F_{ix} \\ F_{Ry}=F_{1y}+F_{2y}+\cdots+F_{ny}=\sum_{i=1}^{n}F_{iy} \end{cases} \tag{3-4}$$

应用案例 3-2

试分别求出图 3.14 中各力的合力在 x 轴和 y 轴上的投影。已知 F_1=20kN，F_2=40kN，F_3=50kN，各力方向如图 3.14 所示。

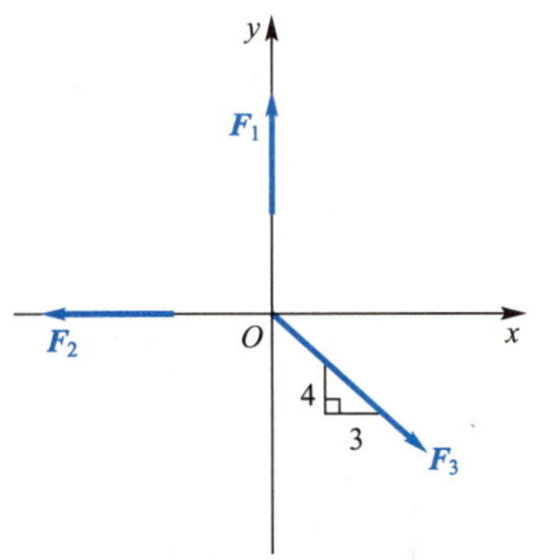

图 3.14 力的合成求解

解：由式（3-4）可得各力的合力在 x、y 轴上的投影分别为

$$F_{Rx}=\sum F_x=F_1\cos 90°-F_2\cos 0°+F_3\times\frac{3}{\sqrt{3^2+4^2}}$$
$$=\left(0-40+50\times\frac{3}{5}\right)\text{kN}=-10\text{kN}$$
$$F_{Ry}=\sum F_y=F_1\sin 90°+F_2\sin 0°-F_3\times\frac{4}{\sqrt{3^2+4^2}}$$
$$=\left(20+0-50\times\frac{4}{5}\right)\text{kN}=-20\text{kN}$$

【案例点评】

用合力投影定理求解平面汇交力系的合力的投影最为方便。

3.1.5 力矩与力偶

1. 力矩

从实践中我们知道，力对物体的作用效果除能使物体移动外，还能使物体转动。力矩就是度量力使物体转动效应的物理量。

用扳手拧螺母、用钉锤拔钉子及用手推门等都是物体在力矩作用下产生转动效应的案例，如图 3.15 所示。

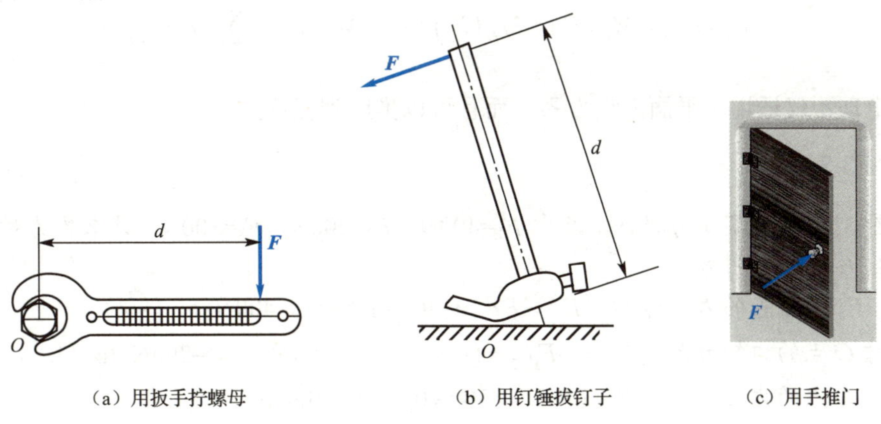

图 3.15 生活中的力矩作用

如图 3.16 所示，用乘积 Fd 加上正号或负号作为度量力 $\boldsymbol{F}$ 使物体绕 O 点转动效应的物理量，该物理量称为力 $\boldsymbol{F}$ 对 O 点之矩，简称力矩。O 点称为矩心，矩心 O 到力 $\boldsymbol{F}$ 的作用线的垂直距离 d 称为力臂。力矩是代数量，通常用符号 M_O（F）表示，若力使物体产生逆时针方向转动，取正号；反之，取负号，即

$$M_O(F)=\pm Fd \tag{3-5}$$

力矩的单位是力与长度的单位的乘积。在国际单位制中，力矩的单位为 N·m 或 kN·m。

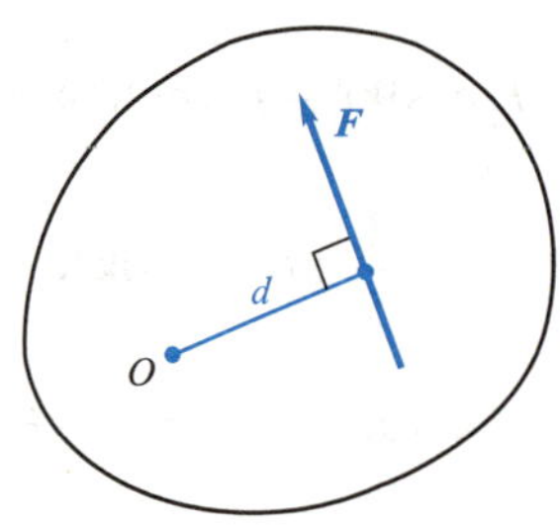

图 3.16　力对点之矩

特别提示

力矩在下列情况下为零：①力等于零；②力臂等于零，即力的作用线通过矩心。

2. 合力矩定理

在计算力矩时，往往力臂不易求出，因而直接按定义求力矩难以计算。此时，通常采用的方法是将这个力分解为两个或两个以上便于求出力臂的分力，再由多个分力力矩的代数和求出合力的力矩。这一有效方法的理论根据是合力矩定理，即有n个平面汇交力作用于A点，则平面汇交力系的合力对平面内任一点之矩，等于力系中各分力对同一点力矩的代数和，表示为

$$M_O(F_R)=M_O(F_1)+M_O(F_2)+\cdots+M_O(F_n)=\sum_{i=1}^{n}M_O(F_i)$$

该定理不仅适用于平面汇交力系，而且可以推广到任意力系。

应用案例 3-3

如图 3.17 所示某受力杆件，其中 F_1=400N，F_2=200N，F_3=300N。试求各力对 O 点的力矩及合力对 O 点的力矩。

解：F_1 对 O 点的力矩为 $M_O(F_1)=F_1d_1=(400\times1)\text{N}\cdot\text{m}=400\text{N}\cdot\text{m}$（↺）

F_2 对 O 点的力矩为 $M_O(F_2)=-F_2d_2=(-200\times2\sin30°)\text{N}\cdot\text{m}=-200\text{N}\cdot\text{m}$（↻）

F_3 对 O 点的力矩为 $M_O(F_3)=F_3d_3=(300\times0)\text{N}\cdot\text{m}=0\text{N}\cdot\text{m}$

上述三个力的合力对 O 点的力矩为 $M_O=(400-200+0)\text{N}\cdot\text{m}=200\text{N}\cdot\text{m}$（↺）

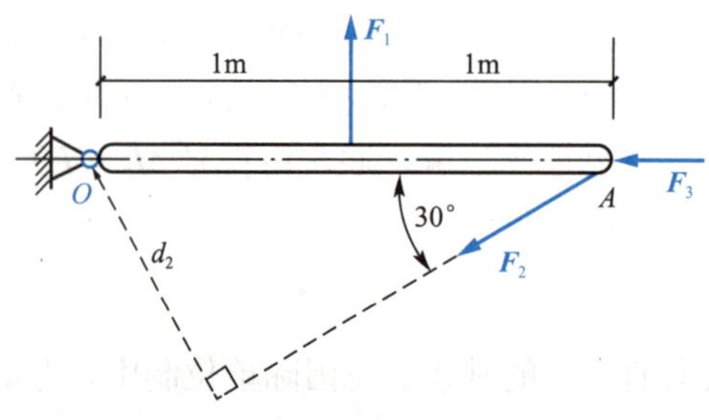

图 3.17　某受力杆件

3. 力偶

1）力偶的概念

在力学中，由两个大小相等、方向相反、作用线平行而不重合的力 $\boldsymbol{F}$ 和 $\boldsymbol{F}'$ 组成的力系，称为力偶，并用符号（$\boldsymbol{F}$，$\boldsymbol{F}'$）来表示。力偶的作用效果是使物体转动。

在日常生活中，常见的如开水龙头、汽车司机用双手转动转向盘、钳工用丝锥攻螺纹等都是力偶作用的案例，如图 3.18 所示。

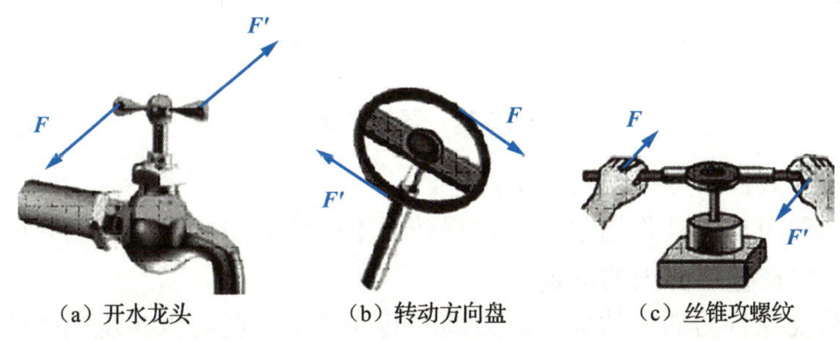

图 3.18　生活中的力偶作用

力偶中两力作用线间的垂直距离 d 称为力偶臂，如图 3.19 所示。力偶所在的平面称为力偶作用面。

在力学中，用力 $\boldsymbol{F}$ 的大小与力偶臂 d 的乘积 Fd 加上正号或负号作为度量力偶对物体转动效应的物理量，该物理量称为力偶矩，并用符号 M（F，F'）或 M 表示，即

$$M(F,\ F') = \pm Fd \tag{3-6}$$

式中，正负号的规定：若力偶的转向为逆时针，取正号；反之，取负号，如图 3.20 所示。在国际单位制中，力偶矩的单位为 N·m 或 kN·m。

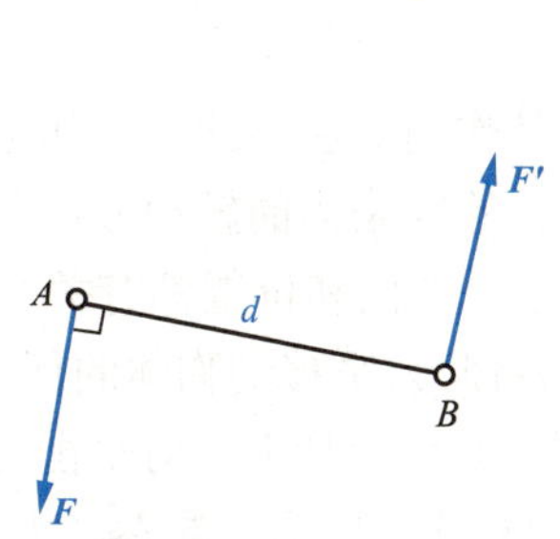

图 3.19　力偶示意

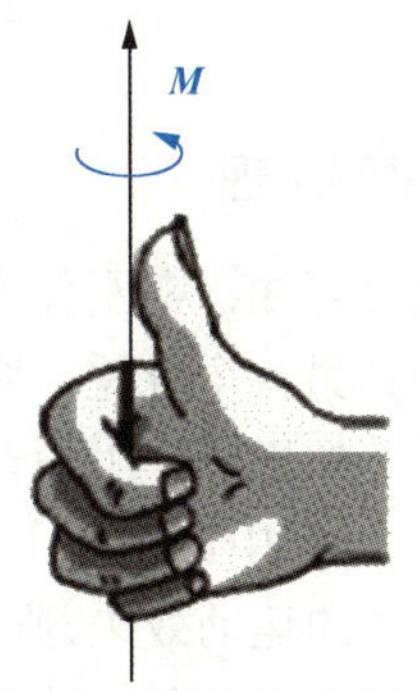

图 3.20　力偶的转向

2）力偶的性质

（1）力偶在任一坐标轴上的投影等于零。力偶不能用一个力来代替，即力偶不能简化为一个力，因而力偶也不能和一个力平衡，力偶只能与力偶平衡。

（2）力偶对其作用面内任一点 O 之矩恒等于力偶矩，而与矩心的位置无关。

（3）在同一平面内的两个力偶，如果它们的力偶矩大小相等，力偶的转向相同，则这

两个力偶是等效的，这一性质称为力偶的等效性。图 3.21 所示的各力偶均为等效力偶。

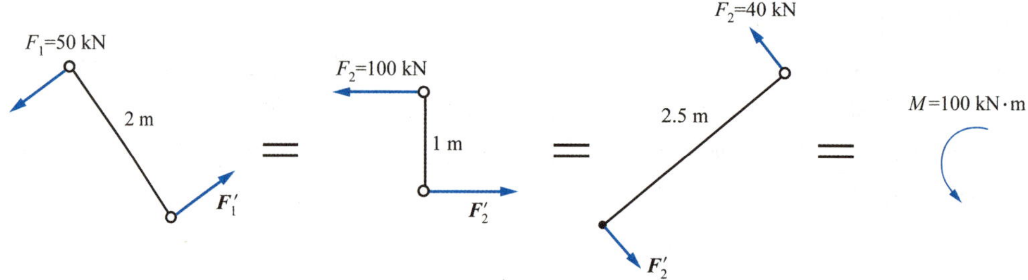

图 3.21　等效力偶

根据力偶的等效性，可以得出两个推论。

推论 1　力偶可以在其作用面内任意移转而不改变它对物体的转动效应，即力偶对物体的转动效应与它在作用面内的位置无关。

推论 2　只要保持力偶矩的大小、力偶的转向不变，就可以实现同时改变力偶中的力和力偶臂的大小，而不改变它对物体的转动效应。

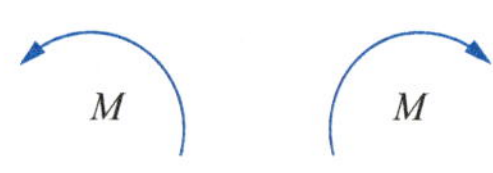

图 3.22　力偶的表示方法

在平面问题中，由于力偶对物体的转动效应完全取决于力偶矩的大小和力偶的转向，所以，力偶在其作用面内除可用两个力表示外，通常还可用一带箭头的弧线来表示，如图 3.22 所示。其中箭头表示力偶的转向，M 表示力偶矩的大小。

3）平面力偶系的合成

在物体的某一平面内同时作用有两个或两个以上的力偶时，这群力偶就称为平面力偶系。平面力偶系合成的结果为一合力偶，其合力偶矩等于各分力偶矩的代数和，即

$$M = M_1 + M_2 + \cdots + M_n = \sum_{i=1}^{n} M_i \tag{3-7}$$

4. 力的平移定理

由力的性质可知：在刚体内，力沿其作用线平移，其作用效应不改变。如果将力的作用线平行移动到另一个位置，则其作用效应将发生改变，原因是力的转动效应与力的位置有直接的关系。如生活中用力开门的实际效应与力的大小、方向和位置都有关系。

在图 3.23（a）中，物体上 A 点作用有一个力 $\boldsymbol{F}$，如将此力平移到物体的任意一点 O，而又不改变物体的运动效果，则应根据加减平衡力系公理，在 O 点加上一对平衡力 $\boldsymbol{F}'$和 $\boldsymbol{F}''$，使它们的大小与力 $\boldsymbol{F}$ 相等，作用线与力 $\boldsymbol{F}$ 平行，如图 3.23（b）所示。显然，力 $\boldsymbol{F}$ 与 $\boldsymbol{F}''$组成了一个力偶（$\boldsymbol{F}$，$\boldsymbol{F}''$），其力偶矩为 $M = Fd = M_O(F)$。于是，原作用于 A 点的力 $\boldsymbol{F}$ 就与现在作用于 O 点的力 $\boldsymbol{F}'$和力偶（$\boldsymbol{F}$，$\boldsymbol{F}''$）等效，即相当于将力 $\boldsymbol{F}$ 平移到 O 点，如图 3.23（c）所示。

由此可以得出力的平移定理：作用于刚体上的力 $\boldsymbol{F}$，可以平移到刚体上任意一点 O，但必须附加一个力偶才能与原力等效，附加的力偶矩等于原力 $\boldsymbol{F}$ 对新作用点 O 的力矩。

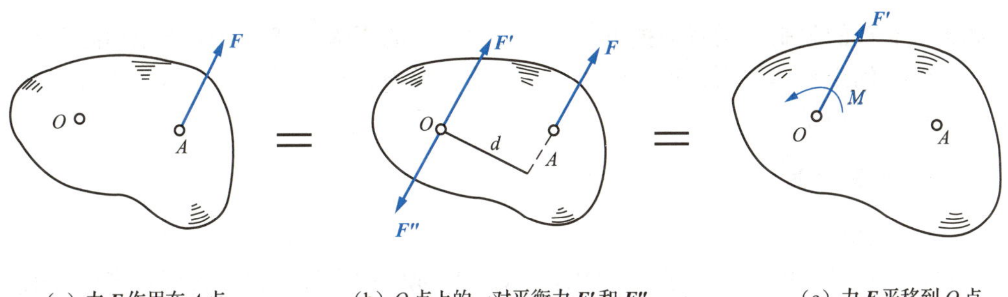

（a）力 F 作用在 A 点　　（b）O 点上的一对平衡力 F' 和 F''　　（c）力 F 平移到 O 点

图 3.23　力的平移定理

3.1.6 约束与约束反力

1. 约束与约束反力的概念

在工程结构中，每一个构件都和周围的其他构件相互联系着，并且由于受到这些构件的限制而不能自由运动。一个物体的运动受到周围物体的限制时，这些周围物体称为该物体的约束。如图 3.24 所示，柱就是梁的约束，基础是柱的约束。

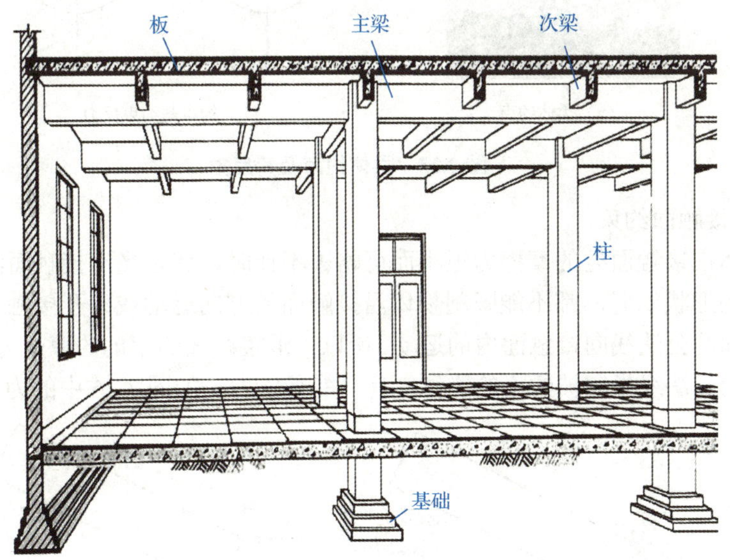

图 3.24　钢筋混凝土框架结构房屋

特别提示

图 3.4 中的楼面梁 L1 受到墙的支承，空心板受到楼面梁的支承等，这些支承物均称为约束。

如果没有柱的限制，梁就会掉下来。柱要阻止梁的下落，就必须给梁施加向上的力，这种约束给被约束物体的力，称为约束反力，简称反力。约束反力的方向总是与约束所能限制的运动方向相反。

2. 各类约束及其反力

1）柔体约束

用柔软的皮带、绳索、链条阻碍物体运动而构成的约束称为柔体约束。这种约束只能限制物体沿着柔体中心线使柔体张紧方向的移动，且柔体约束只能受拉力，不能受压力，所以约束反力一定通过接触点，沿着柔体中心线背离被约束物体的方向，且恒为拉力，如图 3.25 中的力 $\boldsymbol{T}$。

（a）柔体约束

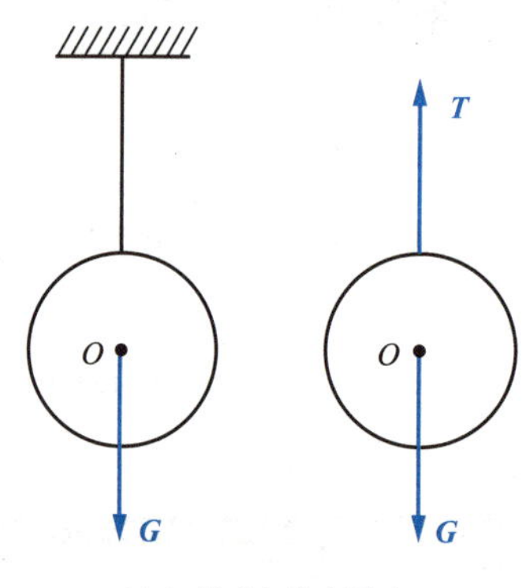

（b）约束与约束反力

图 3.25　柔体约束及其反力

2）光滑接触面约束

当两物体在接触面处的摩擦力很小而可略去不计时，就是光滑接触面约束。这种约束无论接触面的形状如何，都不能限制物体沿接触面的方向运动或离开接触面，只能限制物体沿着接触面的公法线向接触面内的运动，所以光滑接触面约束的约束反力是通过接触点，沿着接触面的公法线指向被约束的物体，且只能是压力，如图 3.26 中的力 $\boldsymbol{N}$。

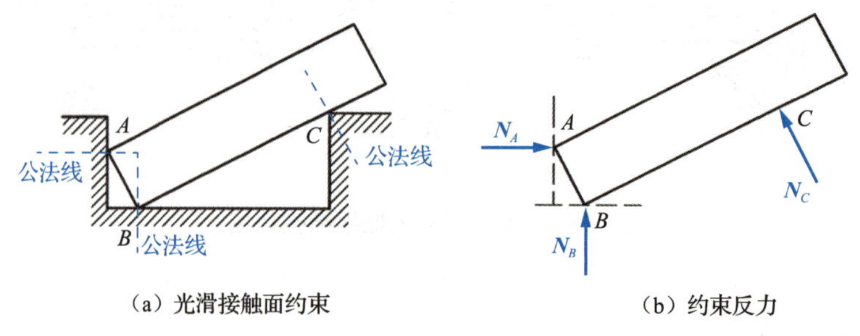

（a）光滑接触面约束　　（b）约束反力

图 3.26　光滑接触面约束及其反力

3）圆柱铰链约束

圆柱铰链简称铰链，它由一个圆柱形销钉 C 插入两个物体 A 和 B 的圆孔中构成，并假设销钉与圆孔的面都是完全光滑的。圆柱铰链约束如图 3.27（a）所示。

圆柱铰链约束只能限制物体在垂直于销钉轴线的平面内沿任意方向的相对移动，而不能限制物体绕销钉作相对转动。圆柱铰链约束的计算简图，如图 3.27（b）所示。圆柱铰链约束的约束反力在垂直于销钉轴线的平面内，通过销钉中心，而方向未定，如图 3.27（c）中的力 $\boldsymbol{F}_C$。在对物体进行受力分析时，通常将圆柱铰链约束的约束反力用两个相互垂直的分力来表示，如图 3.27（c）中的力 $\boldsymbol{F}_{Cx}$、$\boldsymbol{F}_{Cy}$，两分力的指向可以任意假设，是否为实际指向则要根据计算的结果来判断。剪刀即通过铰来连接的，如图 3.28 所示。

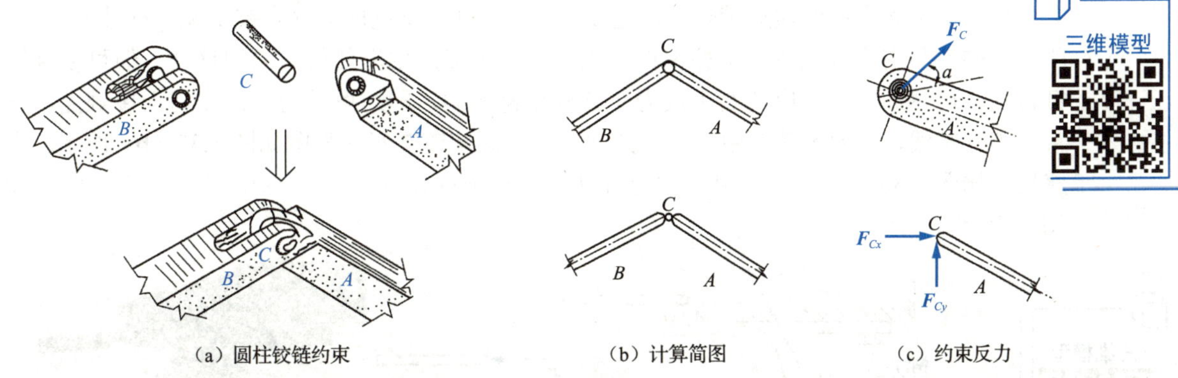

（a）圆柱铰链约束　（b）计算简图　（c）约束反力

图 3.27　圆柱铰链约束及其反力

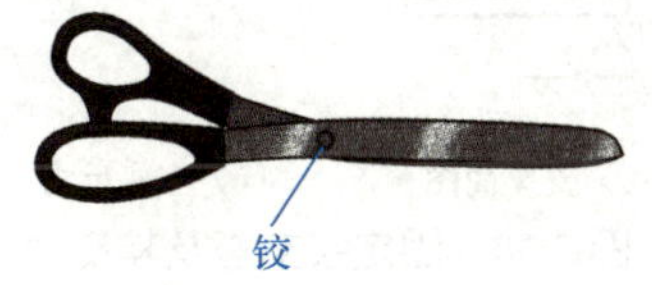

图 3.28　剪刀的铰接

4）链杆约束

两端用光滑销钉与其他物体连接而中间不受力的直杆，称为链杆。图 3.29（a）所示为建筑物中放置空调用的三角架，其中杆 *BC* 即为链杆。

链杆约束计算简图如图 3.29（c）所示。由于链杆只能限制物体沿链杆中心线的运动，而不能限制其他方向的运动，所以，链杆约束的约束反力沿着链杆中心线，指向未定，如图 3.29（b）和图 3.29（d）所示。图中约束反力的指向是假设的。

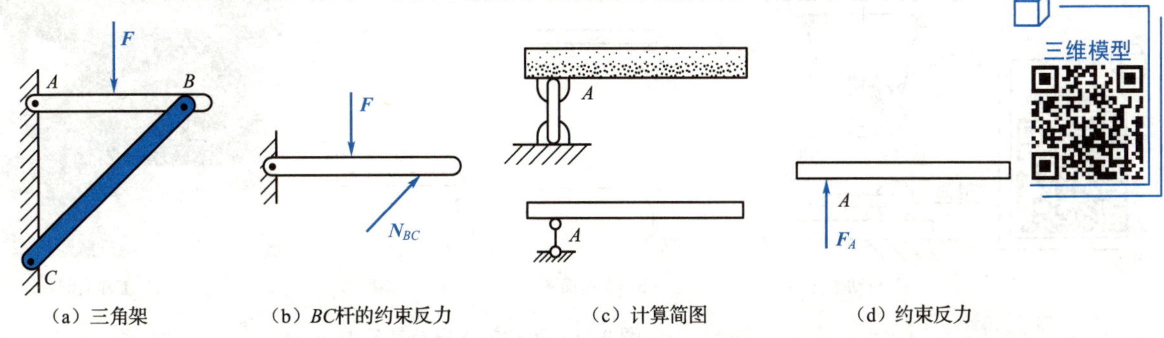

（a）三角架　（b）*BC*杆的约束反力　（c）计算简图　（d）约束反力

图 3.29　链杆约束及其反力

3. 支座的简化和支座反力

工程上将结构或构件连接在支承物上的装置，称为支座。在工程上常常通过支座将构

件支承在基础或另一个静止的构件上。支座对构件就是一种约束。支座对它所支承的构件的约束反力也称支座反力。支座的构造是多种多样的，其具体情况也是比较复杂的，这样就需要加以简化，并归纳成几个类型，以便于分析计算。通过简化，建筑结构的支座通常分为固定铰支座、可动铰支座和固定端支座三类。

1）固定铰支座

将构件用光滑的圆柱形销钉与固定支座连接，则该支座成为固定铰支座，如图 3.30（a）所示。构件与支座为光滑的圆柱铰链约束，构件不能产生沿任何方向的移动，但可以绕销钉转动，可见固定铰支座的约束反力与圆柱铰链相同，即约束反力一定作用于接触点，垂直于销钉轴线，并通过销钉中心，而方向未定。固定铰支座的简图如图 3.30（b）所示。支座反力如图 3.30（c）所示，用一个水平力 $\boldsymbol{F}_{Ax}$ 和垂直分力 $\boldsymbol{F}_{Ay}$ 来表示。工程实例如图 3.30（d）所示。

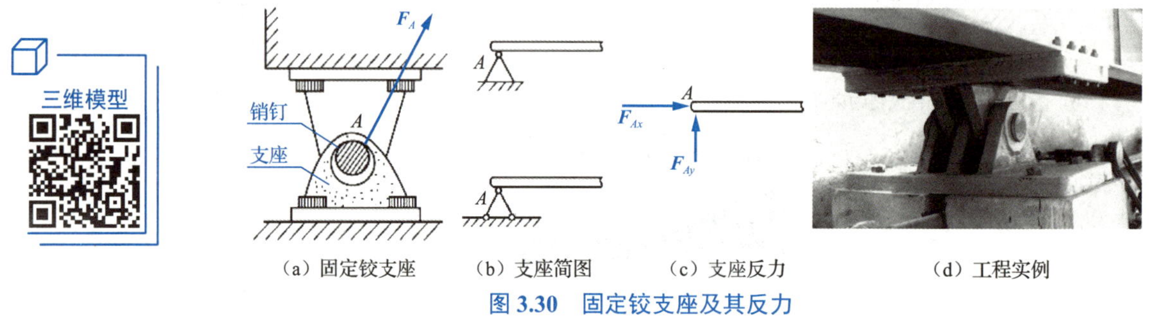

（a）固定铰支座　（b）支座简图　（c）支座反力　（d）工程实例

图 3.30　固定铰支座及其反力

2）可动铰支座

如果在固定铰支座下面加上辊轴，该支座则成为可动铰支座，如图 3.31（a）所示。可动铰支座的简图如图 3.31（b）所示。这种支座只能限制构件垂直于支撑面方向的移动，而不能限制物体绕销钉轴线的转动，其支座反力通过销钉中心，垂直于支承面，指向未定，如图 3.31（c）所示，图中支座反力 $\boldsymbol{F}_A$ 的指向为假定。工程实例如图 3.31（d）所示。

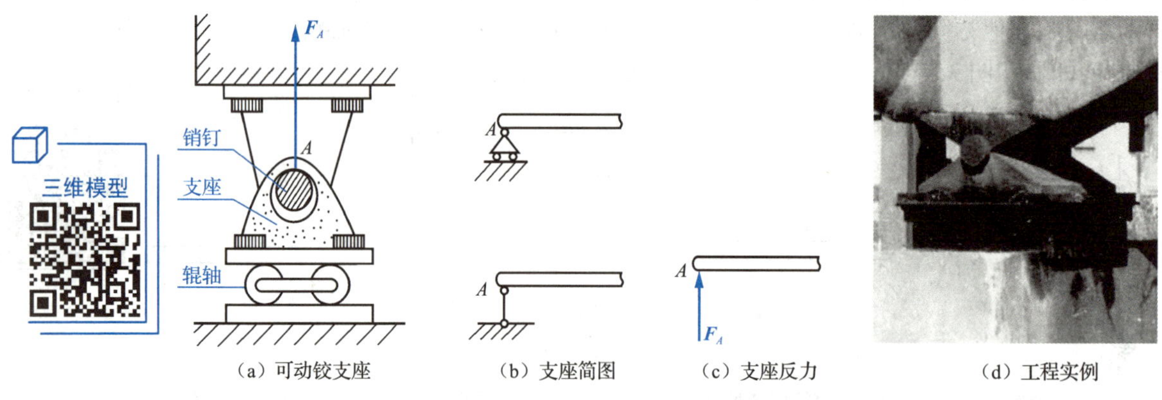

（a）可动铰支座　（b）支座简图　（c）支座反力　（d）工程实例

图 3.31　可动铰支座及其反力

在图 3.32（a）中，楼面梁 L1 搁置在砖墙上，砖墙就是梁的支座，如略去梁与砖墙之间的摩擦力，则砖墙只能限制梁向下运动，而不能限制梁的转动与水平方向的移动。这样，就可以将砖墙简化为可动铰支座，如图 3.32（b）所示。

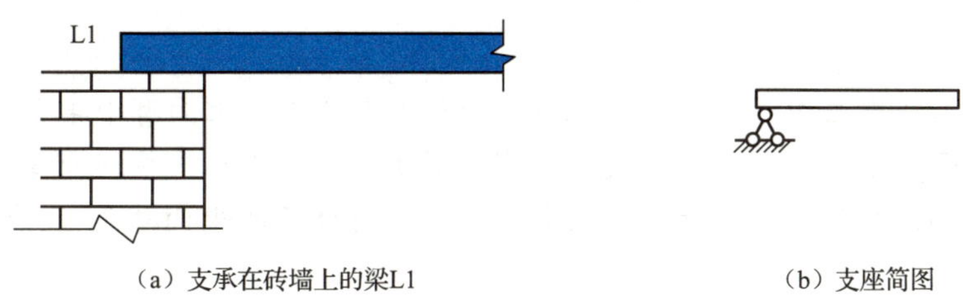

（a）支承在砖墙上的梁L1　　（b）支座简图

图 3.32　楼面梁 L1 的支座简化

3）固定端支座

固定端支座构件与支承物固定在一起，构件在固定端既不能沿任何方向移动，也不能转动，因此，这种支座对构件除产生水平反力和竖向反力外，还有一个阻止转动的力偶。图 3.33 所示为固定端支座及其反力。

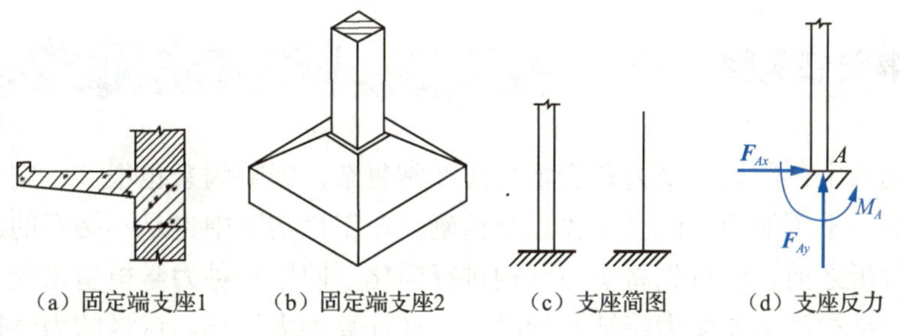

（a）固定端支座1　（b）固定端支座2　（c）支座简图　（d）支座反力

图 3.33　固定端支座及其反力

工程实例

2008 年 3 月 15 日，美国纽约曼哈顿一处建筑工地发生吊车高空坠落事故，砸毁附近数座建筑，如图 3.34 所示，造成至少 4 人死亡、10 多人受伤。这是纽约曾发生的最严重的建筑施工事故之一。

图 3.34　事故现场

事故发生在当地时间下午 2 点 30 分左右，悬在大厦一侧的吊车突然自 15 层高处落下，造成旁边一座 4 层建筑坍塌，其他 3 座建筑受损。经初步调查发现，事故原因是工人在安装起重机时发生失误，使起重机失去平衡而坠向旁边的建筑。

【实例点评】

起重机在工作中运用了力的平衡原理。一边是起重臂，上面有小车可以在起重臂上来回移动，用来起吊重物；另一边是平衡臂，装上配重，用来平衡起重臂上的力矩，防止起重机的翻倒。在实际安装和操作过程中，一旦打破了此平衡状态，将会引起严重的后果。

3.2　结构计算简图、受力图及平面杆系结构

3.2.1 结构计算简图

在实际结构中，结构的受力和变形情况非常复杂，影响因素也很多，完全按实际情况进行结构计算是不可能的，而且计算过分精确，在工程实际中也是不必要的。为此，在进行结构力学分析之前，应首先将实际结构进行简化，即用一种力学模型来代替实际结构，它能反映实际结构的主要受力特征，同时又能使计算大大简化。这样的力学模型称为结构的计算简图。

1. 计算简图的简化原则

（1）反映结构实际情况。计算简图应能正确反映结构的实际受力情况，使计算结果尽可能准确。

（2）分清主次因素。计算简图可以略去次要因素，使计算简化。

计算简图的简化程度与结构构件的重要性、设计阶段、计算的复杂性及计算工具等许多因素有关。

2. 计算简图的简化方法

一般工程结构是由杆件、节点、支座三部分组成的。要想得出结构的计算简图，就必须对结构的各组成部分进行简化。

1）杆件的简化

一般的工程结构常为空间结构，而空间结构常可分解为几个平面结构来计算。结构杆件均可用其杆轴线来代替。

2）节点的简化

杆系结构的节点，通常可分为铰节点和刚节点。

（1）铰节点。铰节点上各杆间的夹角可以改变；各杆的铰节点既不承受也不传递弯矩，但能承受轴力和剪力。其简化示意如图 3.35（a）所示。

（2）刚节点。刚节点上各杆间的夹角保持不变，各杆的刚节点在结构变形时转动同一

角度；各杆的刚节点既能承受并传递弯矩，又能承受轴力和剪力。其简化示意如图 3.35（b）所示。

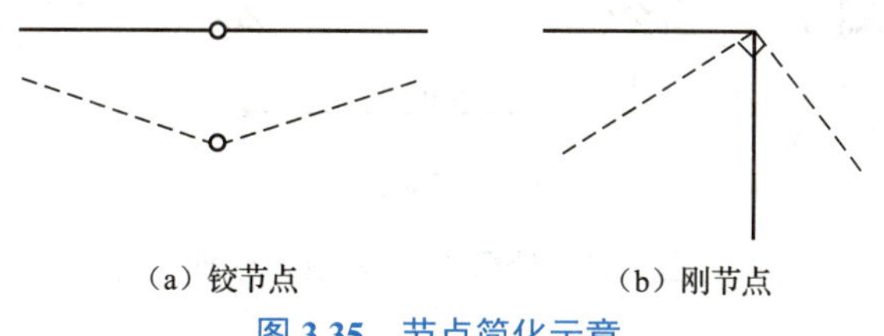

图 3.35　节点简化示意

3）支座的简化

平面杆系结构的支座的简化如下。

（1）可动铰支座。杆端 A 沿水平方向可以移动，绕 A 点可以转动，但沿支座杆轴方向不能移动，如图 3.36（a）所示。

（2）固定铰支座。杆端 A 绕 A 点可以自由转动，但沿任何方向不能移动，如图 3.36（b）所示。

（3）固定端支座。A 端支座为固定端支座，使 A 端既不能移动，也不能转动，如图 3.36（c）所示。

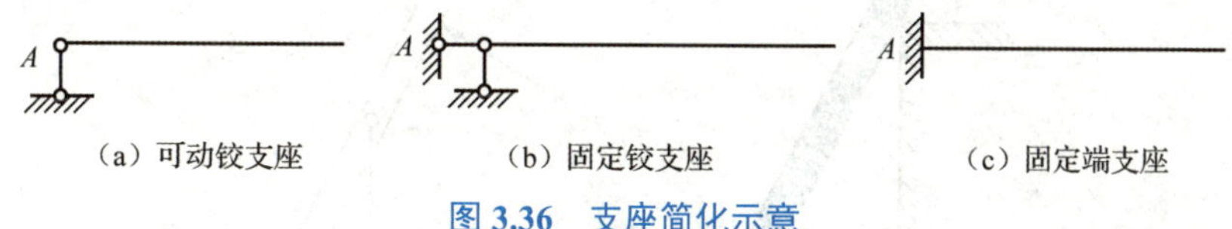

图 3.36　支座简化示意

3.2.2 受力图

在工程实际中，建筑结构通常是由多个物体或构件相互联系组合在一起的，如板支承在梁上，梁支承在墙体上，墙支承在基础上。因此，进行受力分析前，必须首先明确要对哪一种物体或构件进行受力分析，即要明确研究对象。为了分析研究对象的受力情况，又必须弄清研究对象与哪些物体有联系，受到哪些力的作用，这些力是什么物体给它的，哪些是已知力，哪些是未知力。为此，需要将研究对象从它周围的物体中分离出来。被分离出来的研究对象称为脱离体。在脱离体上画出周围物体对它的全部主动力和约束反力，这样的图形称为受力图。

在画单个物体的受力图时，先要明确对象，然后画出研究对象的计算简图，再将已知的主动力画在计算简图上，最后根据约束性质在各相互作用点上画出对应的约束反力。这样，就可得到单个物体的受力图。

应用案例 3-4

楼面梁 L1 两端支承在墙上，试画出该梁的受力图。

解：楼面梁 L1 放置在墙体上，如图 3.37（a）所示。简化后，如图 3.37（b）所示，其中 A 端为固定铰支座，B 端为可动铰支座。根据支座形式，得到如图 3.37（c）所示的受力图。

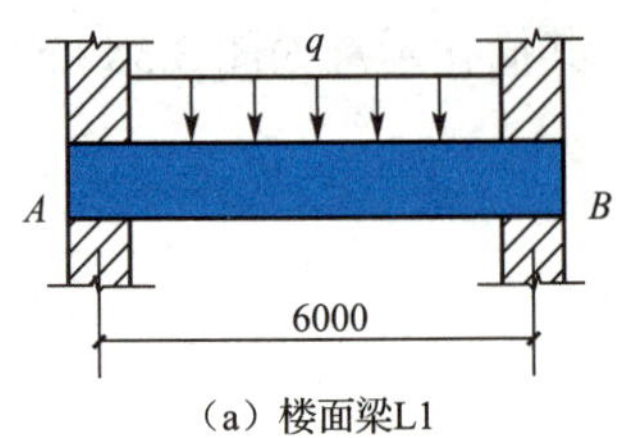

（a）楼面梁L1

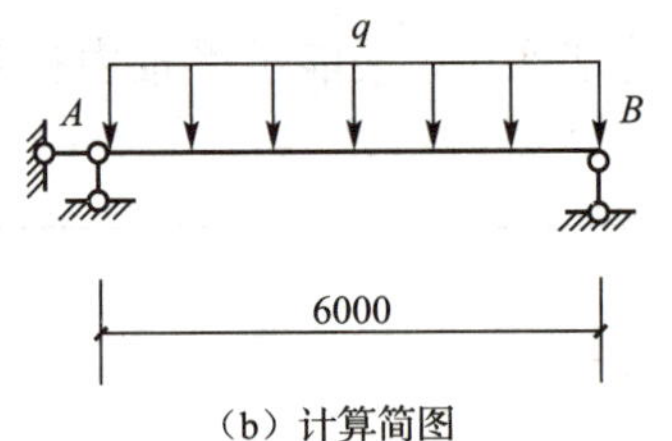

（b）计算简图

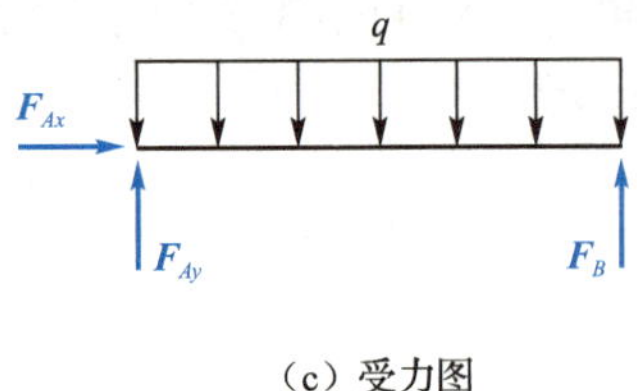

（c）受力图

图 3.37　楼面梁 L1 的受力分析

应用案例 3-5

图 3.38（a）所示的杆 *AB* 重力为 **G**，在 *C* 处用绳索拉住，*A*、*B* 处分别支在光滑的墙面及地面上。试画出杆 *AB* 的受力图。

解：以杆 *AB* 为研究对象，将其单独画出。作用在杆上的主动力是已知的重力 **G**，重力 **G** 作用在杆的中点，铅垂向下；光滑墙面的约束反力 $\boldsymbol{N}_A$，通过接触点 *A* 垂直于杆并指向杆；光滑地面的约束反力 $\boldsymbol{N}_B$，通过接触点 *B* 垂直于地面并指向杆；绳索的约束反力 $\boldsymbol{T}_C$，作用于绳索与杆的接触点 *C*，沿绳索中心背离杆。杆 *AB* 的受力图如图 3.38（b）所示。

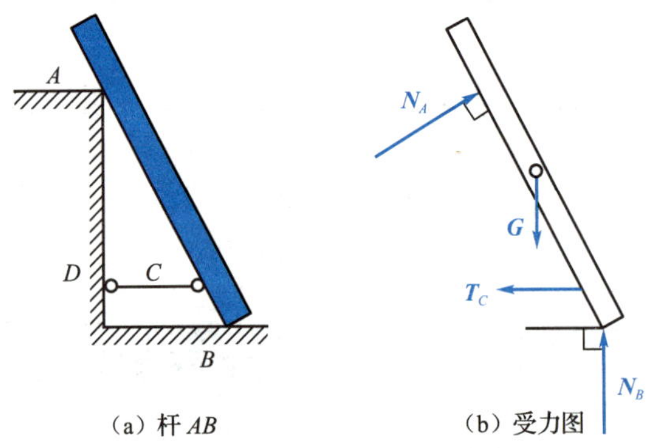

（a）杆 *AB*　　（b）受力图

图 3.38　杆 *AB* 的受力分析

应用案例 3-6

水平梁 *AB* 在跨中 *C* 处受到集中力 **F** 的作用，*A* 端为固定铰支座，*B* 端为可动铰支座，如图 3.39（a）所示。梁的自重不计，试画出梁 *AB* 的受力图。

解：取梁 *AB* 为研究对象，解除约束并将它单独画出。在梁的中点 *C* 处受到主动力 **F** 的作用。*A* 端是固定铰支座，支座反力可用通过铰链中心 *A* 并且相互垂直的分力 $\boldsymbol{F}_{Ax}$ 和 $\boldsymbol{F}_{Ay}$ 表示。*B* 端是可动铰支座，支座反力可用通过铰链中心且垂直于支承面的力 $\boldsymbol{F}_B$ 表示。梁 *AB* 的受力图如图 3.39（b）所示。

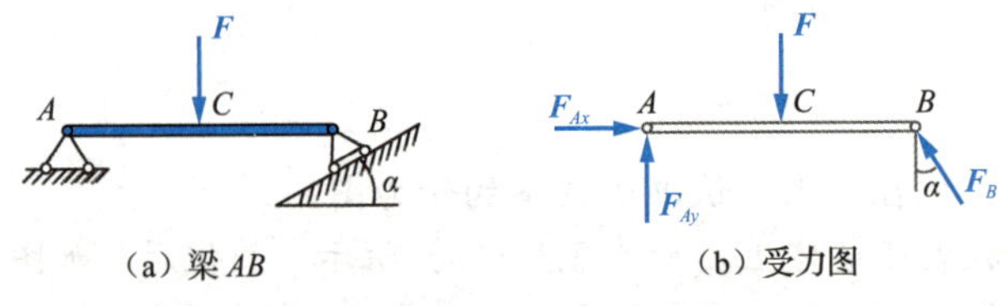

（a）梁 *AB*　　（b）受力图

图 3.39　梁 *AB* 的受力分析

3.2.3 平面杆系结构

平面杆系结构是本书分析的对象，按照它的构造和力学特征，可分为以下五类。

1. 梁

梁是一种受弯构件，轴线常为一直线，可以是单跨梁，如图 3.40（a）、图 3.40（b）和图 3.40（c）所示，也可以是多跨梁，即连续梁，如图 3.40（d）所示。其支座可以是固定铰支座、可动铰支座，也可以是固定端支座。工程中常见的单跨静定梁有三种形式，即简支梁、悬臂梁和外伸梁。

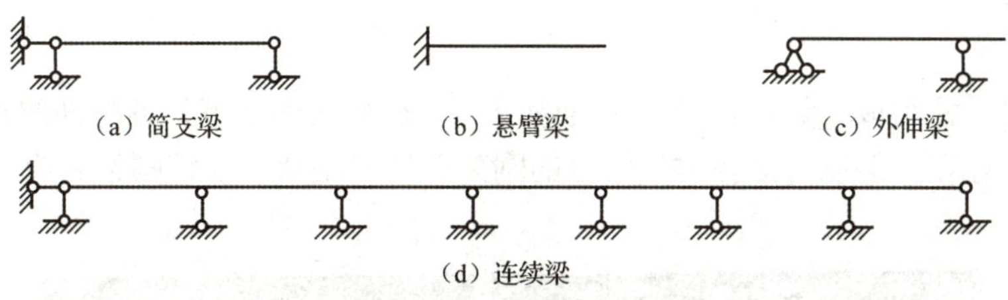

图 3.40 梁结构

2. 拱

拱的轴线为曲线，在竖向力的作用下，支座不仅有竖向支座反力，而且存在水平支座反力，拱内不仅存在剪力、弯矩，而且存在轴力。由于支座水平反力的影响，拱内的弯矩往往小于同样条件下的梁的弯矩。拱可分为无铰拱、两铰拱及三铰拱，如图 3.41 所示。

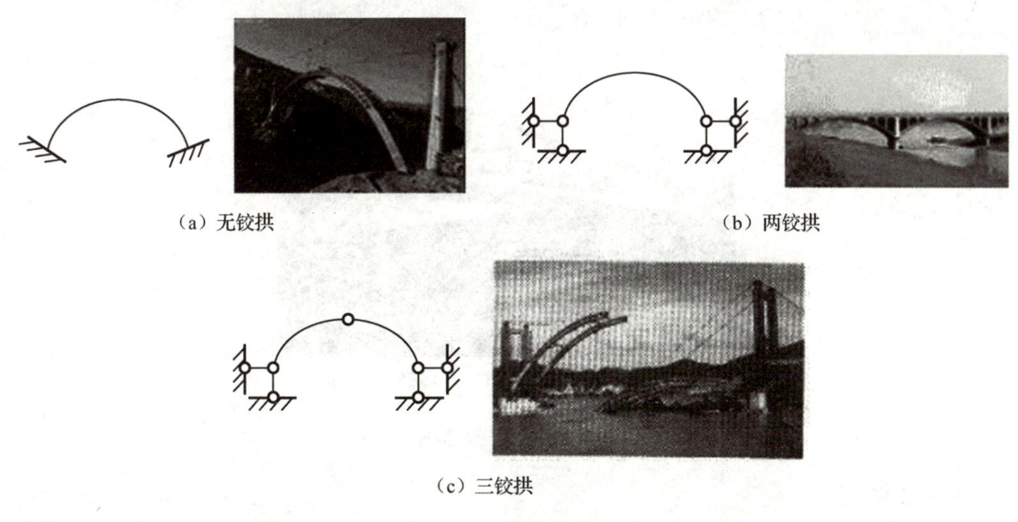

图 3.41 拱结构

3. 桁架

桁架是由若干杆件通过铰节点连接起来的结构，如图 3.42 所示。各杆轴线为直线，支座常为固定铰支座或可动铰支座，当荷载只作用于桁架节点上时，各杆只产生轴力。

（a）桥梁

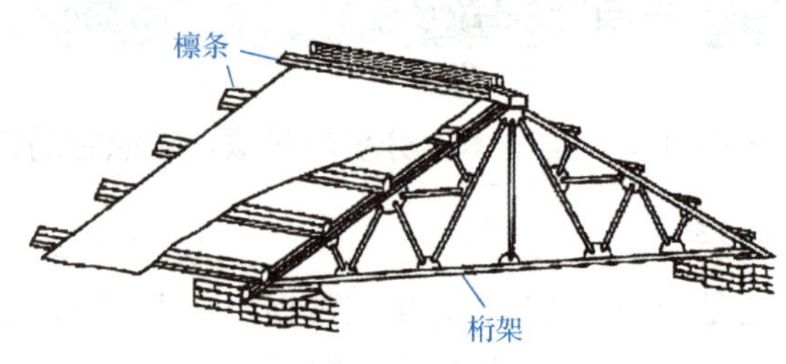

（b）钢屋架

图 3.42　桁架结构

4. 刚架

刚架由梁、柱组成，梁、柱节点多为刚节点。在荷载作用下，各杆件的轴力、剪力、弯矩往往同时存在，但以弯矩为主。常见的刚架有悬臂刚架、三铰刚架和简支刚架，如图 3.43 所示。

（a）悬臂刚架——火车站台

（b）三铰刚架——厂房

（c）简支刚架——渡槽

图 3.43　刚架结构

5. 组合结构

组合结构即结构中一部分是链杆，另一部分是梁或刚架，在荷载作用下，链杆中往往只产生轴力，而梁或刚架部分还同时存在弯矩和剪力。

工程实例

某工程砖混结构施工图中，钢筋混凝土梁 L2 如图 3.44（a）所示。该梁所承受的预制混凝土板的荷载和梁的自重，可以简化为沿梁跨度方向的均布线荷载 q。将梁的支座作如下处理：通常在一端墙宽的中点设置固定铰支座，在另一端墙宽的中点设置可动铰支座。用梁的轴线代替梁，对梁 L2 简化，就得到了如图 3.44（b）所示的计算简图。它属于简支梁。

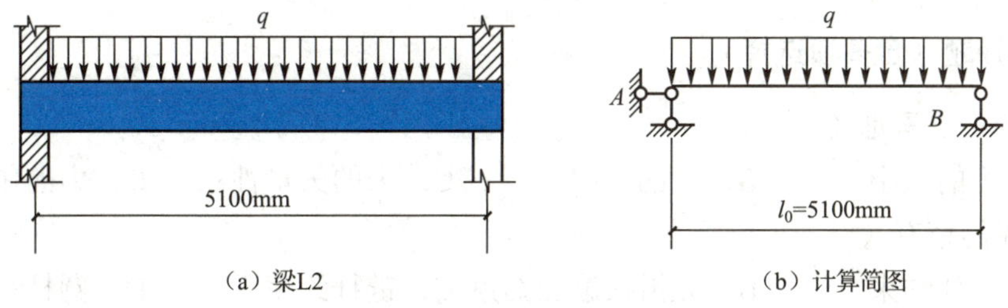

（a）梁L2　　（b）计算简图

图 3.44　简支梁 L2

一端是固定端，另一端是自由端的梁称为悬臂梁。该施工图中的梁 XTL1 属于悬臂梁，如图 3.45 所示。

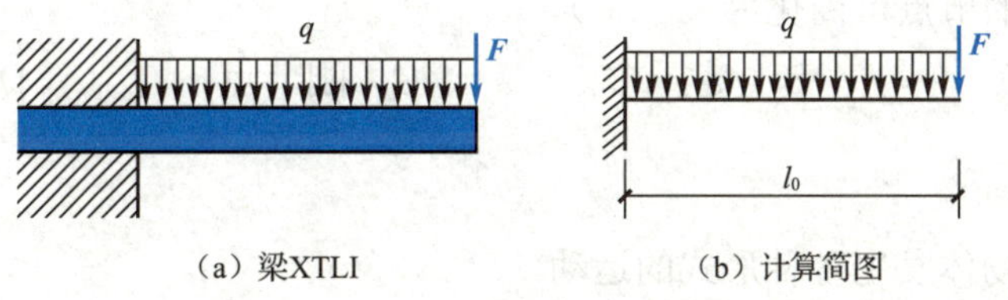

（a）梁XTLI　　（b）计算简图

图 3.45　悬臂梁 XTL1

模块小结

静力学的基本知识包括力的基本概念(力的三要素、力的矢量性、力系的概念及分类)，静力学公理（二力平衡公理阐述了二力作用下的平衡条件，作用力与反作用力公理说明了物体之间的相互关系，加减平衡力系公理是力系等效的基础，力的平行四边形法则是力的合成规律），力的合成与分解（主要是运用力在坐标轴上的投影对力进行代数运算及合力投影定理），力矩（力矩就是度量力使物体转动效应的物理量），力偶（力偶的作用效果是使物体转动），约束（约束是阻碍物体运动的限制物），约束反力（约束反力的方向与限制物体运动的方向相反）。

在进行结构力学分析之前，需要对实际结构进行简化，用一种力学模型来代替实际结构，既能反映实际结构的主要受力特征，又能使计算简化。所以工程力学的研究对象并非结构的实体，而是结构的计算简图。计算简图的简化方法：结构的杆件均可用其杆轴线来代替；节点根据连接形式不同，简化为铰节点和刚节点；支座简化为可动铰支座、固定铰支座和固定端支座。

画受力图的步骤：明确分析对象，画出分析对象的脱离体简图；在脱离体简图上画出全部主动力；在脱离体简图上画出全部的约束反力，注意约束反力与约束应一一对应。

习　题

一、选择题（含多项选择）

1．力的三要素是（　　）。

A．力的大小　　B．力的方向　　C．力的矢量性　　D．力的作用点

2．常见约束有（　　）。

A．柔体约束　　B．光滑接触面约束　C．链杆约束　　D．圆柱铰链约束

3．（　　）是描述作用力与反作用力公理的。

A．二力作用下的平衡条件　　B．物体之间的相互作用关系

C．力系等效的基础　　D．力的合成的规律

4．柱与基础的节点可简化为（　　）。

A．铰节点　　B．链杆　　C．刚节点　　D．接触点

二、判断题

1．力可以使物体发生各种形式的运动。（　　）

2．力与力偶可以合成。（　　）

3．力的投影和力的分解是等效的。（　　）

4．约束反力的方向与限制物体运动的方向相反。（　　）

5．当力的作用线通过矩心时，力的转动效应为零。（　　）

三、思考题

1．推小车时，人给小车一个作用力，小车也给人一个反作用力。此二力大小相等、方向相反，且作用在同一直线上，因此二力互相平衡。这种说法对不对？为什么？

2．用手拔钉子拔不出来，为什么用钉锤很容易就能拔出来？

3．为什么力偶在任意坐标轴上的投影为零？

四、作图题

1．试画出图3.46中各物体的受力图（假定各接触面都是光滑的）。

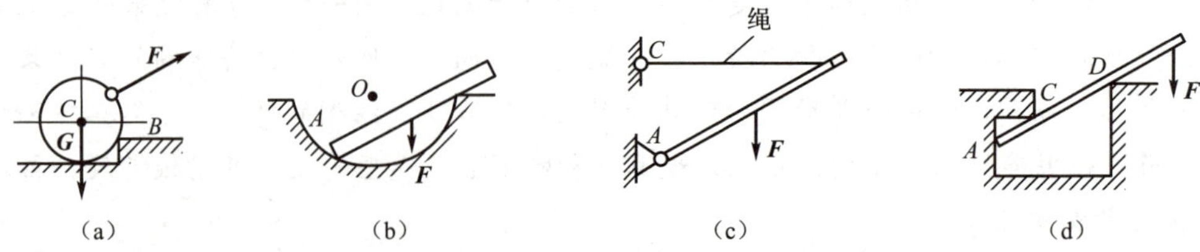

图 3.46　作图题 1 图

2．试画出图3.47中各梁的受力图，梁重不计。

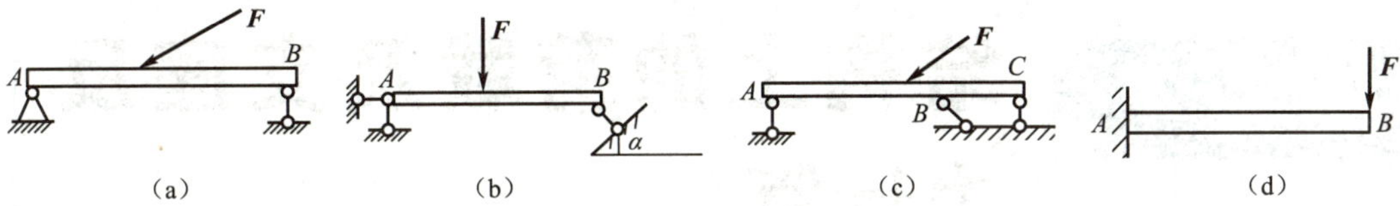

图 3.47　作图题 2 图

五、计算题

1．已知 F_1=400N，F_2=200N，F_3=300N，F_4=300N，各力的方向如图 3.48 所示。试求每个力在 x、y 轴上的投影。

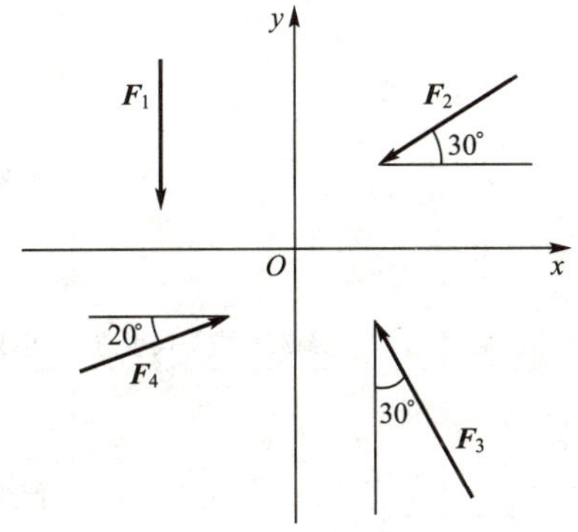

图 3.48　计算题 1 图

2．试求图 3.49 中力 **F** 对 O 点的力矩。

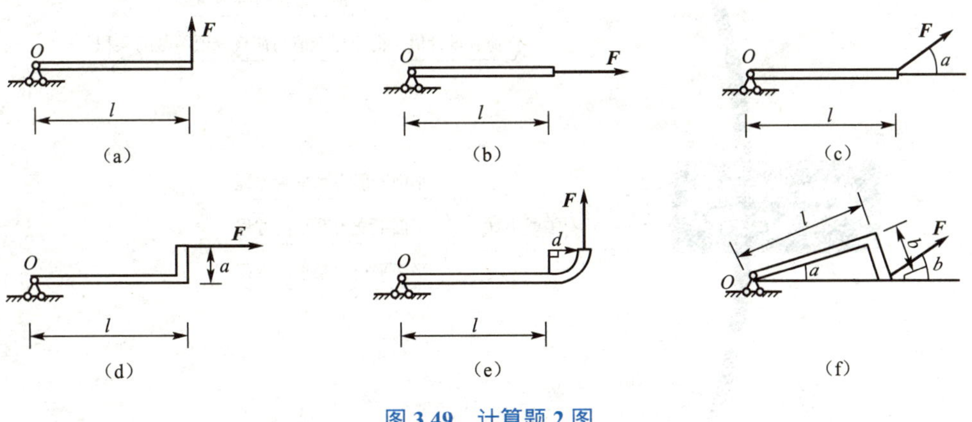

图 3.49　计算题 2 图

模块 4 结构上的荷载及支座反力计算

思维导图

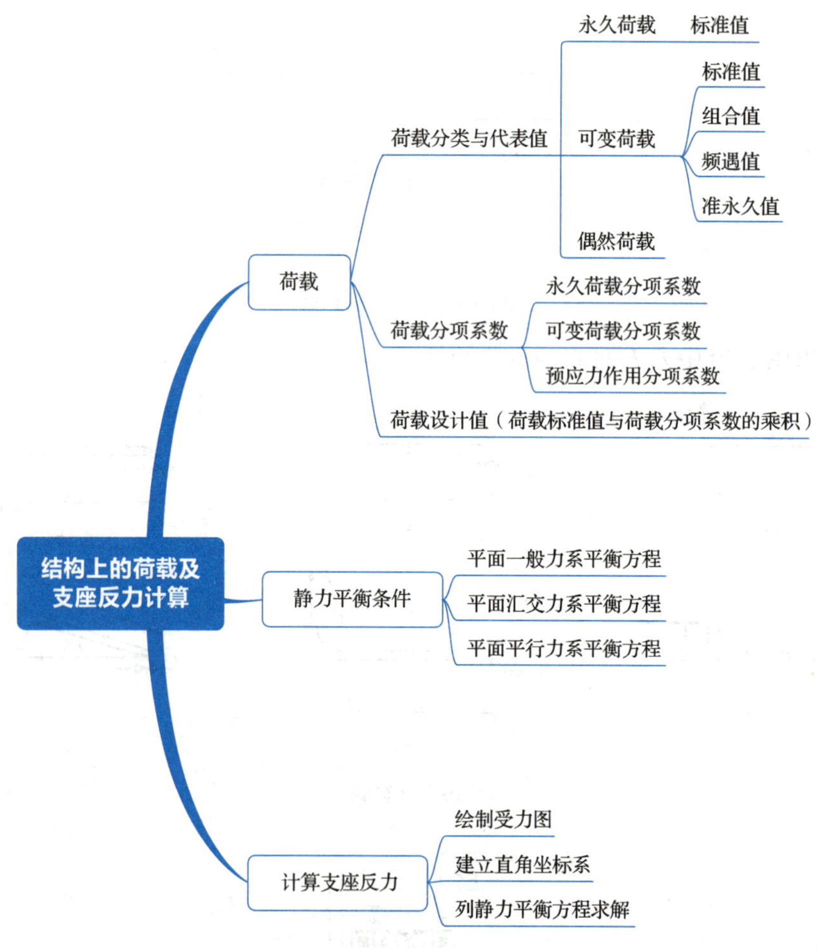

引例

实例中教室的楼盖由梁和板组成，其上有桌椅家具和人群等荷载，其自身重力和外加荷载由梁和板承受，并通过梁和板传递到墙上，墙就是梁的支座。那么梁和板上的荷载是多少？由于荷载总是变化的，怎样取值才能保证结构及结构构件的可靠性？同时，梁和板传到支座的压力是多少？支座反力又是多少？这些都是要解决的问题。

4.1 结构上的荷载

4.1.1 荷载的分类

建筑结构在施工与使用期间要承受各种作用，如人群、风、雪及结构构件的自重等，这些外力直接作用在结构上；还有温度变化、地基不均匀沉降等间接作用在结构上。直接作用在结构上的外力称为荷载。

荷载按作用时间的长短和性质，可分为三类：永久荷载、可变荷载和偶然荷载。

（1）永久荷载是指在结构设计使用期内，其值不随时间变化，或其变化与平均值相比可以忽略不计，或其变化是单调的并能趋于限值的荷载，如结构的自重、土压力、预应力等荷载。永久荷载又称恒荷载。

美国“9·11”事件

（2）可变荷载是指在结构设计使用期内，其值随时间而变化，或其变化与平均值相比不可忽略的荷载，如楼面活荷载、吊车荷载、风荷载、雪荷载等。可变荷载又称活荷载。

（3）偶然荷载是指在结构设计使用期内不一定出现，一旦出现，其值很大且持续时间很短的荷载，如爆炸力、撞击力等。

学中做

将下列荷载与其对应的分类连线。

楼板的重力	可变荷载
房间中人及家具的重力	偶然荷载
雪荷载	永久荷载
地震力	

4.1.2 荷载的分布形式

1. 材料的重度

某种材料单位体积的重力（kN/m^3）称为材料的重度，即重力密度，用γ表示，详见附录B表B1。

特别提示

如工程中常用水泥砂浆的重度是 $20kN/m^3$，石灰砂浆的重度是 $17kN/m^3$，钢筋混凝土的重度是 $24\sim25kN/m^3$，钢的重度是 $78.5kN/m^3$。

2. 均布面荷载

在均匀分布的荷载作用面上，单位面积上的荷载值称为均布面荷载，其单位为kN/m^2或N/m^2。图4.1所示为板上的均布面荷载。

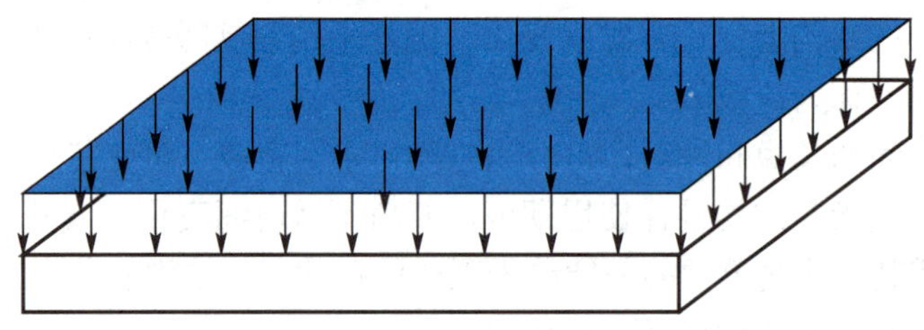

图 4.1　板上的均布面荷载

特别提示

一般板上的自重荷载为均布面荷载，其值为重度乘以板厚。

如一矩形截面板，板长为 L(m)，板宽为 B(m)，截面厚度为 h(m)，重度为γ（kN/m^3），则此板自重 $G=\gamma BLh$；板的自重在平面上是均匀分布的，所以单位面积的自重 $G_k=\dfrac{G}{BL}=\dfrac{\gamma BLh}{BL}=\gamma h(kN/m^2)$。$G_k$ 值就是板自重简化为单位面积上的均布荷载标准值。

学中做

如果现浇钢筋混凝土板厚 110mm，则板的自重标准值为_______kN/m^2。

3. 均布线荷载

沿跨度方向单位长度上均匀分布的荷载，称为均布线荷载，其单位为kN/m或N/m。梁上的均布线荷载如图4.2所示。均布线荷载也称线荷载集度。

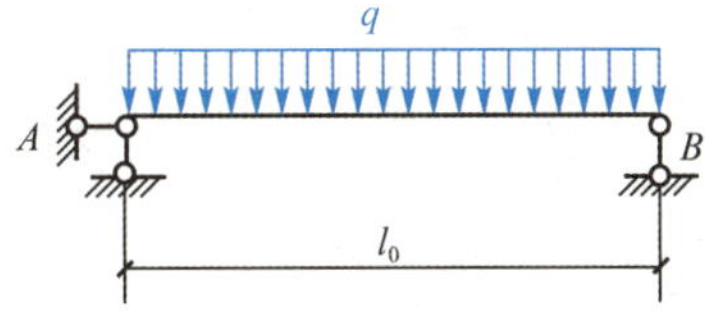

图 4.2 梁上的均布线荷载

特别提示

一般梁上的自重荷载为均布线荷载，其值为重度乘以横截面面积。

如一矩形截面梁，梁长为 L（m），其截面宽度为 b（m），截面高度为 h（m），重度为 γ（kN/m^3），则此梁自重 $G=\gamma bhL$；梁的自重沿跨度方向是均匀分布的，所以沿梁轴每米长度的自重 $G_k=\dfrac{G}{L}=\dfrac{\gamma bhL}{L}=\gamma bh(\text{kN/m})$。$G_k$ 值就是梁自重简化为沿梁轴方向的均布荷载标准值。

学中做

如果钢筋混凝土梁的截面尺寸为 200mm×400mm，则梁的自重标准值为________kN/m。如果梁两侧及底部有 20mm 厚的石灰砂浆抹灰，则抹灰的自重标准值为________kN/m。

4. 非均布线荷载

沿跨度方向单位长度上非均匀分布的荷载，称为非均布线荷载，其单位为 kN/m 或 N/m。图 4.3（a）所示挡土墙的土压力即为非均布线荷载。

5. 集中荷载（集中力）

集中地作用于一点的荷载称为集中荷载，也称集中力，其单位为 kN 或 N，通常用 G 或 F 表示，图 4.3（b）所示柱子的自重即为集中荷载。

特别提示

一般柱子的自重为集中荷载，其值为重度乘以柱子的体积，即 $G=\gamma bhL$。其中，b、h 为柱截面尺寸，L 为柱高。

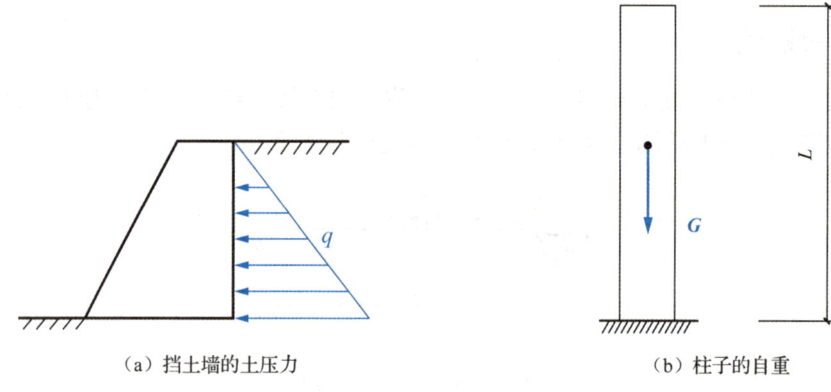

图 4.3　非均布线荷载和集中荷载

知识链接

均布面荷载转化为均布线荷载的计算

在工程计算中，板面上受到均布面荷载 q'（kN/m^2）时，它传给支承梁的为线荷载，此时梁沿跨度（轴线）方向均匀分布的线荷载如何计算？

设板跨度为 3.3m（受荷宽度），梁 L2 跨度为 5.1m，如图 4.4（a）所示。那么，梁 L2 上受到的全部荷载 $q=q'\times3.3+$梁 L2 自重标准值（kN/m），荷载 q 是沿梁的跨度方向均匀分布的。

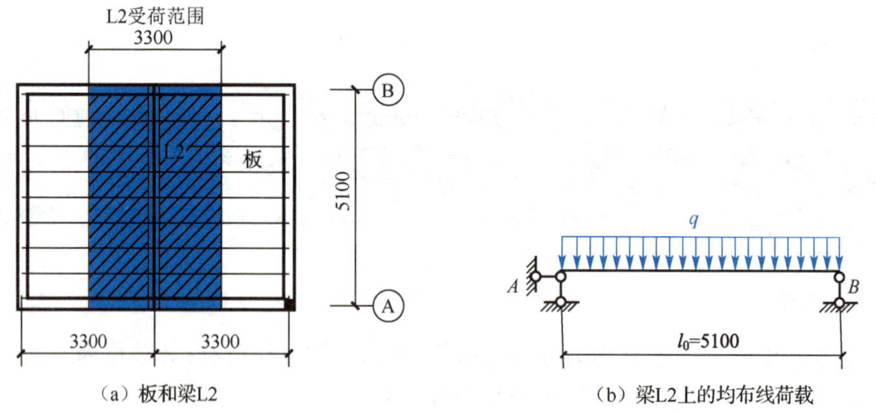

图 4.4　板上的荷载传给梁

4.1.3 荷载的代表值

在后续进行结构设计时，应对荷载赋予一个规定的量值，该量值即所谓的荷载代表值。永久荷载采用标准值为代表值，可变荷载采用标准值、组合值、频遇值或准永久值为代表值。

1. 荷载标准值

荷载标准值是荷载的基本代表值，为设计基准期内（50 年）最大荷载统计分布的特征值。

1）永久荷载标准值（G_k）

永久荷载标准值是永久荷载的唯一代表值。对于结构自重可以根据结构的设计尺寸和材料的重度确定，常用材料和构件重度见附录B表B1。

应用案例 4-1

矩形截面钢筋混凝土梁 L2，计算跨度为 5.1m，截面尺寸为 b=250mm，h=500mm，求该梁自重（即永久荷载）标准值。

解：梁自重为均布线荷载的形式，梁自重标准值应按照 $G_k = \gamma bh$ 计算。其中钢筋混凝土的重度 γ=25kN/m^3，b=250mm=0.25m，h=500mm=0.5m，故梁自重标准值为

$$G_k=\gamma bh=(25\times0.25\times0.5)\text{kN/m}=3.125\text{kN/m}$$

【案例点评】

计算过程中应注意物理量单位的换算。梁自重标准值用 G_k 表示。

2）可变荷载标准值（Q_k）

可变荷载标准值由设计基准期内最大荷载概率分布的某个分位值确定，是可变荷载的最大荷载代表值，由统计获得。《建筑结构荷载规范》对楼（屋）面活荷载、雪荷载、风荷载、吊车荷载等可变荷载标准值规定了具体的数值，设计时可直接查用。

（1）楼（屋）面活荷载标准值见附录 B 表 B2 和表 B3。

特别提示

根据附录 B 表 B2，查得实例中教学楼教室的楼面活荷载标准值为 2.5kN/m^2；楼梯的楼面活荷载标准值为 3.5kN/m^2。

（2）风荷载标准值（w_k）。风受到建筑物的阻碍和影响时，速度会改变，并在建筑物表面上形成压力和吸力，即建筑物所受的风荷载。根据《建筑结构荷载规范》相关规定，计算主要受力结构时，垂直于建筑物表面上的风荷载标准值（w_k）按式（4-1）计算。

$$w_k = \beta_z \mu_s \mu_z w_0 \tag{4-1}$$

式中 β_z——考虑风荷载脉动对结构影响的系数；

μ_s——风荷载体型系数；

μ_z——风压高度变化系数；

w_0——基本风压（kN/m^2）。

以上四个指标按《工程结构通用规范》和《建筑结构荷载规范》确定。

（3）雪荷载标准值、施工及检修荷载标准值根据《建筑结构荷载规范》相关规定取值。

2. 可变荷载的组合值、频遇值和准永久值

可变荷载组合值、频遇值和准永久值见表 4-1。

表 4-1 可变荷载组合值、频遇值和准永久值

名称	符号	计算公式	符号意义	特点
可变荷载组合值	Q_c	$Q_c=\psi_c Q_k$	ψ_c——可变荷载组合值系数 Q_k——可变荷载标准值	当结构上同时作用两种或两种以上的可变荷载时，由于各种可变荷载同时达到其最大值（标准值）的可能性极小，因此计算时采用可变荷载组合值
可变荷载频遇值	Q_f	$Q_f=\psi_f Q_k$	ψ_f——可变荷载频遇值系数 Q_k——可变荷载标准值	为结构上时而出现的较大荷载；对可变荷载，为在设计基准期内其超越的总时间为规定的较小比率或超越频率为规定频率的荷载值
可变荷载准永久值	Q_q	$Q_q=\psi_q Q_k$	ψ_q——可变荷载准永久值系数 Q_k——可变荷载标准值	为在设计基准期内经常作用（其超越的总时间约为设计基准期一半）的可变荷载，其在规定的期限内有较长的总持续时间，即经常作用于结构上的可变荷载

注：ψ_c、ψ_f、ψ_q、Q_k 四个参数查附录 B 表 B2 和表 B3 可得。

学中做

查附录 B 知，教室楼面活荷载标准值 Q_k=2.5kN/m^2，其准永久值系数 ψ_q=________，则教室楼面荷载准永久值 $\psi_q Q_k$=________kN/m^2，它表示了座椅板凳等荷载（虽然是活荷载，但大多是不动的，是活荷载中的准永久荷载）。

4.1.4 荷载分项系数及荷载设计值

1. 荷载分项系数

荷载分项系数用于结构承载力极限状态设计中，目的是保证在各种可能的荷载组合出现时，结构均能维持在相同的可靠度水平上。荷载分项系数包括永久荷载分项系数 γ_G、可变荷载分项系数 γ_Q 和预应力作用分项系数 γ_P，其值见表 4-2。

表 4-2 建筑结构的荷载分项系数

荷载分项系数	适用情况	
	当作用效应对承载力不利时	当作用效应对承载力有利时
γ_G	1.3	≤1.0
γ_Q	1.5	0
γ_P	0.3	≤1.0

2. 荷载设计值

一般情况下，荷载标准值与荷载分项系数的乘积为荷载设计值，也称设计荷载，其数值大体上相当于结构在非正常使用情况下荷载的最大值，它比荷载标准值具有更大的可靠度。永久荷载设计值为 $\gamma_G G_k$；可变荷载设计值为 $\gamma_Q Q_k$。

应用案例 4-2

实例中，现浇钢筋混凝土楼面板板厚 h=100mm，板面做法选用：8～10mm 厚地砖，25mm 厚干硬水泥砂浆，素水泥浆，其面荷载标准值合计为 0.7kN/m^2；板底为 20mm 厚石灰砂浆粉刷。试确定楼面永久荷载设计值和可变荷载设计值。

解：（1）计算永久荷载标准值。

现浇板自重　（25×0.10）kN/m^2=2.5kN/m^2

楼面做法　0.7kN/m^2

板底粉刷　（17×0.02）kN/m^2=0.34kN/m^2

板每平方米总重力（面荷载）标准值　G_k=3.54kN/m^2

（2）计算永久荷载设计值。

$$g=\gamma_G G_k=(1.3\times3.54)\text{kN/m}^2=4.602\text{kN/m}^2$$

（3）计算可变荷载标准值。

查附录 B 表 B2 知：教室楼面可变荷载标准值为 Q_k=2.5kN/m^2（面荷载）。

（4）计算可变荷载设计值。

$$q=\gamma_Q Q_k=(1.5\times2.5)\text{kN/m}^2=3.75\text{kN/m}^2$$

学中做

荷载设计值一般________荷载标准值，即设计值等于标准值乘以一个________1 的系数（γ_G、γ_Q），主要是考虑到荷载有可能高于标准值。

材料则相反，材料强度设计值一般________材料强度标准值，即设计值等于标准值________一个大于 1 的材料强度分项系数，主要是考虑到材料或构件的强度有低于标准值的可能性，出现不安全因素，从而引入一个分项系数。我国设计规范采用的是极限状态设计方法，确保结构具有一定的可靠度，对混凝土，γ_C=1.4；对钢筋，γ_S=1.2。

建筑构件所受荷载的计算事关建筑物的受力、传力，甚至影响建筑物的使用安全，因此，在计算荷载、确定荷载效应时一定要认真、细心，不能错算、漏算。

4.2　静力平衡条件及构件支座反力计算

物体在力系的作用下处于平衡时，力系应满足一定的条件，这个条件称为静力平衡条件。

4.2.1　平面力系的平衡条件

1. 平面任意力系的平衡条件

学习了模块 3 的力学概念后我们知道，一般情况下平面力系与一个力及一个力偶等效。若与平面力系等效的力和力偶均等于零，则原力系一定平衡。平面任意力系平衡的重要条件：力系中所有各力在两个坐标轴上的投影的代数和等于零，力系中所有各力对于任意一点 O 的力矩代数和等于零。

由此得出平面任意力系的平衡方程：

$$\sum F_x = 0$$

$$\sum F_y = 0$$

$$\sum M_O(F) = 0$$

特别提示

$\sum F_x = 0$，即力系中所有力在 x 方向的投影代数和等于零；$\sum F_y = 0$，即力系中所有力在 y 方向的投影代数和等于零；$\sum M_O(F) = 0$，即力系中所有力对任意一点 O 的力矩代数和等于零。

平面任意力系的平衡方程，还有另外两种形式。

（1）二矩式。

$$\sum F_x = 0 \text{（或} \sum F_y = 0 \text{）}$$

$$\sum M_A(F) = 0$$

$$\sum M_B(F) = 0$$

其中，A、B 两点之间的连线不能垂直于 x 轴或 y 轴。

（2）三矩式。

$$\sum M_A(F)=0$$
$$\sum M_B(F)=0$$
$$\sum M_C(F)=0$$

其中，A、B、C 三点不能共线。

2. 几种特殊情况的平衡条件

1）平面汇交力系

若平面力系中的各力的作用线汇交于一点，则此力系称为平面汇交力系。根据力系的简化结果，汇交力系与一个力（力系的合力）等效。由平面任意力系的平衡条件知平面汇交力系平衡的重要条件：力系的合力等于零，即

$$\sum F_x=0$$
$$\sum F_y=0$$

2）平面平行力系

若平面力系中的各力的作用线均相互平行，则此力系为平面平行力系。显然，平面平行力系是平面力系的一种特殊情况。由平面任意力系的平衡方程推出，由于平面平行力系在某一坐标轴 x 轴（或 y 轴）上的投影均为零，因此，其平衡方程为

$$\sum F_y=0\text{（或}\sum F_x=0\text{）}$$
$$\sum M_O(F)=0$$

当然，平面平行力系的平衡方程也可写成二矩式：

$$\sum M_A(F)=0$$
$$\sum M_B(F)=0$$

其中，A、B 两点之间的连线不能与各力的作用线平行。

4.2.2 构件的支座反力计算

求解构件支座反力的基本步骤如下。

（1）以整个构件为研究对象进行受力分析，绘制受力图。

（2）建立 xOy 直角坐标系。

（3）依据静力平衡条件，根据受力图建立静力平衡方程，求解方程得支座反力。

特别提示

xOy 直角坐标系，一般假定 x 轴以水平向右为正，y 轴以竖直向上为正；绘制受力图时，支座反力均假定为正方向；求解出支座反力后，应标明其实际受力方向。

应用案例 4-3

如图 4.5 所示简支梁，计算跨度为 l_0，承受均布荷载 q，求梁的支座反力。

解：（1）以梁为研究对象进行受力分析，绘制受力图，如图 4.5（a）所示。

（2）建立如图 4.5（b）所示的直角坐标系。

（3）建立平衡方程，求解支座反力。

$$\sum F_x = 0，\quad F_{Ax} = 0$$

$$\sum F_y = 0，\quad F_{Ay} - ql_0 + F_{By} = 0$$

$$\sum M_A = 0，\quad F_{By}l_0 - \frac{ql_0^2}{2} = 0$$

解得：

$$F_{Ax} = 0；\quad F_{Ay}=F_{By} = \frac{ql_0}{2}(\uparrow)$$

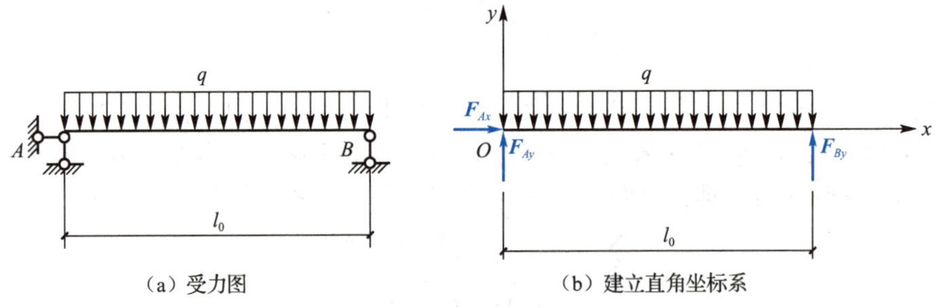

（a）受力图　　（b）建立直角坐标系

图 4.5　简支梁的支座反力计算一

应用案例 4-4

如图 4.6 所示悬臂梁，计算跨度为 l_0，承受的集中荷载设计值为 F，求梁的支座反力。

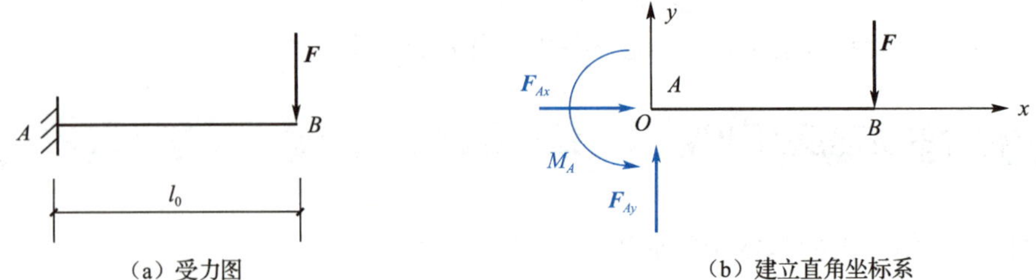

（a）受力图　　（b）建立直角坐标系

图 4.6　悬臂梁的支座反力计算

解：（1）以梁为研究对象进行受力分析，绘制受力图，如图 4.6（a）所示。

（2）建立如图 4.6（b）所示的直角坐标系。

（3）建立平衡方程，求解支座反力。

$$\sum F_x = 0，\quad F_{Ax} = 0$$

$$\sum F_y = 0，\quad F_{Ay} - F = 0$$

$$\sum M_A(F)=0，\ M_A - Fl_0 = 0$$

解得:

$$F_{Ax}=0；\ F_{Ay}=F(\uparrow)，\ M_A = Fl_0(\curvearrowleft)$$

应用案例 4-5

如图 4.7 所示简支梁，计算跨度为 l_0，承受的集中荷载设计值为 P，作用在跨中 C 点，求简支梁的支座反力。

解：(1) 以梁为研究对象进行受力分析，绘制受力图，如图 4.7 (a) 所示。

(2) 建立如图 4.7 (b) 所示的直角坐标系。

(3) 建立平衡方程，求解支座反力。

$$\sum F_x = 0，\ F_{Ax} = 0$$

$$\sum F_y = 0，\ F_{Ay} - P + F_{By} = 0$$

$$\sum M_A = 0，\ F_{By}\times l_0 - P\times\frac{l_0}{2} = 0$$

解得:

$$F_{Ax}=0；\ F_{Ay}=F_{By}=\frac{P}{2}(\uparrow)$$

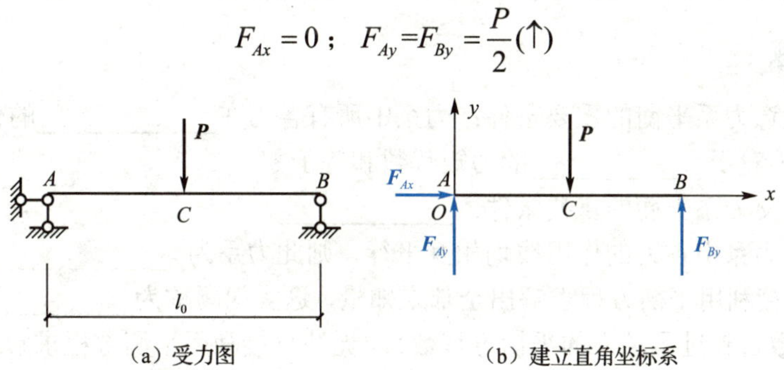

图 4.7 简支梁的支座反力计算二

模块小结

(1) 按作用时间的长短和性质，荷载可分为三类：永久荷载、可变荷载和偶然荷载。

(2) 永久荷载的代表值是荷载标准值，可变荷载的代表值有荷载标准值、组合值、频遇值和准永久值；荷载标准值是设计基准期内（50 年）最大荷载统计分布的特征值，是荷载的基本代表值。

(3) 荷载设计值是荷载分项系数与荷载标准值的乘积，荷载分项系数分为永久荷载分项系数、可变荷载分项系数和预应力作用分项系数。

（4）平面任意力系平衡的重要条件：力系中所有各力在两个坐标轴上的投影的代数和等于零，力系中所有各力对于任意一点 O 的力矩代数和等于零。

（5）根据静力平衡原理及平衡方程，可以求解静定结构构件的支座反力。

习　题

一、选择题

1. 永久荷载的代表值是（　　）。

A. 标准值　　B. 组合值　　C. 设计值　　D. 准永久值

2. 当两种或两种以上的可变荷载同时出现在结构上时，应采用荷载的代表值是（　　）。

A. 标准值　　B. 组合值　　C. 设计值　　D. 准永久值

3. 办公楼楼梯上的可变荷载标准值是（　　）。

A. $2kN/m^2$　　B. $2.5kN/m^2$　　C. $3.5kN/m^2$　　D. $4kN/m^2$

4. 可变荷载设计值是（　　）。

A. $\gamma_Q Q_k$　　B. Q_k　　C. $\gamma_G G_k$　　D. G_k

5. 当楼面上的可变荷载标准值大于 $4kN/m^2$ 时，可变荷载分项系数 γ_Q 应取（　　）。

A. 1.2　　B. 1.3　　C. 1.4　　D. 1.35

二、填空题

1. 平面任意力系平衡的重要条件：力系中所有各力在____________的代数和等于零，力系中所有各力对于____________的力矩代数和等于零。

2. 平面汇交力系平衡的重要条件：____________。

3. 若平面力系中各力的作用线均相互平行，则此力系为____________。

4. 能够直接利用平衡方程求解出全部未知量，这类问题称为____________；结构或构件的未知量的数目超过了独立的平衡方程数目，无法直接利用平衡方程求解出全部未知量，这类问题称为____________。

5. 荷载标准值是荷载的____________________代表值，是指在设计基准期内（50 年）____________。

6. 一般情况下，荷载标准值与荷载分项系数的乘积为____________，也称设计荷载。

三、计算题

1. 某办公楼走廊平板，现浇钢筋混凝土板板厚 120mm，30mm 厚水磨石楼面，板底 20mm 厚石灰砂浆抹灰，求该走廊平板上的面荷载标准值。

2. 某办公楼钢筋混凝土简支梁，计算跨度为 6m，梁的截面尺寸为 200mm×500mm，作用在梁上的永久荷载标准值 G_k=10kN/m（未考虑梁自重），可变荷载标准值 Q_k=5kN/m，试计算：①该梁上的永久荷载标准值；②该梁永久荷载标准值和可变荷载标准值共同作用下的支座反力。

3．如图4.8所示的悬臂梁，求支座反力。

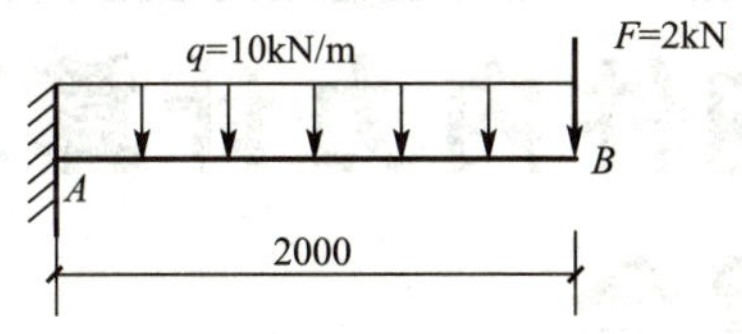

图 4.8　计算题 3 图

4．试确定出图书馆书库的楼面活荷载标准值，并求出其准永久值。

5．求图 4.9 中各构件的支座反力。

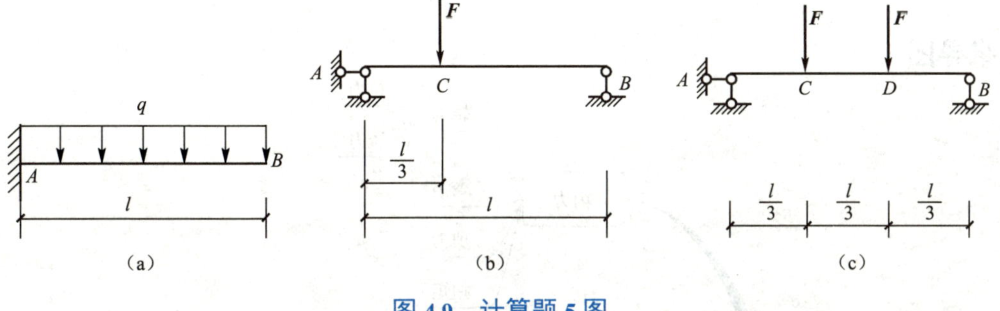

图 4.9　计算题 5 图

模块 5 构件内力计算及荷载效应组合

思维导图

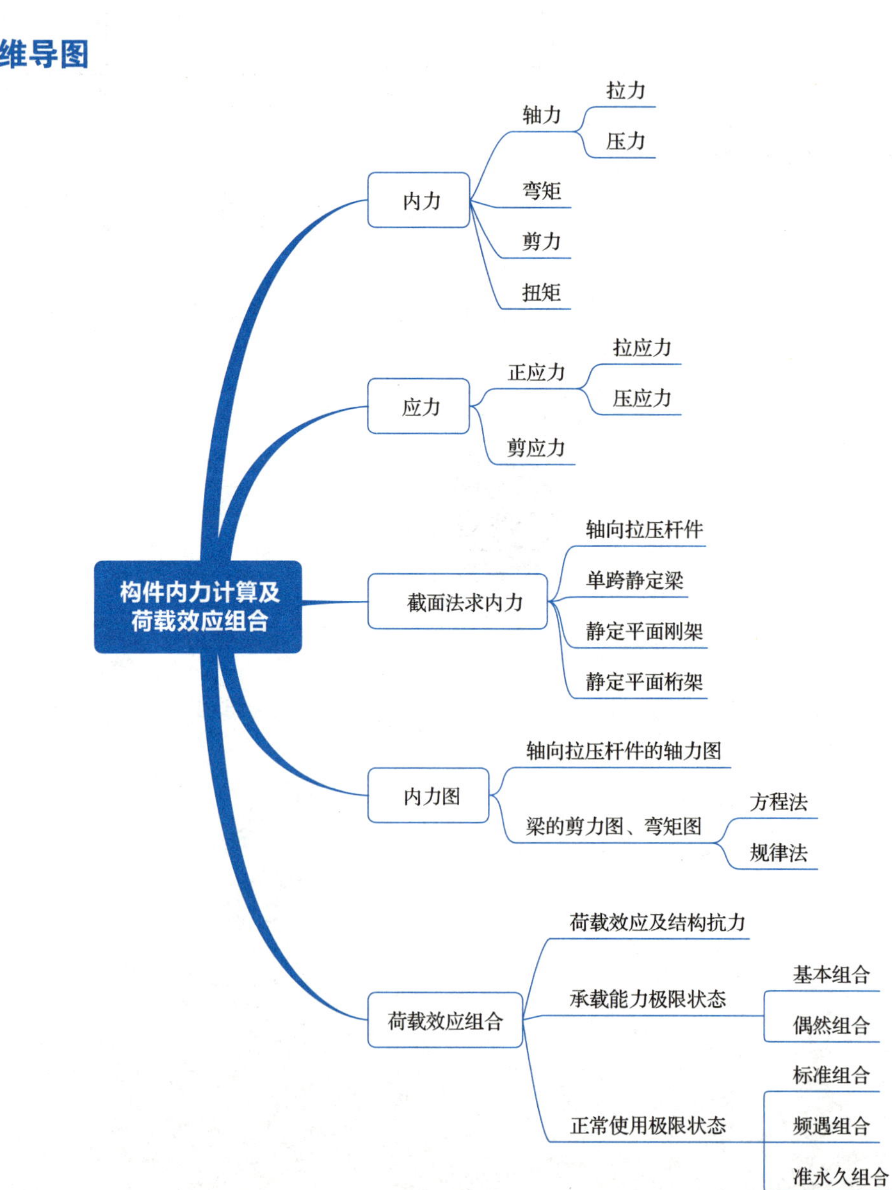

引例

实际工程中，所有建筑物都要依靠其建筑结构来承受荷载和其他间接作用（如温度变化、地基不均匀沉降等），结构是建筑物的重要组成部分。外荷载及其他作用必定在结构构件内部引起内力和变形，即荷载效应。荷载效应的大小决定了后续的结构设计工作中选择材料的种类、材料的强度等级、材料的用量、构件截面形状及尺寸等内容。以钢筋混凝土结构为例，构件在荷载作用下的荷载效应之一是弯矩，截面的弯矩大小决定了截面纵向受力钢筋的多少及钢筋所处的位置。本模块在模块 3、模块 4 的基础上，主要介绍构件内力计算的基本方法及荷载效应组合的基本概念。

5.1 内力的基本概念

5.1.1 内力

1. 内力的定义

当用双手拉长一根弹簧时会感到弹簧内有一种反抗拉长的力，要想使弹簧拉得更长，就要施加更大的外力，而弹簧的反抗力也更大，这种反抗力就是弹簧的内力。内力是指杆件受外力作用后在其内部所引起的各部分之间的相互作用力。内力是由外力引起的，且外力越大，内力也越大。

工程中结构构件常见的内力有轴力、剪力、弯矩。轴力用 N 表示，与截面正交，与轴线重合；剪力用 V 表示，与截面相切，与轴线正交；弯矩用 M 表示，与截面互相垂直，如图 5.1～图 5.3 所示。

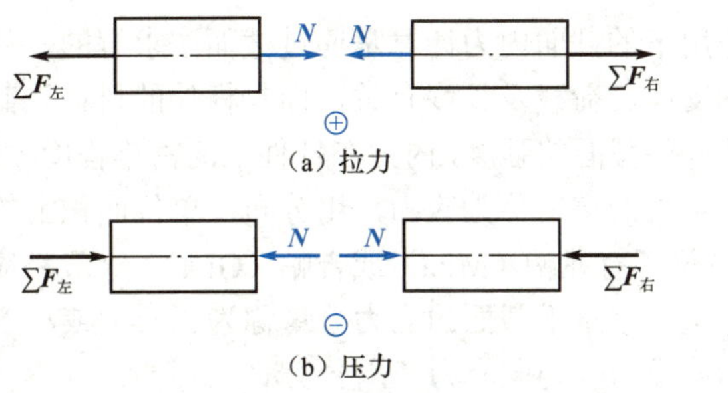

图 5.1 轴力的正负号规定

2. 内力的符号规定

1）轴力的符号规定

轴力用符号 N 表示，背离截面的轴力称为拉力，为正值；指向截面的轴力称为压力，为负值。图 5.1（a）所示的截面受拉，N 为正号；图 5.1（b）所示的截面受压，N 为负号。轴力的单位为牛顿（N）或千牛顿（kN）。

2）剪力的符号规定

剪力用符号 V 表示，其正负号规定如下：当截面上的剪力绕梁段上任意一点有顺时针转动趋势时为正，反之为负，如图 5.2 所示。剪力的单位为牛顿（N）或千牛顿（kN）。

3）弯矩的符号规定

弯矩用符号 M 表示，其正负号规定如下：当截面上的弯矩使梁产生下凸的变形时为正，反之为负，如图 5.3 所示。杆件弯矩的正负号可随意假设，但弯矩图画在杆件受拉的一侧，图中不标正负号。弯矩的单位为 N·m 或 kN·m。

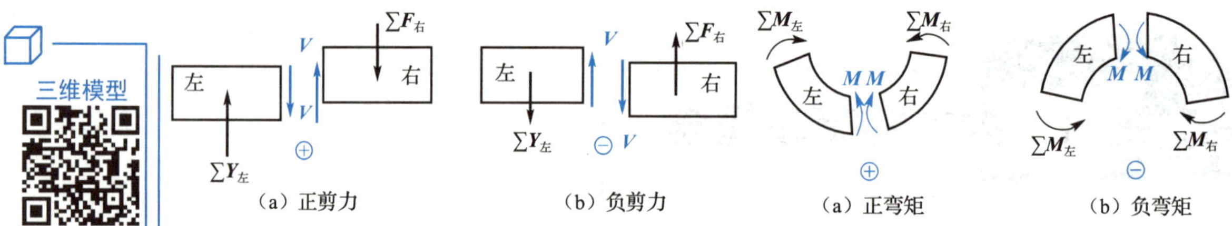

图 5.2　剪力的正负号规定　　　图 5.3　弯矩的正负号规定

特别提示

（1）用截面法求解杆件截面内力时，轴力、剪力、弯矩均假定为正方向。

（2）工程中结构构件内力除轴力、剪力、弯矩外，还有扭矩，用 T 表示，单位为牛顿·米（N·m）或千牛顿·米（kN·m）。

5.1.2 应力

1.应力的基本概念

杆件在外荷载作用下的截面内力计算是通过截面法求解的，从其求解步骤来看，截面上的内力只与杆件的支座、荷载及长度有关，而与杆件的材料和截面尺寸无关。因此，内力的大小不足以反映杆件截面的强度，内力在杆件上的密集程度才是影响强度的主要原因。

我们将内力在一点处的集度称为应力，用分布在单位面积上的内力来衡量。应力的单位为帕（Pa），常用单位还有兆帕（MPa）或吉帕（GPa）。一般将应力分解为垂直于截面和相切于截面的两个分量，垂直于截面的应力分量称为正应力或法应力，用 σ 表示；相切于截面的应力分量称为剪应力或切向应力，用 τ 表示。

2. 轴向拉压杆件横截面上的应力计算

轴向拉伸（压缩）时，杆件横截面上的应力为正应力。根据材料的均匀连续假设，可知正应力在其截面上是均匀分布的。若用 A 表示杆件的横截面面积，N 表示该截面的轴力，则等直杆轴向拉伸（压缩）时横截面正应力 σ 的计算公式为

$$\sigma = \frac{N}{A} \tag{5-1}$$

正应力有拉应力与压应力之分，拉应力为正，压应力为负。

图 5.4（a）所示为等截面轴心受压柱的简图，其横截面面积为 A，荷载竖直向下且大小为 N。通过截面法求得 1—1 截面的轴力大小为 $-N$，负号说明轴力为压应力，即正应力 σ 为压应力，大小为 $\frac{N}{A}$，其分布如图 5.4（b）所示。

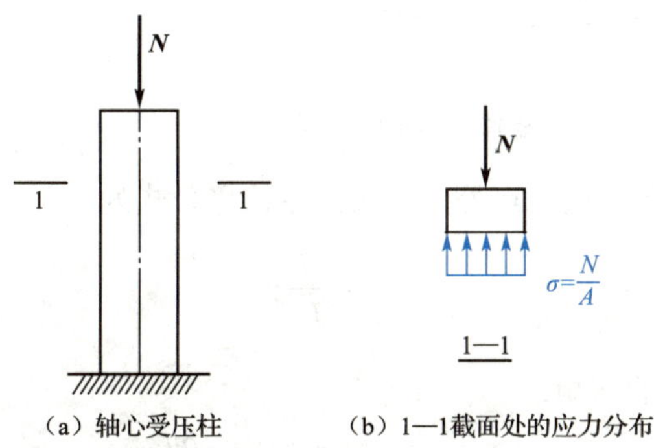

图 5.4　轴向压杆横截面上的应力分布

3. 矩形截面梁平面弯曲时横截面上的应力计算

一般情况下，梁在竖向荷载作用下会产生弯曲变形。本书只涉及平面弯曲的梁。平面弯曲指梁上所有外力都作用在纵向对称面内，梁变形后轴线形成的曲线也在该平面内弯曲，如图 5.5 所示。

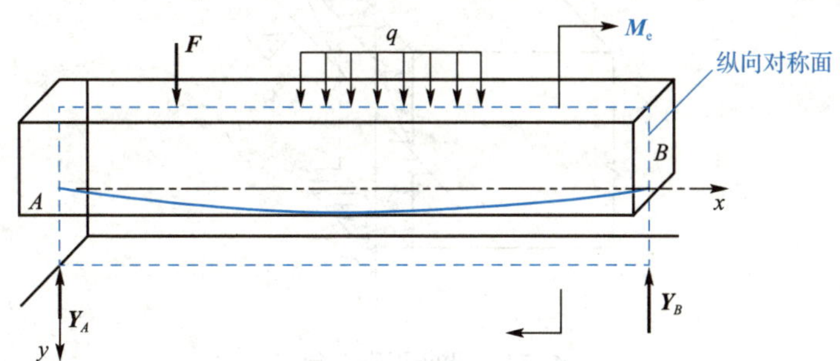

图 5.5　平面弯曲的梁

梁平面弯曲时，其横截面上的内力有弯矩和剪力，因此，梁横截面上必然有正应力和剪应力存在。

1）弯曲正应力

假设梁是由许多纵向纤维组成的，在受到图 5.6 所示的外力作用下，将产生图示的弯曲变形，凹边各层纤维缩短，凸边各层纤维伸长。这样梁的下部纵向纤维产生拉应变，上部纵向纤维产生压应变。从下部的拉应变过渡到上部的压应变，必有一层纤维既不伸长也不缩短，即此层线应变为零，定义这一层为中性层。中性层与横截面的交线称为中性轴，如图 5.7 中 z 轴。

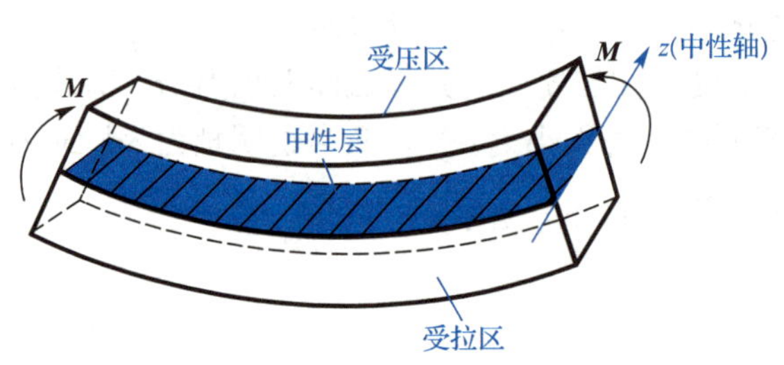

图 5.6　弯矩作用下梁的变形

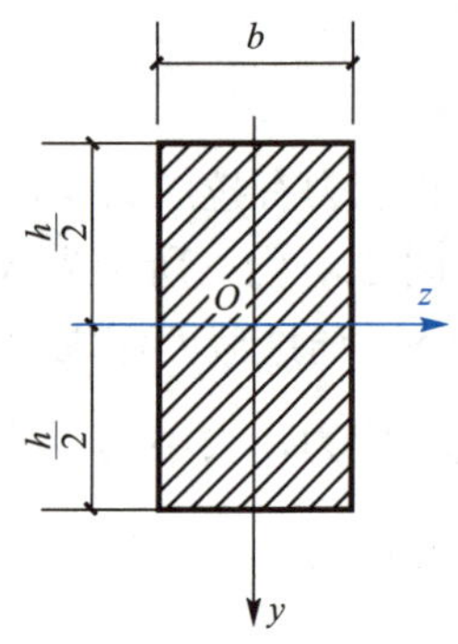

图 5.7　梁的矩形截面

平面弯曲梁的横截面上任一点处的正应力 σ 计算公式为

$$\sigma = \frac{M}{I_z} y \tag{5-2}$$

式中　M ——横截面上的弯矩；

I_z ——横截面对中性轴的惯性矩，矩形截面 $I_z = \dfrac{bh^3}{12}$，圆形截面 $I_z = \dfrac{\pi}{64} d^4$（$d$为直径）；

y ——所求应力点到中性轴的距离。

由式（5-2）可知，对于同一个截面，M 、I_z 为常量，截面上任一点处的正应力的大小与该点到中性轴的距离成正比，沿截面高度呈线性变化，如图5.8所示。

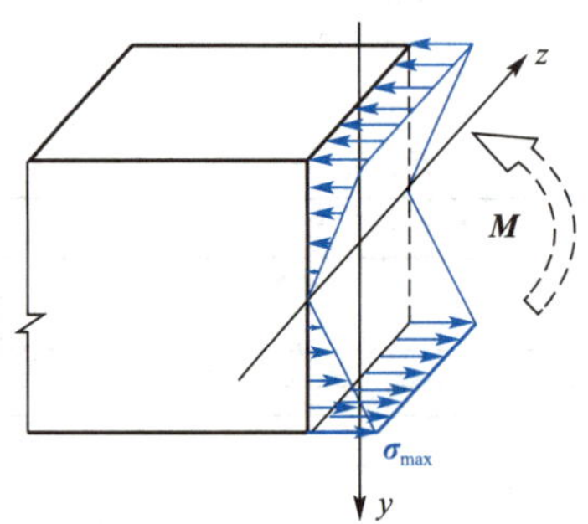

图 5.8　弯曲正应力分布

如果截面上的弯矩为正弯矩，则中性轴至截面上边缘区域为受压区，中性轴至截面下边缘区域为受拉区，且中性轴处应力为零，截面上边缘处压应力最大，截面下边缘处拉应力最大，如图 5.9（a）所示；如果截面上的弯矩为负弯矩，中性轴至截面上边缘区域为受拉区，中性轴至截面下边缘区域为受压区，且中性轴处应力为零，截面上边缘处拉应力最大，截面下边缘处压应力最大，如图 5.9（b）所示。

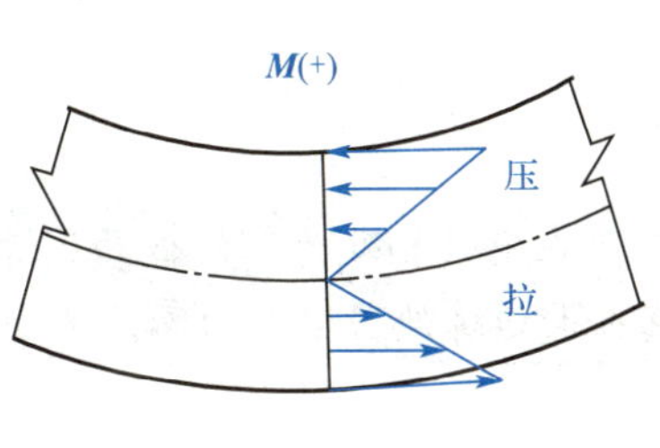

（a）正弯矩

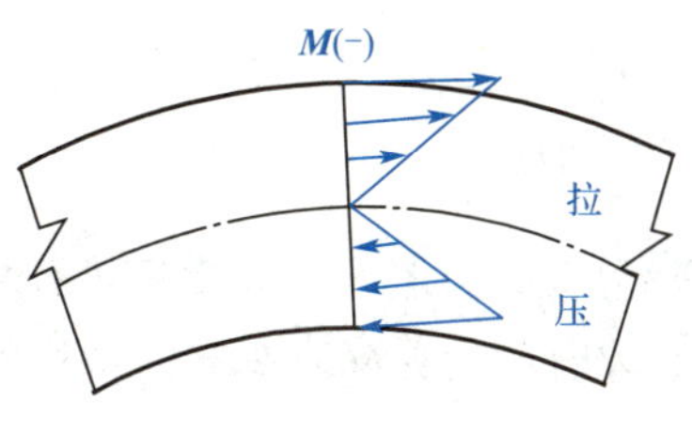

（b）负弯矩

图 5.9 正弯矩和负弯矩下的正应力分布

特别提示

对于工程中的钢筋混凝土梁，其受力钢筋应放置在受拉区，因此处于不同受力状态的梁，其受力钢筋所处的位置也不同。

2）弯曲剪应力

平面弯曲梁的横截面上任一点处的剪应力 τ 计算公式为

$$\tau = \frac{VS_z^*}{I_z b} \tag{5-3}$$

式中 V ——横截面上的剪力；

I_z ——横截面对中性轴的惯性矩；

b ——截面宽度；

S_z^* ——横截面上所求剪应力处的水平线以下（或以上）部分 A^*对中性轴的静矩。

剪应力的方向可根据与横截面上剪力方向一致来确定。对矩形截面梁，其剪应力沿截面高度呈二次抛物线变化，如图 5.10 所示，中性轴处剪应力最大，离中性轴越远剪应力越小，截面上下边缘处剪应力为零。中性轴上下两点如果距离中性轴相同，其剪应力也相同。

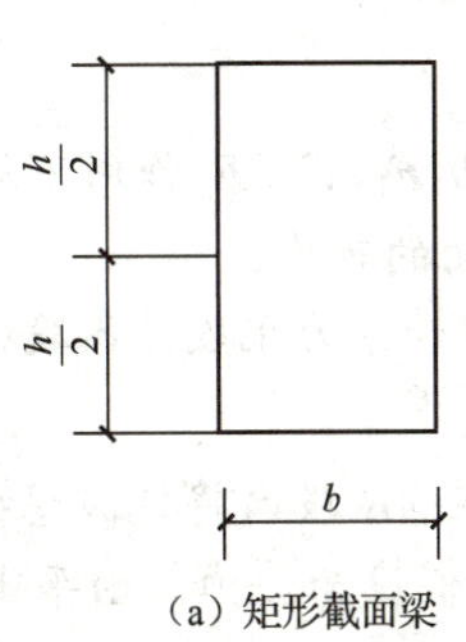

（a）矩形截面梁

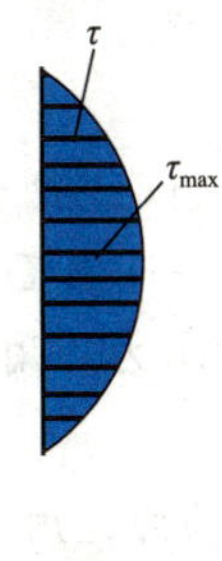

（b）剪应力分布

图 5.10 矩形截面梁剪应力分布

特别提示

对于矩形截面梁来讲，截面弯矩引起的正应力在中性轴处为零，截面边缘处正应力最大；而剪力引起的剪应力在中性轴处最大，在截面边缘处剪应力为零。

5.2 静定结构内力计算

静定结构是指结构的支座反力和各截面的内力可以用平衡条件唯一确定的结构。本节将介绍静定结构的内力计算，包括求解结构构件指定截面的内力与绘制整个结构构件的内力图两大部分。

5.2.1 指定截面的内力计算

求解不同结构构件的指定截面内力采用的基本方法是截面法，其基本步骤如下。

（1）按模块 4 中介绍的方法求解支座反力。

（2）沿所求内力的截面处假想切开，选择其中一部分为脱离体，另一部分留置不顾。

（3）绘制脱离体的受力图，应包括原来在脱离体部分的荷载和反力，以及切开截面上的待定内力。

（4）根据脱离体的受力图建立静力平衡方程，求解方程得截面内力。

1. 轴向拉压杆件的轴力计算

应用案例 5-1

杆件受力情况如图 5.11(a)所示，杆件在力 $\boldsymbol{F}_1$、$\boldsymbol{F}_2$、$\boldsymbol{F}_3$ 作用下处于平衡。已知 F_1=25kN，F_2=35kN，F_3=10kN，求 1—1 截面和 2—2 截面的轴力。

解：杆件承受多个轴向力作用时，外力将杆分为几段，各段杆的内力将不相同，因此要分段求出杆的力。

（1）求 1—1 截面的轴力。用 1—1 截面在 AB 段内将杆假想截开，取左段杆为研究对象［图 5.11（b）］，截面的轴力用 N_1 表示，并假设为拉力，由平衡方程

$$\sum F_x = 0，\quad N_1 - F_1 = 0$$

求得 $N_1 = F_1 = 25\text{kN}$。正值说明假设方向与实际方向相同，1—1 截面的轴力为拉力。

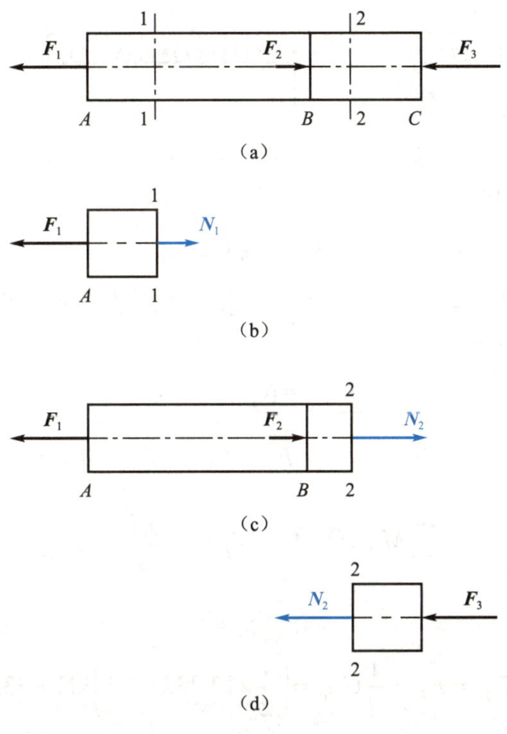

图 5.11 轴向拉压杆件的内力

（2）求 2—2 截面的轴力。用 2—2 截面在 BC 段内将杆假想截开，取左段杆为研究对象［图 5.11（c）］，截面的轴力用 $\boldsymbol{N}_2$ 表示，也假设为拉力，由平衡方程

$$\sum F_x = 0,\quad N_2 + F_2 - F_1 = 0$$

求得 $N_2 = F_1 - F_2 = 25\text{kN} - 35\text{kN} = -10\text{kN}$。负值说明假设方向与实际方向相反，2—2 截面的轴力为压力。

求 2—2 截面的轴力时，也可取右段杆为研究对象，如图 5.11（d）所示，经求解

$$N_2 = -10\text{kN}$$

特别提示

不难看出，AB 段任一截面的轴力与 1—1 截面的轴力相等，BC 段任一截面的轴力与 2—2 截面的轴力相等。

2．单跨静定梁的内力计算

应用案例 5-2

图 5.12（a）所示为某混合结构中简支梁 L2 的计算简图，计算跨度 l_0=5100mm。已知梁上均布永久荷载标准值 G_k=13.332kN/m，计算梁跨中截面的内力。

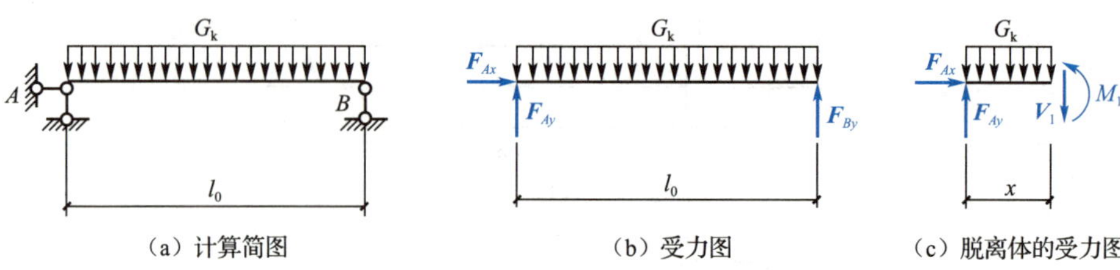

（a）计算简图　（b）受力图　（c）脱离体的受力图

图 5.12　简支梁 L2

解：（1）求支座反力。取整个梁为研究对象，画出梁的受力图，如图 5.12（b）所示，建立平衡方程求解支座反力，即

$$\sum F_x = 0，\quad F_{Ax} = 0$$

$$\sum F_y = 0，\quad F_{Ay} - G_k l_0 + F_{By} = 0$$

$$\sum M_A(F) = 0，\quad F_{By} l_0 - \frac{G_k l_0^2}{2} = 0$$

解得:

$$F_{Ax} = 0，\quad F_{Ay} = F_{By} = \frac{1}{2} G_k l_0 = \left(\frac{1}{2} \times 13.332 \times 5.1\right) \text{kN} \approx 33.997 \text{kN}(\uparrow)$$

（2）求梁跨中截面的内力。在跨中截面将梁假想截开，取左段梁为脱离体，画出脱离体的受力图，如图 5.12(c)所示。假定该截面的剪力$\boldsymbol{V}_1$和弯矩$\boldsymbol{M}_1$的方向均为正方向，$x = \frac{l_0}{2}$，建立平衡方程，求解剪力$\boldsymbol{V}_1$和弯矩$\boldsymbol{M}_1$，即

$$\sum F_x = 0，\quad F_{Ax} = 0$$

$$\sum F_y = 0，\quad F_{Ay} - V_1 - \frac{G_k l_0}{2} = 0$$

$$\sum M_A(F) = 0，\quad M_1 - V_1 \frac{l_0}{2} - G_k \frac{l_0}{2} \times \frac{l_0}{4} = 0$$

解得:

$$V_1 = 0，\quad M_1 = \frac{1}{8} G_k l_0^2 = \left(\frac{1}{8} \times 13.332 \times 5.1^2\right) \text{kN} \cdot \text{m} \approx 43.346 \text{kN} \cdot \text{m}$$

应用案例 5-3

图 5.13（a）所示为某混合结构中悬挑梁 XTL1 的计算简图，l_0=2.1m，永久荷载标准值G_k=12.639kN/m，F_k=16.665kN。计算梁支座 1—1 截面的内力。

解：通过截面法求解 1—1 截面内力时，沿 1—1 截面将梁假想截开，不难发现：取左段梁为脱离体时，脱离体包含支座，需要求解支座反力；取右段梁为脱离体时，脱离体没有支座，无须求解支座反力。所以，为了方便起见，取右段梁为脱离体，画出脱离体的受力图，如图 5.13（b）所示，假定该截面的剪力$\boldsymbol{V}_1$和弯矩$\boldsymbol{M}_1$的方向均为正方向，$x = l_0$，建

立平衡方程，求解剪力V_1和弯矩M_1，即

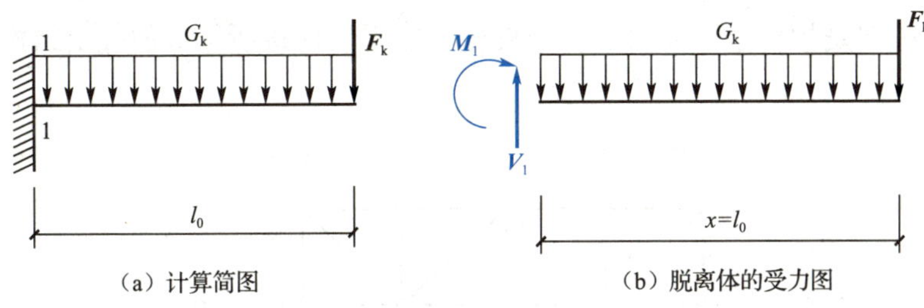

图 5.13　悬挑梁 XTL1

$$\sum F_y = 0，\quad V_1 - G_k l_0 - F_k = 0$$

$$\sum M_1(F) = 0，\quad -M_1 - \frac{1}{2}G_k l_0^2 - F_k l_0 = 0$$

解得：

$$V_1 = G_k l_0 + F_k = (12.639 \times 2.1)\text{kN} + 16.665\text{kN} \approx 43.207\text{kN}$$

$$M_1 = -\frac{1}{2}G_k l_0^2 - F_k l_0 = \left(-\frac{1}{2} \times 12.639 \times 2.1^2\right)\text{kN}\cdot\text{m} - (16.665 \times 2.1)\text{kN}\cdot\text{m} \approx -62.865\text{kN}\cdot\text{m}$$

特别提示

在求解悬挑梁、外伸梁外伸部分截面内力时无须求解支座反力。

3. 静定平面刚架的内力计算

静定平面刚架是由横梁和柱共同组成的一个整体静定承重结构，如图 5.14 所示。刚架的特点是具有刚节点，即梁与柱的接头是刚性连接的，共同组成一个几何不变的整体。静定平面刚架中构件的内力既有轴力、剪力，又有弯矩，任意截面的内力仍用截面法求解(略)。

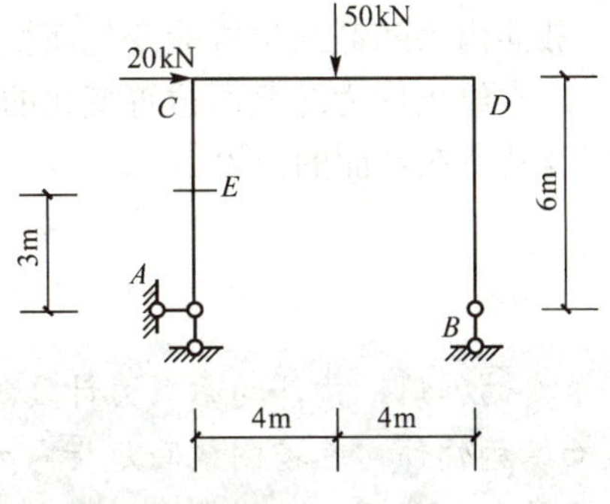

图 5.14　静定平面刚架

4．静定平面桁架的内力计算

静定平面桁架是指一个平面内的若干直杆两端用铰连接所组成的静定结构，如图 5.15 所示。

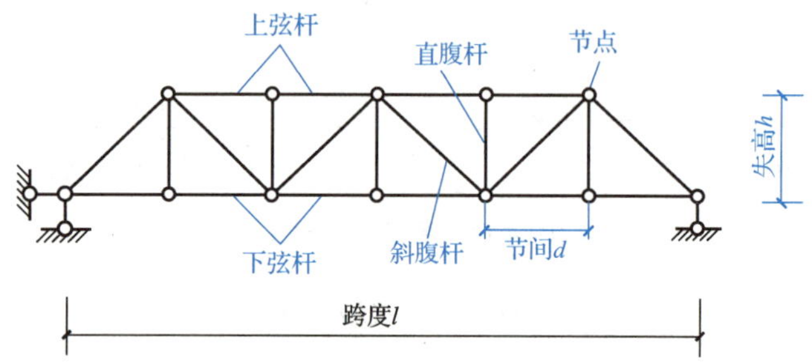

图 5.15　静定平面桁架

组成桁架的各杆依其所在的位置可分为弦杆和腹杆两类。弦杆是指桁架外围的杆件，上部的称为上弦杆，下部的称为下弦杆；上、下弦杆之间的杆件统称为腹杆，其中竖向的称为直腹杆，斜向的称为斜腹杆。从上弦最高点至下弦的距离称为矢高，也称为桁架高；杆件与杆件的连接点称为节点；弦杆上两相邻节点间的区间称为节间；桁架两支座之间的距离称为跨度。

为了简化计算，在取桁架计算简图时，通常作如下假定。

（1）各杆在两端用光滑的理想铰相互连接。

（2）所有杆件的轴线都是直线，在同一平面内且通过铰的中心。

（3）荷载和支座反力都作用在节点上且位于桁架所在的平面内。

符合上述假定的桁架称为理想桁架，其各杆件在节点荷载作用下内力仅为轴力，且轴力均匀分布。

5.2.2 内力图

结构构件在外力作用下，截面内力随截面位置的变化而变化，为了形象、直观地表达内力沿截面位置变化的规律，通常绘出内力随截面位置变化的图形，即内力图。根据内力图，可以找出构件内力最大值及其所在截面的位置。

特别提示

内力图在结构设计中有重要的作用，构件的承载力计算以构件在荷载作用下控制截面的内力为依据。对于等截面结构构件，其控制截面是指内力最大的截面；对于变截面结构构件，其控制截面除内力最大的截面外，还有尺寸突变的截面。不同的结构构件在不同的荷载作用下，其控制截面的位置和数量是不一样的，可以通过绘制结构构件内力图的方法来确定。

1. 轴向拉压杆件的内力图——轴力图

可按选定的比例尺，用平行于轴线的坐标表示横截面的位置，用垂直于轴线的坐标表示各横截面轴力的大小，绘出表示轴力与截面位置关系的图形，即轴力图。画图时，习惯上将正值的轴力画在横坐标轴上侧，负值的轴力画在横坐标轴下侧。

绘制仅受轴向集中荷载作用的杆件轴力图的步骤如下。

（1）求解支座反力。

（2）根据施加荷载情况进行分段。

（3）求出每段内任一截面上的轴力值。

（4）选定一定比例尺，用平行于轴线的坐标表示横截面的位置，用垂直于轴线的坐标表示各横截面轴力的大小，绘制轴力图。

应用案例 5-4

等截面杆件受力如图 5.16（a）所示，试作出该杆件的轴力图。

解：（1）求支座反力。根据平衡条件可知，轴向拉压杆件固定端的支座反力只有 $\boldsymbol{F}_{Ax}$，如图 5.16（b）所示。取整根杆为研究对象，列平衡方程。

$$\sum F_x = 0，\ -F_{Ax} - F_1 + F_2 - F_3 + F_4 = 0$$

解得:

$$F_{Ax} = -F_1 + F_2 - F_3 + F_4 = (-20 + 60 - 40 + 25)\text{kN} = 25\text{kN}(\leftarrow)$$

（2）求各段杆的轴力。如图 5.16（b）所示，杆件在 5 个集中力作用下保持平衡，分 4 段：AB 段、BC 段、CD 段、DE 段。

求 AB 段轴力：用 1—1 截面将杆件在 AB 段内截断，取左段杆为脱离体［图 5.16（c）］。以 N_1 表示截面上的轴力，由平衡方程

$$\sum F_x = 0，\ -F_{Ax} + N_1 = 0$$

解得:

$$N_1 = F_{Ax} = 25\text{kN}\ （拉力）$$

求 BC 段的轴力：用 2—2 截面将杆件截断，取左段杆为脱离体［图 5.16（d）］。由平衡方程

$$\sum F_x = 0，\ -F_{Ax} + N_2 - F_1 = 0$$

解得:

$$N_2 = F_{Ax} + F_1 = (20 + 25)\text{kN} = 45\text{kN}\ （拉力）$$

求 CD 段轴力：用 3—3 截面将杆件截断，取左段杆为脱离体［图 5.16（e）］。由平衡方程

$$\sum F_x = 0，\ N_3 - F_{Ax} + F_2 - F_1 = 0$$

解得:

$$N_3 = F_{Ax} - F_2 + F_1 = (25 - 60 + 20)\text{kN} = -15\text{kN}\ （压力）$$

求 DE 段轴力：用 4—4 截面将杆件截断，取右段杆为脱离体［图 5.16（f）］。由平衡方程

$$\sum F_x = 0，\ F_4 - N_4 = 0$$

解得：

$$N_4 = F_4 = 25\text{kN}\ （拉力）$$

（3）画轴力图。以平行于轴线的 x 轴为横坐标，垂直于轴线的 N 轴为纵坐标，按一定比例将各段轴力标在坐标轴上，可作出轴力图，如图 5.16（g）所示。

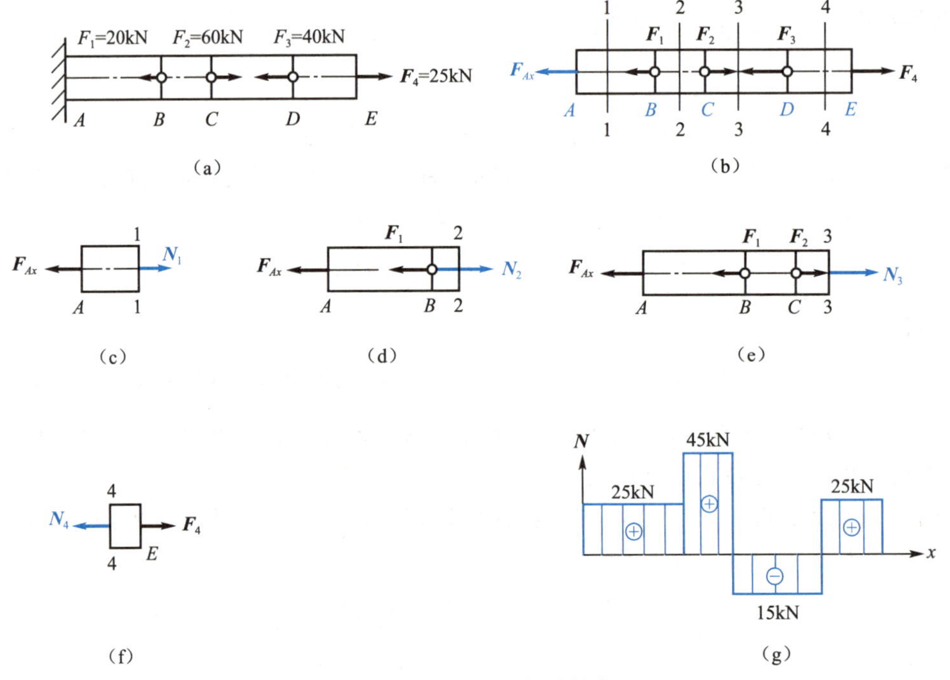

图 5.16 轴向拉压杆件的轴力图

特别提示

（1）轴力图上，拉力为“+”，压力为“−”。

（2）绘制轴力图时，杆件是以作用在杆件上的集中荷载（包括支座反力和外荷载）的位置来分段求解的，对于两个集中荷载之间的杆件，任一截面的内力均相等。

（3）BC 段截面上的拉力值最大，为轴向拉杆设计的控制段；同时 CD 段上的压力值最大，也为轴向压杆设计的控制段。

2. 梁的内力图——剪力图和弯矩图

梁的内力图包括剪力图和弯矩图，其绘制方法与轴力图相似，即以平行于梁轴线的 x

轴为基线表示该梁的横坐标位置，用纵坐标的端点表示相应截面的剪力或弯矩，再把各纵坐标的端点连接起来。在绘制剪力图时，习惯上将正剪力画在 x 轴的上方，负剪力画在 x 轴的下方，并标明正负号。而绘制弯矩图时，则规定画在梁受拉的一侧，即正弯矩画在 x 轴的下方，负弯矩画在 x 轴的上方，可以不标明正负号。

1）利用内力图的规律绘制内力图

（1）梁上荷载与剪力图、弯矩图的关系，见表 5-1。

表 5-1　梁上荷载与剪力图、弯矩图的关系

梁上荷载情况	剪力图		弯矩图	
无荷载区段	特征：剪力图为水平直线		特征：弯矩图为斜直线	
	$V=0$		$V=0$	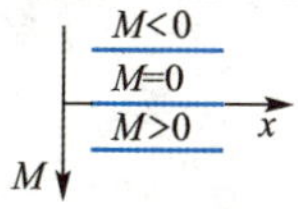 $M<0$ $M=0$ $M>0$
	$V>0$		$V>0$	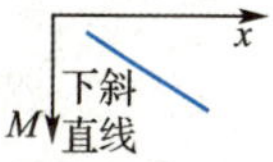 下斜直线
	$V<0$		$V<0$	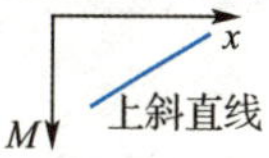 上斜直线
均布荷载向上作用 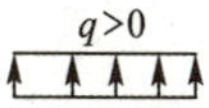 $q>0$	特征：上斜直线 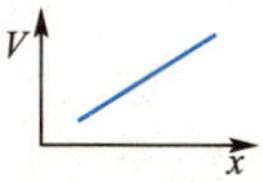		特征：上凸曲线 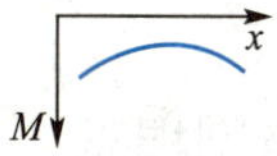	
均布荷载向下作用 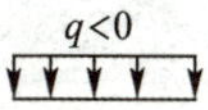 $q<0$	特征：下斜直线 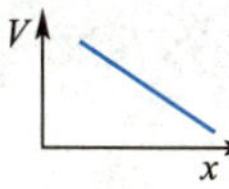		特征：下凸曲线 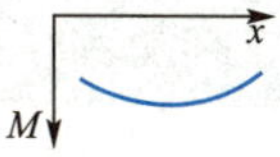	
集中荷载作用处 C 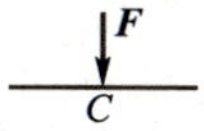	特征：C 截面处有突变，突变值等于 F 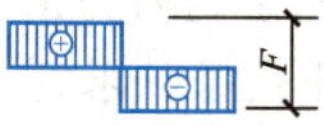		特征：C 截面处有尖点，尖点方向同荷载方向 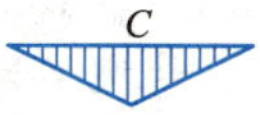	
集中力偶作用处 C	特征：C 截面处无变化		C 截面处有突变，突变值等于 m 	

为了便于记忆表5-1中的规律，可以用下面的口诀简述。

① 对剪力图：没有荷载平直线，均布荷载斜直线，力偶荷载无影响，集中荷载有突变。

② 对弯矩图：没有荷载斜直线，均布荷载抛物线，集中荷载有尖点，力偶荷载有突变。

（2）绘制内力图的步骤如下。

① 求解支座反力。

② 绘制受力图。

③ 依据梁上荷载与剪力图、弯矩图的关系绘制剪力图、弯矩图。

应用案例 5-5

图 5.17（a）所示为某混合结构中简支梁 L2 的计算简图，计算跨度 l_0=5.1m，已知梁上均布永久荷载标准值 G_k=13.332kN/m，绘制简支梁 L2 的内力图。

解：（1）求支座反力。应用案例 5-2 中已求出：$F_{Ax}=0$，$F_{Ay}=F_{By}=33.997\text{kN}$（↑）

（2）绘制受力图，如图 5.17（b）所示，画出外荷载和支座反力的实际方向并标出大小。

（3）依据梁上荷载与剪力图、弯矩图的规律绘制剪力图、弯矩图，如图 5.17（c）和图 5.17（d）所示。

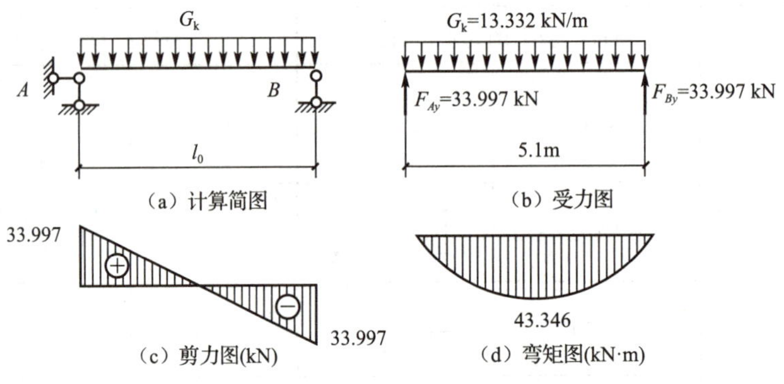

图 5.17　简支梁 L2 内力图

特别提示

从图 5.17（d）中不难看出：跨中截面弯矩最大，M_{max}=43.346kN·m，且引起该截面上部受压、下部受拉；支座处剪力最大，V_{max}=33.997kN。

应用案例 5-6

图 5.18（a）所示为某混合结构中悬挑梁 XTL1 的计算简图，l_0=2.1m，永久荷载标准值 G_k=12.639kN/m，F_k=16.665kN，绘制悬挑梁 XTL1 的内力图。

解：（1）以悬挑梁为研究对象，根据静力平衡条件求得支座反力。

$$F_{Ax}=0$$

$$F_{Ay}=G_k l_0+F_k=(12.639\times 2.1)\text{kN}+16.665\text{kN}\approx 43.207\text{kN}\ (\uparrow)$$

$$M_A=-\frac{1}{2}G_k l_0^2-F_k l_0=\left(-\frac{1}{2}\times 12.639\times 2.1^2\right)\text{kN}\cdot\text{m}-(16.665\times 2.1)\text{kN}\cdot\text{m}$$

$$\approx -62.865\text{kN}\cdot\text{m}\ (\curvearrowleft)$$

（2）绘制受力图，如图 5.18（b）所示，画出外荷载和支座反力并标出大小。

（3）依据梁上荷载与剪力图、弯矩图的规律绘制剪力图、弯矩图，如图 5.18（c）和图 5.18（d）所示。

特别提示

从图 5.18（d）中不难看出：悬挑梁 XTL1 负弯矩最大值 $M_{max}=-62.865\text{kN·m}$，且位于支座处，引起该截面上部受拉、下部受压；支座处剪力最大，$V_{max}=43.207\text{kN}$。

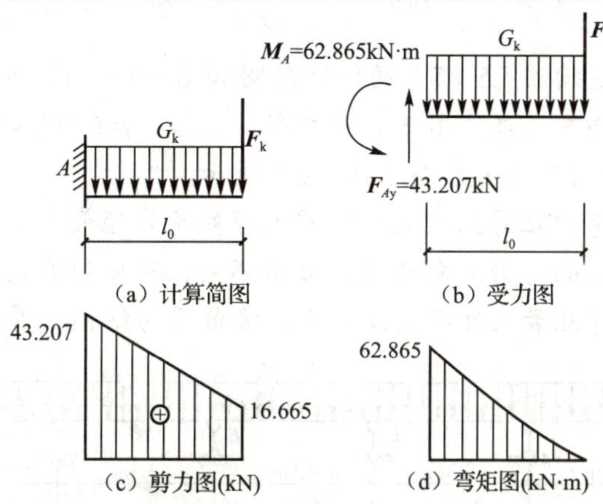

图 5.18 悬挑梁 XTL1 内力图

2）常见静定单跨梁在荷载作用下的内力图（表 5-2）

表 5-2 常见静定单跨梁在荷载作用下的内力图

序号	计算简图	支座反力	剪力图	弯矩图
1	q；A、B；l	$F_{Ay}=F_{By}=\dfrac{ql}{2}$(↑)	$\dfrac{ql}{2}$ ⊕；⊖ $\dfrac{ql}{2}$	$\dfrac{ql^2}{8}$
2	F；A、C、B；$\dfrac{l}{2}$，$\dfrac{l}{2}$	$F_{Ay}=F_{By}=\dfrac{F}{2}$(↑)	$\dfrac{F}{2}$ ⊕；⊖ $\dfrac{F}{2}$	$\dfrac{Fl}{4}$
3	q；A、B；l	$F_{Ax}=0$ $F_{Ay}=ql$(↑) $M_A=\dfrac{ql^2}{2}$ (↻)	ql ⊕	$\dfrac{ql^2}{2}$
4	F；A、B；l	$F_{Ax}=0$ $F_{Ay}=F$(↑) $M_A=Fl$ (↻)	F ⊕	Fl
5	q，F；A、B、C；l_1，l_2	$F_{Ax}=0$ $F_{Ay}=\dfrac{ql_1}{2}-F\dfrac{l_2}{l_1}$ $F_{By}=\dfrac{ql_1}{2}+F\left(1+\dfrac{l_2}{l_1}\right)$	$\dfrac{ql_1}{2}-F\dfrac{l_2}{l_1}$ ⊕；⊖ $\dfrac{ql_1}{2}+F\left(1+\dfrac{l_2}{l_1}\right)$；$F$ ⊕	Fl_2

知识链接

超静定结构是指从几何组成性质的角度来看，属于几何不变且有多余约束的结构，其支座反力和内力不能用平衡条件来确定，建筑工程中常见的超静定结构形式有刚架、排架、桁架及连续梁等。

某混合结构中多跨连续梁 L5（7）的计算简图如图 5.19（a）所示。通过结构软件计算得到多跨连续梁在竖向均布荷载作用下的内力图，已知：q=6.06kN/m，L5 共 7 跨，跨度为 3.3m，梁的内力图如图 5.19（b）和图 5.19（c）所示。

不难看出：在每跨跨中正弯矩最大，中间支座处负弯矩最大且左右截面弯矩相等；支座处剪力最大，且左右截面剪力方向相反、数值不同，跨中剪力较小。因此，对于多跨连续梁来讲，其每跨跨中弯矩最大处及支座左右边缘截面为结构计算的控制截面。

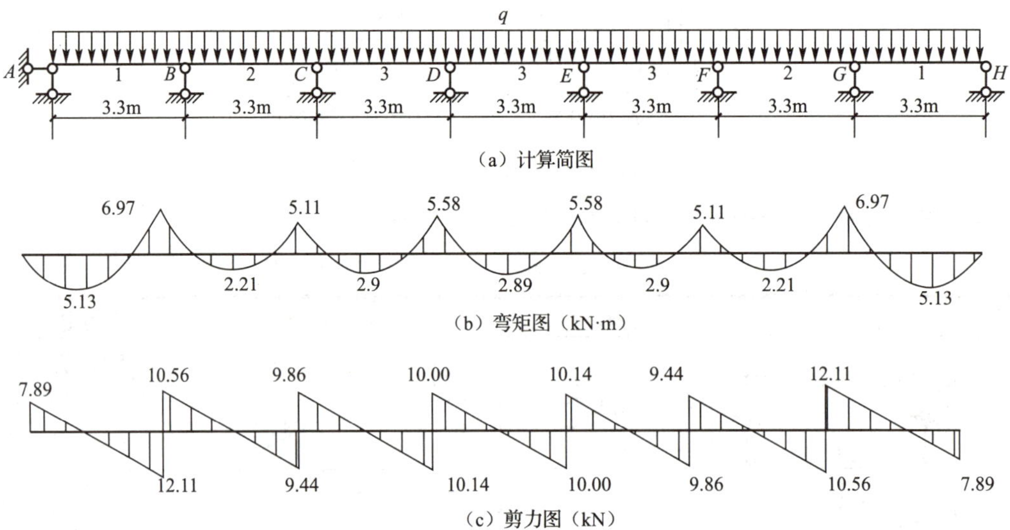

图 5.19　梁 L5（7）的计算简图与内力图

5.3　荷载效应组合

5.3.1　荷载效应及结构抗力

1.荷载效应

荷载效应是指由施加在结构或结构构件上的荷载产生的内力（拉力、压力、弯矩、剪力、扭矩）和变形（伸长、压缩、挠度、侧移、转角、裂缝），用 S 表示。因为结构或结构构件上的荷载大小、位置是随机变化的，即为随机变量，所以荷载效应一般也是随机变量。

特别提示

5.2 节中求解得到的结构或结构构件的内力均为荷载效应。例如，梁在竖向均布荷载作用下产生的弯矩 M 和剪力 V，框架结构在竖向荷载和风荷载作用下引起柱子和梁上的轴力 N、弯矩 M 和剪力 V 等。

学中做

悬臂梁在端部集中荷载作用下，其弯矩的荷载效应 S=__________。

2．荷载效应组合

当结构上同时作用两种及两种以上可变荷载时，要考虑荷载效应（内力）的组合。荷载效应组合的选择是指在所有可能同时出现的各种荷载组合中，确定对结构或结构构件产生的总效应，取其最不利值的方法。

3．结构抗力

结构抗力是指整个结构或结构构件承受荷载效应（即内力和变形）的能力，如构件的承载能力、刚度等，用 R 表示。

影响结构抗力的主要因素有材料性能（强度、变形模量等）、几何参数（构件尺寸）及计算模式的精确性（如抗力计算所采用的基本假设和计算公式够不够精确）等。因此，结构抗力也是一个随机变量。

特别提示

实例中二层全现浇钢筋混凝土框架结构平面布置图中的简支梁 L1，截面尺寸是 250mm×500mm，C25 混凝土，配有纵向受力钢筋 3Φ20，经计算（计算方法详见模块 6），梁能够承担的弯矩为 M=136.67kN·m，即抗弯承载力，亦即结构抗力 R=136.67kN·m。

5.3.2 极限状态下的实用设计表达式

在进行结构和结构构件设计时，一般采用基于极限状态理论和概率论的计算设计方法，即概率极限状态设计法。同时考虑到应用上的简便，《建筑结构可靠性设计统一标准》给出了设计表达式。

1．承载能力极限状态设计表达式

$$\gamma_0 S_d \leqslant R_d \tag{5-4}$$

式中　γ_0——结构重要性系数，在持久设计状况和短暂设计状况下，对安全等级为一级的结构构件不应小于1.1，对安全等级为二级的结构构件不应小于1.0，对安全等级为三级的结构构件不应小于0.9；在偶然设计状况和地震设计状况下应取1.0；

S_d——承载能力极限状态下作用组合的效应设计值，对持久设计状况和短暂设计状况应按作用的基本组合计算；对偶然设计状况应按作用的偶然组合计算；

R_d——结构或结构构件的抗力设计值。

特别提示

在建筑工程中，只有效应小于抗力才能保证结构处于可靠状态，进而保证结构的安全性、适用性和耐久性。我们引以为傲的伟大工程——北京故宫、赵州桥等都是经过历史检验处于可靠状态的优秀工程案例。我们作为大学生要养成一丝不苟的工匠精神，确保每一道工序的质量，以追求卓越、质量第一为从事建筑行业的价值导向，实现质量强国[①]的目标。

1）荷载效应（内力）组合设计值 S_d 的计算

承载能力极限状态的荷载效应组合分为基本组合（永久荷载+可变荷载）与偶然组合（永久荷载+可变荷载+偶然荷载）两种情况。

（1）对持久设计状况和短暂设计状况，应采用基本组合。

①基本组合的效应设计值按式（5-5）中最不利值确定。

$$S_d = S\left(\sum_{i\geqslant 1}\gamma_{G_i}G_{ik} + \gamma_P P + \gamma_{Q_1}\gamma_{L_1}Q_{1k} + \sum_{j>1}\gamma_{Q_j}\psi_{cj}\gamma_{L_j}Q_{jk}\right) \tag{5-5}$$

式中　$S(\cdot)$——作用组合的效应函数；

G_{ik}——第 i 个永久荷载的标准值；

P——预应力作用的有关代表值；

Q_{1k}、Q_{jk}——第1个和第 j 个可变荷载的标准值；

γ_{G_i}——第 i 个永久荷载的分项系数，按表4-2采用；

γ_P——预应力作用的分项系数，按表4-2采用；

γ_{Q_1}、γ_{Q_j}——第1个和第 j 个可变荷载的分项系数，按表4-2采用；

γ_{L_1}、γ_{Lj}——第1个和第 j 个考虑结构设计使用年限的荷载调整系数，按表5-3采用；

ψ_{cj}——第 j 个可变荷载的组合值系数。

② 当作用与作用效应按线性关系考虑时，基本组合的效应设计值按式（5-6）中最不利值确定。

$$S_d = \sum_{i\geqslant 1}\gamma_{G_i}S_{G_{ik}} + \gamma_P S_P + \gamma_{Q_1}\gamma_{L_1}S_{Q_{1k}} + \sum_{j>1}\gamma_{Q_j}\psi_{cj}\gamma_{Lj}S_{Q_{jk}} \tag{5-6}$$

式中　$S_{G_{ik}}$——第 i 个永久荷载标准值的效应；

① 党的二十大报告提出：“坚持把发展经济的着力点放在实体经济上，推进新型工业化，加快建设制造强国、质量强国、航天强国、交通强国、网络强国、数字中国。”

S_P ——预应力作用有关代表值的效应；

$S_{Q_{1k}}$ ——第 1 个可变荷载标准值的效应；

$S_{Q_{jk}}$ ——第 j 个可变荷载标准值的效应。

表 5-3 建筑结构考虑结构设计使用年限的荷载调整系数 γ_L

结构设计使用年限/年	5	50	100
γ_L	0.9	1.0	1.1

注：对设计使用年限为 25 年的结构构件，γ_L 应按各种材料结构设计标准的规定采用。

特别提示

当对 $S_{Q_{1k}}$ 无法明显判断时，依次以各可变荷载效应为 $S_{Q_{1k}}$，选其中最不利的荷载效应组合。

（2）对偶然设计状况，应采用偶然组合。

偶然组合是指一个偶然荷载与其他可变荷载相结合，这种偶然荷载的特点是发生概率小，持续时间短，但对结构的危害大，偶然组合的效应设计值S_d参见《建筑结构可靠性设计统一标准》。

2）结构构件的抗力设计值 R_d 的计算

结构构件的抗力设计值与材料的强度、材料用量、构件截面尺寸、构件形状等有关。根据结构构件类型的不同，抗力设计值 R_d 的具体计算公式将在以后的模块讲解。

2.正常使用极限状态设计表达式

对于正常使用极限状态，应根据不同的设计要求，采用荷载的标准组合、频遇组合或准永久组合，并按式（5-7）进行设计，使变形、裂缝、振幅等计算值不超过规定的相应限值。

$$S_d \leqslant C \tag{5-7}$$

式中 C——设计对变形、裂缝、振幅等规定的相应限值，应按有关的结构设计标准的规定采用。

模块小结

（1）内力是由外力（或外界因素）引起的杆件内的各部分间的相互作用力，轴向拉压时截面上的内力是轴力，它通过截面的形心并与截面垂直。

（2）求解截面内力的基本方法是截面法。其步骤为：首先求解支座反力；其次在所求内力的截面处假想切开，选择其中一部分为脱离体，另一部分留置不顾；再次绘制脱离体的受力图，应包括原来在脱离体部分的荷载和反力，以及切开截面上的待定内力；最后根

据脱离体的受力图建立静力平衡方程，求解方程得截面内力。

（3）矩形截面梁平面弯曲时的正应力及剪应力分布。弯矩引起截面一侧受压而另一侧受拉，其截面上任一点处的正应力的大小与该点到中性轴的距离成正比，沿截面高度呈线性变化；其剪应力沿截面高度呈二次抛物线变化，中性轴处剪应力最大，离中性轴越远剪应力越小，截面上下边缘处剪应力为零。

（4）结构构件在外力作用下，截面内力随截面位置的变化而变化，为了形象、直观地表达内力沿截面位置变化的规律，通常绘出内力随截面位置变化的图形，即内力图。根据内力图，可以找出构件内力最大值及其所在截面的位置。

（5）荷载效应 S 是指由施加在结构或结构构件上的荷载产生的内力与变形，如各种构件的截面拉力、压力、弯矩、剪力、扭矩等内力和伸长、压缩、挠度、转角等变形。结构抗力 R 是指整个结构或结构构件承受荷载效应（即内力和变形）的能力，如构件的承载能力、刚度等。

（6）对于承载能力极限状态，结构构件应按荷载效应（内力）的基本组合和偶然组合（必要时）进行设计；对于正常使用极限状态，应根据不同的设计要求，采用荷载的标准组合、频遇组合或准永久组合进行设计。

习　　题

一、选择题

1．截面上的内力与（　　）有关。

A．位置　　B．形状　　C．材料

2．拉伸时轴力为正，方向（　　）截面。

A．指向　　B．背离　　C．平行于

3．剪力使所在的脱离体有（　　）转动趋势时为正，反之为负。

A．顺时针　　B．逆时针

4．弯矩使所在的脱离体产生（　　）的变形为正，反之为负。

A．下凸　　B．上凹

5．如图 5.20 所示构件，1—1 截面的轴力为（　　）。

A．20kN 拉力　　B．–10kN 压力　　C．10kN 拉力

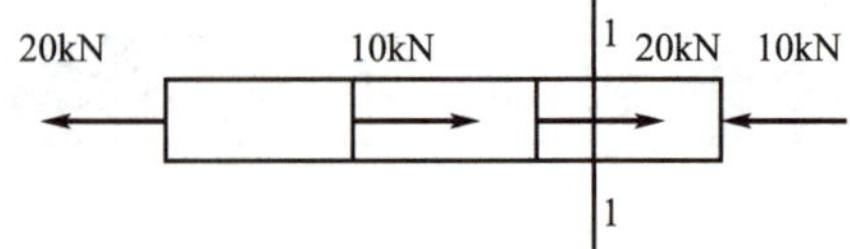

图 5.20　构件受力图

6．在集中荷载作用处（　　）不发生突变。

A．剪力　　B．弯矩　　C．轴力

7. 在集中力偶作用处（　　）发生突变。

A. 剪力　　B. 弯矩　　C. 剪力和弯矩

8. 两根跨度相同、荷载相同的简支梁，当材料相同、截面形状及尺寸不同时，其弯矩图的关系是（　　）。

A. 相同　　B. 不同　　C. 无法确定

9. 两根材料不同、截面不同的杆，受同样的轴向拉力作用，则它们的内力（　　）。

A. 相同　　B. 不同　　C. 不一定

10. 杆件上内力（　　）的截面称为控制截面。

A. 最大　　B. 最小　　C. 为零

11. 正应力截面的应力分量（　　）于横截面。

A. 垂直　　B. 相切　　C. 平行

12. 受弯构件矩形截面的中性轴上，其（　　）。

A. 正应力等于零　　B. 剪应力等于零

C. 正应力与剪应力都等于零

13. 梁横截面上的应力不受（　　）的影响。

A. 截面尺寸和形状　　B. 荷载　　C. 材料

二、判断题

1. 求解内力的基本方法是截面法。（　　）

2. 截面法就是用一个真正的截面切构件为两部分。（　　）

3. 截面上的剪力使脱离体发生顺时针转动趋势时为负剪力。（　　）

4. 作用线与杆轴重合的力为轴力。（　　）

5. 轴向拉压杆件横截面的正应力的正负由截面上的轴力确定，当轴力为正时，正应力为拉应力。（　　）

6. 画轴力图时，正轴力画在 x 轴上方。（　　）

7. 在无荷载区段，剪力图无变化，弯矩图为平直线。（　　）

8. 画内力图时，剪力图正的画在 x 轴上方，负的画在 x 轴下方。（　　）

9. 负弯矩也必须画在梁的受拉一侧。（　　）

10. 平面弯曲时，中性轴上下两个区域内的正应力一定符号相反。（　　）

三、作图题

1. 画出图5.21所示杆件的轴力图，不用写步骤。

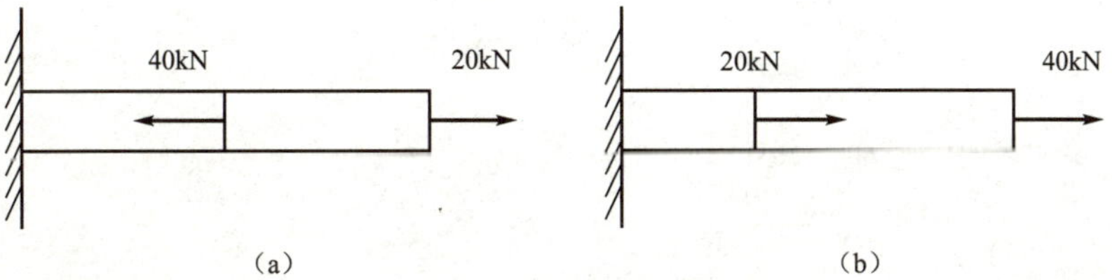

图5.21　杆件受力图

2．图 5.22 所示为梁 L3 的计算简图，计算跨度 l_0=2100mm，已知梁上均布荷载 q=13.775kN/m，绘制梁 L3 的内力图。

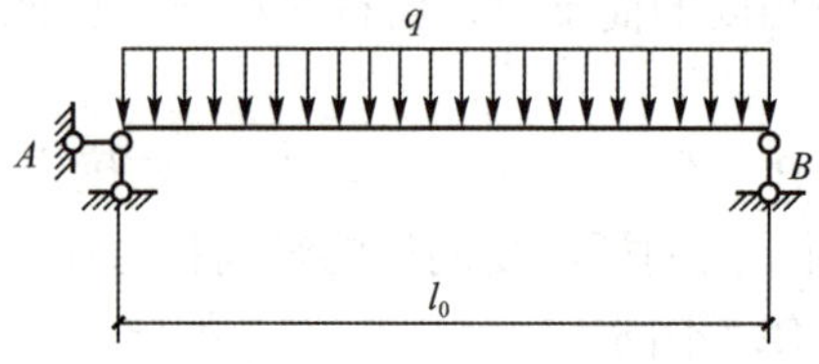

图 5.22　梁 L3 的计算简图

四、计算题

图 5.23 所示为梁 L1 的计算简图，计算跨度 l_0=6000mm，已知梁上均布荷载 q=25.238kN/m，计算梁跨中截面的内力。

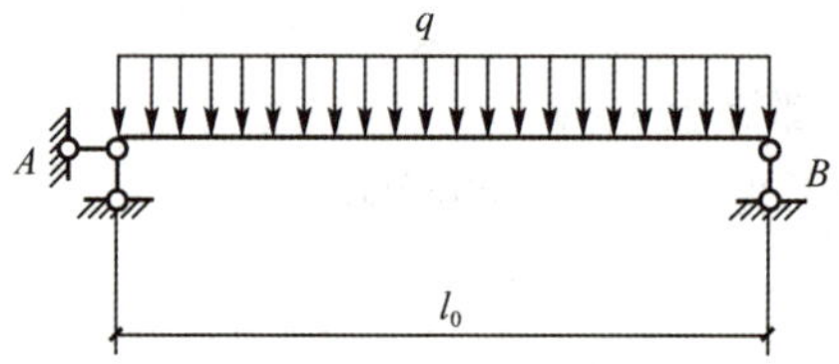

图 5.23　梁 L1 的计算简图

模块 6　钢筋混凝土梁、板构造

思维导图

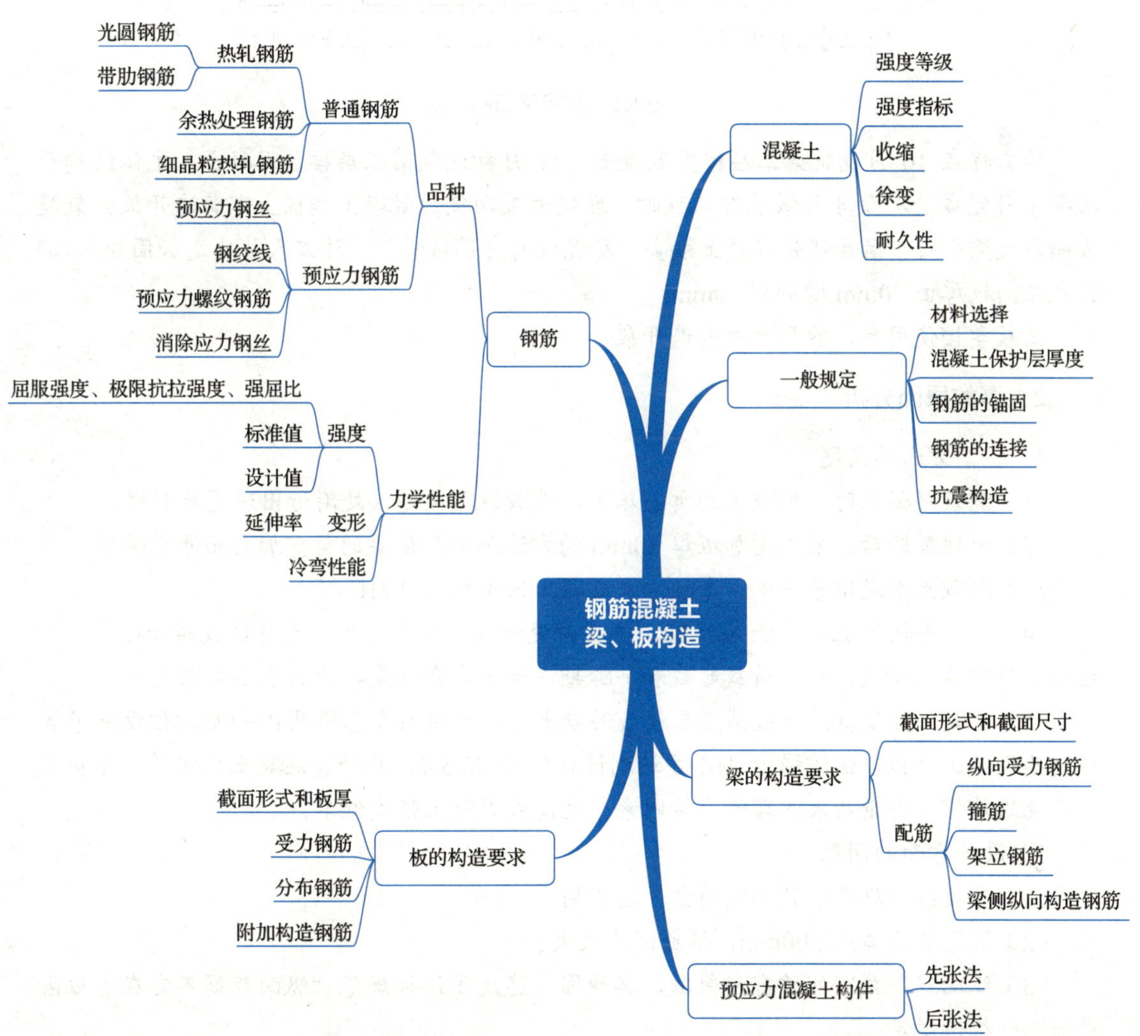

引例

1. 工程与事故概况

某教学楼为3层混合结构，纵墙承重，外墙厚300mm，内墙厚240mm，灰土基础，楼盖为现浇钢筋混凝土肋形楼盖，建筑平面图如图6.1所示。

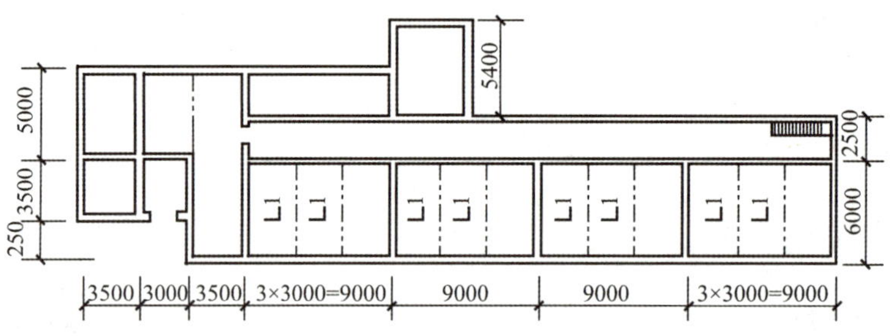

图6.1 建筑平面图

该工程在10月浇筑第二层楼盖混凝土，11月初浇筑第三层楼盖混凝土，主体结构于次年1月完成。次年4月做装饰工程时，发现大梁两侧的混凝土楼板上部普遍开裂，裂缝方向与大梁平行。凿开部分混凝土检查，发现板内负筋被踩下。施工人员决定加固楼板，7月施工，板厚由70mm增加到90mm。

该教学楼使用后，各层大梁普遍开裂。

2. 事故原因分析

1）施工方面的问题

（1）浇筑混凝土时，把板中的负筋踩下，造成板与梁连接处附近出现通长裂缝。

（2）出现裂缝后，采用增加板厚20mm的方法加固，使梁的荷重加大而开裂明显。

（3）混凝土水泥用量过少，每立方米混凝土仅用水泥0.21t。

（4）第二层楼盖混凝土浇完后2h，就在新浇楼板上铺脚手板，大量堆放砖和砂浆，并进行上层砖墙的砌筑，施工荷载超载和早龄期混凝土受震动是事故的重要原因之一。

（5）混凝土强度低：浇筑第三层楼盖混凝土时，室内温度已降至0～1℃，但没有采取任何冬期施工措施。试块强度21d才达到设计值的42.5%。此外，混凝土振实差、养护不良及浇筑前模板内杂物未清理干净等因素，也造成混凝土强度低下。

2）设计方面的问题

（1）对楼板加厚产生的不利因素考虑不周。

（2）梁箍筋为Φ6@300mm，箍筋间距太大。

（3）纵向钢筋截断处均有斜裂缝，其原因是违反了设计规范“纵向钢筋不宜在受拉区截断”的构造规定。

6.1 钢筋混凝土结构的材料性能

在引例中我们看到，事故中的教学楼楼板属于钢筋混凝土结构构件，涉及钢筋和混凝土两种建筑材料，本节将介绍其性能。

6.1.1 钢筋

钢筋混凝土结构对钢筋的性能有以下四方面的要求。

（1）强度要高。采用强度较高的钢筋，可以节约钢材。例如，HPB300 级钢筋的强度设计值为 270kN/mm^2，而 HRB400 级钢筋的强度设计值为 360kN/mm^2，所以采用 HRB400 级钢筋较 HPB300 级钢筋可以节约 25%左右的钢材。

（2）延性要好。所谓延性好，是指钢材在断裂之前有较大的变形，能给人以明显的警示；如果延性不好，就会在没有任何征兆时发生突然脆断，后果严重。

（3）焊接性要好。良好的焊接性使钢筋能够按照使用需要焊接，而不破坏其强度和延性。

（4）与混凝土之间的黏结力要强。黏结力是钢筋与混凝土两种不同材料能够共同工作的基本前提之一。如果没有黏结力，两种材料就不能成为一个整体，也就谈不上制成钢筋混凝土构件了。

1．钢筋的品种、级别

钢筋的品种繁多，能满足钢筋混凝土结构对钢筋性能要求的钢筋，分为普通钢筋和预应力钢筋两大类，还可以按力学性能、化学成分、加工工艺、轧制外形等进行分类，如图 6.2 所示。

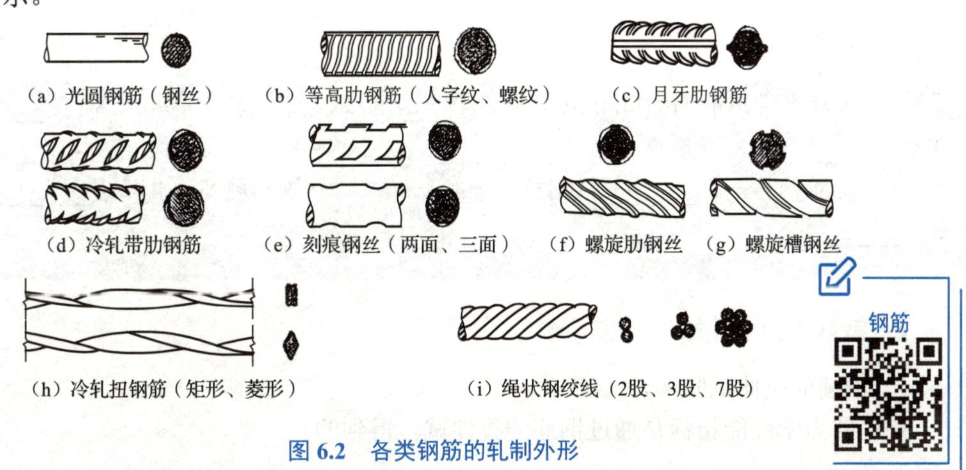

图 6.2 各类钢筋的轧制外形

钢筋的具体分类见表 6-1 和表 6-2。其中，热轧带肋钢筋的牌号由 HRB 和牌号的屈服强度标准值构成，“H”“R”“B”“E” 分别代表“热轧”“带肋”“钢筋”“抗震”四个词。例如，HRB400 表示屈服强度标准值为 400MPa 的热轧带肋钢筋；HRBF500 表示屈服强度标准值为 500MPa 的细晶粒热轧带肋钢筋。

表 6-1 普通钢筋分类

符号	按力学性能分类（屈服强度）/（N/mm^2）	按加工工艺分类	按轧制外形分类	按化学成分分类	公称直径 d/mm
ϕ	HPB300（300）	热轧（H）	光圆（P）	低碳钢	6～14
Φ	HRB400（400）	热轧（H）	带肋（R）	低合金钢	6～50
Φ^F	HRBF400（400）	细晶粒热轧（F）	带肋（R）	低合金钢	6～50
Φ^R	RRB400（400）	余热处理（R）	带肋（R）	低合金钢	6～50
$\overline{\underline{\Phi}}$	HRB500（500）	热轧（H）	带肋（R）	低合金钢	6～50
$\overline{\underline{\Phi}}^F$	HRBF500（500）	细晶粒热轧（F）	带肋（R）	低合金钢	6～50

表 6-2 预应力钢筋分类

种类	符号	按轧制外形分类	按化学成分分类	公称直径 d/mm
中强度预应力钢丝	ϕ^{PM} ϕ^{HM}	光面 螺旋肋	中碳低合金钢	5、7、9
预应力螺纹钢筋	ϕ^{T}	螺纹	中碳低合金钢	18、25、32、40、50
消除应力钢丝	ϕ^{P} ϕ^{H}	光面 螺旋肋	高碳钢	5、7、9
钢绞线	ϕ^{S}	三股	高碳钢	8.6、10.8、12.9
		七股		9.5、12.7、15.2、17.8、2.6

学中做

1. 工程中常用的 HRB400 级钢筋是________级钢筋，其中“400”代表________，单位为________，强度设计值为________。

2. 光圆钢筋是________级钢筋。一般来说，钢材级别越高，其强度________，塑性________。

2. 钢筋的力学性能

1）钢筋的拉伸试验

钢筋的力学性能指标是通过钢筋的拉伸试验得到的。

图 6.3 是热轧低碳钢在试验机上进行拉伸试验得出的典型应力-应变曲线。图中 *cd* 段称为屈服台阶，说明低碳钢有良好的纯塑性变形性能。低碳钢在屈服时对应的应力 f_y 称为屈服强度，是钢筋强度设计时的主要依据。应力的最大值 f_u 称为极限抗拉强度。极限抗拉强度与屈服强度的比值 f_u/f_y，反映钢筋的强度储备，称为强屈比。钢筋拉断后的伸长值与原始长度的比率称为延伸率 δ，是反映钢筋延性的指标。延伸率大的钢筋，在拉断前有足够变形，延性较好。

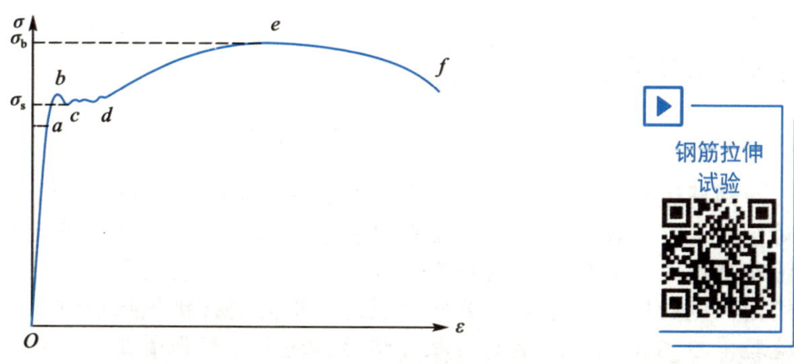

图 6.3　有明显屈服点钢筋的应力-应变曲线

钢筋拉伸试验

图 6.4 是高强钢丝的应力-应变曲线。高强钢丝的应力-应变曲线没有明显的屈服点，表现出强度高、延性低的特点。设计时取残余应变为 0.2%时的应力 $\sigma_{0.2}$ 作为假想屈服强度，称为条件屈服强度。

2）钢筋的冷弯试验

在常温下将钢筋绕规定的弯心直径 *D* 弯曲 α 角度（图 6.5），不出现裂纹、鳞落和断裂现象，即认为钢筋的冷弯性能符合要求。

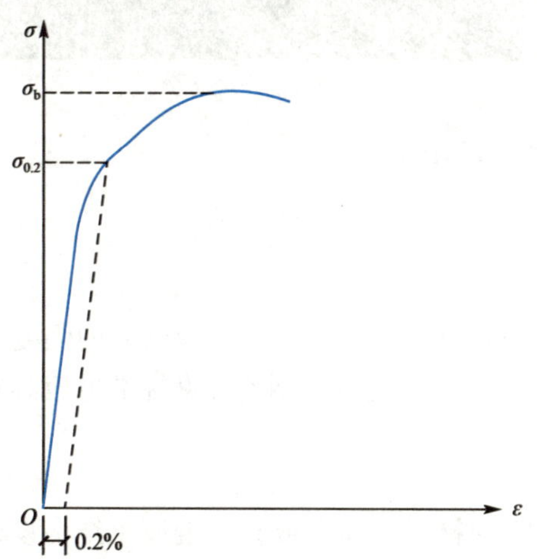

图 6.4　无明显屈服点钢筋的应力-应变曲线

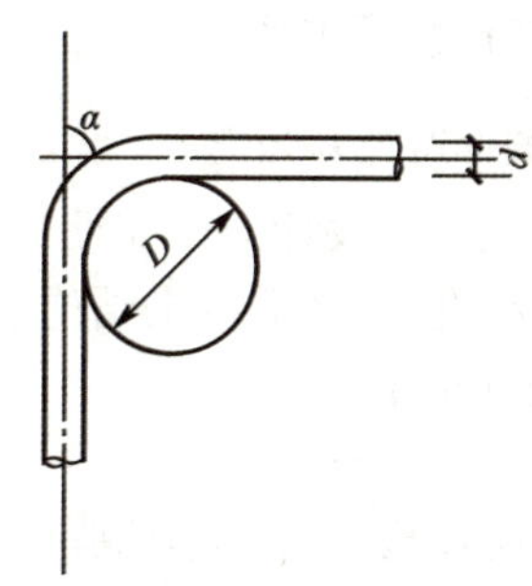

图 6.5　钢筋冷弯示意

特别提示

对有明显屈服点的钢筋进行质量检验时，主要测定四项指标：屈服强度、极限抗拉强度、延伸率和冷弯性能。对无明显屈服点的钢筋进行质量检验，须测定三项指标：极限抗拉强度、延伸率和冷弯性能。

课外阅读

钢筋的验收与保管

钢筋运到工地时，应有出厂产品合格证或检验报告，并按品种、批号及直径分批验收。对钢筋进行全数外观检查，检查内容包括钢筋是否平直、有无损伤，表面是否有裂纹、油污及锈蚀等，弯折过的钢筋不得敲直后作受力钢筋使用，钢筋表面不应有影响钢筋强度和锚固性能的锈蚀或污染。必要时还需对钢筋进行机械性能试验、化学成分检验或其他专项检验［图 6.6（a）］。钢筋验收合格后，还要做好保管工作。堆放场地要干燥，用方木或混凝土板等作垫件，同时必须严格分类、分级、分牌号堆放［图 6.6（b）］，主要目的是防止钢筋生锈、腐蚀和混用。

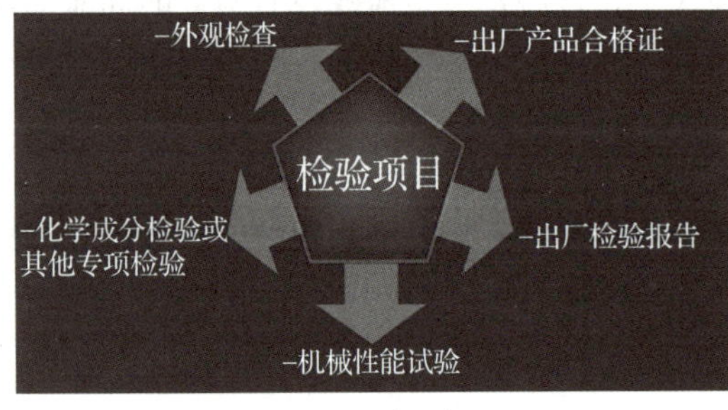

（a）钢筋验收　　（b）钢筋保管

图 6.6　钢筋的验收与保管

3．钢筋的强度指标

1）钢筋强度标准值

为保证结构设计的可靠性，对同一强度等级的钢筋，取具有一定保证率的强度值作为该等级的标准值。《混凝土结构设计规范（2015 年版）》规定，钢筋强度标准值应具有不小于 95%的保证率。

2）钢筋强度设计值

钢筋强度设计值为钢筋强度标准值除以钢筋的材料分项系数 γ_s。《混凝土结构设计规范（2015 年版）》规定，钢筋混凝土结构按承载力设计计算时，钢筋强度应采用设计值。

普通钢筋、预应力钢筋强度标准值、强度设计值及弹性模量见附录 C 表 C1、表 C2。

我国是世界钢产量大国，钢材总产量居世界首位，强度等级低的钢筋在逐渐被淘汰，更高强度等级的钢筋应运而生，多地已推广 HRB600 钢筋并出台地方标准。混凝土等级也在往高强度方向发展，现已有在工程上应用 C130 混凝土的报道。高强材料的推广应用说明我国在建筑材料研发与使用上已向现代化科技强国[①]迈进了坚实的一步。

6.1.2 混凝土

1. 混凝土的强度等级

为了设计、施工和质量检验的方便，必须对混凝土的强度规定统一的等级，混凝土立方体抗压强度是划分混凝土强度等级的主要标准。

立方体抗压强度标准值是按照标准方法制作、标准条件养护的边长为150mm×150mm×150mm的立方体试件，在28d龄期用标准试验方法测得的具有95%保证率的抗压强度值，用符号$f_{cu,k}$表示。依此将混凝土划分为13个强度等级：C20、C25、C30、C35、C40、C45、C50、C55、C60、C65、C70、C75、C80。C代表混凝土强度等级，数字代表混凝土承受的抗压强度值，单位为N/mm^2。C50～C80属于高强混凝土。

2. 混凝土的强度指标

1）混凝土强度标准值

（1）混凝土轴心抗压强度标准值f_{ck}。实际工程中钢筋混凝土构件的长度要比截面尺寸大得多，故取棱柱体（150mm×150mm×300mm或150mm×150mm×450mm）标准试件测定混凝土轴心抗压强度。混凝土轴心抗压强度标准值f_{ck}具有95%的保证率。

（2）混凝土轴心抗拉强度标准值f_{tk}。

轴心抗拉强度远低于轴心抗压强度。轴心抗拉强度标准值f_{tk}具有95%的保证率。

特别提示

混凝土的强度等级是用立方体抗压强度来划分的。

混凝土轴心抗压强度和轴心抗拉强度都可通过对比试验由立方体抗压强度推算求得，三者之间的大小关系是：$f_{cu,k}>f_{ck}>f_{tk}$。

2）混凝土强度设计值

混凝土强度设计值表示为混凝土强度标准值除以混凝土的材料分项系数γ_c，即轴心抗压强度设计值$f_c=f_{ck}/\gamma_c$，轴心抗拉强度设计值$f_t=f_{tk}/\gamma_c$。

混凝土强度标准值、强度设计值及弹性模量见附录C表C3。

3. 混凝土的收缩和徐变

1）混凝土的收缩

混凝土在空气中硬化体积缩小的现象称为混凝土的收缩。混凝土的收缩对混凝土的构件会产生有害的影响，使构件产生裂缝，对预应力构件会引起预应力损失等。

减少收缩的主要措施：控制水泥用量及水灰比、混凝土振捣密实、加强养护等，对纵

---

① 党的二十大报告提出“全面建成社会主义现代化强国”。到二〇三五年，我国发展的总体目标中包括“建成教育强国、科技强国、人才强国、文化强国、体育强国、健康中国”。

向延伸的结构，在一定长度上设置伸缩缝。

2）混凝土的徐变

混凝土在长期不变荷载作用下应变随时间继续增长的现象叫作混凝土的徐变。徐变对结构产生的不利影响是增大构件变形，引起应力重分布，使预应力构件中的预应力损失大大增加。

影响混凝土徐变的主要因素：①水泥用量越大、水灰比越大，徐变越大；②混凝土强度等级高，则徐变小；③构件龄期长、结构致密，则徐变小；④骨料用量多、最大粒径大，则徐变小；⑤应力水平越高，徐变越大；⑥养护温度越高、湿度越大，徐变越小。

4．混凝土的耐久性

混凝土的耐久性是指混凝土在所处环境条件下经久耐用的性能。对于一般建筑结构，设计使用年限为50年，重要的建筑物可取为100年。影响混凝土耐久性的不利外部因素包括酸、碱、盐的腐蚀作用、冰冻破坏作用、水压渗透作用、碳化作用、干湿循环引起的风化作用、荷载应力作用和振动冲击作用等；内部不利因素包括碱骨料反应和自身体积变化。

通常用混凝土的抗渗性、抗冻性、抗碳化性能、抗腐蚀性能和碱骨料反应综合评价混凝土的耐久性。《混凝土结构设计规范（2015年版）》对混凝土结构耐久性做了明确规定，应根据规定的设计使用年限和环境类别进行设计。混凝土结构的环境类别应根据附录C表C4划分。

想一想

在建筑工地，为什么要对混凝土进行养护？养护的方法有哪些？

课外阅读

“砼”的故事

“砼”的读音为“tóng”，其唯一含义就是“混凝土”。“砼”字的发明人叫蔡方荫，是早年的一位清华学子。1953年他发明了这个字后，很快便在工程技术人员、学生中得到推广。因为“砼”在许多场合下可替代“混凝土”，起到“一字顶三字”的作用。写“混凝土”三个字，笔画共计30笔，改用“砼”字则只需10笔。在有关图纸、技术文件、资料编制中，“混凝土”这个词会频繁使用，在那个计算机还未普及、计算机辅助设计还未诞生的年代，有个替代字，会让日常反复写这个词的技术人员、管理人员、描图员等省下许多工夫，也会给听课记笔记的学生提供很大的便利。

“砼”这个新字创造得很巧妙，也很有道理：把“砼”拆成三个字，就是“人、工、石”，表示混凝土是人造石；如把它拆成两个字，是“仝石”，而“仝”是“同”的异体字，“仝石”可以理解为，混凝土与天然石料的主要性能大致相同。

6.1.3 钢筋和混凝土之间的黏结力

1.黏结力的组成

黏结力是钢筋和混凝土能有效地结合在一起共同工作的必要条件。钢筋与混凝土之间的黏结力由以下三部分组成。

（1）由于混凝土收缩将钢筋紧紧握裹而产生的摩阻力。

（2）由于混凝土颗粒的化学作用产生的混凝土与钢筋之间的胶合力。

（3）由于钢筋表面凹凸不平与混凝土之间产生的机械咬合力。

上述三部分中，以机械咬合力作用最大，占总黏结力的一半以上。

2. 保证钢筋与混凝土黏结力的构造措施

钢筋与混凝土黏结力在构件设计时应采取有效的构造措施加以保证。例如，钢筋伸入支座应有足够的锚固长度；保证钢筋最小搭接长度；钢筋的间距和混凝土的保护层不能太小；要优先采用小直径的变形钢筋；光圆钢筋末端应设弯钩；钢筋不宜在混凝土的受拉区截断；在大直径钢筋的搭接和锚固区域内宜设置横向钢筋（如箍筋）等，以上构造措施的具体规定详见6.2节。

学中做

光圆钢筋的黏结力比带肋钢筋________。在实际工程中，光圆钢筋一般带________，从而增大其________。

6.2 钢筋混凝土梁、板的构造要求

6.2.1 一般规定

1. 钢筋级别和混凝土强度等级的选择

1）钢筋级别的选择

钢筋混凝土结构中，纵向受力普通钢筋宜选用HRB400、HRB500、HRBF400、HRBF500级钢筋，也可采用HPB300、RRB400、HRB600级钢筋。其中HRB400级钢筋具有强度高、延性好、与混凝土结合握裹力强等优点，是目前我国钢筋混凝土结构的主力钢筋。

箍筋宜采用HRB400、HRBF400、HPB300、HRB500、HRBF500级钢筋。

预应力钢筋宜采用预应力钢丝、钢绞线和预应力螺纹钢筋。

2）混凝土强度等级的选择

素混凝土结构的混凝土强度等级不应低于C20；钢筋混凝土结构的混凝土强度等级不应低于C25；采用强度级别400MPa及以上的钢筋时，混凝土强度等级不应低于C30。

承受重复荷载的钢筋混凝土构件，混凝土强度等级不应低于C30。

预应力混凝土结构的混凝土强度等级不宜低于C40，且不应低于C30。

2. 混凝土保护层厚度

在钢筋混凝土结构构件中，为防止钢筋锈蚀，并保证钢筋和混凝土牢固黏结在一起，钢筋外面必须有足够厚度的混凝土保护层。结构构件由钢筋的外边缘到构件混凝土表面的范围内用于保护钢筋的混凝土称为混凝土保护层（图 6.7）。

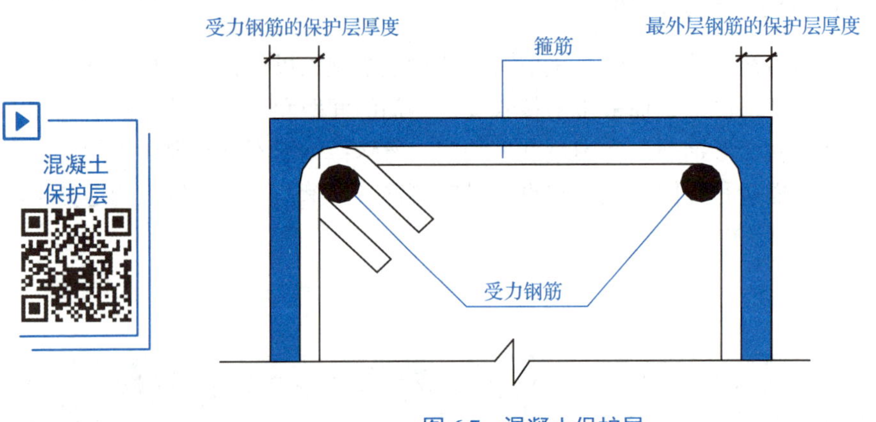

图 6.7　混凝土保护层

混凝土保护层的作用如下。

（1）维持受力钢筋与混凝土之间的黏结力。

（2）保护钢筋免遭锈蚀。混凝土的碱性环境使包裹在其中的钢筋不易锈蚀。一定的保护层厚度是保证结构耐久性所必需的条件。

（3）提高构件的耐火极限。混凝土保护层具有一定的隔热作用，遇到火灾时使其强度不致降低过快。

《混凝土结构设计规范（2015 年版）》规定，混凝土结构构件中受力钢筋的保护层厚度不应小于钢筋的公称直径 d。设计使用年限为 50 年的混凝土结构，最外层钢筋的保护层厚度应符合附录 C 表 C5 的规定；设计使用年限为 100 年的混凝土结构，应按附录 C 表 C5 的规定增加 40%；当采取有效的表面防护及定期维修等措施时，保护层厚度可适当减薄。

3. 钢筋的锚固

为了保证钢筋与混凝土之间的可靠黏结，钢筋须有一定的锚固长度，如果钢筋锚固长度不够，则会使构件提前破坏，引起承载力丧失并引发垮塌等灾难性后果。

1）钢筋的基本锚固长度 l_{ab}

普通钢筋的基本锚固长度为

$$l_{ab}=\alpha\frac{f_y}{f_t}d \tag{6-1}$$

式中　f_y——受拉钢筋的抗拉强度设计值（N/mm^2）；

f_t——锚固区混凝土轴心抗拉强度设计值，当混凝土强度等级大于C40时按C40考虑（N/mm^2）；

d——锚固钢筋的直径（mm）；

α——锚固钢筋的外形系数，按表6-3取值。

表 6-3　锚固钢筋的外形系数α

钢筋类型	光圆钢筋	带肋钢筋	螺旋肋钢丝	三股钢绞线	七股钢绞线
α	0.16	0.14	0.13	0.16	0.17

注：光圆钢筋末端应做 180°弯钩，弯后平直段长度不应小于 $3d$，但作为受压钢筋时可不做弯钩。

2）受拉钢筋的锚固长度l_a

受拉钢筋的锚固长度应根据具体锚固条件按式（6-2）计算，且不应小于200mm。

$$l_a = \zeta_a l_{ab} \tag{6-2}$$

式中　ζ_a——锚固长度修正系数，按下列规定取用，当多于一项时，可按连乘计算，但不应小于 0.6。

（1）当带肋钢筋的公称直径大于 25mm 时，取 1.10。

（2）环氧树脂涂层带肋钢筋，取 1.25。

（3）施工过程中易受扰动的钢筋，取 1.10。

（4）当纵向受力钢筋的实际配筋面积大于其设计计算面积时，修正系数取设计计算面积与实际配筋面积的比值，但对有抗震设防要求及直接承受动力荷载的结构构件，不应考虑此项修正。

（5）锚固区保护层厚度为 $3d$ 时，取 0.80；保护层厚度为 $5d$ 时，取 0.7；中间按内插法取值（此处 d 为纵向受力带肋钢筋的直径）。

学中做

一栋二级抗震框架结构，钢筋混凝土框架梁采用 C40 混凝土，受拉钢筋为 4⌀25，受拉钢筋基本锚固长度 l_{ab} = ＿＿＿＿＿＿，受拉钢筋的锚固长度 l_a = ＿＿＿＿＿＿。

3）锚固区横向构造钢筋

为防止锚固长度范围内的混凝土破碎，应配置横向构造钢筋加以约束，以维持其锚固能力。当锚固钢筋保护层厚度不大于 $5d$ 时，锚固长度范围内应配置横向构造钢筋，其直径不应小于 $d/4$。对于梁、柱一类的杆状构件，横向构造钢筋间距不应大于 $5d$；对板、墙一类的平面构件。横向构造钢筋间距不应大于 $10d$（此处 d 为锚固钢筋的直径）。

4）纵向钢筋的机械锚固

当支座构件因截面尺寸限制而无法满足规定的锚固长度要求时，采用钢筋弯钩或机械锚固是缩短锚固长度的有效方式。包括弯钩或锚固端头在内的锚固长度（投影长度）可取为基本锚固长度 l_{ab} 的 0.6 倍。钢筋弯钩或机械锚固的形式和技术要求应符合表 6-4 的规定。

表 6-4 钢筋弯钩或机械锚固的形式和技术要求

锚固形式	技术要求	图例
90°弯钩	末端 90°弯钩，弯后直段长度 $12d$	
135°弯钩	末端 135°弯钩，弯后直段长度 $5d$	
一侧贴焊锚筋	末端一侧贴焊长 $5d$ 同直径钢筋，焊缝满足强度要求	
两侧贴焊锚筋	末端两侧贴焊长 $3d$ 同直径钢筋，焊缝满足强度要求	
穿孔塞焊锚板	末端与厚度 d 的锚板穿孔塞焊，焊缝满足强度要求	
螺栓锚头	末端旋入螺栓锚头，螺纹长度满足强度要求	

5）受压钢筋的锚固

钢筋混凝土结构中的纵向受力钢筋，当计算中充分利用钢筋的抗压强度时，受压钢筋的锚固长度不应小于相应受拉钢筋锚固长度的 70%。

6）纵向受力钢筋在简支梁支座内的锚固

钢筋混凝土简支梁和连续梁简支端的下部纵向受力钢筋，其从支座边缘算起伸入梁支座内的锚固长度 l_{as} 应符合下列规定。

（1）当 $V \leqslant 0.7f_tbh_0$ 时，$l_{as} \geqslant 5d$；当 $V > 0.7f_tbh_0$ 时，带肋钢筋 $l_{as} \geqslant 12d$，光圆钢筋 $l_{as} \geqslant 15d$（此处 d 为钢筋的最大直径）。

（2）如纵向受力钢筋伸入梁支座内的锚固长度不符合上述要求时，应采取前述纵向钢筋的机械锚固措施。

（3）支承在砌体结构上的钢筋混凝土独立梁，在纵向受力钢筋的锚固长度 l_{as} 范围内应配置不少于 2 根箍筋（图 6.8），其直径不宜小于纵向受力钢筋最大直径的 0.25 倍，间距不宜大于纵向受力钢筋最小直径的 10 倍。

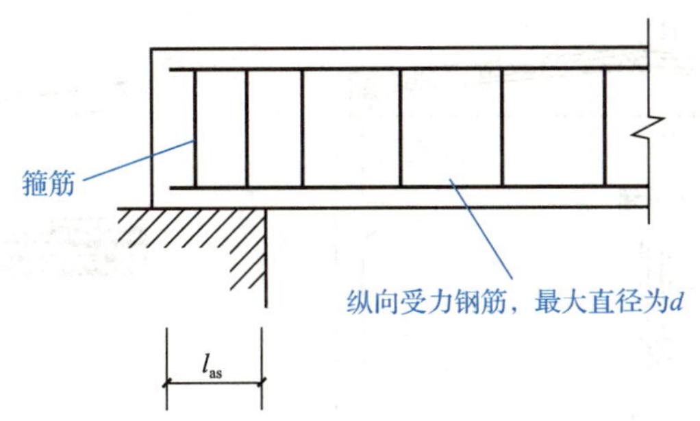

图 6.8 纵向受力钢筋伸入简支梁支座内的锚固

（4）伸入梁支座内的纵向受力钢筋不应少于 2 根。

7）板中纵向受力钢筋的锚固

对于板，一般剪力较小，通常能满足 $V \leqslant 0.7f_tbh_0$ 的条件，故板的简支支座和中间支座下部纵向受力钢筋伸入支座的锚固长度均取 $l_{as} \geqslant 5d$。

8）箍筋的锚固

通常箍筋应做成封闭式（图 6.9）。箍筋末端采用 135°弯钩，弯钩端头平直段长度不小于 5*d*［图 6.9（a）］；受扭所需的箍筋末端采用 135°弯钩，弯钩端头平直段长度不应小于 10*d*［图 6.9（b）］（此处 *d* 为箍筋直径）。

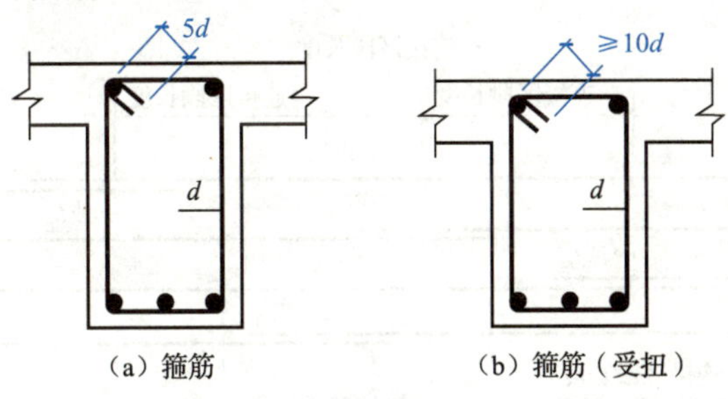

图 6.9 箍筋的锚固

工程实例

某锻工车间屋面梁为 12m 跨度的 T 形薄腹梁。在车间建成后使用不久，梁端头突然断裂，造成厂房部分倒塌［图 6.10（a）］。倒塌构件包括屋面大梁及大型屋面板。

【实例点评】

经现场调查分析，该屋面大梁混凝土强度能满足设计要求，从梁端断裂处看，大梁支承端钢筋深入支座的锚固长度不够是导致事故发生的主因。该梁设计要求钢筋伸入支座锚固长度至少应为 150mm，但实际上不足 50mm；图纸标明钢筋端头至梁端为 40mm，实际上却有 140～150mm［图 6.10（b）］。因此，梁端与柱的连接近于素混凝土节点，这是非常不可靠的。加之本车间为锻工车间，投产后锻锤的振动力很大，这在一定程度上增加了大梁的负荷，使梁柱连接处的构造更易破坏，最终导致大梁的断裂。

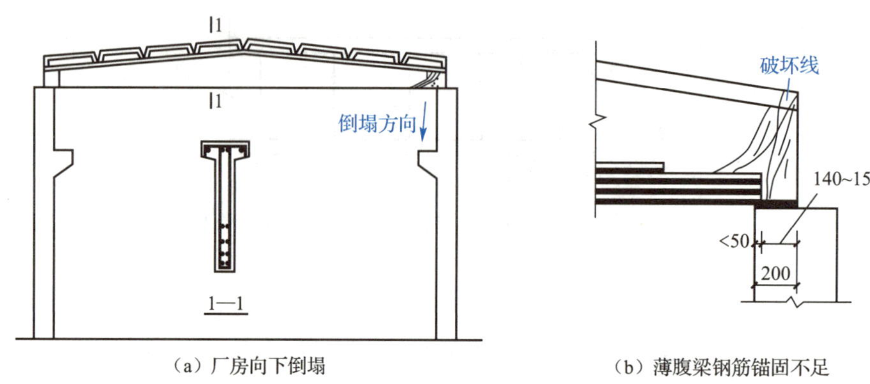

（a）厂房向下倒塌　　（b）薄腹梁钢筋锚固不足

图 6.10　受力钢筋锚固长度不合要求造成的后果

4. 钢筋的连接

实际施工中钢筋长度不够时常需要连接。钢筋的连接可分为三类：绑扎搭接、机械连接及焊接连接。钢筋连接的原则：接头宜设置在受力较小处，同一纵向受力钢筋不宜设置两个或两个以上接头，在结构的重要构件和关键传力部位，如柱端、梁端的箍筋加密区，纵向受力钢筋不宜设置接头。同一构件中相邻纵向受力钢筋的接头宜相互错开（图6.11）。

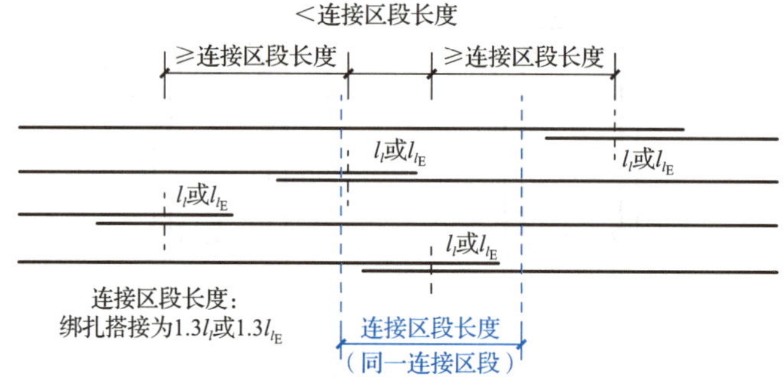

图 6.11　同一连接区段内纵向受拉钢筋绑扎搭接接头示意（图示接头面积百分率为 50%）

特别提示

钢筋的连接区段长度，对绑扎搭接为 1.3 倍搭接长度；对机械连接为 35d；对焊接连接为 35d 且不小于 500mm（d 为纵向受力钢筋的较小直径）。凡接头的中点位于该连接区段长度范围内，均属同一连接区段，如图 6.11 所示。

1）绑扎搭接

纵向受拉钢筋的最小搭接长度 l_l 按式（6-3）计算。

$$l_l = \zeta_l l_a \tag{6-3}$$

式中　ζ_l——纵向受拉钢筋搭接长度修正系数，按表 6-5 采用。当纵向钢筋搭接接头面积百分率为表中中间值时，修正系数可按内插法取值。

表 6-5 纵向受拉钢筋搭接长度修正系数

纵向钢筋搭接接头面积百分率/%	≤25	50	100
ζ_l	1.2	1.4	1.6

在任何情况下，纵向受拉钢筋的搭接长度不应小于300mm。采用绑扎搭接时，受拉钢筋直径不宜大于25mm，受压钢筋直径不宜大于28mm。

纵向钢筋搭接接头面积百分率的意义：需要接头的钢筋截面面积与全部纵向钢筋总截面面积之比。《混凝土结构设计规范（2015 年版）》规定，从任一搭接接头中心至搭接长度的 1.3 倍区段范围内，受拉钢筋搭接接头面积百分率：对梁、板、墙类构件，不宜大于 25%；对柱类构件，不宜大于 50%。当工程中确有必要增大接头面积百分率时，对梁类构件，不宜大于 50%；对板、墙、柱等其他构件，可根据实际情况放宽。

学中做

简支梁下部配有 4⌀22 纵向钢筋，如果采用绑扎搭接，一次接头不宜多于________。

纵向受压钢筋搭接时，其最小搭接长度应根据式（6-3）的规定确定后，再乘以系数 0.7 取用。在任何情况下，受压钢筋的搭接长度不应小于 200mm。

搭接接头中钢筋的横向净距不应小于钢筋直径，且不应小于 25mm。搭接长度的末端与钢筋弯折处的距离，不得小于钢筋直径的 10 倍。搭接接头不宜位于构件最大弯矩处。在受拉区域内，光圆钢筋搭接接头的末端应做弯钩［图 6.12（a）］，变形钢筋可不做弯钩［图 6.12（b）］。

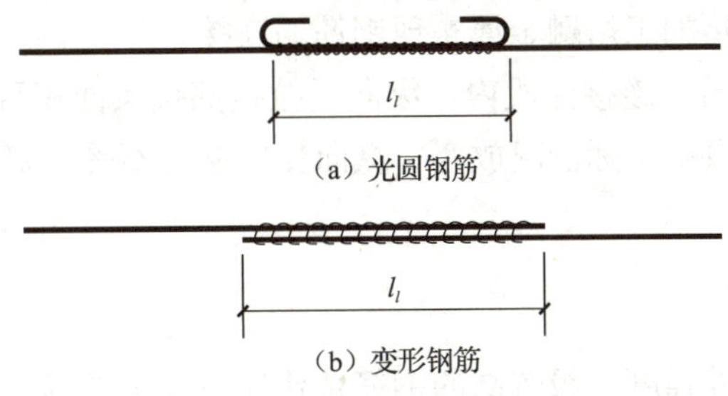

图 6.12 钢筋的绑扎搭接

在纵向受力钢筋搭接长度范围内，应配置符合下列规定的箍筋。

（1）箍筋直径不应小于搭接钢筋较大直径的 0.25 倍。

（2）搭接区段的箍筋间距不应大于搭接钢筋较小直径的 5 倍，且不应大于 100mm（图 6.13）。

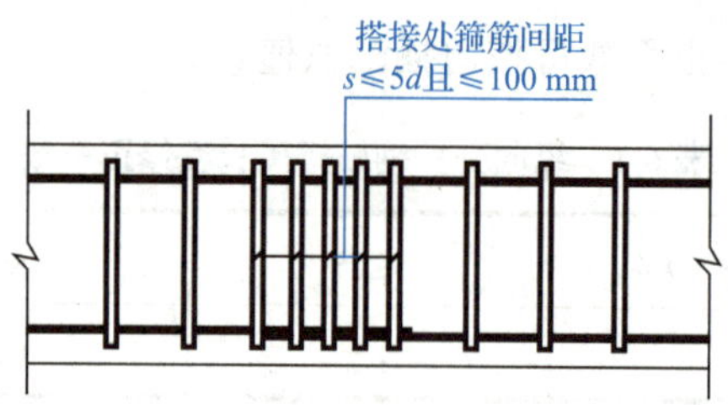

图 6.13　纵向受力钢筋搭接处箍筋加密

（3）当纵向受压钢筋（如柱中纵向受压钢筋）直径大于 25mm 时，应在搭接接头两个端面外 100mm 范围内各设置两个箍筋，其间距宜为 50mm。

2）机械连接

钢筋机械连接是通过连接件的机械咬合作用或钢筋端面的承压作用，将一根钢筋中的力传递至另一根钢筋的连接方法（图 6.14）。机械连接施工简便、接头质量可靠、节约钢材。

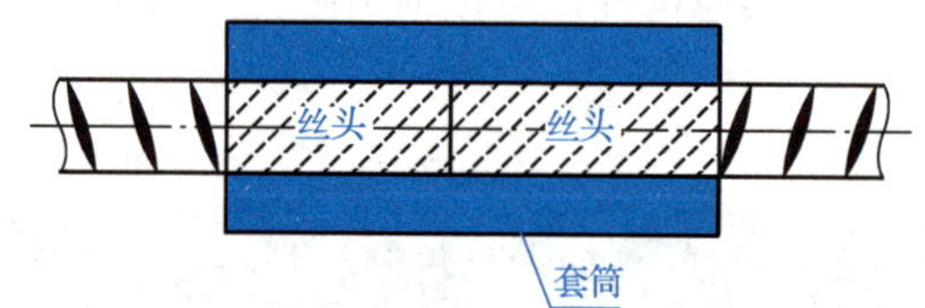

图 6.14　钢筋的机械连接（直螺纹连接）

纵向受力钢筋的机械连接接头宜相互错开。同一连接区段内，纵向受拉钢筋接头面积百分率不宜大于 50%，但对板、墙、柱及预制构件的拼接处，可根据实际情况放宽。纵向受压钢筋则不受此限。机械连接套筒的混凝土保护层厚度宜满足钢筋最小保护层厚度的要求。套筒的横向净距不宜小于 25mm；套筒处箍筋的间距仍应满足构造要求。

3）焊接连接

钢筋焊接连接利用热加工熔融金属实现钢筋的连接。

采用焊接连接时，同一连接区段内，纵向受拉钢筋接头面积百分率不宜大于50%，但对预制构件拼接处，可根据实际情况放宽。纵向受压钢筋不受此限。

5. 抗震构造

1）配筋率

在施工中，当需要以强度等级较高的钢筋替代原设计中的纵向受力钢筋时，应按照钢筋受拉承载力设计值相等的原则换算，并应满足最小配筋率要求。钢筋混凝土结构构件中纵向受力钢筋的最小配筋率见附录 C 表 C7。

2）受拉钢筋的抗震锚固长度

对有抗震设防要求的混凝土结构构件，应根据不同结构的抗震等级增大其锚固长度。受拉钢筋的抗震锚固长度 l_{aE} 应按式（6-4）～式（6-6）计算。

一、二级抗震等级：

$$l_{aE}=1.15l_a \tag{6-4}$$

三级抗震等级：

$$l_{aE}=1.05l_a \tag{6-5}$$

四级抗震等级：

$$l_{aE}=l_a \tag{6-6}$$

特别提示

结构抗震等级的分类见后续模块。

3）纵向受拉钢筋的抗震搭接长度

抗震搭接长度 l_{lE} 按式（6-7）计算。

$$l_{lE}=\zeta_l l_{aE} \tag{6-7}$$

在纵向受拉钢筋抗震搭接长度范围内配置的箍筋，必须满足下列规定：箍筋直径不应小于搭接钢筋较大直径的 25%；间距不应大于搭接钢筋较小直径的 5 倍，且不应大于 100mm。

4）钢筋的连接要求

在抗震结构中，构件纵向受力钢筋的连接可采用绑扎搭接、机械连接或焊接连接。接头位置宜避开梁端、柱端箍筋加密区；无法避开时，应采用机械连接或焊接连接。位于同一连接区段内的纵向受力钢筋接头面积百分率不宜超过 50%。

5）箍筋

箍筋宜采用焊接封闭箍筋、连续螺旋箍筋或连续复合螺旋箍筋。当采用非焊接封闭箍筋时，其末端应做成 135°弯钩，弯钩端头平直段长度不应小于箍筋直径的 10 倍（图 6.15），以保证箍筋对中心区混凝土的有效约束；在纵向受力钢筋搭接长度范围内的箍筋间距不应大于搭接钢筋较小直径的 5 倍，且不宜大于 100mm。

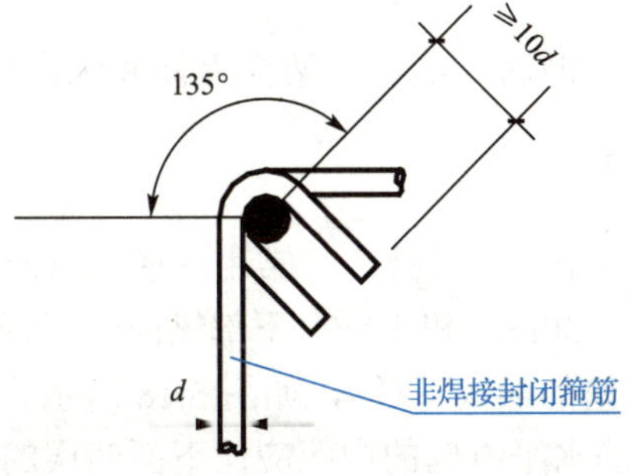

图 6.15 非焊接封闭箍筋的抗震构造

6.2.2 梁的构造要求

梁在建筑结构中扮演着重要角色，从我们的日常词汇“国家栋梁”“中华脊梁”中可见“梁”的重要性。

1. 梁的截面

常见的梁的截面形式有矩形、T 形、I 形，还有叠合梁，如图 6.16 所示。

梁截面高度 h 一般按高跨比 h/l 估算，如简支梁的高度 $h=$（1/12～1/8）l；悬臂梁的高度 $h=l/6$；多跨连续梁的高度 $h=$（1/18～1/12）l。

梁截面宽度常用截面高宽比h/b确定。对于矩形截面，一般h/b=2.0～3.5；对于T形截面，一般h/b=2.5～4.0。

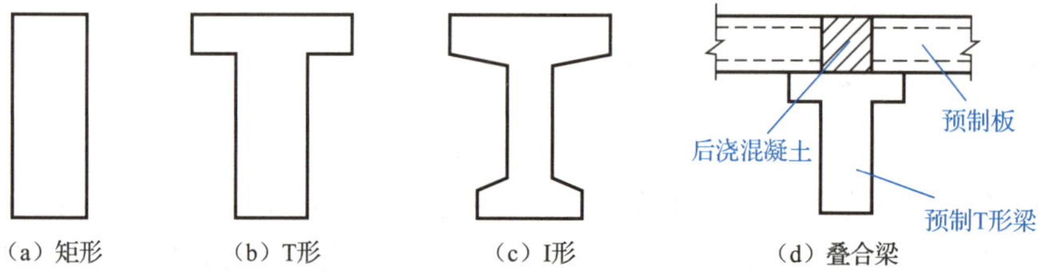

图 6.16　梁的截面形式

为了统一模板尺寸和便于施工，通常采用梁宽 b=150mm、180mm、200mm、…，$b>$200mm 时采用 50mm 的倍数；梁高 h=250mm、300mm、…，$h\leqslant$800mm 时采用 50mm 的倍数，$h>$800mm 时采用 100mm 的倍数。

学中做

矩形截面悬臂梁跨度 l=1500mm，则选择梁高 h=__________，梁宽 b=____________。
矩形截面简支梁跨度 l=6000mm，则选择梁高 h=__________，梁宽 b=____________。

2. 梁的配筋

梁的配筋一般有纵向受力钢筋、箍筋、架立钢筋和纵向构造钢筋等，构造如图 6.17 所示。

1）纵向受力钢筋

纵向受力钢筋主要承受弯矩产生的拉力，常用直径为 12～25mm。梁的上部纵向受力钢筋水平方向的净距不应小于 30mm 和 1.5d，下部纵向受力钢筋水平方向的净距不应小于 25mm 和 d（d 为纵向受力钢筋的最大直径），如图 6.18 所示。当梁的下部纵向受力钢筋配置多于两层时，两层以上钢筋水平方向的中距应比下面两层的中距增大一倍，各层钢筋之间的净距应不小于 25mm 和 d。

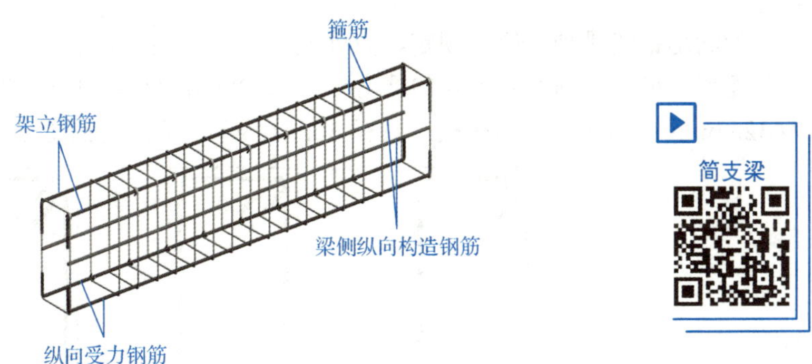

图 6.17　梁的配筋构造

简支梁

图 6.18 中，h_0 为梁的有效高度，是受拉钢筋的合力作用点到截面受压混凝土边缘的距离：$h_0=h-a_s$，a_s 为受拉钢筋的合力作用点至截面受拉区边缘的距离。

为便于计算 h_0，通常的做法是根据混凝土保护层最小厚度及上述梁内纵向受力钢筋排列的构造规定，假设梁内纵向受力钢筋的直径为 20mm，箍筋直径为 10mm，在一类环境下，h_0 可按表 6-6 的数值取用。

悬挑梁

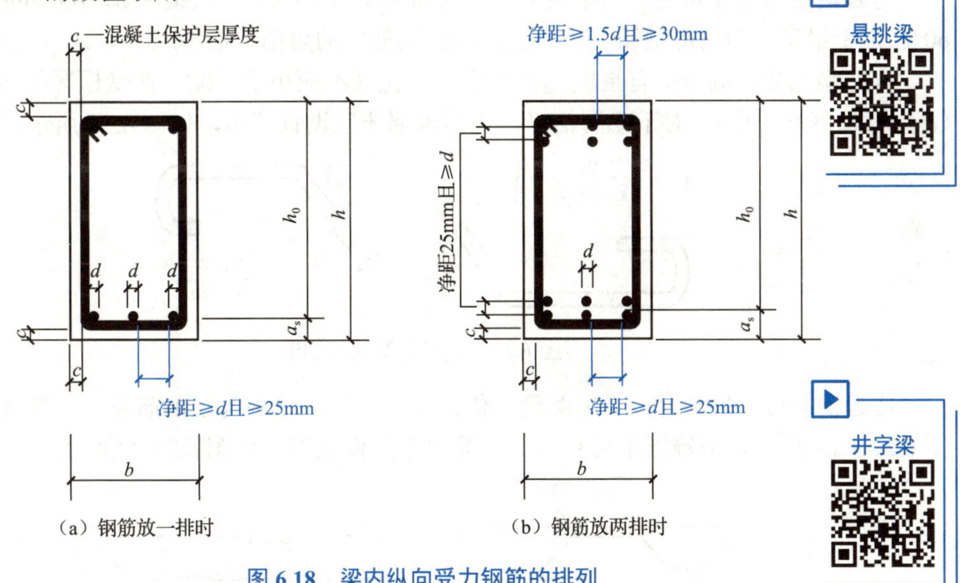

图 6.18　梁内纵向受力钢筋的排列

井字梁

表 6-6　一类环境下梁、板的 h_0 值表　　单位：mm

构件类型		混凝土强度等级	
		≤C25	≥C30
板		$h_0=h-25$	$h_0=h-20$
梁	一排钢筋	$h_0=h-45$	$h_0=h-40$
	两排钢筋	$h_0=h-70$	$h_0=h-65$

为满足钢筋排列的构造规定，方便施工，可采用同类型、同直径 2 根或 3 根钢筋并在一起配置，形成并筋，如图 6.19 所示。直径 28mm 及以下的钢筋并筋不宜超过 3 根；直径为 32mm 的钢筋并筋宜为 2 根；直径 36mm 及以上的钢筋不应采用并筋。

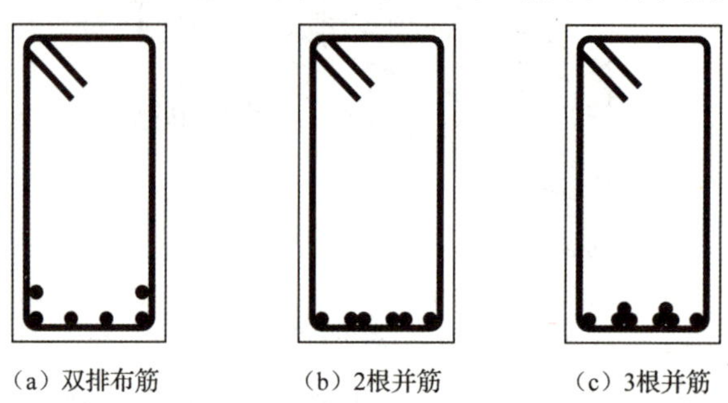

图 6.19　梁中钢筋的并筋形式

2）弯起钢筋

弯起钢筋由纵向钢筋在支座附近弯起形成。

弯起钢筋的弯起角度：当梁高 $h \leqslant 800$mm 时，采用 45°；当梁高 $h > 800$mm 时，采用 60°。位于梁底层的角部钢筋不应弯起，顶层钢筋中的角部钢筋不应下弯。

弯起钢筋的末端应留有直段，其长度在受拉区不应小于 $20d$，在受压区不应小于 $10d$（d 为弯起钢筋直径）；对于光圆钢筋，在其末端还应设置弯钩，如图 6.20 所示。

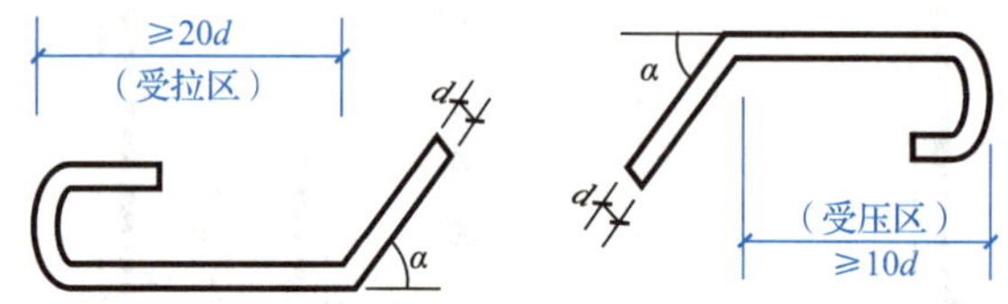

图 6.20　弯起钢筋端部构造

弯起钢筋可单独设置在支座两侧，作为受剪钢筋，这种弯起钢筋称为“鸭筋”，如图 6.21（a）所示，但锚固不可靠的“浮筋”不允许设置，如图 6.21（b）所示。

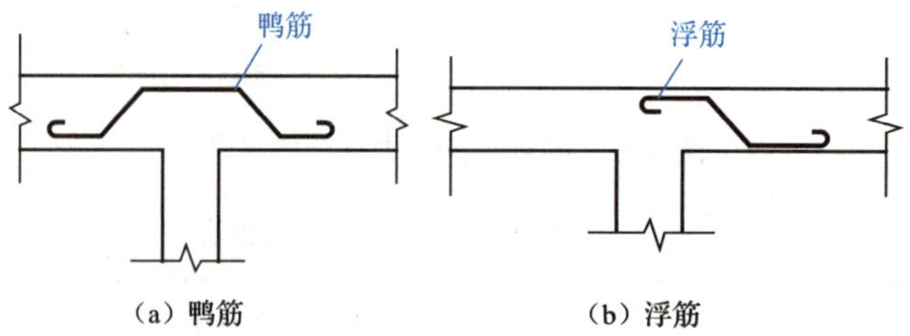

图 6.21　鸭筋和浮筋

3）箍筋

箍筋主要用来承担剪力，在构造上能固定纵向受力钢筋的位置和间距，并与其他钢筋形成钢筋骨架。梁中的箍筋应按计算确定，除此之外，还应满足以下构造要求。

（1）箍筋构造。若按计算不需要配箍筋，当梁高 $h > 300$mm 时，应沿梁全长设置箍筋；当 h=150～300mm 时，可仅在构件端部各 1/4 跨度范围内设置箍筋，但当在构件中部 1/2

跨度范围内有集中荷载作用时，则应沿梁全长设置箍筋；当 h<150mm 时，可不设箍筋。

（2）箍筋直径。箍筋的最小直径不应小于表 6-7 的规定。

表 6-7 箍筋的最小直径

单位：mm

梁高 h	最小直径
$h \leqslant 800$	6
$h > 800$	8
配有纵向受压钢筋的梁	$\geqslant d/4$（d为纵向受压钢筋的最大直径）

（3）箍筋间距。梁的箍筋从支座边缘 50mm 处（图 6.22）开始设置。梁中箍筋间距 S 除应符合计算要求外，最大间距 S_{max} 宜符合表 6-8 的规定。

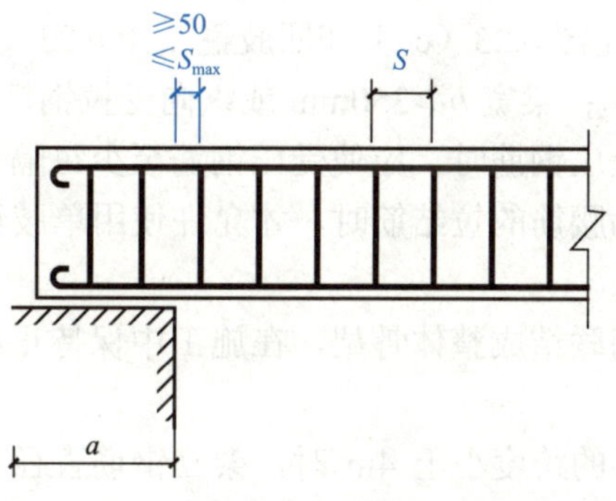

图 6.22 箍筋的间距及简支梁支承长度

表 6-8 梁中箍筋的最大间距 S_{max}

单位：mm

梁高 h	$V > 0.7f_tbh_0$	$V \leqslant 0.7f_tbh_0$
$150 < h \leqslant 300$	150	200
$300 < h \leqslant 500$	200	300
$500 < h \leqslant 800$	250	350
$h > 800$	300	400

当梁中配有按计算需要的纵向受压钢筋时，箍筋的间距不应大于 15d（d 为纵向受压钢筋的最小直径），同时不应大于 400mm；当一层内的纵向受压钢筋多于 5 根且直径大于 18mm 时，箍筋的间距不应大于 10d；当梁的宽度大于 400mm 且一层内的纵向受压钢筋多于 3 根时，或当梁的宽度不大于 400mm 但一层内的纵向受压钢筋多于 4 根时，应设置复合箍筋。

（4）箍筋形式。箍筋的形式有开口［图 6.23（a）］和封闭［图 6.23（b）］两种。开口式只用于无振动荷载或开口处无受力钢筋的现浇 T 形梁的跨中部分。除上述情况外，箍筋应做成封闭式。

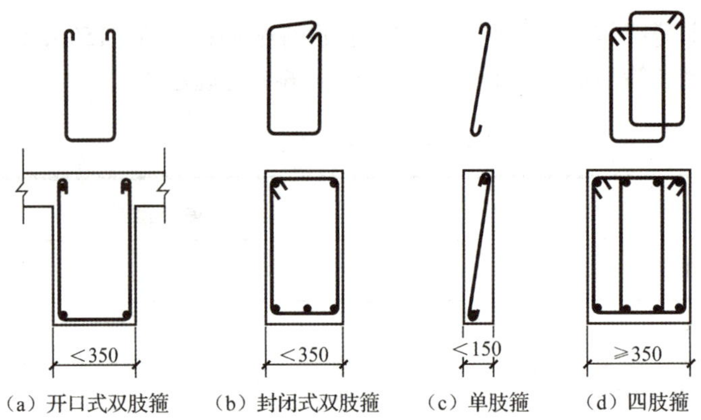

（a）开口式双肢箍 （b）封闭式双肢箍 （c）单肢箍 （d）四肢箍

图 6.23 箍筋的形式和肢数

（5）箍筋肢数。一个箍筋垂直部分的根数称为肢数。常用的有双肢箍［图 6.23（a)］和［图 6.23（b)］、单肢箍［图 6.23（c)］和四肢箍［图 6.23（d)］等几种形式。当梁宽 b <350mm 时，通常用双肢箍；梁宽 b≥350mm 或纵向受拉钢筋在一排的根数多于 5 根时，应采用四肢箍；当梁配有受压钢筋时，应使受压钢筋至少每隔一根处于箍筋的转角处；只有当梁宽 b<150mm 或作为腰筋的拉结筋时，才允许使用单肢箍。

4）架立钢筋

为了将受力钢筋和箍筋联结成整体骨架，在施工中保持正确的位置，一般应设置架立钢筋。

架立钢筋的直径：当梁的跨度小于 4m 时，架立钢筋直径 d≥8mm；当跨度为 4～6m 时，d≥10mm；当跨度大于 6m 时，d≥12mm。

架立钢筋与受力钢筋的搭接长度：当架立钢筋直径 d≥12mm 时，为 150mm；当 d<12mm 时，为 100mm；当考虑架立钢筋受力时，则为 l_l。

5）梁端支座上部纵向构造钢筋

如果简支梁支座端上面有砖墙压顶，阻止了梁端自由转动；或者梁端与另一梁或柱整体现浇，而未按固定端支座计算内力时，梁端将产生一定的负弯矩，这时需要设置梁端支座上部纵向构造钢筋（图6.24）。

构造钢筋不应少于 2 根，其截面面积不少于跨中下部纵向受力钢筋面积的 1/4；由支座伸向跨内的长度不应小于 $0.2l_n$（l_n 为梁净跨）；构造钢筋伸入支座的锚固长度为 l_a，当直段长度小于 l_a 时可弯折，伸至主梁外侧、纵向受力钢筋内侧后弯折，水平段长度不应小于 $0.35l_{ab}$，竖直段长度取 $15d$。

特别提示

构造钢筋在端支座处，当充分利用钢筋抗拉强度时，伸向跨内的长度不应小于 $l_n/3$（l_n 为梁净跨）；伸入支座弯锚时，水平段长度不应小于 $0.6l_{ab}$，竖直段长度取 $15d$。

构造钢筋可以利用架立钢筋［图6.24（a)］，这时架立钢筋不宜少于2⌀12；也可以采用另加钢筋［图6.24（b）］。

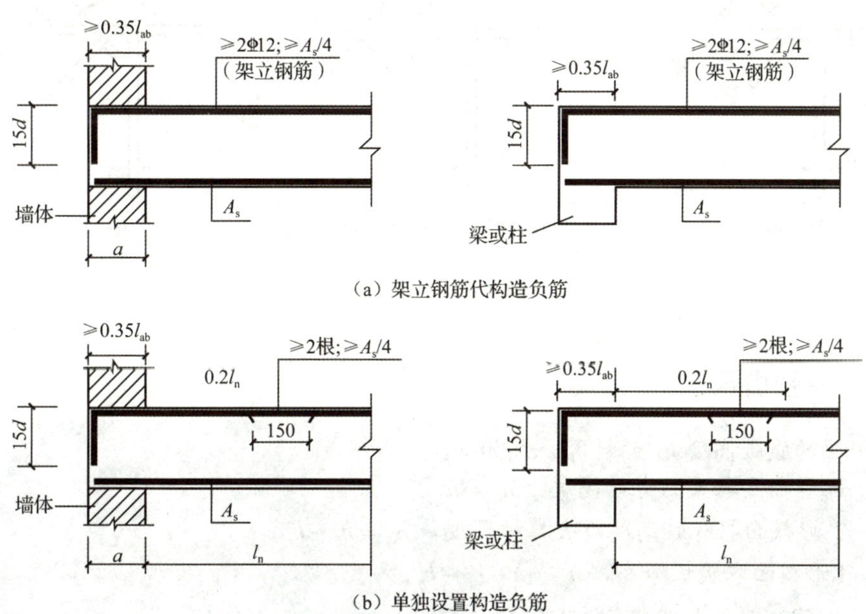

图 6.24　梁端支座上部纵向构造钢筋

6）梁侧纵向构造钢筋及拉筋

当梁的腹板高度h_w≥450mm时，应在梁的两个侧面沿高度配置纵向构造钢筋，可稳定骨架，防止竖向裂缝，如图6.25所示。纵向构造钢筋间距a≤200mm，并用拉筋连接，拉筋形式如图6.26所示，建议拉筋紧靠纵向构造钢筋并勾住箍筋。拉筋直径按梁宽选择，当梁宽b≤350mm时，直径d=6mm；当梁宽b>350mm时，直径d=8mm。拉筋间距为非加密区箍筋间距的2倍，当设有多排拉筋时，上下两排拉筋竖向错开布置。

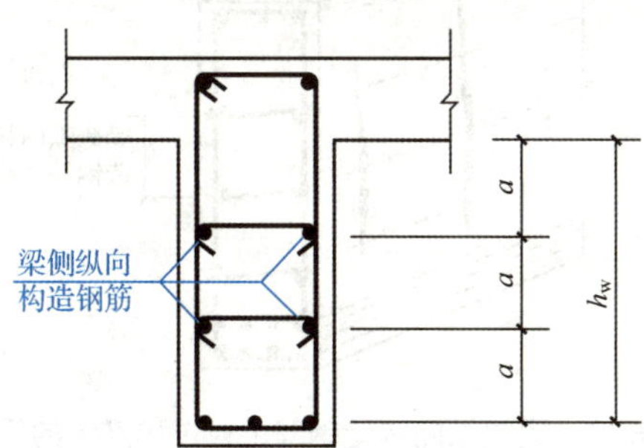

图 6.25　梁侧纵向构造钢筋

知识链接

在弧形梁或其他受扭梁中，根据计算需配置受扭钢筋时，受扭钢筋沿梁截面周边布置，用符号N表示，位置和梁侧纵向构造钢筋（用符号G表示）类似。

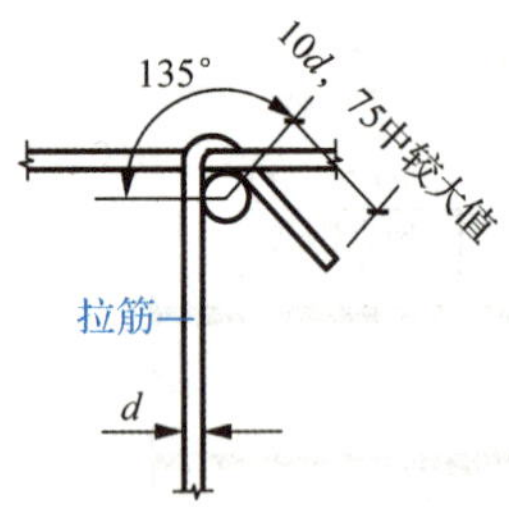

(a) 拉筋同时勾住纵向构造钢筋和箍筋

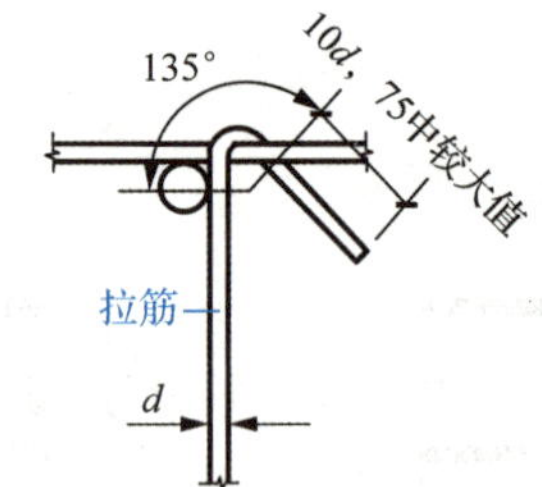

(b) 拉筋紧靠纵向构造钢筋并勾住箍筋

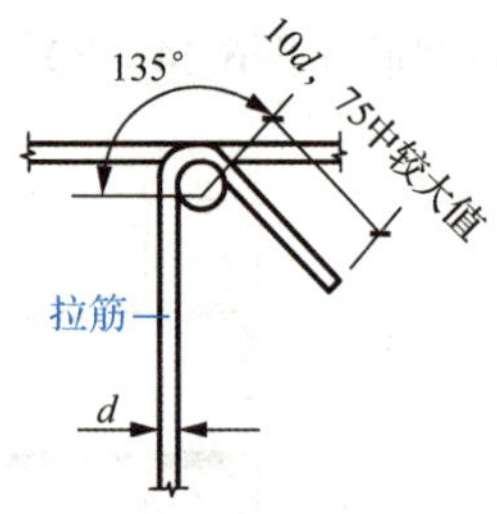

(c) 拉筋紧靠箍筋并勾住纵向构造钢筋

图 6.26 拉筋形式

特别提示

(1) 梁的腹板高度 h_w 的计算公式如下。

矩形截面取梁的有效高度，$h_w = h_0$。

T 形截面取有效高度减去翼缘高度，$h_w = h_0 - h'_f$。

I 形截面取腹板净高，$h_w = h - h_f - h'_f$。

(2) 拉筋处理方式可参考 22G101—1。

工程实例

一些高度较大的钢筋混凝土梁，由于梁侧纵向构造钢筋（俗称腰筋）配置过稀，在使用期间甚至在使用以前往往在梁的腹部发生竖向等间距裂缝。这种裂缝多发生在构件中部，裂缝中间宽、两头细，至梁的上下缘附近逐渐消失，如图 6.27 所示。

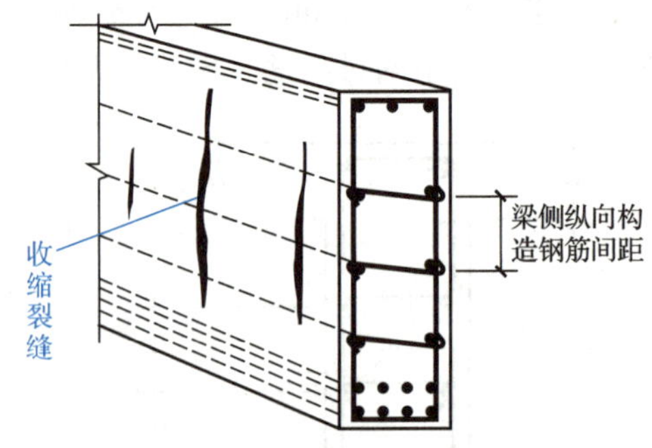

图 6.27 梁侧纵向构造钢筋配置过稀产生的后果

【实例点评】

这种裂缝是由混凝土收缩所致的。两端固定在混凝土柱上的大梁，在凝结过程中因体积收缩而使梁沿长度方向受拉。因梁的上下缘配有较多纵向受力钢筋，该拉力由纵向受力钢筋承受，混凝土开裂得很细，肉眼难以观察到；而梁的中腹部，当梁侧纵向构造钢筋配置过少、过稀时，不足以帮助混凝土承受这部分拉力，就会产生沿梁长均匀分布的竖向裂缝。

7）附加横向钢筋

附加横向钢筋设置在梁中有集中荷载作用的位置（次梁）两侧（图 6.28），数量由计算确定。附加横向钢筋包括附加箍筋和吊筋，宜优先选用箍筋，也可采用吊筋加箍筋。

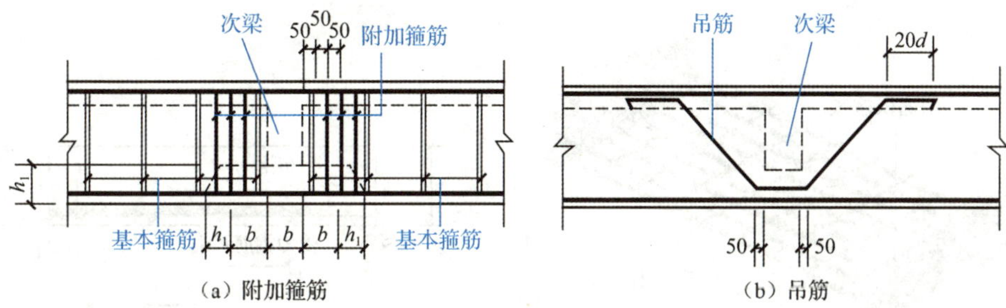

图 6.28 附加横向钢筋

3. 梁的支承长度

梁支承在砖砌体上的长度 a（图 6.22）一般采用：当梁高 $h \leqslant 500$mm 时，$a \geqslant 180$mm；当梁高 $h > 500$mm 时，$a \geqslant 240$mm。

知识链接

一种平法梁的表示方法如下。

L1（1）250 × 500
Φ8@200（2）
3Φ22; 2Φ12
G2Φ12

其含义是：梁 L1，有 1 跨，截面尺寸宽 250mm，高 500mm；双肢箍筋为三级钢筋，直径 8mm，间距 200mm；下部纵向受力钢筋 3 根，为三级钢筋，直径 22mm，上部架立钢筋 2 根，为三级钢筋，直径 12mm；梁高 $h_w \geqslant 450$mm，梁侧配置纵向构造钢筋 2 根，为三级钢筋，直径 12mm。

6.2.3 板的构造要求

1. 一般规定

钢筋混凝土板的常用截面有空心、槽形和矩形等形式，如图 6.29 所示。板的厚度 h 一般宜满足跨厚比 l/h 的要求，钢筋混凝土单向板 $l/h \leqslant 30$；双向板 $l/h \leqslant 40$。当板的荷载、跨度较大时，跨厚比宜适当减少。

现浇钢筋混凝土板的厚度不应小于附录 C 表 C6 规定的数值。

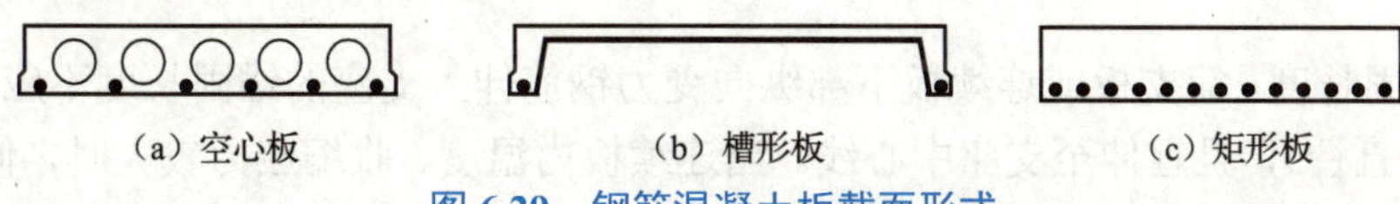

图 6.29 钢筋混凝土板截面形式

2．板的受力钢筋

板的受力钢筋是指承受弯矩作用时产生拉力的钢筋，沿板跨度方向放置，如图 6.30 所示。

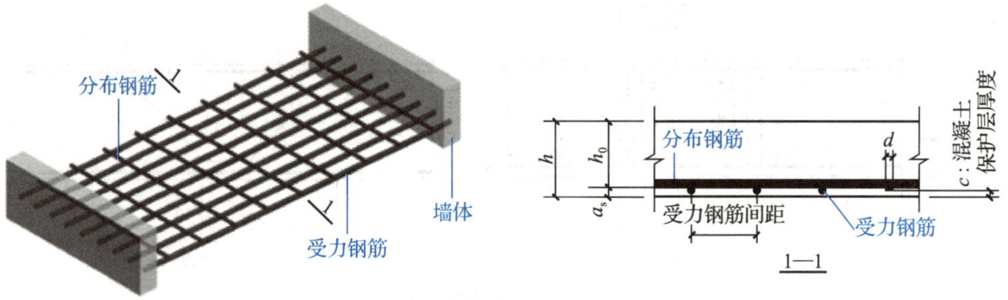

（a）简支板置于下部

板的配筋

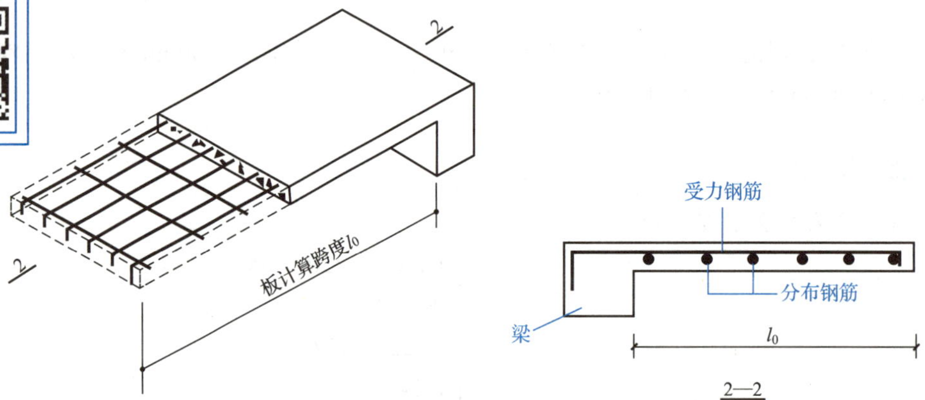

（b）悬臂板置于上部

图 6.30　板配筋图

特别提示

钢筋混凝土受弯构件的受力钢筋配置在受拉区，也就是让钢筋抵抗拉力，而混凝土受压。对于简支板，受力钢筋配置在下部，分布钢筋在其内侧；对于悬臂板，受力钢筋配置在上部，分布钢筋在其内侧。在实际工程中，阳台、雨篷板等均属于悬臂构件，其钢筋的放置一定不能出错。同学们要养成良好的工作习惯，按图施工，不能马虎。

（1）直径。板的受力钢筋直径通常采用 6mm、8mm、10mm 和 12mm，且不应多于 3 种。

（2）间距。为了使板受力均匀和混凝土浇筑密实，板的受力钢筋的间距不应小于 70mm；当板厚 $h \leqslant 150$mm 时，不宜大于 200mm；当板厚 $h > 150$mm 时，不宜大于 $1.5h$，且不宜大于 250mm。

（3）锚固长度。简支板或连续板下部纵向受力钢筋伸入支座的锚固长度不应小于 $5d$（d 为受力钢筋直径），且宜伸至支座中心线。当连续板内温度、收缩应力较大时，伸入支座的长度宜适当增加。

3. 板的分布钢筋

分布钢筋的作用是更好地分散板面荷载到受力钢筋上，固定受力钢筋的位置。分布钢筋应放置在板受力钢筋的内侧，垂直于受力钢筋，如图 6.30 所示。

分布钢筋的数量：板的单位长度上分布钢筋的截面面积不宜小于板的单位宽度上受力钢筋截面面积的 15%，且不宜小于该方向板截面面积的 0.15%。同时，分布钢筋的间距不宜大于 250mm，直径不宜小于 6mm。

4. 板支座上部附加构造钢筋

（1）嵌固在承重砌体墙内的现浇板，由于砖墙的约束作用，沿墙周边的板面上方易产生裂缝。因此，在板边上部应配置垂直于板边的附加构造钢筋（图 6.31），其直径不宜小于 8mm，间距不宜大于 200mm，且单位宽度内的配筋面积不宜小于跨中相应方向板底钢筋截面面积的 1/3，构造钢筋伸入板内的长度为 $l_0/7$。

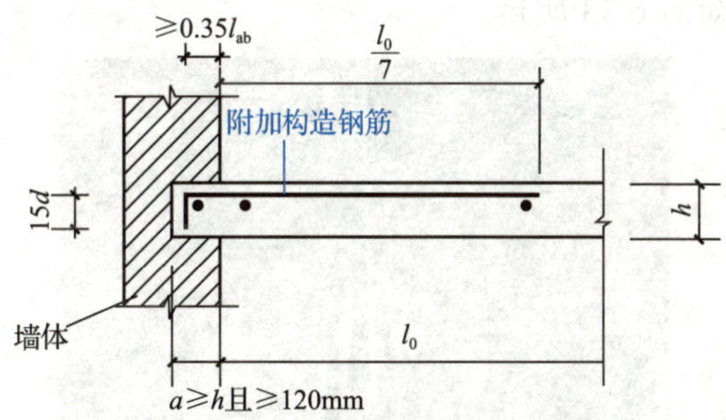

图 6.31　嵌固在承重砌体墙内的板上部构造钢筋

（2）与混凝土梁、柱、墙整浇但按非受力边设计的现浇板，板边上部应配置垂直于板边的附加构造钢筋（图6.32），其直径不宜小于8mm，间距不宜大于200mm，且单位宽度内的配筋面积不宜小于受力方向板底钢筋截面面积的1/3，并按受拉钢筋锚固在梁内、柱内、墙内，构造钢筋伸入板内的长度为$l_0/4$。

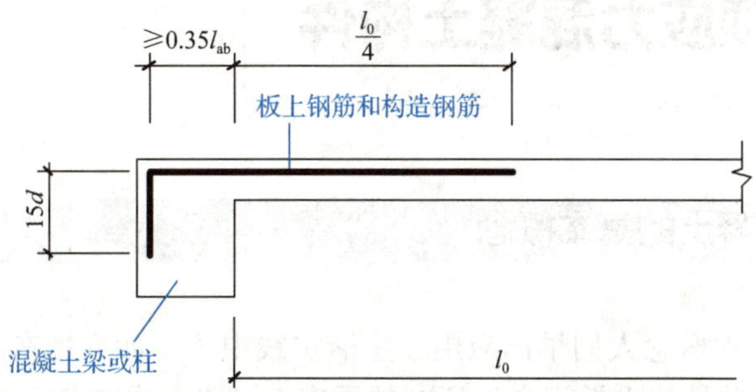

图 6.32　与混凝土梁、柱、墙整浇的板上部构造钢筋

（3）在柱角或墙阳角处的楼板凹角部位，钢筋伸入板内的长度应从柱边或墙边算起。

5. 板的支承长度

现浇板搁置在砖墙上时，其支承长度 a 一般不小于板厚度 h，且不小于 120mm（图 6.31）。

知识链接

现浇板的表示方法如下。

LB3 h=100
B: X ⌀8@130, Y ⌀8@150
T: X ⌀8@130, Y ⌀8@150
（−0.015）

其含义是：3 号楼面板块，板厚 100mm；板上部、下部水平方向贯通筋为 HRB400，直径 8mm，间距 130mm，垂直方向贯通筋为 HRB400，直径 8mm，间距 150mm；板面标高比 4.470~11.670m 低 0.015m，为 4.455~11.655m。

工程现场的现浇板如图 6.33 所示。

图 6.33　工程现场的现浇板

6.3　预应力混凝土构件

6.3.1　预应力混凝土的基本概念

关于预应力的基本概念人们早已应用于生活实践中了。如木桶在制作过程中，预先用竹箍把木板箍紧，目的是使木板间产生环向预压应力，装水或装汤后，由水产生环向拉力，在拉力小于预压应力时，水桶就不会漏水，如图 6.34（a）所示。又如从书架上取下一叠书时，由于受到双手施加的压力，这一叠书如同一根横梁，可以承担全部书的重量，如图 6.34（b）所示。

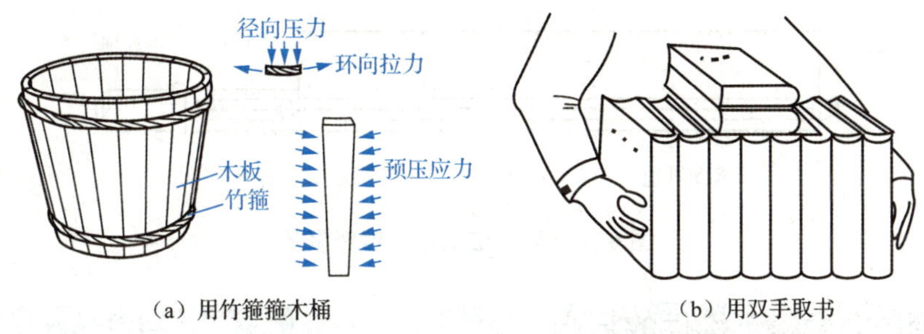

图 6.34　日常生活中预应力应用案例

为了避免钢筋混凝土结构的裂缝过早出现，充分利用高强钢筋及高强混凝土，可以设法在结构构件承受外荷载作用之前，预先对受拉区混凝土施加压力，以此产生的预压应力来减小或抵消外荷载引起的混凝土拉应力，这种在混凝土构件受荷载以前预先对构件使用时的混凝土受拉区施加压力的构件称为预应力混凝土构件。

6.3.2 施加预应力的方法

根据张拉钢筋与浇筑混凝土的先后关系，施加预应力的方法可分为先张法和后张法两类。

先张法

1. 先张法

先张拉预应力钢筋，然后浇筑混凝土的施工方法，称为先张法。先张法的张拉台座设备，如图 6.35 所示。

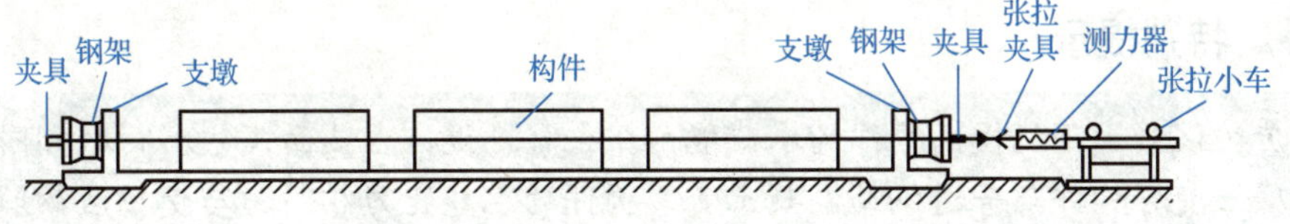

图 6.35　先张法的张拉台座设备

先张法的优点主要是生产工艺简单，工序少，效率高，质量易于保证，同时由于省去了锚具和减少了预埋件，构件成本较低。先张法主要适用于工厂化大量生产，尤其适用于长线法生产中及小型构件。

2. 后张法

后张法

先浇筑混凝土，待混凝土硬化后，在构件上直接张拉预应力钢筋，这种施工方法称为后张法。后张法的张拉台座设备，如图 6.36 所示。

后张法的主要缺点是生产周期较长；需要利用工作锚锚固钢筋，钢材消耗较多，成本较高；工序多，操作较复杂，造价一般高于先张法。

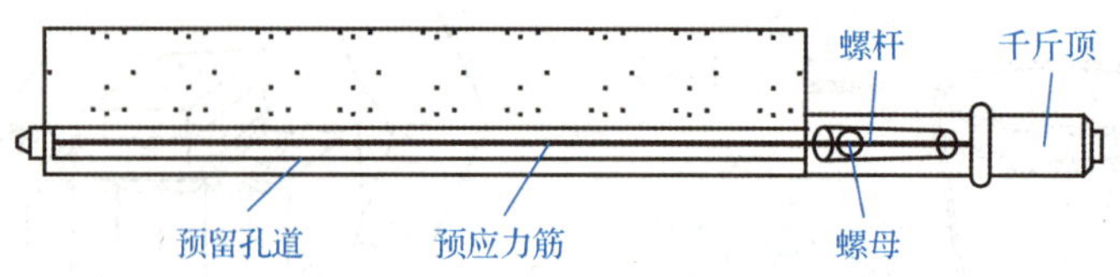

图 6.36　后张法的张拉台座设备

6.3.3 预应力混凝土构件的特点

与普通钢筋混凝土构件相比，预应力混凝土构件具有以下特点。

（1）抗裂性能较好。

（2）刚度较大。由于预应力混凝土能延迟裂缝的出现和开展，并且受弯构件要产生反拱，因而可以减小受弯构件在荷载作用下的挠度。

（3）耐久性较好。由于预应力混凝土能使构件在使用过程中不出现裂缝或减小裂缝宽度，因而可以减少大气或侵蚀性介质对钢筋的侵蚀，从而延长构件的使用期限。

（4）由于预应力结构必须采用高强度材料，因此可以减小构件截面尺寸，节省材料，减轻自重，既达到经济的目的，又扩大了钢筋混凝土结构的使用范围。例如，可以用在大跨度结构中代替某些钢结构。

（5）工序较多，施工较复杂，且需要张拉设备和锚具等设施。

预应力混凝土构件的优点，使其在工程结构中得到了广泛的应用。在工业与民用建筑中，屋面板、楼板、檩条、吊车梁、柱、墙板、基础等构配件，都可采用预应力混凝土制作。

特别提示

预应力混凝土不能提高构件的承载能力。也就是说，当截面尺寸和材料相同时，预应力混凝土受弯构件与普通钢筋混凝土受弯构件的承载能力相同，与受拉区钢筋是否施加预应力无关。

6.3.4 预应力混凝土构件材料

1. 预应力钢筋

1）性能要求

（1）强度高。预应力混凝土从制作到使用的各个阶段，预应力钢筋一直处于高强受拉应力状态，因此需要采用较高的张拉应力，这就要求预应力钢筋具有较高的抗拉强度。

（2）较好的塑性、可焊性。强度高的钢筋塑性性能一般较低，为了保证结构在破坏之前有较大的变形，预应力钢筋必须有足够的塑性性能。

（3）良好的黏结性。由于先张法是通过黏结力传递预压应力，因此纵向受力钢筋宜选用直径较细的钢筋，高强钢丝表面要进行“刻痕”或“压波”处理。

（4）低松弛。预应力钢筋在长度不变的前提下，其应力随着时间的延长在慢慢降低，所以应选用松弛小的钢筋，以降低应力松弛带来的不利影响。

2）预应力钢筋的种类

（1）预应力混凝土所用钢丝分为冷拉钢丝和消除应力钢丝两种。消除应力钢丝包括光面（ϕ^{P}）钢丝和螺旋肋（ϕ^{H}）钢丝。

（2）钢绞线以一根直径较粗的钢丝作为钢绞线的芯，并用边丝围绕其进行螺旋状绞捻而成，用符号 ϕ^{S} 表示。其在后张法预应力混凝土中采用较多。其优点是强度高、低松弛，黏结性好。

（3）预应力螺纹钢筋也称精轧螺纹钢筋，是由热轧、轧后余热处理或热处理等工艺生产的用于预应力混凝土的螺纹钢筋，用符号 ϕ^{T} 表示。它具有连接、锚固简便，黏结力强等优点。

2. 混凝土

预应力混凝土构件所用的混凝土，须满足下列要求。

（1）高强度。预应力混凝土必须采用强度高的混凝土，采用强度高的混凝土可以有效减小构件截面尺寸，减轻构件自重。

（2）收缩小、徐变小。由于混凝土收缩徐变的结果，使得混凝土得到的有效预压力减小，即预应力损失，所以在结构设计中应采取措施减少混凝土收缩徐变。

（3）快硬、早强。可及早施加预应力，提高张拉设备的周转率，加快施工速度。

模块小结

本模块对钢筋混凝土梁、板构件的设计过程进行了简单阐述，详述了包括混凝土结构所使用材料的力学性能、分类，简支梁、简支板的设计计算，钢筋混凝土构件的基本构造要求，还述及预应力混凝土构件的概念及其有关构造要求。对于钢筋混凝土梁、板的构造要求，应在理解的基础上学会应用，学习时可结合《混凝土结构设计规范（2015 年版）》的相关条文。

针对普通钢筋混凝土容易开裂的缺点，设法在混凝土结构或构件承受使用荷载前，预先对受拉区的混凝土施加压力，施压后的混凝土就是预应力混凝土。预应力能够提高构件的抗裂性能和刚度。施加预应力的方法有先张法和后张法。

习　题

一、填空题

1．混凝土结构中保护层厚度是指______________________________。

2．修正后的钢筋锚固长度，除不应小于按计算确定的长度的 0.7 倍外，还不应小于________mm。

3．在任何情况下，纵向受拉钢筋绑扎搭接接头的搭接长度均不应小于________mm。

4．板中分布钢筋应位于受力钢筋的____________，且应与受力钢筋____________。

5．钢筋和混凝土能够共同工作的主要原因是__________________________________。

6．钢筋混凝土结构的混凝土强度等级不应低于____________，预应力混凝土结构的混凝土强度等级不应低于____________。

7．当梁的腹板高度不小于____________mm 时，在梁的两侧应设置纵向构造钢筋和相应的拉筋。

8．我国相关规范提倡用____________级钢筋作钢筋混凝土结构的主力钢筋。

9．预应力混凝土构件按施工方法可分为____________和____________。

10．预应力混凝土构件中钢筋宜采用____________。

二、选择题

1．在混凝土各强度指标中，其设计值大小关系为（　　）。

A．$f_t > f_c > f_{cu}$　　B．$f_{cu} > f_c > f_t$

C．$f_{cu} > f_t > f_c$　　D．$f_c > f_{cu} > f_t$

2．钢材的伸长率 δ 用来反映材料的（　　）。

A．承载能力　　B．弹性变形能力

C．塑性变形能力　　D．抗冲击荷载能力

3．以下关于混凝土徐变的论述，正确的是（　　）。

A．水灰比越大徐变越小　　B．水泥用量越多徐变越小

C．骨料用量越多徐变越小　　D．养护环境湿度越大徐变越大

4．梁中下部纵向受力钢筋的净距不应小于（　　）。

A．25mm 和 1.5d　　B．30mm 和 2d

C．30mm 和 1.5d　　D．25mm 和 d

5．以下不属于减少混凝土收缩措施的项目是（　　）。

A．控制水泥用量　　B．提高混凝土强度等级

C．提高混凝土的密实性　　D．减小水灰比

6．对构件施加预应力的主要目的是（　　）。

A．提高构件承载力

B．在构件使用阶段减少或避免裂缝出现，发挥高强度材料作用

C．对构件进行性能检验

D．提高构件延性

三、判断题

1．先张法是在浇筑混凝土之前张拉预应力钢筋。（　　）

2．板中受力钢筋沿板跨度方向布置，且放置在构件下部。（　　）

3．架立钢筋的主要作用是承担支座产生的负弯矩。（ ）

4．对于某一构件而言，混凝土强度等级越高，构件的混凝土最小保护层越厚。（ ）

5．钢筋混凝土结构混凝土的强度等级不应低于 C15。（ ）

6．与混凝土不同，钢筋的抗拉与抗压强度设计值总是相等的。（ ）

7．材料的强度设计值小于材料的强度标准值。（ ）

8．立方体抗压强度标准值的保证率为 95%。（ ）

9．测定混凝土立方体抗压强度时，采用的是以标准方法制作的尺寸为 150mm×150mm×300mm 的试块。（ ）

模块 7 钢筋混凝土楼盖、楼梯及雨篷构造

思维导图

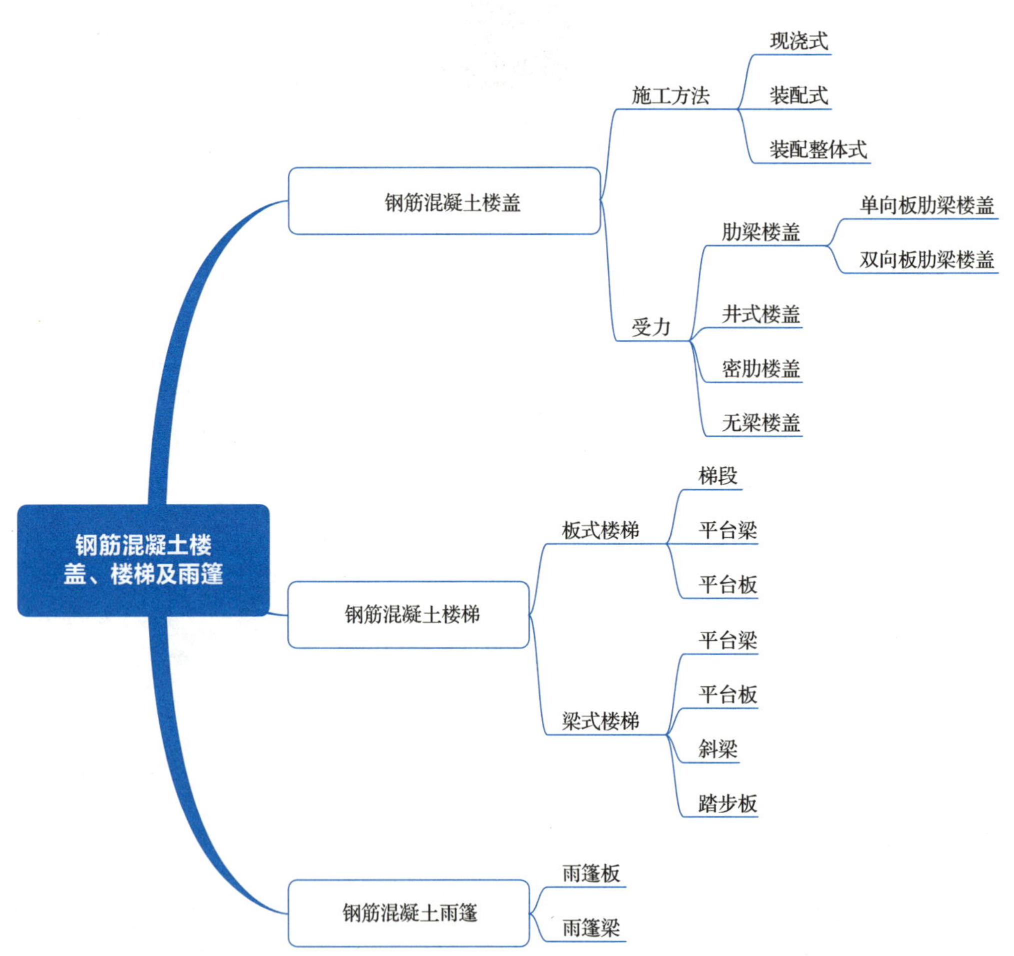

引例

钢筋混凝土梁板结构是建筑工程中应用最为广泛的一种结构形式。楼盖是建筑结构的重要组成部分，在混合结构房屋中，楼盖的造价占房屋总造价的 30%～40%，因此，楼盖结构形式选择和布置的合理性，以及结构计算和构造的正确性，对建筑物的安全使用和技术经济指标有着非常重要的意义。实例中的楼盖为钢筋混凝土现浇楼盖，如图 7.1 所示，柱距 9m，梁间距 3m。

思考：楼盖为什么这样布置？楼盖内的钢筋又是如何布置的？

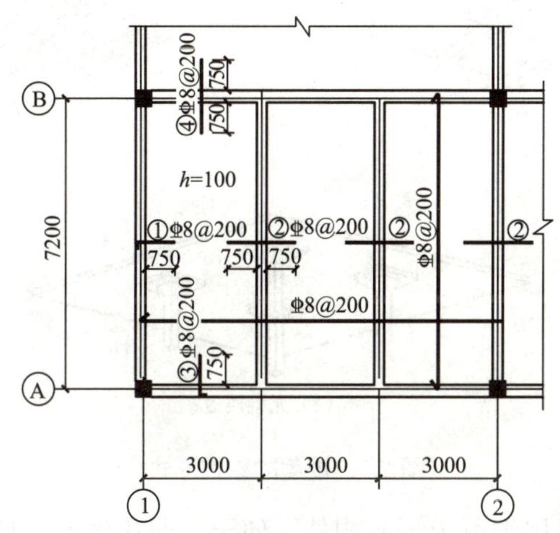

图 7.1 钢筋混凝土现浇楼盖

7.1 钢筋混凝土楼盖的分类

钢筋混凝土楼盖按施工方法不同可分为现浇式、装配式和装配整体式三种形式。

现浇式楼盖整体性好、刚度大、防水性好且抗震性强，能适应房间的平面形状、设备管道、荷载或施工条件比较特殊的情况。其缺点是费工、费模板、工期长、施工受季节限制。现浇式楼盖按楼板受力和支承条件的不同，又分为肋梁楼盖、井式楼盖、密肋楼盖和无梁楼盖（图 7.2）。肋梁楼盖又分为单向板肋梁楼盖和双向板肋梁楼盖，单向板肋梁楼盖广泛用于多层厂房和公共建筑，双向板肋梁楼盖多用于公共建筑和高层建筑。

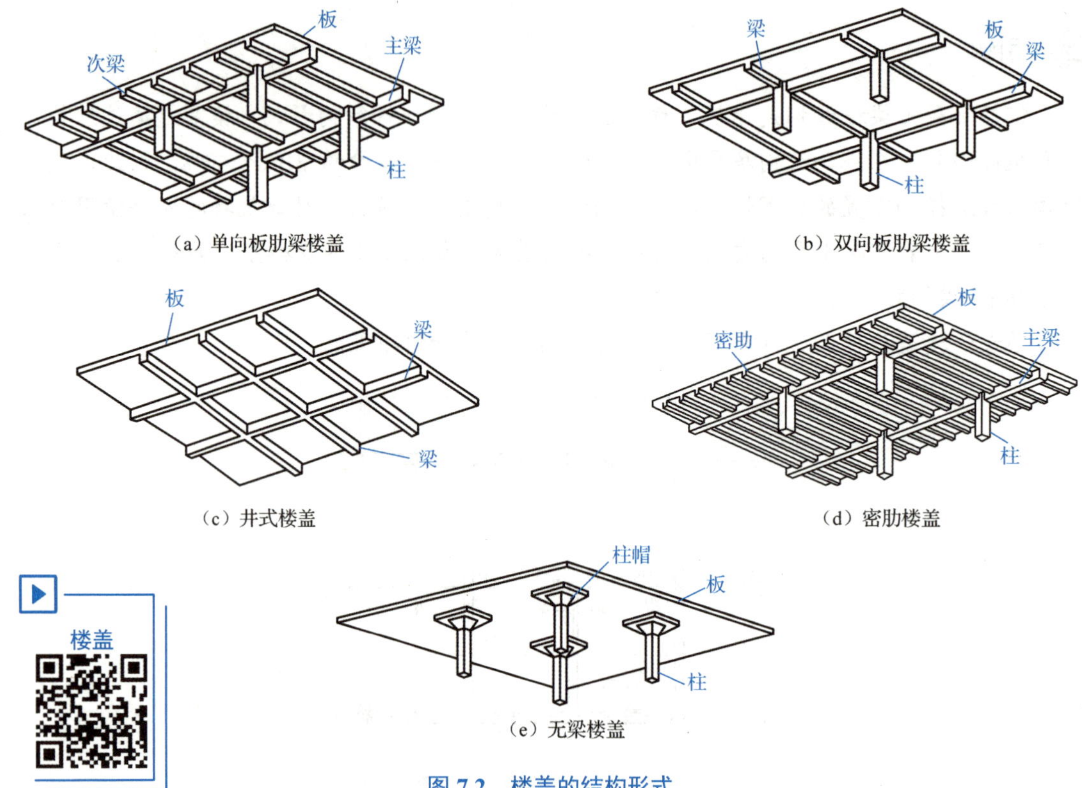

（a）单向板肋梁楼盖　（b）双向板肋梁楼盖　（c）井式楼盖　（d）密肋楼盖　（e）无梁楼盖

图 7.2　楼盖的结构形式

装配式楼盖的楼板采用混凝土预制构件，便于工业化生产，使装配式楼盖在多层民用建筑和工业厂房中得到广泛应用。但是，这种楼盖整体性、防水性和抗震性都较差。

装配整体式楼盖，其整体性较装配式的好，又较现浇式的节省模板和支撑。但这种楼盖需要进行混凝土的二次浇筑，有时还须增加焊接工作量，故对施工进度和造价都带来一些不利影响。

7.2　现浇肋梁楼盖构造

现浇肋梁楼盖由板、次梁和主梁组成，其中板被梁划分成许多区格，每一区格的板一般是四边支承在梁或墙体上。对于四边支承的板，当板的长边l_2与短边l_1之比$l_2/l_1 \geqslant 3$时，板上的荷载主要沿短边l_1方向传递到支撑梁或墙体上，而沿长边传递的荷载很小，可以忽略不计，板仅沿短边方向受力的楼盖称为单向板肋梁楼盖；当板的长边l_2与短边l_1之比$l_2/l_1 \leqslant 2$时，板上荷载将通过两个方向传递到支撑梁或墙体上，板沿两个方向受力的楼盖称为双向板肋梁楼盖；对于$2 < l_2/l_1 < 3$的板，宜按双向板计算，若按单向板计算，沿长边方向应配有足够的构造钢筋。

7.2.1 单向板肋梁楼盖

1.结构平面布置

在肋梁楼盖中，结构布置包括柱网、承重墙、梁格和单向板的布置。柱网尽量布置成长方形或正方形；梁格的布置如图 7.3 所示，其中主梁有沿横向和纵向两种布置方案。

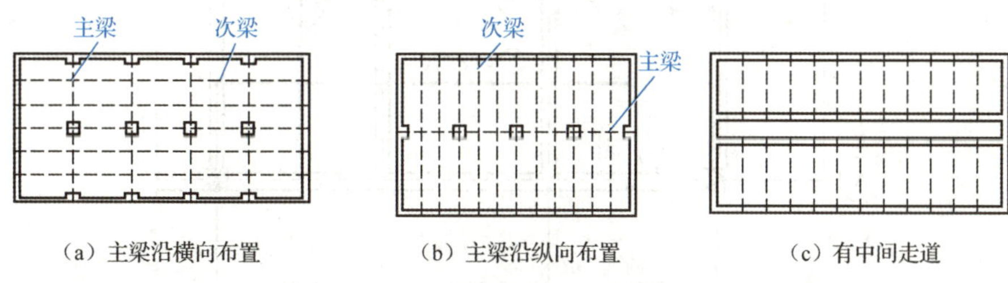

图 7.3 梁格的布置

单向板肋梁楼盖中，单向板、次梁和主梁的常用跨度：板的跨度为1.7～2.7m，一般不宜超过3m；次梁的跨度一般为4～6m；主梁的跨度一般为5～8m。

特别提示

柱网及梁格的布置除考虑上述因素外，梁格布置应尽可能是等跨的，且最好边跨比中间跨稍小（约在 10%以内），因边跨弯矩较中间跨大些；在主梁跨间的次梁根数宜多于一根，以使主梁弯矩变化较为平缓，对梁的受力有利。

2. 单向板肋梁楼盖构造要求

1）单向板构造要求

单向板的构造要求同模块 6 中论述。配筋常采用分离式配筋，即跨中正弯矩钢筋（图 7.4 中⑤号筋）宜全部伸入支座锚固，而在支座处另配负弯矩钢筋（图 7.4 中②号筋），其范围应能覆盖负弯矩区域并满足锚固要求。

（1）钢筋的截断。对于承受均布荷载的等跨连续单向板或双向板，支座处的负弯矩钢筋，可在距支座边不小于 a 的距离处截断，其取值如下。

$$当\ q/g \leqslant 3\ 时，a=l_n/4$$

$$当\ q/g > 3\ 时，a=l_n/3$$

式中 g、q——恒荷载及活荷载设计值；

l_n——板的净跨。

（2）板内构造钢筋。板内的构造钢筋种类较多，具体情况见表 7-1。

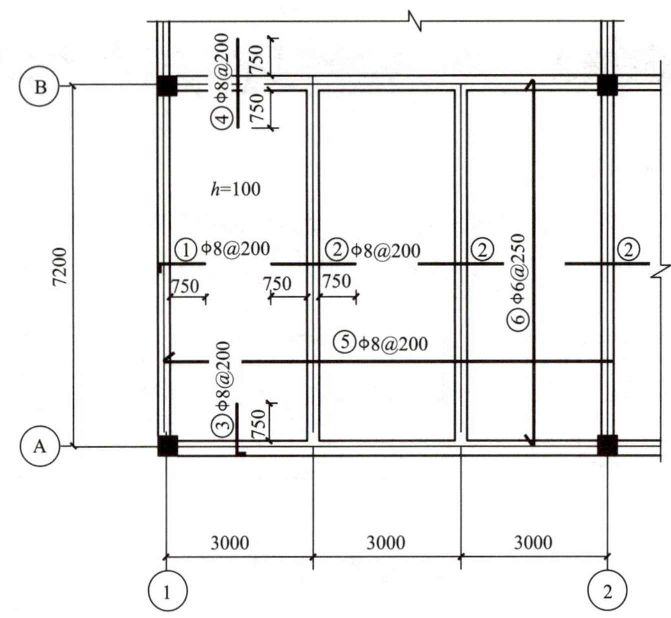

图 7.4　等跨连续单向板的配筋方式（局部）

表 7-1　板内构造钢筋布置

名称	位置	作用	伸入板内长度	最小用量	最小直径及最大间距	图示
分布钢筋	受力钢筋内侧，垂直于受力钢筋	抵抗混凝土收缩或温度变化产生的内力；将荷载均匀地传递给受力钢筋；固定受力钢筋；承担计算中未考虑的长边方向的弯矩	贯通	≥15%A_s（A_s为受力钢筋截面面积），且配筋率不宜小于0.15%	Φ6@250（集中荷载较大时，间距不宜大于200mm）	图 7.4⑥号筋
主梁板面构造钢筋	主梁上侧，垂直于主梁	承担负弯矩，防止产生过大的裂缝	不宜小于 $l_0/4$	不宜小于底部受力钢筋截面面积的 1/3	Φ8@200	图 7.4④号筋 图 7.5（b）
砌体墙中板面附加钢筋	承重墙边沿上侧，垂直于墙体	承担负弯矩	不宜小于 $l_0/7$	—	Φ8@200	图 7.5（a）
砌体墙中板角双向附加钢筋	墙内板角 $l_0/4$ 部分上侧	防止由于板角翘离支座而产生的墙边裂缝和板角斜裂缝	不宜小于 $l_0/4$	—	Φ8@200	图 7.5（a）
现浇支座上部构造钢筋	周边与混凝土梁或墙体整浇的板上侧	—	不宜小于 $l_0/5$	不宜小于底部受力钢筋截面面积的 1/3	Φ8@200	图 7.4①、③号筋

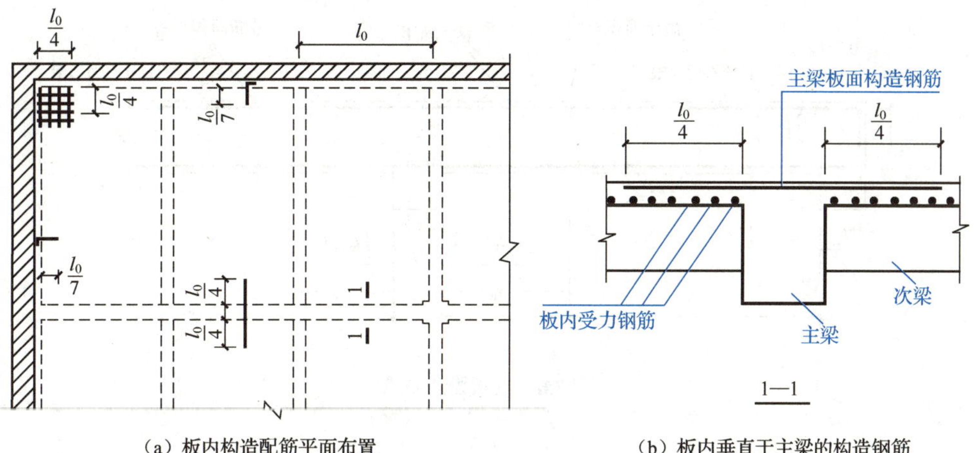

（a）板内构造配筋平面布置　　（b）板内垂直于主梁的构造钢筋

图 7.5　板内构造钢筋

特别提示

表 7-1 和图 7.5 中的 l_0 为单向板短边计算跨度。

2）次梁构造要求

（1）截面尺寸。一般次梁的跨度 l=4～6m，梁高 h=（1/18～1/12）l，梁宽 b=（1/3～1/2）h，纵向钢筋的配筋率一般取 0.6%～1.5%。

（2）次梁伸入墙内的支承长度。一般不小于 240mm。

（3）钢筋直径。梁内纵向受力钢筋及架立钢筋的直径不宜小于表 7-2 的规定。

表 7-2　梁内纵向受力钢筋及架立钢筋的最小直径

钢筋类型	纵向受力钢筋		架立钢筋		
条件	h＜300mm	h≥300mm	l＜4m	4m≤l≤6m	l＞6m
直径 d/mm	8	10	8	10	12

注：表中 h 为梁高，l 为梁的跨度。

（4）配筋构造要求。对于相邻跨度相差不超过 20%，且均布活荷载和恒荷载的比值 q/g≤3 的连续次梁，其中纵向受力钢筋的弯起和截断，可按图 7.6 进行。

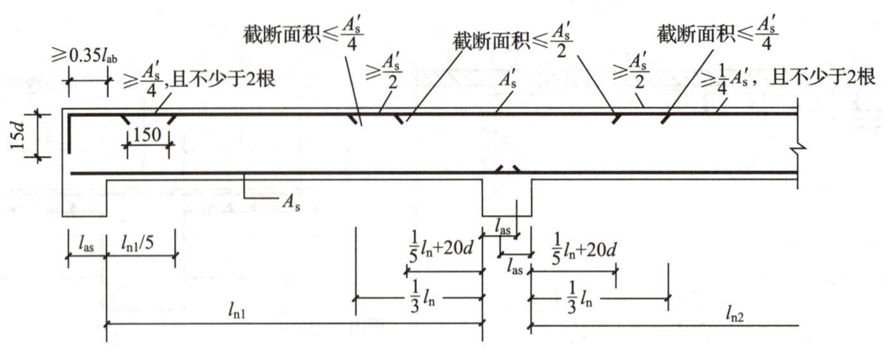

图 7.6　次梁配筋布置

特别提示

（1）图 7.6 中，l_n 为 l_{n1}、l_{n2} 两者的较大值。

（2）梁下部的纵向钢筋除弯起的外，应全部伸入支座锚固，不得在跨间截断。

（3）连续次梁因截面上、下均配置受力钢筋，所以一般均沿梁全长配置封闭式箍筋，第一根箍筋可距支座边 50mm 处开始布置，在简支端支座范围一般宜布置两道箍筋。

3）主梁构造要求

（1）截面尺寸。主梁的跨度 l 一般取 5～8m，梁高 h=（1/12～1/8）l，梁宽 b=（1/3～1/2）h，纵向钢筋的配筋率一般取 0.6%～1.5%。

（2）主梁伸入墙体的支承长度。一般不小于 370mm。

（3）钢筋的直径及间距要求与次梁相同。

（4）主梁附加横向钢筋。主梁和次梁相交处，在集中荷载影响区范围内加设附加横向钢筋（箍筋、吊筋），设置要求见模块 6 中相关内容。

7.2.2 双向板肋梁楼盖

双向板肋梁楼盖构造要求如下。

（1）双向板的厚度。双向板厚度一般为 80～160mm，为保证板的刚度，板厚 h 还应符合：简支板，$h>l_x/45$；连续板，$h>l_x/50$，l_x 为短方向跨度。

（2）钢筋的配置。受力钢筋沿纵、横两个方向设置，此时应将弯矩较大方向的钢筋设置在外层，另一方向的钢筋设置在内层；双向板的配筋形式类似于单向板，沿墙边及墙角的板内构造钢筋与单向板相同。

受力钢筋的直径、间距、截断点的位置等均可参照单向板配筋的有关规定。

应用案例 7-1

图 7.7 中现浇板为双跨双向板，③号筋 ⌀10@150 为底部 X 方向受力钢筋，④号筋

Φ10@250 为底部 *Y* 方向受力钢筋，②号筋 Φ10@150 为 *X* 方向中间支座负筋，①号筋 Φ10@150 为两个方向边支座构造负筋。

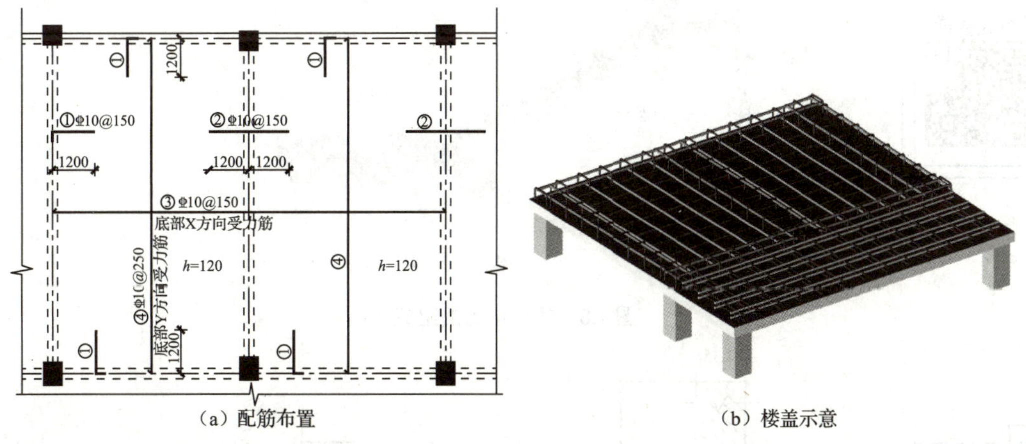

（a）配筋布置　（b）楼盖示意

图 7.7　双向板楼盖

7.3　钢筋混凝土楼梯与雨篷构造

7.3.1　楼梯

最常见的现浇钢筋混凝土楼梯可分为板式楼梯和梁式楼梯。

1. 板式楼梯

板式楼梯由梯段、平台板和平台梁组成（图 7.8）。梯段是斜放的齿形板，支承在平台梁上和楼层梁上，底层下端一般支承在地垄墙上。板式楼梯的优点是下表面平整，施工支模较方便，外观比较轻巧。其缺点是斜板较厚，其混凝土用量和钢材用量都较多，一般适用于梯段的水平跨长不超过 3m 时。为避免斜板在支座处产生裂缝，应在板上面配置一定量的钢筋，一般取 φ8@200mm，长度为 $l_n/4$，分布钢筋可采用 φ6 或 φ8，每级踏步一根。

平台板一般都是单向板，考虑到板支座的转动会受到一定约束，一般应将板下部受力钢筋在支座附近弯起一半，必要时可在支座处板上面配置一定量钢筋，伸出支承边缘长度为 $l_n/4$，如图 7.9 所示。

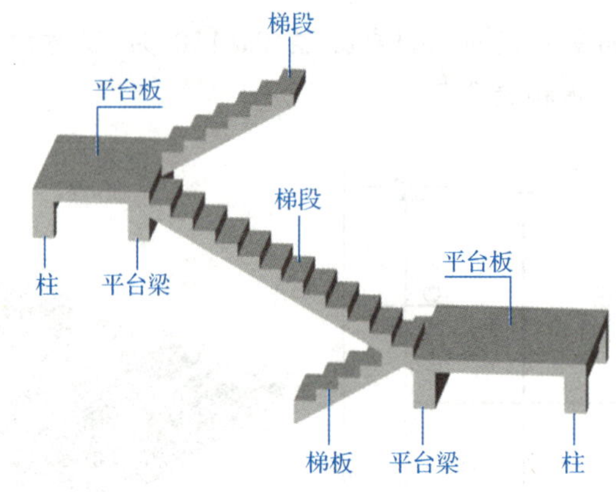

图 7.8　板式楼梯的组成

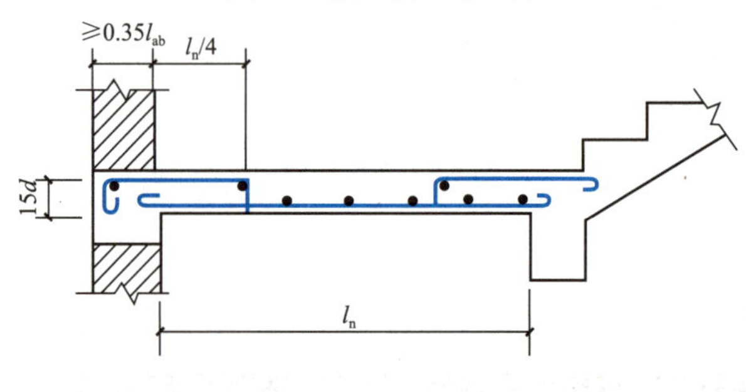

图 7.9　平台板配筋

2. 梁式楼梯

梁式楼梯由踏步板、斜梁、平台板和平台梁组成（图 7.10）。

踏步板为两端简支在斜梁上的单向板［图 7.11（a）］，板厚一般不小于 30～40mm，每一级踏步一般需配置不少于 2ϕ6 的受力钢筋，沿斜向布置间距不大于 300mm 的 ϕ6 分布钢筋［图 7.11（b）］。斜梁的受力特点与梯段斜板相似，斜梁的配筋如图 7.12 所示。平台梁主要承受斜梁传来的集中荷载（由上、下楼梯斜梁传来）和平台板传来的均布荷载，一般按简支梁计算。

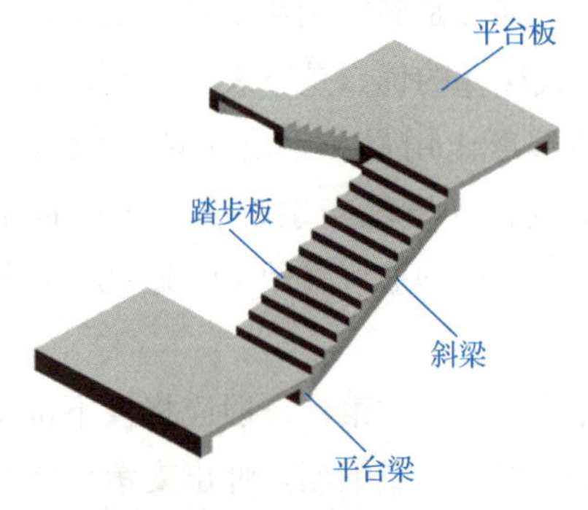

图 7.10　梁式楼梯的组成

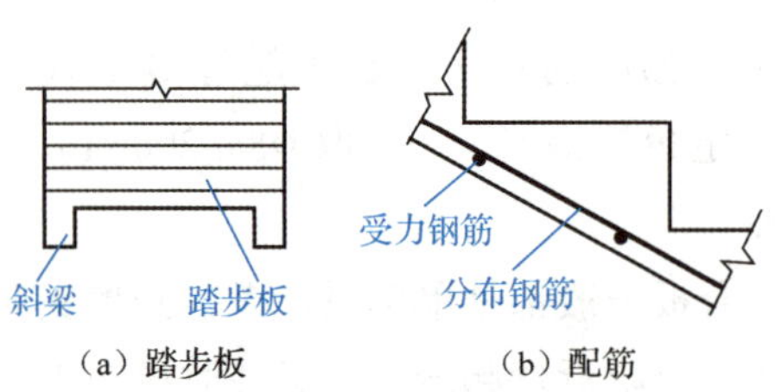

图 7.11　踏步板配筋

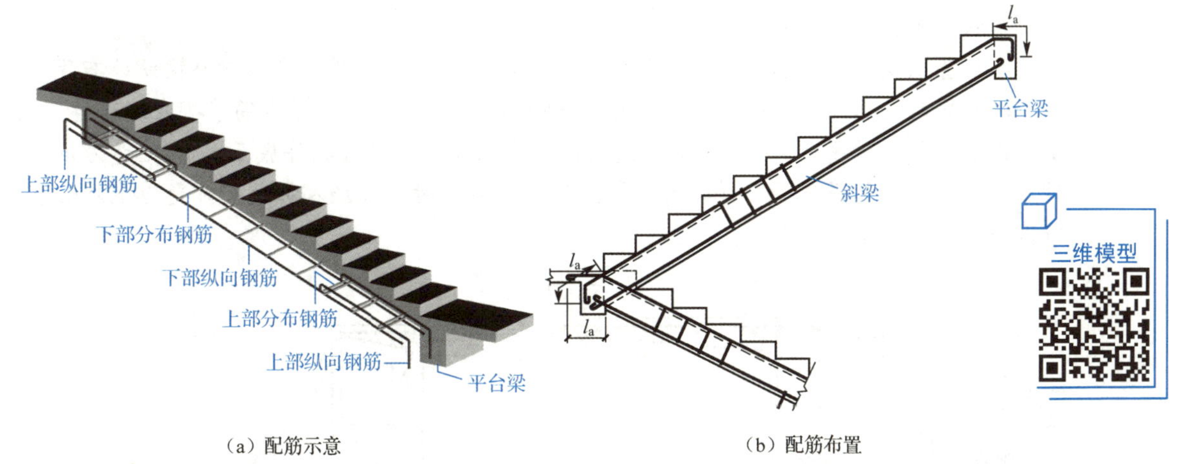

（a）配筋示意　　（b）配筋布置

图 7.12　斜梁的配筋

特别提示

当楼梯下净高不够时，可将楼层梁向内移动，这样板式楼梯的梯段就成为折线形。对此设计中应注意两个问题：①梯段中的水平段，其板厚应与梯段相同，不能处理成和平台板同厚；②内折角处的下部纵向受拉钢筋不允许沿板底弯折，以免产生向外的合力将该处的混凝土崩脱，应将此处纵向受拉钢筋断开，各自延伸至上面再行锚固，若板的弯折位置靠近楼层梁，板内可能出现负弯矩，则板上面还应配置承担负弯矩的短钢筋（图 7.13）。

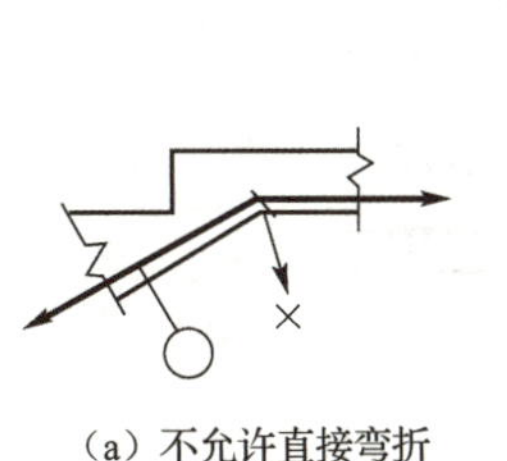

（a）不允许直接弯折

负弯矩钢筋

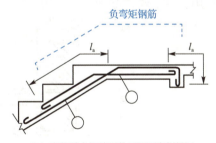

（b）底部受力钢筋延伸至板顶弯折锚固

图 7.13　板内折角配筋构造

7.3.2 雨篷

工程实例

某百货大楼一层橱窗上设置有挑出 1200mm 通长现浇钢筋混凝土雨篷，如图 7.14（a）所示。待混凝土达到设计强度拆模时，突然发生从雨篷根部折断的质量事故，折断的雨篷

呈门帘状，如图 7.14（b）所示。

事故原因是受力钢筋放错了位置（离模板只有 20mm）。原来受力钢筋按设计布置，钢筋工绑扎好后就离开了。浇筑混凝土前，一些“好心人”看到雨篷钢筋浮搁在过梁箍筋上，受力钢筋又放在雨篷顶部（传统的概念总以为受力钢筋就放在构件底面），就把受力钢筋临时改放到过梁的箍筋里面，并贴着模板。浇筑混凝土时，现场人员没有对受力钢筋位置进行检查，于是发生上述事故。

雨篷

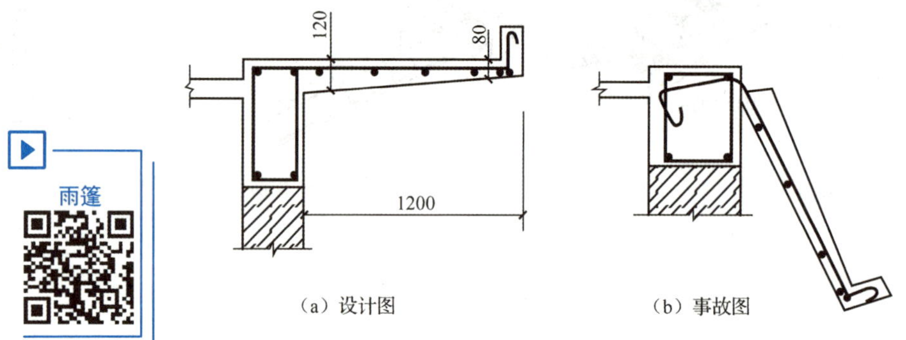

图 7.14　悬臂板的错误配筋

【实例点评】

雨篷、外阳台、挑檐是建筑工程中常见的悬挑构件，也是工程中出现事故较多的构件，因此，在施工中应注意对其钢筋进行检验检查。另外，它们的设计除与一般梁板相似以外，还存在倾覆的危险，在施工管理中也应加强注意。

雨篷一般由雨篷板和雨篷梁两部分组成（图 7.15）。雨篷梁既是雨篷板的支承，又兼有过梁的作用。

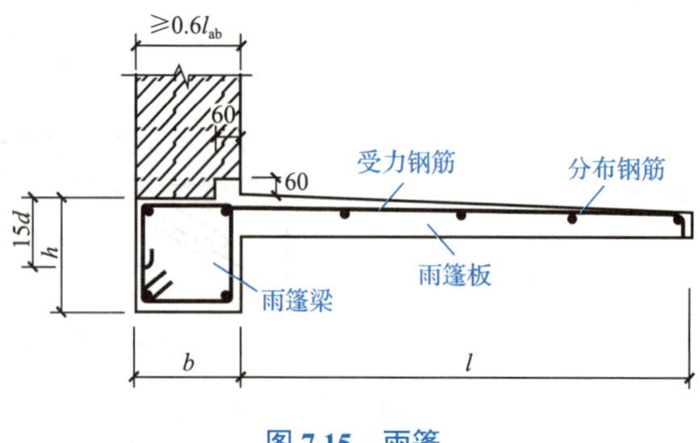

图 7.15　雨篷

1. 雨篷的破坏形式

（1）雨篷板在支座处因抗弯承载力不足而断裂。

（2）雨篷梁受弯、受扭破坏。

（3）整个雨篷的倾覆破坏。

为了防止雨篷发生上述形式的破坏，雨篷的计算应包括雨篷板设计、雨篷梁设计和雨篷的抗倾覆验算三部分。

2．构造要求

（1）一般雨篷板的挑出长度为 0.6～1.2m 或更大，视建筑要求而定。

（2）雨篷的根部厚度一般取（1/12～1/10）l（l 为雨篷板的挑出长度），但不小于 70mm，板端不小于 50mm。

（3）雨篷梁的高度一般取（1/15～1/12）l（l 为雨篷梁的计算跨度），梁宽等于墙宽。

（4）雨篷板受力钢筋由计算求得，但不得少于 φ6@200（A_s=141mm^2），分布钢筋不少于 φ6@250。

模块小结

（1）钢筋混凝土楼盖结构包括现浇式楼盖、装配式楼盖和装配整体式楼盖。其中，现浇式楼盖按楼板受力和支承条件的不同分为单向板肋梁楼盖、双向板肋梁楼盖、井式楼盖、密肋楼盖、无梁楼盖。根据不同的建筑要求和使用条件选择合适的结构类型。

（2）现浇肋梁楼盖中，当板的长边与短边之比小于或等于 2 时，板在荷载作用下，板沿两个正交方向受力且都不可忽略，称为双向板。双向板需分别按计算确定长边与短边方向的内力及配筋。

（3）现浇钢筋混凝土楼梯按受力方式的不同分为梁式楼梯和板式楼梯。梁式楼梯和板式楼梯的主要区别在于，楼梯梯段是采用梁承重还是板承重。前者受力较合理，用材较省，但施工较烦琐且欠美观，宜用于梯段较长的楼梯；后者反之。

（4）雨篷、外阳台等悬挑构件，除控制截面承载力计算外，尚应做整体抗倾覆验算。工程事故表明，不宜采用悬挑板式阳台，而应采用悬挑梁式阳台，以确保安全。

习　题

一、填空题

1．现浇式楼盖按楼板受力和支承条件的不同，分为__________、__________、__________和__________。

2．单向板肋梁楼盖中主梁沿横向布置的优点是______________________________。

3．按结构形式的不同，最常见的现浇楼梯可分为__________和__________。

4．雨篷的破坏形式有__________、__________和__________。

5．梁式楼梯由__________、__________、__________和__________组成。

二、选择题

1．若板区格的长边为 l_2，短边为 l_1，则当（　　）时称为双向板。

A．$l_2/l_1 \geqslant 1$　　B．$l_2/l_1 \geqslant 2$　　C．$l_2/l_1 < 2$　　D．$l_2/l_1 \leqslant 2$

2．钢筋混凝土连续梁的中间支座处，当配置好足够的箍筋后，若配置的弯起钢筋不能

满足要求，则应增设（　　）来抵抗剪力。

A．纵向钢筋　　B．鸭筋　　C．浮筋　　D．架立钢筋

3．板式楼梯的组成不包括（　　）。

A．梯段　　B．斜梁　　C．平台板　　D．平台梁

4．连续板中，对于支撑支座负弯矩的钢筋，若 $q/g \leqslant 3$，可在距支座（　　）处截断。

A．$l_n/5$　　B．$l_n/4$　　C．$l_n/3$　　D．$l_n/2$

5．次梁伸入墙体的支承长度一般不应小于（　　）。

A．120mm　　B．240mm　　C．370mm　　D．没要求

6．连续板内的分布钢筋应布置在受力钢筋的（　　）。

A．上侧　　B．下侧　　C．外侧　　D．内侧

7．为避免板式楼梯的斜板在支座处产生裂缝，应在板上面配置一定量的钢筋，其长度为（　　）。

A．$l_n/5$　　B．$l_n/4$　　C．$l_n/3$　　D．$l_n/2$

8．下列雨篷板配筋图正确的一项是（　　）。

A．　　B．　　C．　　D．

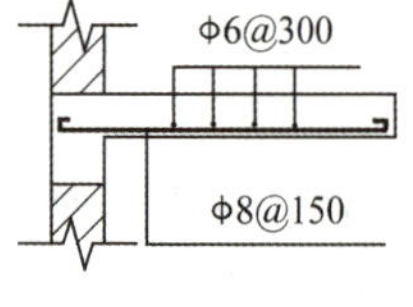

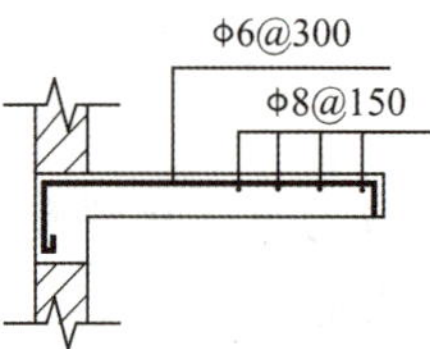

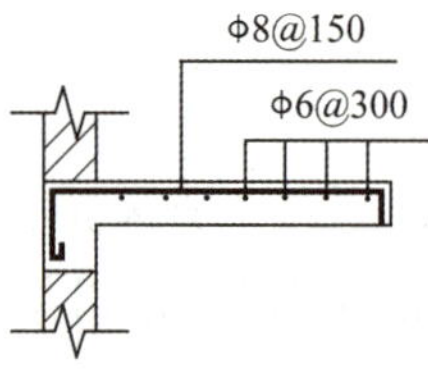

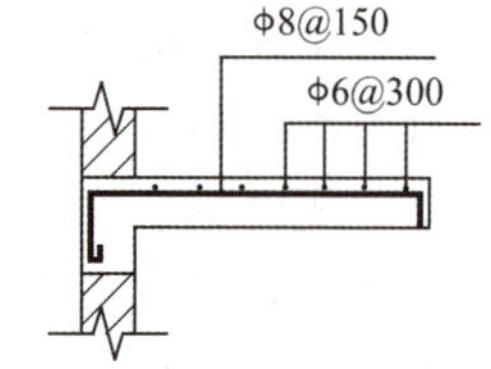

三、简答题

1．钢筋混凝土楼盖结构有哪几种主要类型？分别说出它们的优缺点和适用范围。

2．单向板和双向板的受力特点如何？

3．现浇单向板肋梁楼盖板、次梁和主梁的配筋构造要求分别有哪些？

4．现浇单向板中的构造钢筋都有哪些？各自的作用是什么？

5．梁式楼梯和板式楼梯有何区别？各适用于哪些情况？

6．雨篷梁和雨篷板有哪些构造要求？

模块 8 钢筋混凝土柱和框架结构

思维导图

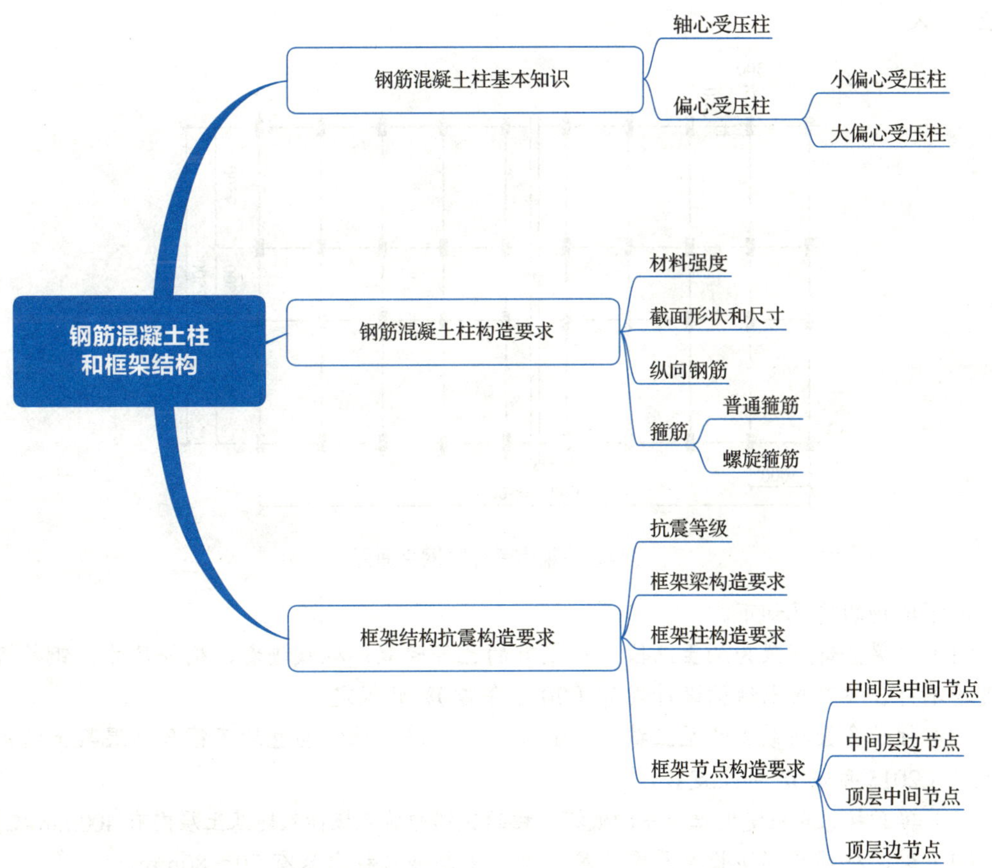

引例

1. 工程与事故概况

某公司职工宿舍楼，该工程为四层三跨框架建筑物，长 60m，宽 27.5m，高 16.5m（底层高 4.5m，其余各层 4.0m），建筑面积 6600m²（图 8.1）。工程于 10 月开工建设，最初仅按一层作为食堂使用考虑建造，使用 8 个月后又于次年 6—11 月在原一层食堂上加建三层宿舍。两次建设均严重违反建设程序，无报建、无招投标、无证设计、无勘察、无证施工、无质监。该宿舍楼投入使用，在第一年的雨季后，西排柱下沉 130mm，西北墙也下沉，墙体开裂，窗户变形。第二年 3 月 8 日，底层地面出现裂缝，且多在柱子周围，建设单位请承包单位看后，承包单位认为没有问题，未做任何处理。3 月 25 日裂缝急剧发展，当日下午 4 时再次请承包单位查看，仍未做处理。当晚 7 时 30 分该楼整体倒塌，110 人被埋，死亡 31 人。

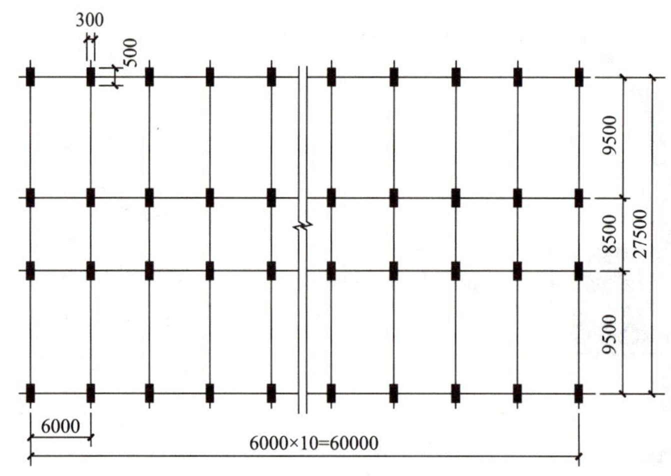

图 8.1　某宿舍楼柱网平面图

倒塌现场的情况如下。

（1）主梁全部断裂为两至三段，次梁有的已经碎裂；从残迹看，构件尺寸、钢筋搭接长度均不符合《混凝土结构设计规范（2015 年版）》的规定。

（2）柱子多数断裂成两至三截，有的粉碎，箍筋、拉结筋也均不符合《混凝土结构设计规范（2015 年版）》的规定。

（3）单独柱基底板发生锥形冲切破坏，柱的底端冲破底板伸入地基土层内有 400mm 之多。

（4）梁、柱筋的锚固长度严重不足，梁的主筋伸入柱内只有 70～80mm。

2. 事故原因分析

（1）实际基础底面土压力为天然地基承载力设计值的 2.3～3.6 倍，造成土体剪切破坏。柱基沉降差大大超过地基变形的允许值，因而在倒塌前已造成建筑物严重倾斜、柱列沉降量过大、沉降速率过快、墙体构件开裂、地面柱子周围出现裂缝等现象。在此情况下单独柱基受力状态变得十分复杂，一部分柱基受力必然加大，而柱基底板厚度又过小，造成柱基底板锥形冲切破坏，柱子沉入地基土层400mm之多。这是一般框架结构事故中罕见的现象。

（2）上部结构配筋过少。底层中柱纵、横向实际配筋只达到估算需要量的21.9%和13.1%；底层边柱实际配筋只达到估算需要量的 32.3%和 20.4%；一、二、三层梁的边支座和中间支座处实际配筋也只有估算需要量的20.8%和58.9%。

（3）上部结构的构造做法不符合《混凝土结构设计规范（2015 年版）》的要求，如梁伸入柱的主筋的锚固长度太短，柱的箍筋设置过少等。

（4）施工质量低劣。柱基混凝土取芯两处强度分别只有7.4MPa和12.2MPa；在倒塌现场，带灰黄色的低强度等级的混凝土遍地可见；采用大量改制钢材，多数钢筋力学性能不符合《混凝土结构工程施工规范》（GB 50666—2011）的要求；钢筋的绑扎也不符合《混凝土结构工程施工规范》（GB 50666—2011）的要求。

（5）管理失控。本工程施工两年，除了几张做单层工程时的草图，没有任何技术资料；原材料水泥、钢筋没有合格证，也无试验报告单；混凝土未做试配，也未留试块。技术上处于没有管理、随心所欲的完全失控状态。后期出现种种质量事故的征兆，仍不加处理，则更进一步加速了建筑物的整体倒塌。

8.1 钢筋混凝土柱基本知识

钢筋混凝土受压构件按纵向外力与构件截面形心相互位置的不同，可分为轴心受压构件与偏心受压构件（单向偏心受压构件和双向偏心受压构件），如图8.2所示。当纵向外力N的作用线与构件截面形心轴线重合时为轴心受压构件，当纵向外力N的作用线与构件截面形心轴线不重合时为偏心受压构件。偏心受压构件又可分为大偏心受压构件和小偏心受压构件。

钢筋混凝土柱

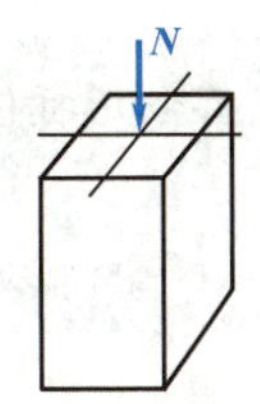

（a）轴心受压构件

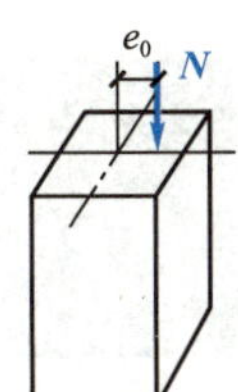

（b）单向偏心受压构件

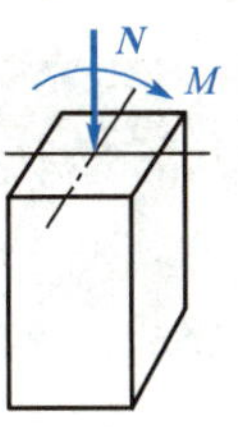

（c）单向偏心受压构件

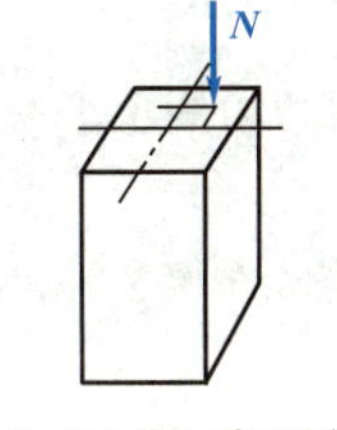

（d）双向偏心受压构件

图 8.2　轴心受压构件与偏心受压构件

特别提示

一般在竖向荷载下，中间轴线上的框架柱按轴心受压构件考虑，边柱按单向偏心受压构件考虑，角柱按双向偏心受压构件考虑。

8.1.1 轴心受压柱

钢筋混凝土轴心受压柱的正截面承载力由混凝土承载力和钢筋承载力两部分组成，其计算步骤如下。

1. 确定稳定系数 φ

由于实际工作中初始偏心距的存在，且柱多为细长的受压构件，破坏前将发生纵向弯曲，所以需要考虑纵向弯曲对柱正截面承载力的影响。在轴心受压柱承载力的计算中，采用了稳定系数 φ 来表示承载力的降低程度，见表 8-1。柱的计算长度 l_0 与柱两端支承情况有关，一般多层房屋中梁柱为刚接的框架结构，各层柱的计算长度 l_0 可按表 8-2 确定。

表 8-1　钢筋混凝土轴心受压柱的稳定系数

l_0/b	≤8	10	12	14	16	18	20	22	24	26	28
l_0/d	≤7	8.5	10.5	12	14	15.5	17	19	21	22.5	24
l_0/i	≤28	35	42	48	55	62	69	76	83	90	97
φ	1.0	0.98	0.95	0.92	0.87	0.81	0.75	0.70	0.65	0.60	0.56
l_0/b	30	32	34	36	38	40	42	44	46	48	50
l_0/d	26	28	29.5	31	33	34.5	36.5	38	40	41.5	43
l_0/i	104	111	118	125	132	139	146	153	160	167	174
φ	0.52	0.48	0.44	0.40	0.36	0.32	0.29	0.26	0.23	0.21	0.19

注：表中 l_0 为柱的计算长度，b 为矩形截面的短边尺寸，d 为圆形截面的直径，i 为截面最小回转半径。

特别提示

（1）当应用表 8-1 查 φ 值时，如 l_0/b 为表格中没有列出的数值，可利用插值法来确定 φ 值。

（2）当 l_0/b ≤8 时，$\varphi=1.0$。

表 8-2　框架结构各层柱的计算长度

楼 盖 类 型	柱 的 类 别	l_0
现浇式楼盖	底层柱	$1.0H$
	其余各层柱	$1.25H$
装配式楼盖	底层柱	$1.25H$
	其余各层柱	$1.5H$

特别提示

对底层柱，H 为基础顶面到一层楼盖顶面之间的高度；对其余各层柱，H 为上、下两层楼盖顶面之间的高度。

2. 计算纵向钢筋截面面积 A_s'

$$N \leqslant 0.9\varphi(f_y'A_s' + f_c A) \tag{8-1}$$

式中 N——轴向压力设计值（N）；

φ——钢筋混凝土轴心受压柱的稳定系数，按表 8-1 采用；

f_y'——钢筋抗压强度设计值（N/mm^2）；

f_c——混凝土轴心抗压强度设计值（N/mm^2）；

A——柱截面面积（mm^2）；

A_s'——全部纵向钢筋的截面面积（mm^2），当 $A_s' > 0.03A$ 或纵向钢筋配筋率大于 3%时，式中 A 改用 $A_c = A - A_s'$。

特别提示

当柱中全部纵向钢筋的配筋率大于 3%时，箍筋直径不应小于 8mm，间距不应大于纵向钢筋最小直径的 10 倍，且不应大于 200mm；箍筋末端应做成 135°弯钩，且弯钩末端平直段长度不应小于箍筋直径的 10 倍。

应用案例 8-1

实例中 KZ3 按轴心受压柱计算，底层柱高 H=4.6 m，柱截面面积 $b \times h$=500mm×500mm，承受轴向压力设计值 N=1416kN，采用 C30 级混凝土（f_c=14.3N/mm^2），HRB400 级钢筋（f_y'=360N/mm^2），求纵向钢筋截面面积，并配置纵向钢筋和箍筋。

解：（1）确定稳定系数。

柱计算长度：l_0=1.0H=1.0×4.6m=4.6m

$$\frac{l_0}{b} = \frac{4600}{500} = 9.2$$，查表 8-1，用插值法得 $\varphi = 0.988$

（2）计算纵向钢筋截面面积 A_s'。

因为 N=1416 kN < $0.9\varphi f_c A$=0.9×0.988×14.3×500×500 ≈ 3179（kN），所以按构造配筋配置即可，选择 12⌀22（A_s'=4561.2mm^2）。

（3）按构造要求配置箍筋。

选 ⌀10@200，柱端箍筋加密为 ⌀10@100。

（4）验算。

$$\rho' = \frac{A_s'}{b \times h} = \frac{4561.2}{500 \times 500} \approx 1.8\% > \rho_{min} = 0.55\%，且 < 5\%$$

（5）画截面配筋图，如图 8.3 所示。

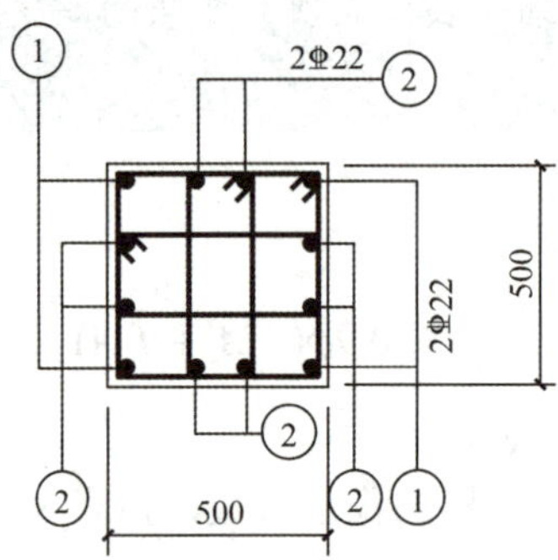

图 8.3　截面配筋图

想一想

本题除了可选用 12Φ22 钢筋，能否选用截面面积符合要求的 13 根钢筋或 15 根钢筋？

8.1.2 偏心受压柱

压力 N 和弯矩 M 共同作用的截面，等效于偏心距为 $e_0=M/N$ 的偏心受压截面，如图 8.4 所示。当偏心距 $e_0=0$，即弯矩 $M=0$ 时，为轴心受压情况；当压力 $N=0$ 时，为纯受弯情况。因此，偏心受压柱的受力性能和破坏形态介于轴心受压和受弯之间。为增强抵抗压力和弯矩的能力，偏心受压柱一般同时在截面两侧配置纵向钢筋 A_s 和 A_s'（A_s 侧为受拉侧钢筋，A_s' 侧为受压侧钢筋），同时柱中应配置必要的箍筋，防止受压侧钢筋的压曲。

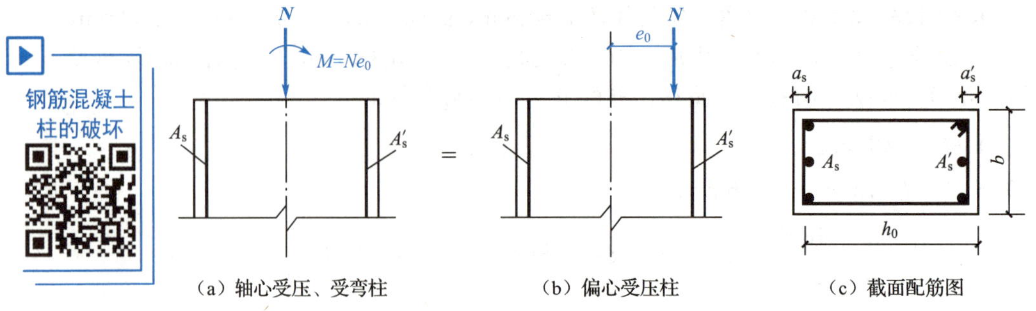

图 8.4　偏心受压柱计算简图

特别提示

（1）偏心受压柱的纵向钢筋配置方式有两种，对称配筋和非对称配筋。在柱弯矩作用方向的两边对称配置相同的纵向钢筋，称为对称配筋；在柱弯矩作用方向的两边配置不同的纵向钢筋，称为非对称配筋。

（2）对称配筋构造简单，施工方便，不易出错，但用钢量较大；非对称配筋用钢量较省，但施工易出错。

（3）框架结构中的柱为偏心受压柱时，由于在不同荷载（如风荷载、竖向荷载）组合作用下，在同一截面内可能要承受不同方向的弯矩，即在某一种荷载组合作用下受拉的部位，在另一种荷载组合作用下可能就变为受压，当两种不同方向的弯矩大小相差不大时，为了设计、施工方便，通常采用对称配筋。

当相对偏心距 e_0/h_0 较大，且受拉侧钢筋 A_s 配置合适时，截面受拉区混凝土较早出现裂缝，受拉侧钢筋的应力随荷载增加发展较快，首先达到屈服。此后，裂缝迅速开展，受压区高度减小，最后受压侧钢筋 A_s' 屈服，受压区混凝土被压碎而达到破坏，这种破坏称为受拉破坏。由于受拉破坏通常在轴向力偏心距 e_0 较大时发生，故习惯上称为大偏心受拉破坏。大偏心受拉破坏有明显预兆，属于延性破坏。

当相对偏心距 e_0/h_0 较小，或虽然相对偏心距 e_0/h_0 较大，但受拉侧钢筋 A_s 配置较多时，截面受压区混凝土和受压侧钢筋的受力较大，而受拉侧钢筋应力较小，甚至距压力 N 较远侧钢筋 A_s 还可能出现受压情况。截面最后是由于受压区混凝土首先压碎而破坏，这种破坏称为受压破坏。由于受压破坏通常在轴向力偏心距 e_0 较小时发生，故习惯上称为小偏心受压破坏。小偏心受压破坏无明显预兆，属于脆性破坏。

知识链接

柱中的钢筋配置如图 8.5 所示。

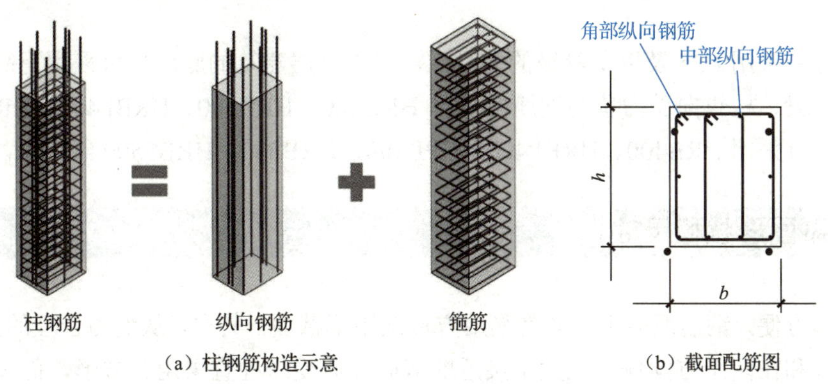

（a）柱钢筋构造示意　　（b）截面配筋图

图 8.5　柱中的钢筋配置

课外阅读

中国古代建筑有“墙倒屋不塌”之说。中国古代建筑虽然不是钢筋混凝土结构而是木结构，但这一原理是一样的，即不管建筑发生了什么样的损坏，其柱不被破坏，则房屋不会倒塌。中国古代建筑的梁柱结构如图8.6所示。

中国古代建筑受材料的制约和功能的需要，每一个单体建筑在平面上都要设置柱来承托上部构架，因此在古代建筑木构架中，木柱作为承重构件十分重要。木柱下垫的石墩是木柱的基础，主要用来承载与传递上部荷载，并防止地面湿气腐蚀木柱。为了不影响木柱

在结构中的承重作用，一般不在木柱上做雕刻处理。

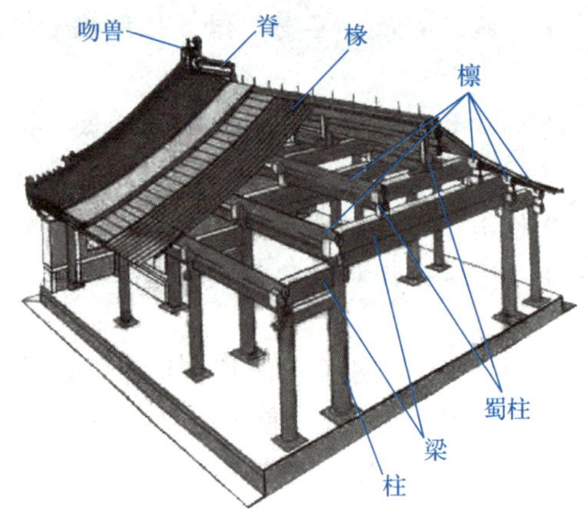

图 8.6　中国古代建筑的梁柱结构

8.2　钢筋混凝土柱构造要求

8.2.1　材料强度

一般柱中采用 C25 及以上等级的混凝土，对于高层建筑的底层柱可采用更高强度等级的混凝土；梁、柱纵向受力普通钢筋应采用 HRB400、HRB500、HRBF400、HRBF500 级钢筋；箍筋宜采用 HRB400、HRBF400、HPB300、HRB500、HRBF500 级钢筋。

8.2.2　截面形状和尺寸

为制作方便，钢筋混凝土柱通常采用方形或矩形截面。其中，从受力合理的角度考虑，轴心受压柱和在两个方向偏心距大小接近的双向偏心受压柱宜采用正方形，而单向偏心柱和主要在一个方向偏心的双向偏心受压柱则宜采用矩形（较大弯矩方向通常为长边）。对于装配式单层厂房的预制柱，当截面尺寸较大时，为减轻自重，也会采用 I 形截面。

柱截面尺寸应能满足承载力、刚度、配筋率、建筑使用和经济等方面的要求，不能过小，也不宜过大，可根据每层柱的高度、两端支承情况和荷载的大小选用。对于现浇的钢筋混凝土柱，由于混凝土自上而下浇注，为避免造成浇注混凝土困难，截面最小尺寸不宜小于 250mm。此外，考虑到模板的规格，柱截面尺寸宜取整数，在 800mm 以下时，取 50mm 的倍数；在 800mm 以上时，取 100mm 的倍数。

8.2.3 纵向钢筋

1. 纵向钢筋的作用

对于轴心受压柱和偏心距较小、截面上不存在拉力的偏心受压柱，纵向钢筋主要用来帮助混凝土承压，以减小柱截面尺寸，同时也可增加柱的延性以及抵抗偶然因素所产生的拉力。对偏心较大、部分截面上产生拉力的偏心受压柱，截面受拉区的纵向钢筋则是用来承受拉力的。

2. 纵向钢筋的配筋率

柱纵向钢筋的截面面积不能太小，也不宜过大。除满足计算要求外，还需满足最小配筋率要求。《混凝土结构设计规范（2015 年版）》规定，全部纵向钢筋的配筋率不宜大于 5%，当采用强度等级为 300MPa、335MPa 的钢筋时不应小于 0.60%；当采用强度等级为 400MPa 的钢筋时不应小于 0.55%；当采用强度等级为 500MPa 的钢筋时不应小于 0.50%；同时，受压侧钢筋的配筋率不应小于 0.2%。从经济和施工方便（不使钢筋太密集）的角度考虑，受压侧钢筋的配筋率一般不超过 3%，通常在 0.5%～2%之间。

特别提示

（1）偏心受拉柱中的受压钢筋应按受压侧纵向钢筋考虑。

（2）当钢筋沿柱截面周边布置时，柱一侧纵向钢筋是指沿受力方向两个对边中的一边布置的纵向钢筋。

3. 纵向钢筋的直径

纵向钢筋的直径不宜小于 12mm。纵向钢筋宜采用直径较大的钢筋，以增大钢筋骨架的刚度，减少施工时可能产生的纵向弯曲和受压时的局部屈曲。

4. 纵向钢筋的布置和间距

矩形截面柱纵向钢筋根数不得少于 4 根，以便与箍筋形成刚性骨架。轴心受压柱中纵向钢筋应沿柱截面四周均匀配置，偏心受压柱中纵向钢筋应布置在与偏心压力作用平面垂直的两侧，如图 8.7 所示。圆形截面柱纵向钢筋根数不宜少于 8 根，且不应少于 6 根，应沿柱截面四周均匀配置。

纵向钢筋的净距不应小于 50mm，且不宜大于 300mm；对于水平浇筑的预制柱，其净距应按梁的有关规定取用。偏心受压柱垂直于弯矩作用平面的侧面和轴心受压柱各边的纵向钢筋，其中距不宜大于 300mm。

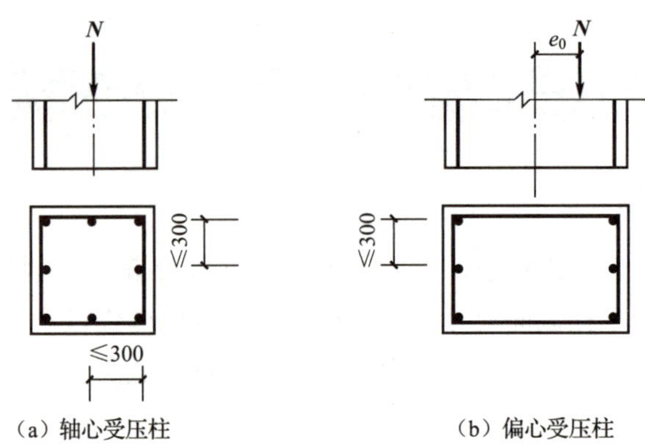

图 8.7　柱纵向钢筋的布置

实例中KZ3为500mm×500mm矩形截面柱，所配纵向钢筋为12⌀22；KZ5为直径500mm的圆柱，所配纵向钢筋为12⌀20，均符合构造要求。

8.2.4 箍筋

1. 箍筋的作用

在柱中配置箍筋的目的是约束受压钢筋，防止其受压后外凸；密排式钢筋可约束内部混凝土，提高其强度；同时箍筋与纵向钢筋构成骨架；一些剪力较大的偏心受压柱也需要利用箍筋来抗剪。

2. 箍筋的形式

柱中的周边箍筋应做成封闭式。对于截面形状复杂的柱，不可采用具有内折角的箍筋（图8.8）。其原因是，内折角处受拉箍筋的合力向外，可能使该处混凝土保护层崩裂。

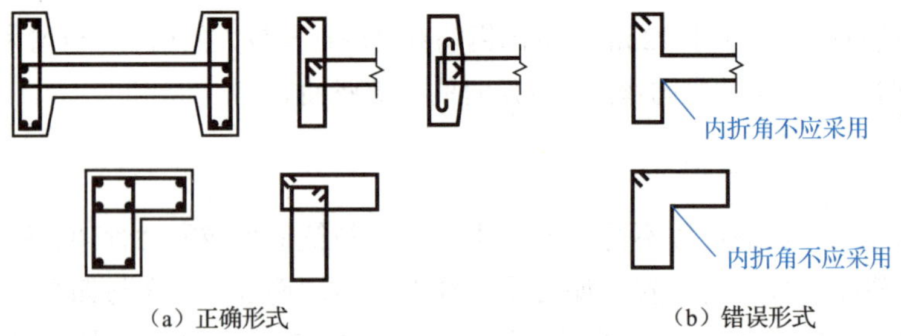

图 8.8　复杂截面柱的箍筋形式

当柱截面短边尺寸大于400mm，且各边纵向钢筋多于3根时，或当柱截面短边尺寸不大于400mm，但各边纵向钢筋多于4根时，应设置复合箍筋。其布置要求是使纵向钢筋至少每隔一根位于箍筋转角处，如图8.9和图8.10所示。

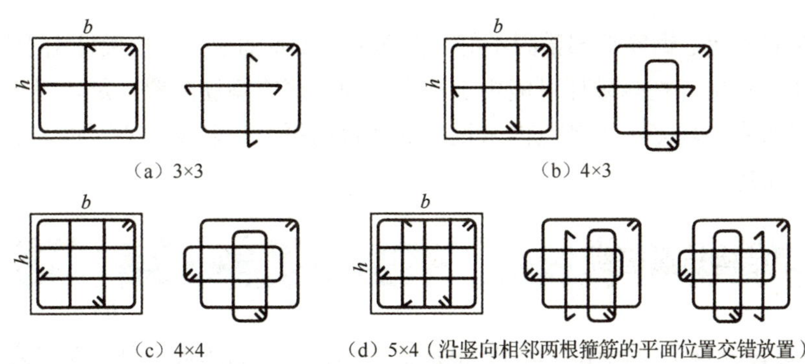

图 8.9 矩形复合箍筋形式

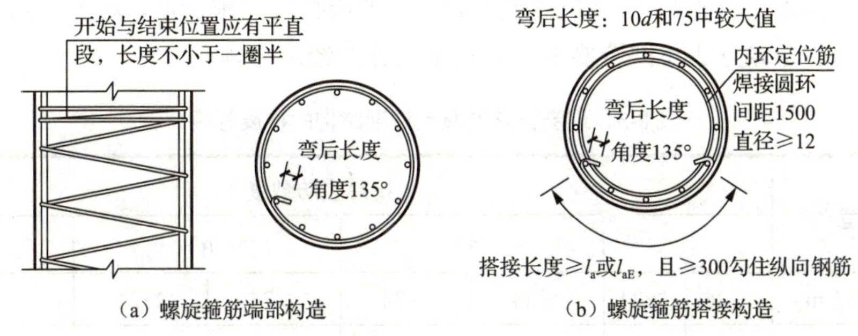

图 8.10 螺旋箍筋构造

3. 箍筋的直径和间距

箍筋直径不应小于 $d/4$，且不应小于 6mm（d 为纵向钢筋的最大直径）。箍筋间距不应大于 400mm 及柱截面短边尺寸，且不应大于 15d（d 为纵向钢筋的最小直径）；柱中全部纵向钢筋的配筋率大于 3%时，箍筋直径不应小于 8mm，间距不应大于 10d 且不应大于 200mm（d 为纵向钢筋的最小直径）；箍筋末端应做成 135°弯钩，且弯钩末端平直段长度不应小于 10d（d 为箍筋的直径）。

柱内纵向钢筋搭接长度范围内的箍筋间距应加密，其直径不应小于搭接钢筋较大直径的 0.25 倍。当搭接钢筋受压时，箍筋间距不应大于 10d，且不应大于 200mm；当搭接钢筋受拉时，箍筋间距不应大于 5d，且不应大于 100mm（d 为纵向钢筋的最小直径）。当受压钢筋直径 d>25mm 时，尚应在搭接接头两个端面外 100mm 范围内各设置两根箍筋。

8.3 框架结构抗震构造要求

震害调查表明，钢筋混凝土框架的震害主要发生在梁端、柱端和框架节点处。框架梁由于梁端处的弯矩、剪力均较大，并且是反复受力，破坏常发生在梁端。梁端破坏可能由于纵向钢筋配置不足、钢筋端部锚固不好、箍筋配置不足而引起。框架柱由于柱端弯矩大，破坏一般发生在柱端。柱端破坏可能由于柱内纵向钢筋或箍筋配置不足，对混凝土约束差而引起。框架节点破坏多由于节点内未设箍筋或箍筋不足，以及核心区钢筋过密影响混凝土浇筑质量而引起。

8.3.1 框架结构抗震等级

《建筑抗震设计规范（2016 年版）》根据建筑的抗震设防烈度、结构类型和房屋高度等因素，将其抗震要求以抗震等级来表示，抗震等级分为四级，现浇钢筋混凝土框架结构的抗震等级划分具体见表 8-3。一级抗震要求最高，四级抗震要求最低，对于不同抗震等级的建筑采取不同的计算方法和构造要求，以利于设计的经济合理。

表 8-3　现浇钢筋混凝土框架结构的抗震等级

<table>
<tr><th colspan="2" rowspan="2">结构类型</th><th colspan="10">抗震设防烈度</th></tr>
<tr><th colspan="2">6</th><th colspan="3">7</th><th colspan="3">8</th><th colspan="2">9</th></tr>
<tr><td rowspan="3">框架结构</td><td>高度/m</td><td>≤24</td><td>>24</td><td colspan="2">≤24</td><td>>24</td><td colspan="2">≤24</td><td>>24</td><td colspan="2">≤24</td></tr>
<tr><td>框架</td><td>四</td><td>三</td><td colspan="2">三</td><td>二</td><td colspan="2">二</td><td>一</td><td colspan="2">一</td></tr>
<tr><td>大跨度框架</td><td colspan="2">三</td><td colspan="3">二</td><td colspan="3">一</td><td colspan="2">一</td></tr>
<tr><td rowspan="3">框架-抗震墙结构</td><td>高度/m</td><td>≤60</td><td>>60</td><td>≤24</td><td>25～60</td><td>>60</td><td>≤24</td><td>25～60</td><td>>60</td><td>≤24</td><td>25～50</td></tr>
<tr><td>框架</td><td>四</td><td>三</td><td>四</td><td>三</td><td>二</td><td>三</td><td>二</td><td>一</td><td>二</td><td>一</td></tr>
<tr><td>抗震墙</td><td colspan="2">三</td><td>三</td><td colspan="2">二</td><td>二</td><td colspan="2">一</td><td colspan="2">一</td></tr>
</table>

注：1. 建筑场地为 I 类时，除6度外应允许按表内降低一度所对应的抗震等级采取抗震构造措施，但相应的计算要求不应降低。

2. 接近或等于高度分界时，应允许结合房屋不规则程度及场地、地基条件确定抗震等级。

3. 大跨度框架指跨度不小于18m的框架。

特别提示

（1）我国抗震设防烈度为 6～9 度地区的建筑必须进行抗震计算和构造设计。

（2）在进行建筑设计时，应根据建筑的重要性不同，采取不同的抗震设防标准。《建筑工程抗震设防分类标准》将建筑按其使用功能的重要程度不同，分为甲、乙、丙、丁四类。

（3）实例中现浇框架结构抗震等级为三级，但该项目为教学楼，属重点设防类建筑，应按高于本地区抗震设防烈度一度的要求加强其抗震措施，即该框架结构采取二级抗震构造措施。

8.3.2 框架梁构造要求

框架梁钢筋示意如图 8.11 所示。

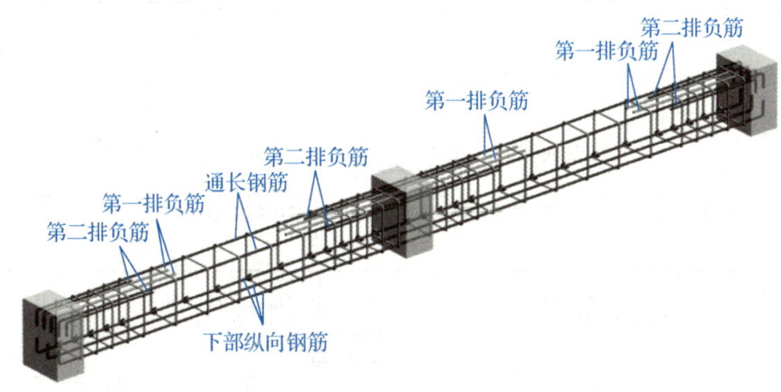

图 8.11　框架梁钢筋示意

1. 截面尺寸

梁的截面宽度不宜小于 200mm，截面高宽比不宜大于 4，净跨与截面高度之比不宜小于 4。

2. 纵向钢筋

（1）梁端纵向受拉钢筋的配筋率不宜大于 2.5%，且计入受压钢筋的梁端混凝土受压区高度和有效高度之比，抗震等级为一级时不应大于 0.25，二、三级不应大于 0.35。

（2）梁端截面的底面和顶面纵向钢筋配筋量的比值，除按计算确定外，一级不应小于 0.5，二、三级不应小于 0.3。

框架梁

（3）沿梁全长顶面和底面的配筋，一、二级不应少于 2ϕ14，且分别不应小于梁两端顶面和底面纵向钢筋中较大截面面积的 1/4，三、四级不应少于 2ϕ12。

（4）一、二、三级框架梁内贯通中柱的每根纵向钢筋的直径，对矩形截面柱，不宜大于柱在该方向截面尺寸的 1/20；对圆形截面柱，不宜大于纵向钢筋所在位置柱截面弦长的 1/20。抗震框架梁和抗震屋面框架梁纵向钢筋构造如图 8.12 所示。

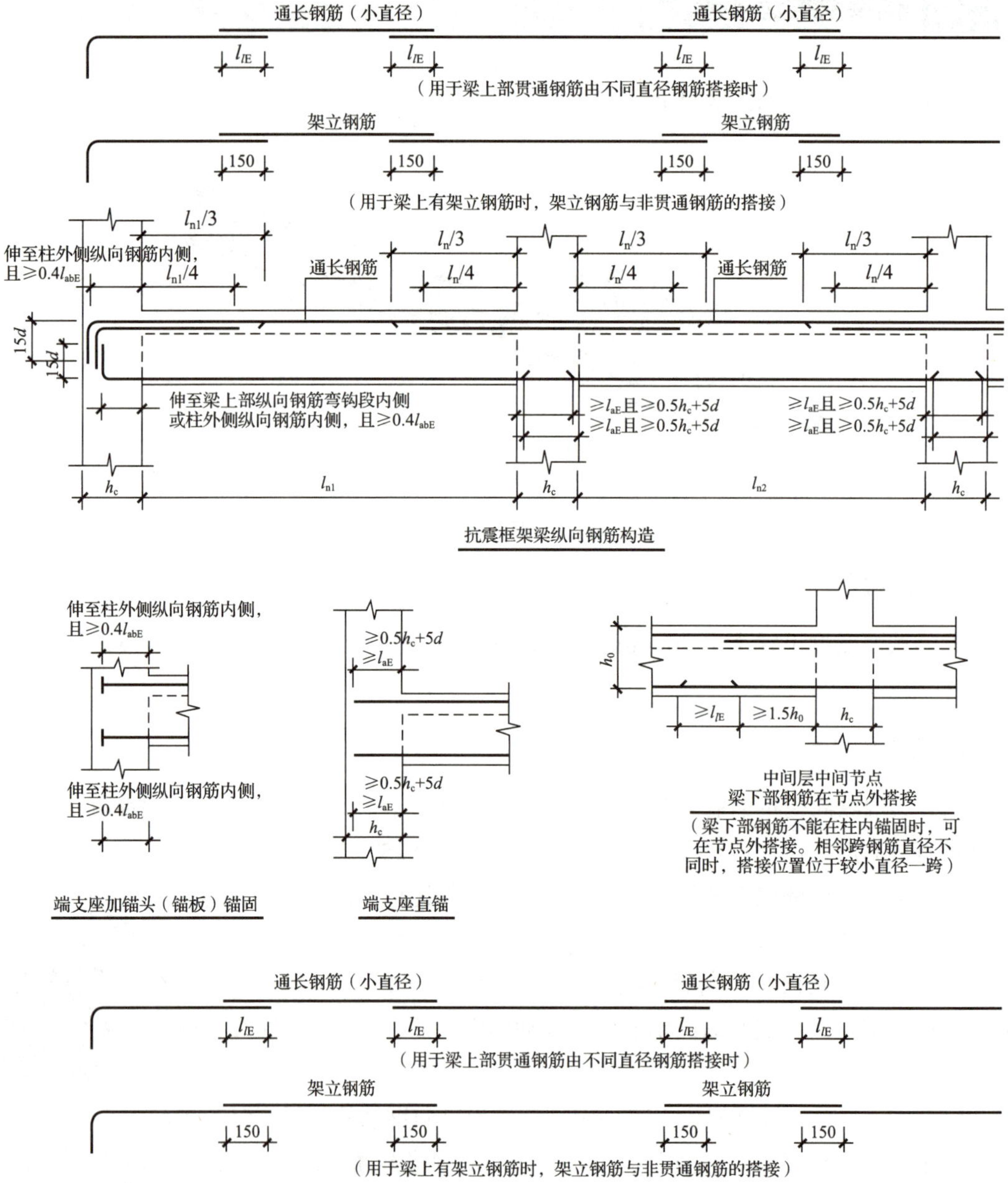

图 8.12　抗震框架梁和抗震屋面框架梁纵向钢筋构造

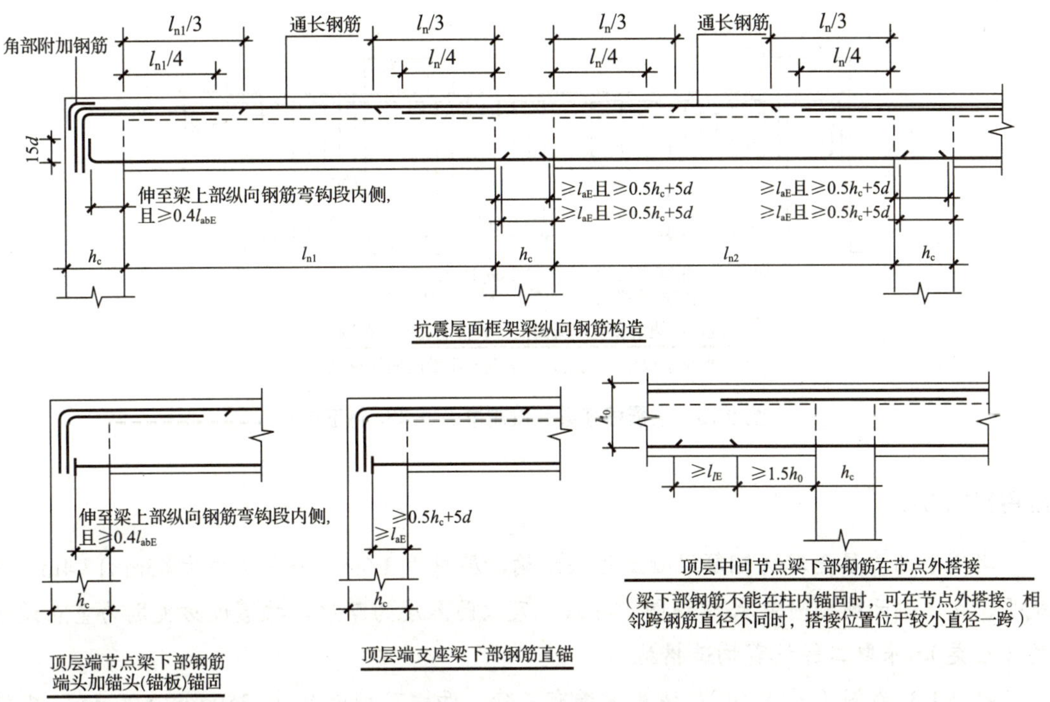

图 8.12 抗震框架梁和抗震屋面框架梁纵向钢筋构造（续）

3. 箍筋

梁端箍筋应加密，箍筋加密区的范围和构造要求应按表 8-4 采用，当梁端纵向受拉钢筋配筋率大于 2%时，表中箍筋最小直径数值应增大 2mm。梁端加密区的肢距，一级不宜大于 200mm 和 $20d$（d 为箍筋直径较大者），二、三级不宜大于 250mm 和 $20d$，四级不宜大于 300mm。抗震框架梁和抗震屋面框架梁箍筋构造如图 8.13 所示。

表 8-4 梁端箍筋加密区的长度、箍筋的最大间距和最小直径

抗震等级	加密区长度/mm（采用较大值）	箍筋最大间距/mm（采用最小值）	箍筋最小直径/mm
一	$2.0h_b$，500	$h_b/4$，$6d$，100	10
二	$1.5h_b$，500	$h_b/4$，$8d$，100	8
三	$1.5h_b$，500	$h_b/4$，$8d$，150	8
四	$1.5h_b$，500	$h_b/4$，$8d$，150	6

注：1. d 为纵向钢筋直径，h_b 为梁截面高度。

2. 一、二级框架梁，当箍筋直径大于 12mm、肢数不少于 4 肢且肢距不大于 150mm 时，箍筋加密区最大间距应允许适当放松，但不得大于 150mm。

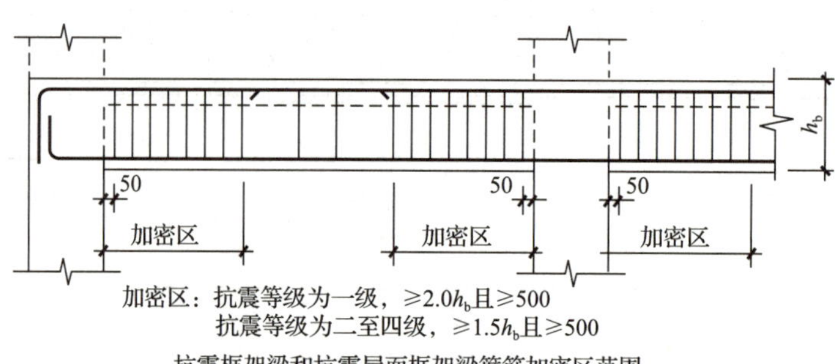

图 8.13　抗震框架梁和抗震屋面框架梁箍筋构造

应用案例 8-2

实例中的二层全现浇钢筋混凝土框架结构，层高为 3.6m，平面尺寸为 45m×17.4m，建筑平、立、剖面图见附录 A 建施图。建筑抗震设防烈度为 7 度，抗震设防类别为重点设防类（乙类），采取二级抗震构造措施。

以 KL3 为例（图 8.14），该框架梁有三跨，两端跨截面尺寸 250mm×600mm，中跨 250mm×400mm，符合抗震框架梁截面尺寸不宜小于 200mm，高宽比不宜大于 4 的要求。

该梁上部纵向钢筋，*A* 支座 2⏀22+2⏀20，*B* 支座 2⏀22+2⏀20，*C* 支座 2⏀22+4⏀20（2/2），*D* 支座 4⏀22，通长钢筋为③号筋 2⏀22。梁下部第一跨纵向钢筋 3⏀22，第二跨纵向钢筋 3⏀18，下部第三跨纵向钢筋 2⏀25+2⏀22。符合二级框架应配置不少于 2⏀14 通长钢筋的要求。

KL3 支座上部钢筋为两排，第二排钢筋应在伸出支座后 $l_n/4$ 处切断，即 $l_n/4$=6700/4=1675（mm），取 1700mm；第一排钢筋应在伸出支座后 $l_n/3$ 处切断，即 $l_n/3$=6700/3=2233（mm），取 2250mm。l_n 为左跨 2500mm 和右跨 6700mm 两者中的较大值。

该梁左端跨箍筋为 ⏀8@100/200（2），中跨为 ⏀8@100、右端跨为 ⏀8@100/200（2）。根据表 8-4 的规定，抗震等级为二级时，箍筋最小直径为 8mm，最大间距为 $h_b/4$、8*d*、100 中的最小值。$h_b/4$=600/4=150（mm）；8*d*=8×22=176（mm）；100mm；因此，采用 ⏀8@100 符合要求。加密区长度应取 1.5h_b=1.5×600=900（mm）和 500mm 中的较大值，即 900mm。

该梁两端跨截面尺寸为 250mm×600mm，截面腹板高度大于 450mm，在 *AB* 跨沿高度配置纵向构造钢筋 4⏀12，*CD* 跨沿高度配置纵向构造钢筋 4⏀14（抗扭钢筋），用于防止在梁的侧面产生垂直于梁轴线的收缩裂缝，同时也可增强钢筋骨架的刚度。同时用拉筋 ⏀8@400 连接纵向构造钢筋。

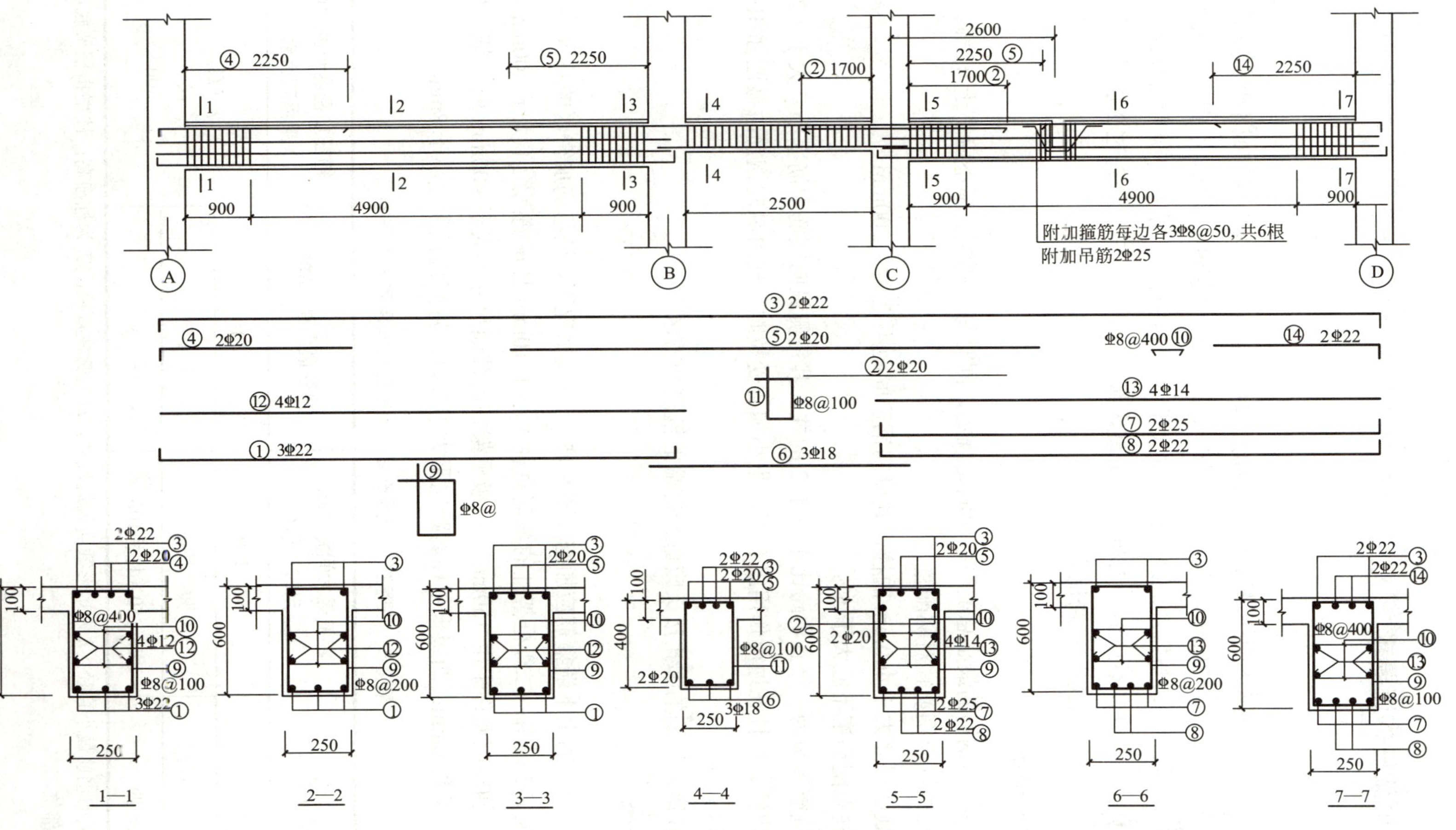

图 8.14　KL3 配筋图

8.3.3 框架柱构造要求

1. 截面尺寸

框架柱矩形截面的长边和短边尺寸，抗震等级为四级或不超过 2 层时，不宜小于 300mm；抗震等级为一、二、三级且超过 2 层时，不宜小于 400mm；截面长边与短边的边长比不宜大于 3。圆柱直径，抗震等级为四级或不超过 2 层时，不宜小于 350mm；抗震等级为一、二、三级且超过 2 层时，不宜小于 450mm。剪跨比宜大于 2。

2. 纵向钢筋

（1）柱纵向钢筋的最小总配筋率应满足规定，同时每一侧配筋率不应小于 0.2%。

（2）柱中纵向钢筋宜对称配置。

（3）截面尺寸大于 400mm 的柱，其纵向钢筋间距不宜大于 200mm。

（4）柱总配筋率不应大于 5%。

（5）抗震等级为一级且剪跨比不大于 2 的柱，其每侧纵向钢筋配筋率不宜大于 1.2%。

（6）边柱、角柱在地震作用组合下产生小偏心受拉时，柱内纵向钢筋总截面面积应比计算值增加 25%。

（7）柱纵向钢筋的绑扎接头应避开柱端的箍筋加密区。

3. 箍筋

抗震框架柱的上下端箍筋应加密（图 8.15）。一般情况下，柱箍筋加密区的范围和构造要求应按表 8-5 采用；二级框架柱的箍筋直径不小于 10mm 且箍筋间距不大于 200mm，除柱根外最大间距应允许采用 150mm；三级框架柱的截面尺寸不大于 400mm 时，箍筋最小直径应允许采用 6mm；四级框架柱剪跨比不大于 2 时，箍筋直径不应小于 8mm。

表 8-5　柱箍筋加密区长度、箍筋最大间距和最小直径

抗震等级	箍筋最大间距/mm（采用较小值）	箍筋最小直径/mm	箍筋加密区长度/mm（采用较大者）
一	$6d$，100	10	h（D） $H_n/6$ 500
二	$8d$，100	8	
三、四	$8d$，150（柱根100）	8	

注：d 为柱纵向钢筋最小直径，h 为矩形截面长边尺寸，D 为圆柱直径，H_n 为柱净高；柱根指框架底层柱的嵌固部位。

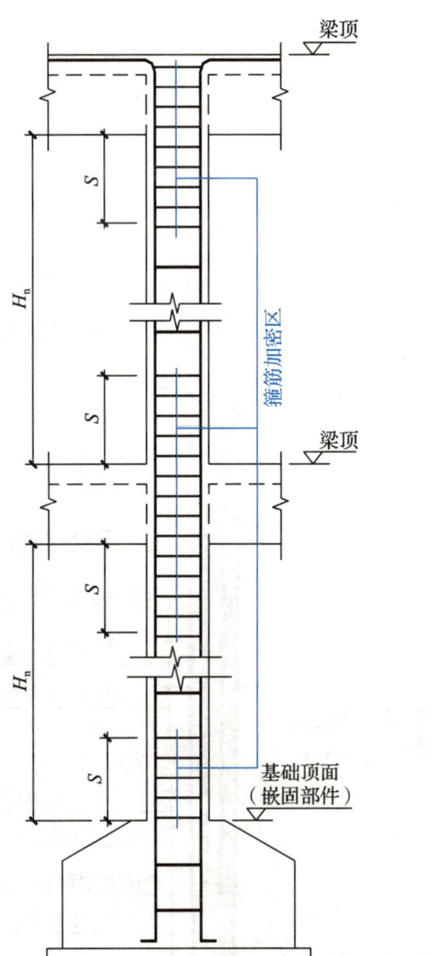

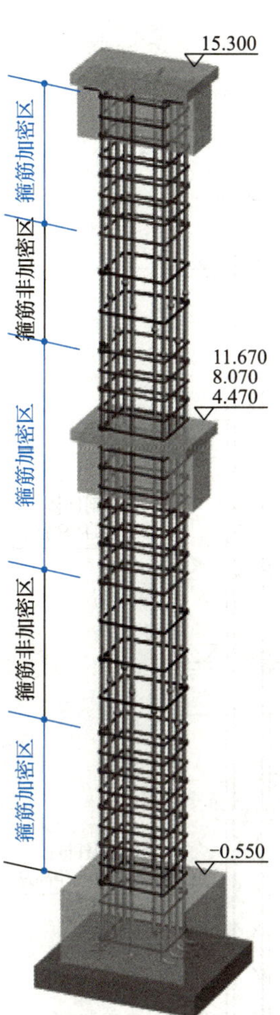

钢筋构造要点：（1）基础内箍筋间距应≤500且不少于两道矩形封闭箍筋；

（2）柱箍筋加密区为楼层上、下和梁柱节点核心区（梁高），S=max（H_n/6、h_c、500）（若采用纵向钢筋搭接，搭接区亦应加密，加密间距应≤100和5d）；

（3）底层柱下端箍筋加密区范围≤H_n/3。

图 8.15 抗震框架柱箍筋加密

柱箍筋加密区箍筋肢距，一级不宜大于 200mm，二、三级不宜大于 250mm，四级不宜大于 300mm。至少每隔一根纵向钢筋宜在两个方向有箍筋或拉筋约束；采用拉筋复合箍时，拉筋宜紧靠纵向钢筋并勾住箍筋。

4. 纵向钢筋连接构造

抗震框架柱纵向钢筋连接构造如图 8.16 所示。

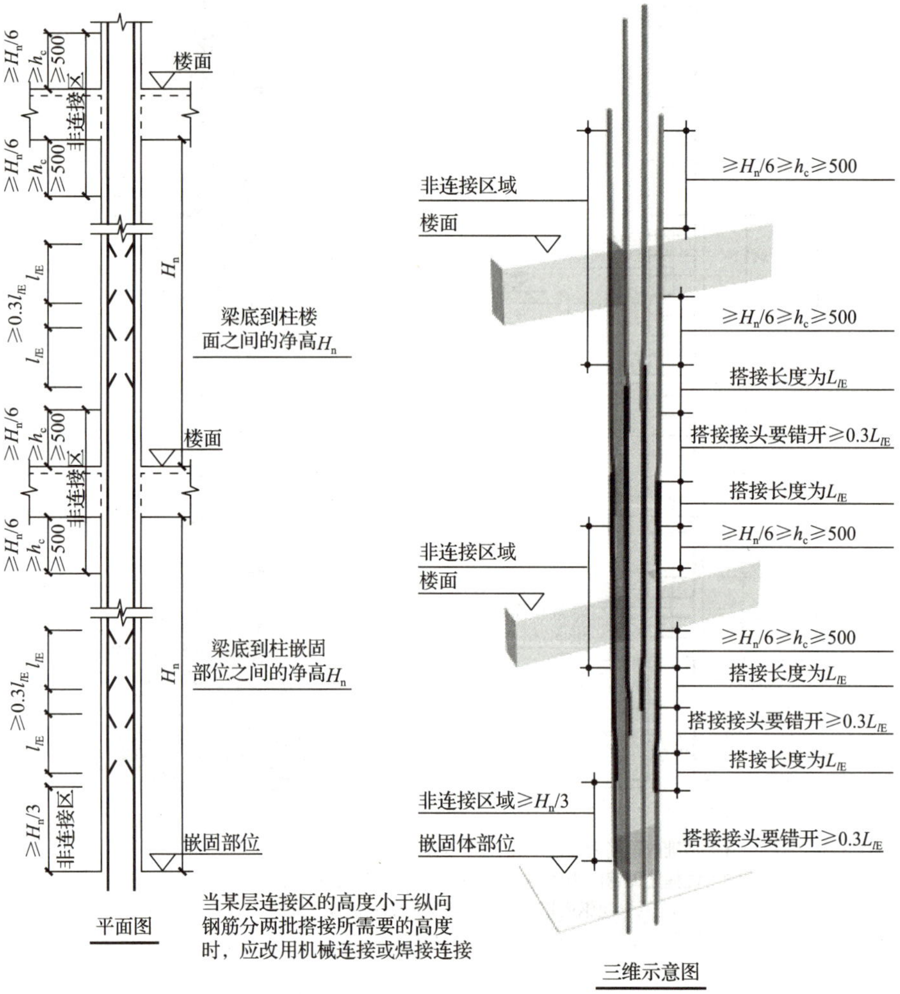

≥H_n/6 ≥h_c ≥500 非连接区

楼面

≥H_n/6 ≥h_c ≥500

l_{lE} ≥0.3l_{lE} l_{lE}

H_n

梁底到柱楼面之间的净高H_n

≥H_n/6 ≥h_c ≥500 非连接区

楼面

≥H_n/6 ≥h_c ≥500

l_{lE} ≥0.3l_{lE} l_{lE}

H_n

梁底到柱嵌固部位之间的净高H_n

≥H_n/3 非连接区

嵌固部位

平面图

当某层连接区的高度小于纵向钢筋分两批搭接所需要的高度时，应改用机械连接或焊接连接

非连接区域

楼面

≥H_n/6≥h_c≥500

≥H_n/6≥h_c≥500

搭接长度为L_{lE}

搭接接头要错开≥0.3L_{lE}

搭接长度为L_{lE}

≥H_n/6≥h_c≥500

非连接区域

楼面

≥H_n/6≥h_c≥500

搭接长度为L_{lE}

搭接接头要错开≥0.3L_{lE}

搭接长度为L_{lE}

非连接区域≥H_n/3

嵌固体部位

搭接接头要错开≥0.3L_{lE}

三维示意图

（a）绑扎搭接

图 8.16　抗震框架柱纵向钢筋连接构造

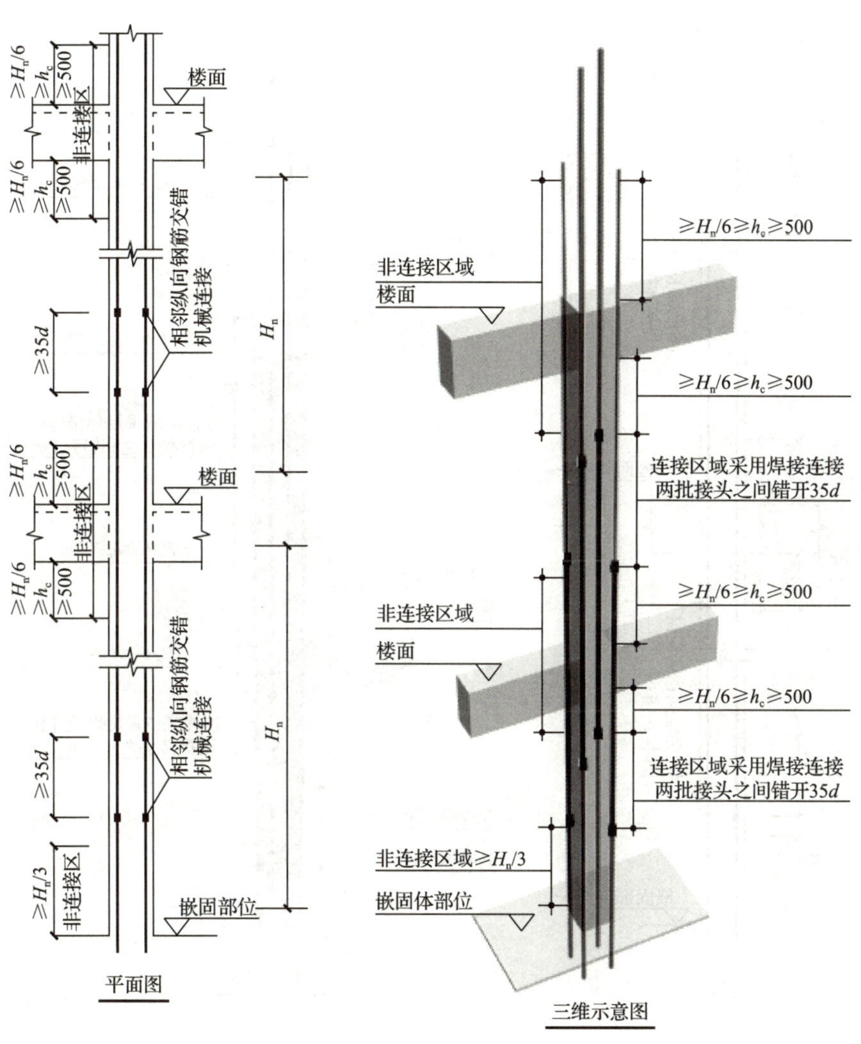

（b）机械连接

图 8.16　抗震框架柱纵向钢筋连接构造（续）

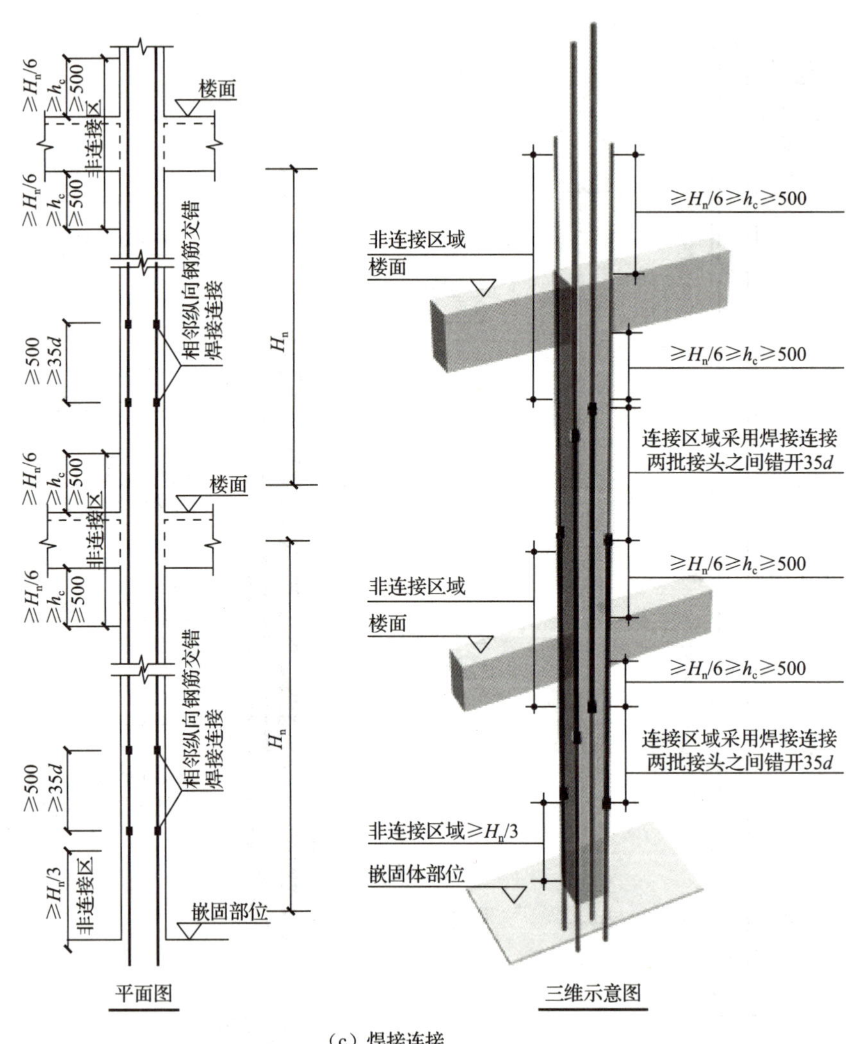

（c）焊接连接

图 8.16　抗震框架柱纵向钢筋连接构造（续）

楼层部位（中间层）抗震框架柱变截面纵向钢筋连接构造见表 8-6。

表 8-6　楼层部位（中间层）抗震框架柱变截面纵向钢筋连接构造

<table>
<tr><th colspan="2">形式</th><th>构造图</th><th>示意图</th><th>构造要点</th></tr>
<tr><td rowspan="2">$\Delta/h_b>1/6$
（h_b 为与柱交接梁的高度）</td><td>中柱</td><td>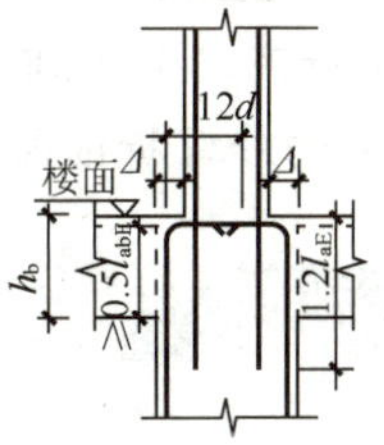
</td><td>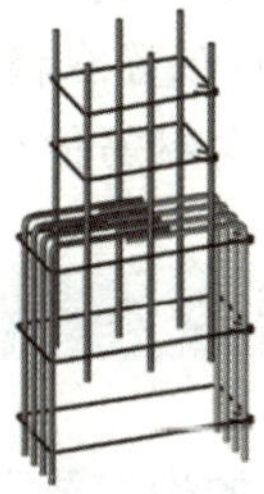</td><td rowspan="2">上部钢筋锚入楼层面以下 $1.2l_{aE}$，下部钢筋锚入梁柱交接核心区直段长度不小于 $0.5l_{abE}$ 并直弯 $12d$（l_{aE} 为抗震锚固长度，l_{abE} 为基本锚固长度，见附录 A）</td></tr>
<tr><td>边柱</td><td>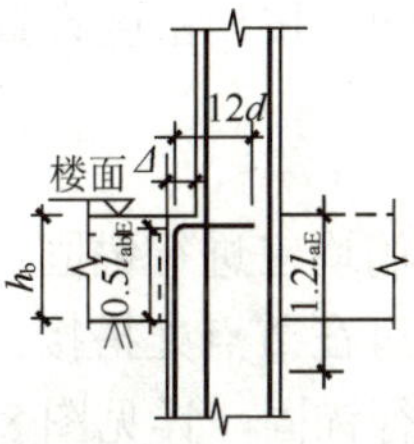
</td><td>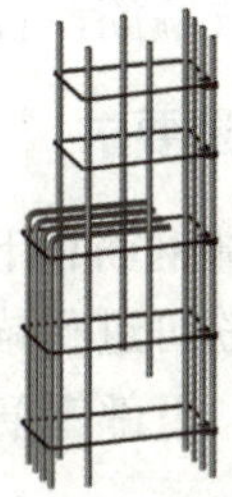</td></tr>
<tr><td rowspan="2">$\Delta/h_b\leqslant 1/6$
（h_b 为与柱交接梁的高度）</td><td>中柱</td><td>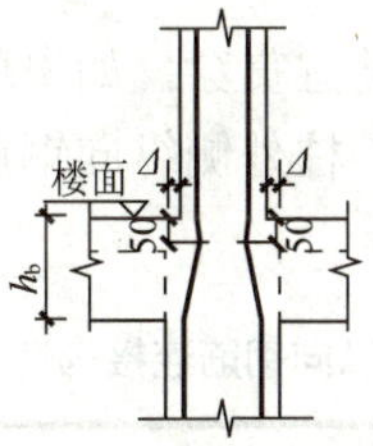
</td><td>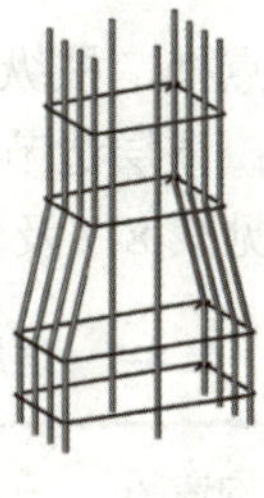</td><td rowspan="2">下部钢筋自然弯折以实现和上部钢筋连接</td></tr>
<tr><td>边柱</td><td>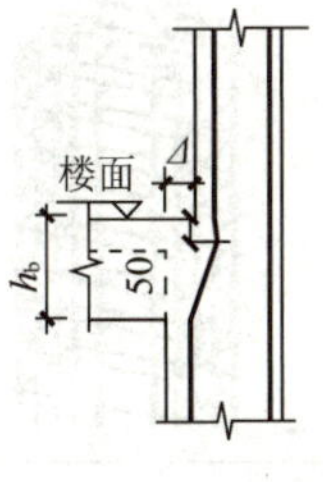
</td><td>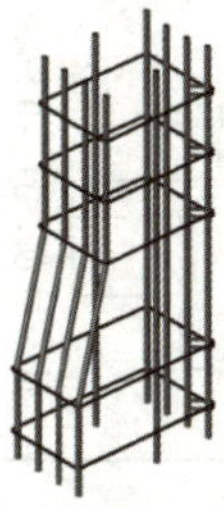</td></tr>
</table>

框架柱的箍筋加密区长度，柱端应取柱截面长边尺寸（或圆形截面直径）、柱净高的1/6和500mm中的最大值；一、二级抗震等级的角柱全高加密箍筋。底层柱根箍筋加密区长度应取不小于该层柱净高的1/3；当有刚性地面时，除柱端箍筋加密区外尚应在刚性地面上、下各500mm的高度范围内加密箍筋。

应用案例 8-2 解读 1

实例中 KZ3 截面 500mm×500mm，柱中纵向钢筋 12⌀22，箍筋 10@100/200，柱高度自基础顶到 7.200m。

该框架柱采用对称配筋，沿柱边均匀布置有 12⌀22 钢筋，纵向钢筋间距不大于 200mm。纵向钢筋采用搭接连接，搭接位置在楼层梁顶标高以上 1000mm 范围内，且该范围箍筋加密间距为 100mm。顶层柱纵向钢筋伸至柱顶并向外弯折锚固于梁内。

8.3.4 框架节点构造要求

1. 框架节点核心区箍筋的构造要求

框架节点核心区内应设置箍筋，直径和间距按加密区设置。

2. 框架梁纵向钢筋的构造要求

在中间层边节点处，上部钢筋和下部钢筋均应进行锚固；顶层及中间层中间节点处，梁上部钢筋应贯穿，下部钢筋可进行锚固也可在节点处搭接；顶层边节点处，梁上部钢筋与柱外侧纵向钢筋进行搭接，下部钢筋应进行锚固，详见图 8.12。

3. 框架柱纵向钢筋的构造要求

中间层边节点及中间节点处，柱纵向钢筋宜贯穿，如出现特殊情况可锚固；顶层中间节点处，柱纵向钢筋应锚固；顶层边节点处，柱外侧纵向钢筋与梁上部纵向钢筋应搭接，柱内侧纵向钢筋应锚固，详见表 8-7 及表 8-8。

表 8-7　顶层中柱纵向钢筋连接构造

形式	构造图	示意图	构造要点
弯锚（从梁底算起，柱纵向钢筋伸入支座长度 l_{aE}）	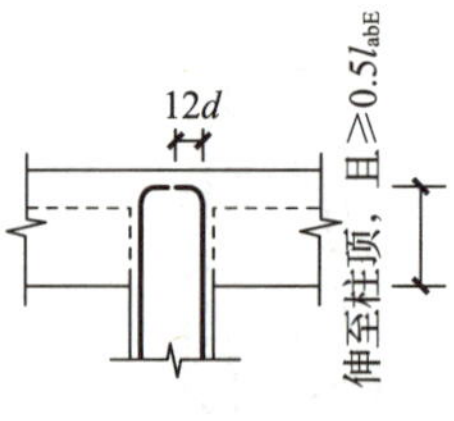 12d；伸至柱顶，且≥0.5l_{abE}	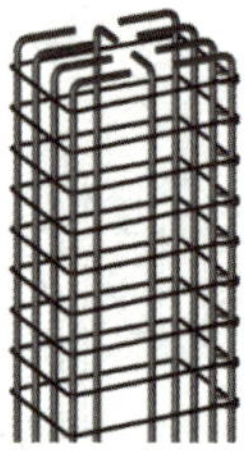	—
	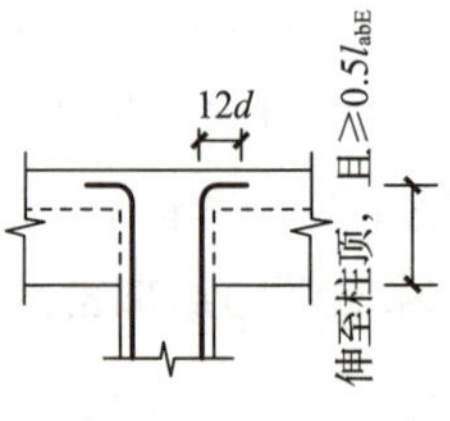 12d；伸至柱顶，且≥0.5l_{abE}	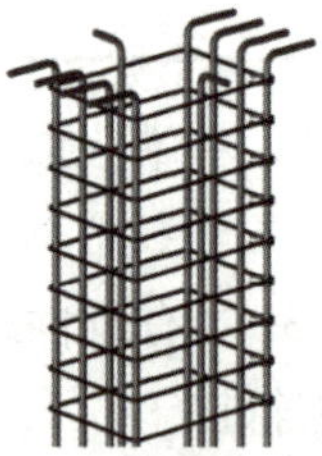	当柱顶有不小于 100mm 厚的现浇板时使用

续表

形式	构造图	示意图	构造要点
直锚（直锚长度 $\geqslant l_{aE}$）	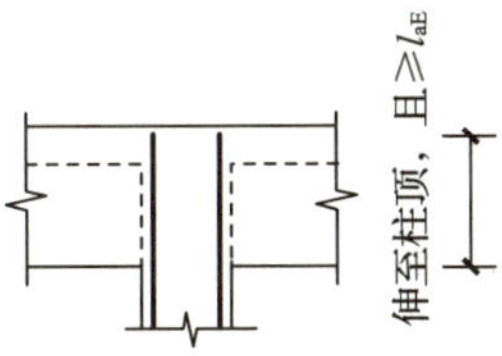		—
锚板（柱纵向钢筋端头加锚头）	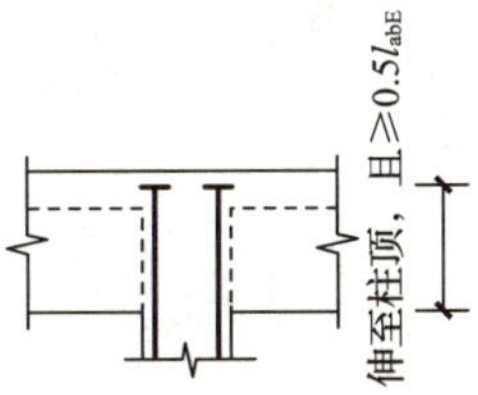		锚板可以是贴焊锚筋、焊钢板或带螺栓锚头，具体做法见 22G101—1

注：l_{aE}、l_{abE} 见附录 A。

表 8-8　顶层边柱、角柱纵向钢筋连接构造

形式	构造图	示意图	构造要点
柱纵向钢筋伸入梁内	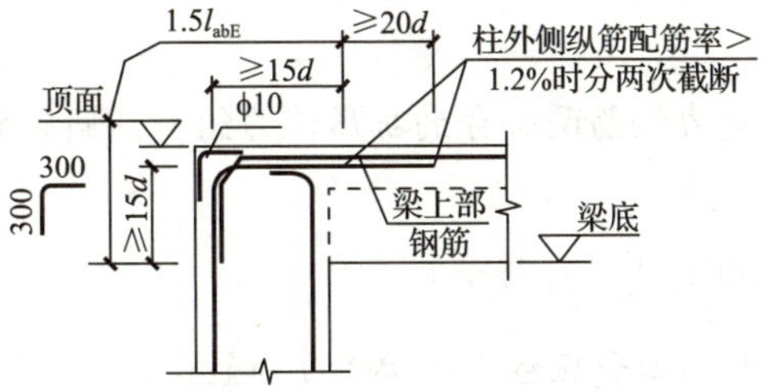		（1）柱外侧纵向钢筋伸至柱顶并弯折入梁，弯折段长度（自梁底开始计算）$\geqslant 1.5l_{abE}$，水平弯锚段长度 $\geqslant 15d$（分两批截断时，第二批截断点距离第一次切断点 $\geqslant 20d$）； （2）柱内侧纵向钢筋做法同表 8-7 中纵向钢筋； （3）梁上部钢筋应锚入柱内并向下弯折至梁底，且下弯折段长度 $\geqslant 15d$； （4）在柱宽范围的柱箍筋内侧设置间距不小于 150mm，不少于 3φ10 的角部附加钢筋

续表

形式	构造图	示意图	构造要点
梁纵向钢筋伸入柱内	顶面 φ10 300 300 ≥1.7l_{abE} ≥20d 梁上部钢筋 梁底 梁上部纵向钢筋配筋率＞1.2%时应分两轮截断，当梁上部纵筋为两排时，先断第二排钢筋		（1）柱外侧纵向钢筋伸至柱顶截断； （2）柱内侧纵向钢筋做法见表 8-7 中纵向钢筋； （3）梁上部钢筋应锚入柱内并向下弯折，且下弯折段长度≥1.7l_{abE}（分两批截断时，第二批截断点距离第一批切断点≥20d）； （4）在柱宽范围的柱箍筋内侧设置间距不小于 150mm，不少于 3φ10 的角部附加钢筋

实例 8-2 解读 2

实例中 KZ3，顶层中间节点柱内纵向钢筋 3Φ25 和 4Φ25 伸入柱顶向外弯入框架梁内进行锚固，锚固长度不小于 12d。顶层端节点柱内侧钢筋的锚固要求同顶层中间节点的纵向钢筋，柱外侧纵向钢筋与梁上部纵向钢筋在节点内绑扎搭接。

模 块 小 结

轴心受压柱的承载力由混凝土和纵向受力钢筋两部分的抗压能力组成，同时要考虑纵向弯曲对柱截面承载力的影响。其计算公式为

$$N \leqslant 0.9\varphi(f_y'A_s' + f_cA)$$

偏心受压柱按其破坏特征不同，分为大偏心受压柱和小偏心受压柱。

现浇框架结构的连接构造要求主要是梁与柱、柱与柱之间的配筋构造要求。框架节点构造是保证框架结构整体空间性能的重要措施。

本模块还对抗震措施的框架结构构造要求进行了详细的阐述。

习　题

一、填空题

1．钢筋混凝土轴心受压柱的承载力由________和________两部分的抗压能力组成。

2．钢筋混凝土柱中箍筋的作用之一是约束纵向钢筋，防止纵向钢筋受压后________。

3．钢筋混凝土柱中纵向钢筋净距不应小于________mm。

4．框架结构的抗震等级分为________级。

5．考虑抗震要求，框架柱截面的长边和短边尺寸不宜小于________mm。

二、选择题

1．《混凝土结构设计规范（2015 年版）》规定的受压构件全部受力纵向钢筋的配筋率不宜大于（　　）。

A．4%　　B．5%　　C．6%　　D．4.5%

2．关于钢筋混凝土柱构造要求的叙述中，不正确的是（　　）。

A．纵向钢筋配置越多越好　　B．纵向钢筋沿周边布置

C．箍筋应形成封闭　　D．纵向钢筋净距不小于 50mm

三、判断题

1．大偏心受压破坏的截面特征是：受压钢筋首先屈服，最终受压边缘的混凝土也因压应变达到极限值而破坏。（　　）

2．一般柱中箍筋的加密区位于柱的中间部位。（　　）

3．框架梁下部纵向钢筋不允许在节点内接头。（　　）

4．框架柱纵向钢筋的接头可采用绑扎搭接、机械连接或焊接连接等方式，宜优先采用绑扎搭接。（　　）

在线答题

模块 9　多高层建筑结构概述

思维导图

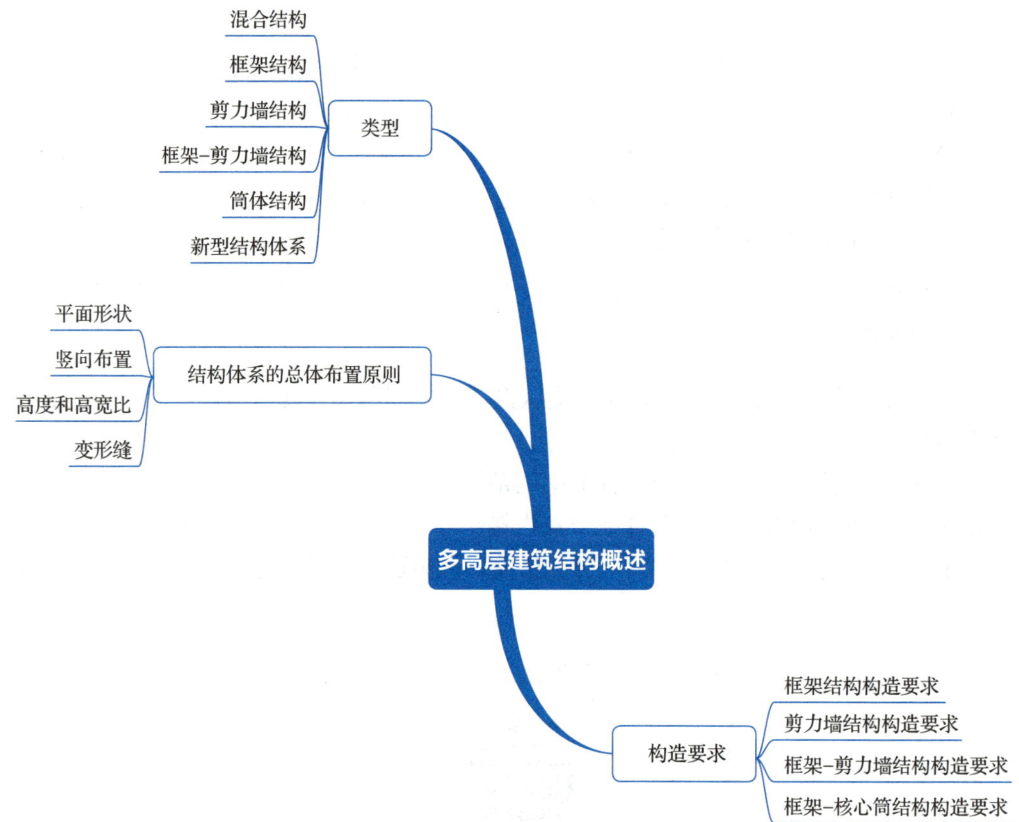

引例

中国台北 101 大楼楼高 508m，101 层，安设有世界最大且最重的风阻尼器。101 层塔楼的结构体系以井字形的巨型构架为主，巨型构架在每 8 层楼设置一或二层楼高之巨型桁架梁，并与巨型外柱及核心斜撑构架组成近似 11 层楼高的巨型结构。柱位规划可简单归纳为内柱与外柱，服务核心内共有 16 支箱形内柱，箱形内柱由 4 片钢板经由电焊组合而成，中低层部分以内灌混凝土增加劲度和强度；外柱则随着楼层高度而有不同的配置，在 26 层以下均为与帷幕平行的斜柱，其两侧各配置 2 支巨柱及 2 支次巨柱，其中巨柱及次巨柱皆为内灌混凝土的方形钢柱，另外每层配置 4 支双斜角柱，角柱为内灌混凝土的方形钢柱。

大家知道的知名的多高层建筑有哪些？它们的建筑特色如何？各采用什么样的结构体系？

9.1 多高层建筑结构的类型

9.1.1 多层与高层建筑的界限

随着社会生产力和现代科学技术的发展，在一定条件下出现了高层建筑。从 20 世纪 90 年代到 21 世纪初，我国高层建筑有了很大的发展，一批现代高层建筑以全新的面貌呈现在人们面前。由于高层建筑具有占地面积小、节约市政工程费用、节省拆迁费、改变城市面貌等优点，为了改善城市居民的居住条件，在大城市和某些中等城市中，高层建筑发展十分迅速，主要用于住宅、旅馆及办公楼等建筑。

关于多层与高层建筑的界限，各国有不同的标准。我国对高层建筑的规定如下：《民用建筑设计统一标准》（GB 50352—2019）和《建筑设计防火规范（2018 年版）》（GB 50016—2014）均以建筑高度大于 27m 的住宅建筑和建筑高度大于 24m 的非单层公共建筑且高度不大于 100m 的为高层建筑（建筑高度大于 100m 的为超高层建筑）。目前，多层建筑多采用混合结构和钢筋混凝土结构，高层建筑常采用钢筋混凝土结构、钢结构、钢-混凝土混合结构。

多高层建筑是商业化、工业化和城市化的结果。位于马来西亚吉隆坡市中心区的佩重纳斯大厦，俗称“石油双塔”，楼高 452m，88 层，在第 40 层和 41 层之间有一座天桥，方便楼与楼之间来往，这幢外形独特的银色尖塔式建筑，号称世界最高的双峰塔，如图 9.1（a）所示；位于美国伊利诺伊州芝加哥的威利斯大厦，楼高 442m，110 层，一度是世界上最高的办公楼，如图 9.1（b）所示；位于中国上海浦东陆家嘴金融贸易区的金茂大厦，工程占地面积 24000m^2，建筑总面积约 290000m^2，由塔楼、裙房和地下室三部分组成，其中地下室 3 层（最深 19.6m），塔楼地上 88 层，总高度为 420.5m，如图 9.1（c）所示；位于中国台湾地区的台北 101 大楼，楼高 508m，101 层，如图 9.1（d）所示。

（a）马来西亚佩重纳斯大厦

（b）美国威利斯大厦

超级工程——上海中心大厦

（c）中国上海金茂大厦

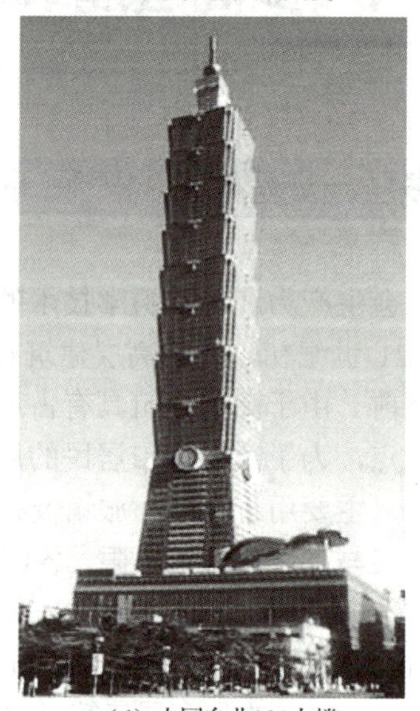
（d）中国台北101大楼

图 9.1　世界著名高层建筑

9.1.2 多高层建筑常见的结构类型

在多高层建筑结构中，风荷载和水平地震作用所产生的侧向力对其起主要控制作用，因此多高层建筑结构设计的关键问题就是如何设置合理形式的抗侧力构件及有效的抗侧力结构体系，使结构具有相应的刚度来抵抗侧向力。多高层建筑结构中基本的抗侧力单元是框架、剪力墙、井筒、框筒及支承。

多高层建筑常见的结构类型有以下几种。

1. 混合结构

混合结构是用不同的材料做成的构件组成的结构，通常是指承重的主要构件是用钢筋混凝土和砖木建造的结构。如一幢房屋的梁用钢筋混凝土制成，以砖墙为承重墙，或者梁用木材建造，柱用钢筋混凝土建造。

2. 框架结构

由梁和柱作为主要承重构件组成的承受竖向和水平荷载的结构称为框架结构，如图9.2所示。其承重结构和围护、分隔构件完全分开，墙只起围护、分隔作用。框架结构广泛应用于多层工业厂房及多高层办公楼、医院、旅馆、教学楼、住宅等。

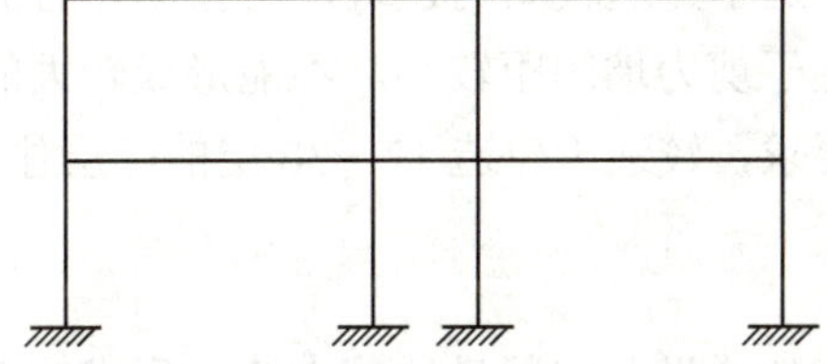

图9.2 框架结构

框架结构的优点：建筑平面布置灵活，可以形成较大的空间，平、立面布置设计灵活多变，如图9.3所示。

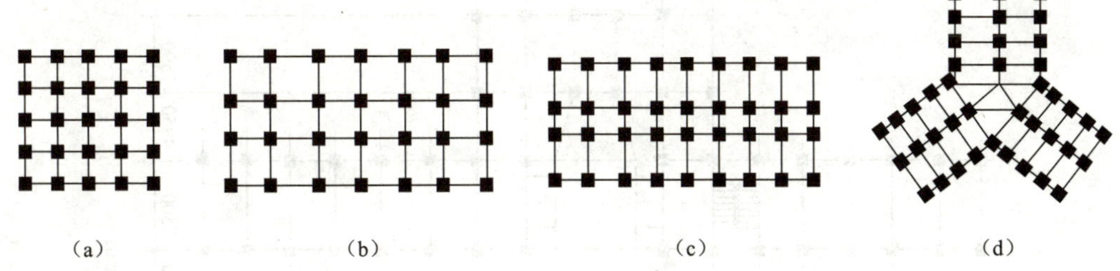

(a) (b) (c) (d)

图9.3 框架结构典型平面图

框架结构的缺点：框架结构的抗侧刚度较小，水平位移大，从而限制了框架结构的使用高度。框架结构以建造15层以下建筑为宜。

3. 剪力墙结构

利用建筑物的墙体作为竖向承重和抵抗侧力的结构称为剪力墙结构。剪力墙实质上是固结于基础的钢筋混凝土墙片，具有很高的抗侧移能力。因其既承担竖向荷载，又承担水平荷载——剪力，故名剪力墙。一般情况下，剪力墙结构楼盖内不设梁，楼板直接支承在墙上，墙体既是承重构件，又起围护、分隔作用，如图9.4所示。

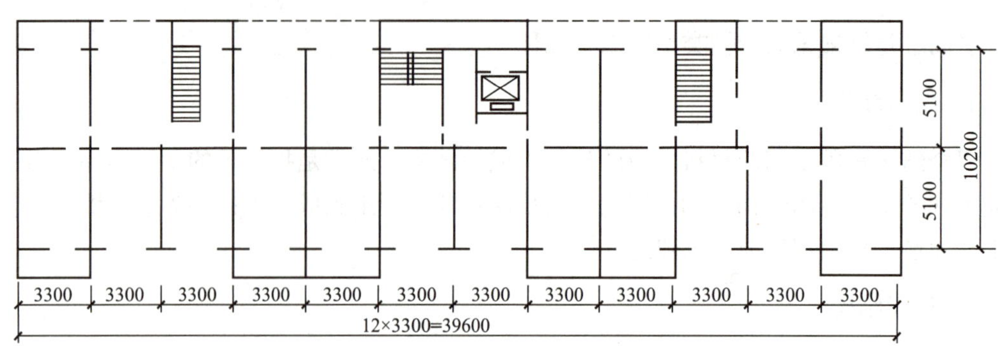

图 9.4　剪力墙结构——高层板式楼平面图

剪力墙结构的优点：结构的整体性好、施工速度快、抗侧刚度大，在水平荷载下侧向变形小，承载力容易满足，适于建造较高的建筑，具有良好的抗震性能。

剪力墙结构的缺点：由于剪力墙间距较小，不能形成较大的空间，平面布置不灵活，不能满足公共建筑的使用要求，较适于建造 12～30 层的高层住宅或高层公寓等。

4．框架-剪力墙结构

在框架结构中的适当部位增设一定数量的剪力墙，形成的框架和剪力墙结合在一起共同承受竖向和水平荷载的体系叫作框架-剪力墙结构，简称框剪结构。它使得框架和剪力墙这两种结构可互相取长补短，既能提供较大、较灵活布置的建筑空间，又具有良好的抗震性能，因此这种结构已得到广泛应用，如图 9.5 所示。

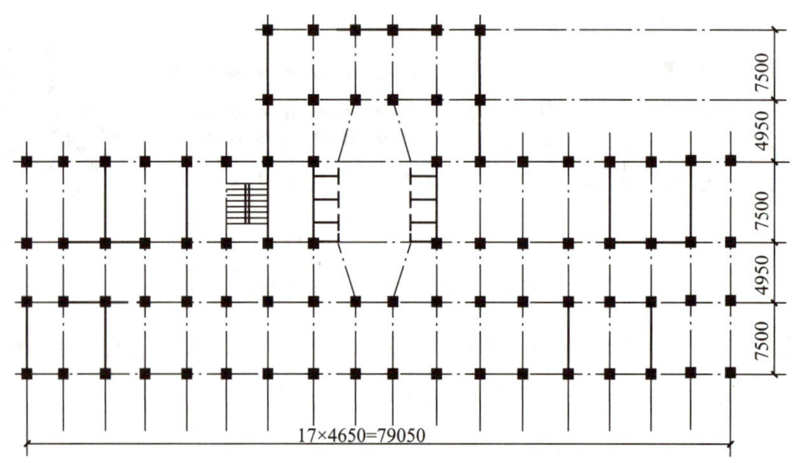

图 9.5　框架-剪力墙结构平面图（北京饭店新楼，18 层）

框架-剪力墙结构的优点：综合了框架结构和剪力墙结构的优点，其刚度和承载力相比框架结构都大大提高，且减小了结构在地震作用下的层间变形，使此种结构形式可用于 10～20 层的高层建筑。

该结构中剪力墙的布置应遵循对称、周边、均匀、分散及上下贯通、水平对齐的原则。

5. 筒体结构

以筒体为主组成的承受竖向和水平荷载的结构称为筒体结构。筒体是由若干片剪力墙围合而成的封闭井筒式结构，其受力与一个固定于基础上的筒形悬臂构件相似。

根据开孔的多少，筒体有实腹筒和空腹筒之分，如图 9.6 所示。

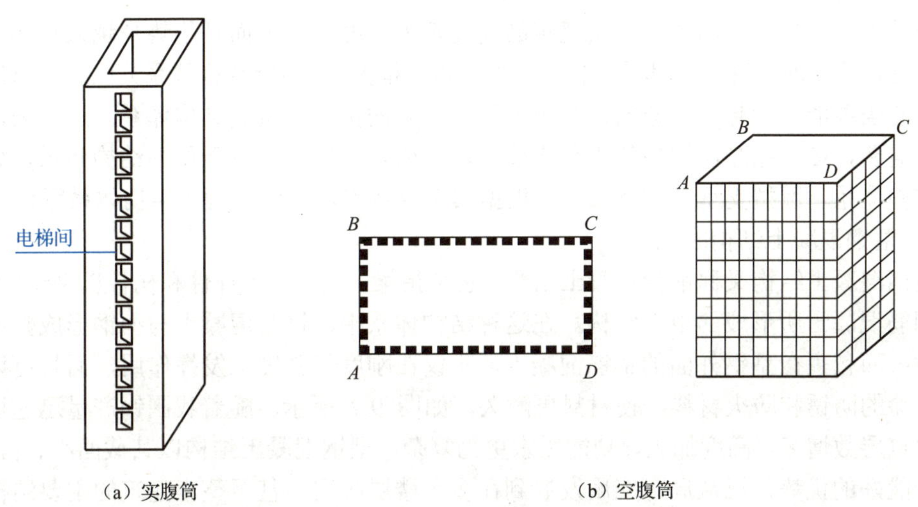

（a）实腹筒　　（b）空腹筒

图 9.6　筒体结构

6. 新型结构体系

随着高层建筑的迅速发展，层数越来越多，结构体系越来越新颖，建筑造型越来越丰富多样，因此有限的结构体系已经不能适应新的要求。为了满足当今高层建筑的要求，必须在材料和结构体系上不断地创新。

1）建筑结构轻型化

目前我国高层建筑采用的普通钢筋混凝土材料总的来讲自重偏大，因此减轻建筑物的自重非常必要。减轻自重有利于减小构件截面、节约建筑材料从而减少基础投资、改善结构抗震性能等。建筑结构轻型化除了可以选用合理的楼盖形式、尽量减轻墙体的自重等措施，还可以对承重构件采用轻质高强的结构材料，如钢材、轻骨料混凝土及高强混凝土等。

2）柱网、开间扩大化

为了使高层建筑能充分利用建筑空间、降低造价，设计者应从建筑和结构两个方面着手扩大空间利用率：不但要在建筑上布置大柱网，还要从结构功能出发，尽量满足大空间的要求。当然，柱网、开间的尺寸并不是越大越好，而是以满足建筑使用功能为度，并以满足结构承载力与侧移控制为原则。

3）结构转换层

集吃、住、办公、娱乐、购物、停车等于一体的多功能综合性高层建筑，已经成为现代高层建筑的一大趋势。其结构特点是：下层部分是大柱网，而较小柱网多设于中、上层部分。由于不同的使用功能要求和不同的空间划分布置，相应地，不同的结构形式之间通过合理地转换过渡，沿竖向组合在一起，就成为多功能综合性高层建筑结构体系的关键技术。这对高层建筑结构设计提出了新的问题：需要设置一种称为“转换层”的结构形式，来完成上下不同柱网、不同开间、不同结构形式的转换。结构转换层广泛应用于剪力墙及框架-剪力墙等结构体系中。

4）结构体系巨型化

当前无论国内还是国外，高层建筑的高度都大幅度增长，而且趋势是越来越高。面对这种情况，传统的三种结构体系（框架、剪力墙、框架-剪力墙结构体系）已经难以满足要求，因此需要能适应超高层建筑，且更加经济有效的抗风、抗震结构体系。近年来，为适应发展需要，在一些超高层建筑工程实践中，已成功应用了一些新型的结构体系，如巨型框架结构体系、巨型支承结构体系等，根据其主要特点，可归结为“结构体系巨型化”。

5）型钢混凝土结构的应用

型钢混凝土结构又称钢骨混凝土结构。它是指梁、柱、墙等杆件和构件以型钢为骨架，外包钢筋混凝土所形成的组合结构。在这种结构体系中，钢筋混凝土与型钢形成整体，共同受力；而包裹在型钢外面的钢筋混凝土，不仅在刚度和强度上发挥作用，而且可以取代型钢外涂的防锈和防火材料，使材料更耐久，如图 9.7 所示。随着我国钢产量迅速增加，高层建筑层数增多，高度加大，功能需求更为复杂，型钢混凝土结构以其截面小、自重轻、抗震性能好的优势，已从局部应用发展到在多个楼层应用，甚至整座建筑的主要结构均采用型钢混凝土结构。

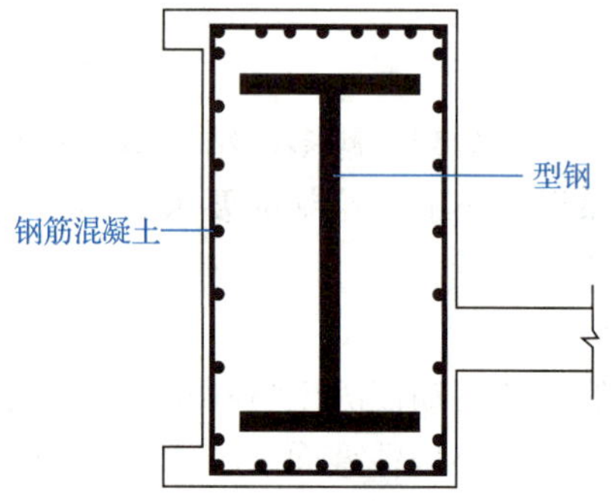

图 9.7　型钢混凝土梁断面图

9.2　多高层建筑结构体系的总体布置原则

在确定高层建筑结构体系时应遵循以下布置原则。

（1）应具有明确的计算简图和合理的水平地震作用传递途径。

（2）宜具有多道抗震防线，避免因部分结构或构件破坏而导致整个结构体系丧失抗震能力。

（3）应具有必要的强度和刚度、良好的变形能力和能量吸收能力，结构体系的抗震能力表现在强度、刚度和延性恰当的匹配上。

（4）竖向和水平布置宜具有合理的刚度和承载力分布，避免因局部削弱或突变形成薄弱部位，产生过大的应力集中或塑性变形集中。

（5）宜选用有利于抗风作用的高层建筑体型，即选用风压较小的建筑体型形状，并考虑邻近建筑对其风压分布的影响。

（6）高层建筑的开间、进深尺寸和选用的构件类型应减少规格，符合建筑模数。

（7）高层建筑结构的平面布置宜简单、规则、对称，减少偏心；竖向体型应力求规则、均匀，避免有过大的外挑和内收使竖向刚度突变，以致在一些楼层形成变形集中而最终导致严重的震害。

除此之外，多高层建筑结构体系还应在以下方面加以注意。

1. 结构平面形状

平面布置宜采用方形、矩形、圆形、Y 形等有利于抵抗水平荷载的结构平面，不宜采用角部重叠的平面图形或腰形平面图形。平面长度 L 不宜过长，平面突出部分长度 l 不宜过大，宽度 b 不宜过小，如图 9.8 所示，其值应满足表 9-1 的要求。

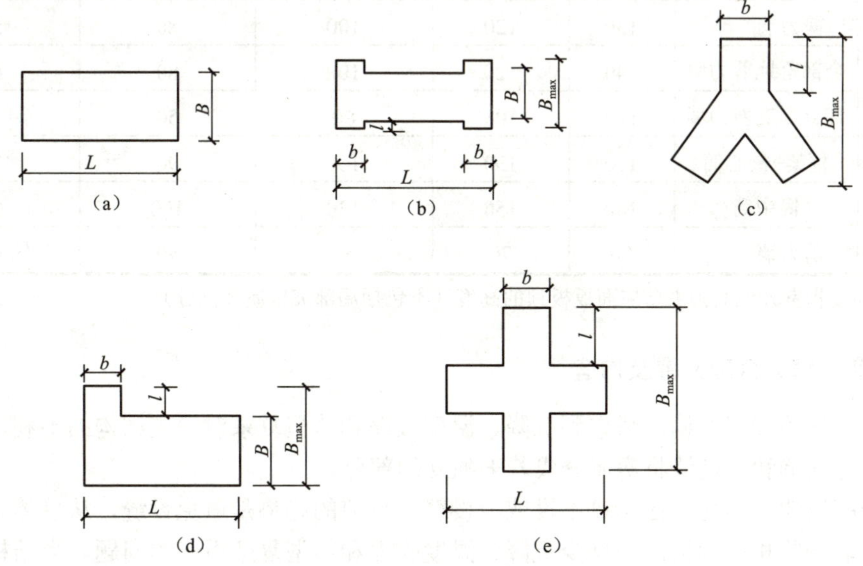

图 9.8 结构平面形状

表 9-1 平面尺寸及突出部位尺寸的比值限值

抗震设防烈度	L/B	l/B_{max}	l/b
6、7度	≤6.0	≤0.35	≤2.0
8、9度	≤5.0	≤0.30	≤1.5

2. 结构竖向布置

沿结构竖向布置时应注意结构的刚度和质量分布均匀，不要发生过大的突变。尽量避免夹层、错层和抽柱（墙）等现象，否则对结构的受力极为不利。对有抗震设防要求的高层建筑，竖向体型应力求规则、均匀，避免有过大的外挑和内收。

3. 控制结构适用高度和高宽比

A 级高度钢筋混凝土高层建筑是指符合表 9-2 最大适用高度的建筑。高宽比应符合《高层建筑混凝土结构技术规程》（JGJ 3—2010）的规定。A 级高度钢筋混凝土高层建筑是目前数量最多，应用最广泛的建筑。当框架-剪力墙结构、剪力墙结构及筒体结构的高度超出最大适用高度时，列入 B 级高度高层建筑，但其房屋高度不应超过规定的最大适用高度，并应遵守规程规定的更严格的计算和构造措施。

表 9-2　A 级高度钢筋混凝土高层建筑的最大适用高度　　单位：m

结构类型		抗震设防烈度				
		6 度	7 度	8 度（0.2g）	8 度（0.3g）	9 度
框架		60	50	40	35	—
框架-剪力墙		130	120	100	80	50
剪力墙	全部落地剪力墙	140	120	100	80	60
	部分框支剪力墙	120	100	80	50	不应采用
筒体	框架-核心筒	150	130	100	90	70
	筒中筒	180	150	120	100	80
板柱-剪力墙		80	70	55	40	不应采用

注：房屋高度指室外地面到主要屋面板板顶的高度（不包括局部突出屋顶部分）。

4. 变形缝的合理设置及构造

对于一般的多层结构，考虑到沉降、温度收缩和体型复杂对房屋结构的不利，常采用沉降缝、伸缩缝和防震缝将房屋分成若干独立的部分。

对于高层建筑结构，应尽量不设或少设缝，目前的趋势是避免设缝，从总体布置上或构造上采取一些相应的措施来减少沉降、温度收缩和体型复杂引起的问题。当结构平面形状复杂而又无法调整其平面形状和结构布置使之成为较规则的结构时，宜设置防震缝将其划分为较简单的几个结构单元，如图 9.9 所示。

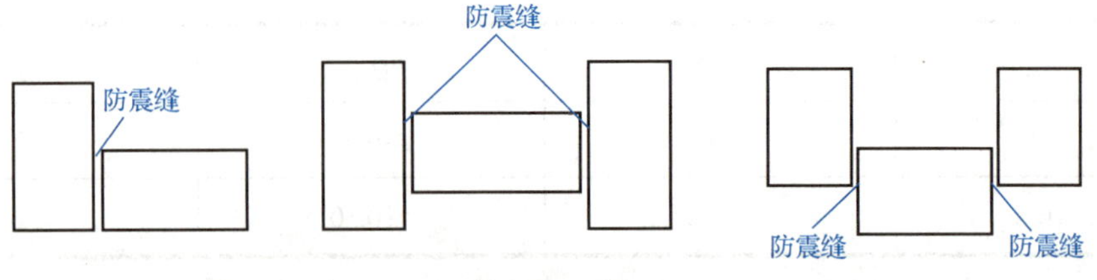

图 9.9　防震缝

9.3 框架结构

9.3.1 框架结构的类型

框架结构按施工方法可分为现浇式框架、装配式框架和装配整体式框架三种形式。

1. 现浇式框架

现浇式框架整体性及抗震性能好，预埋铁件少，较其他形式的框架节省钢材，结构平面布置较灵活；但是模板消耗量大，现场湿作业多，施工周期长，在寒冷地区冬季施工困难。

2. 装配式框架

将梁、板、柱全部预制，然后在现场进行装配、焊接而成的框架结构称为装配式框架。

装配式框架的构件可采用先进的生产工艺在工厂进行大批量生产，在现场以先进的组织管理方式进行机械化装配；但其结构整体性差，节点预埋件多，总用钢量较现浇式框架多，施工需要大型运输和吊装机械，在地震区不宜采用。

3. 装配整体式框架

装配整体式框架是将预制梁、板、柱在现场安装就位后，再在构件连接处现浇混凝土使之成为整体而形成的框架结构。

9.3.2 框架结构的结构布置

1. 承重框架布置方案

在框架结构中，主要承受楼面和屋面荷载的梁称为框架梁，框架梁和柱组成主要承重框架。若采用双向板，则双向框架都是承重框架。承重框架有以下三种布置方案。

（1）横向布置方案：是指框架梁沿房屋横向布置，连系梁和楼（屋）面板沿纵向布置，如图 9.10 所示。

（2）纵向布置方案：是指框架梁沿房屋纵向布置，连系梁和楼（屋）面板沿横向布置，如图 9.11 所示。

（3）纵横向布置方案：是指沿房屋的纵向和横向都布置承重框架，如图 9.12 所示。

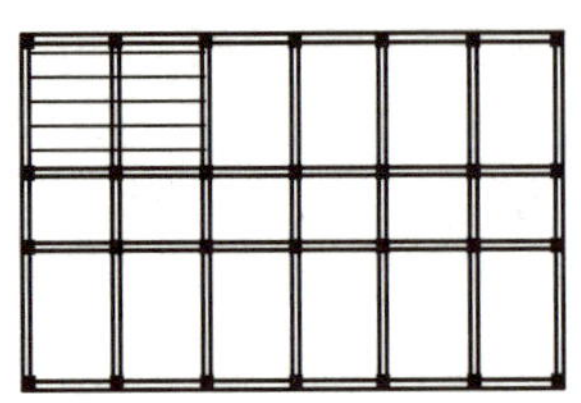

图 9.10　横向布置方案

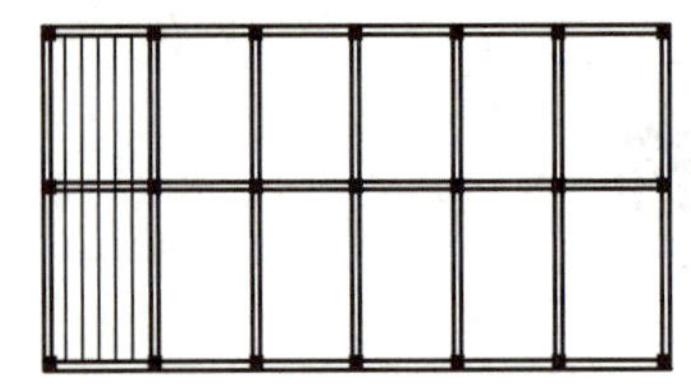

图 9.11　纵向布置方案

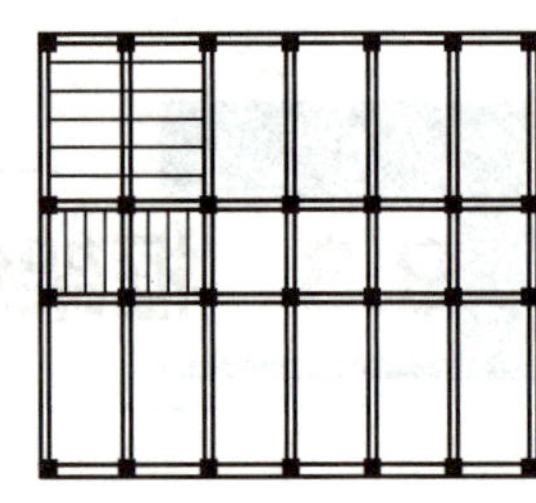

图 9.12　纵横向布置方案

2. 柱网布置和层高

1）民用建筑

其柱网尺寸和层高一般按 300mm 进级。常用跨度为 4.8m、5.4m、6.0m、6.6m 等，常用柱距为 3.9m、4.5m、4.8m、6.0m、6.6m、6.9m、7.2m。采用内廊式时，走廊跨度一般为 2.4m、2.7m、3.0m。常用层高为 3.0m、3.3m、3.6m、3.9m、4.2m。

2）工业建筑

其典型的柱网布置形式有内廊式和跨度组合式，如图9. 13所示。

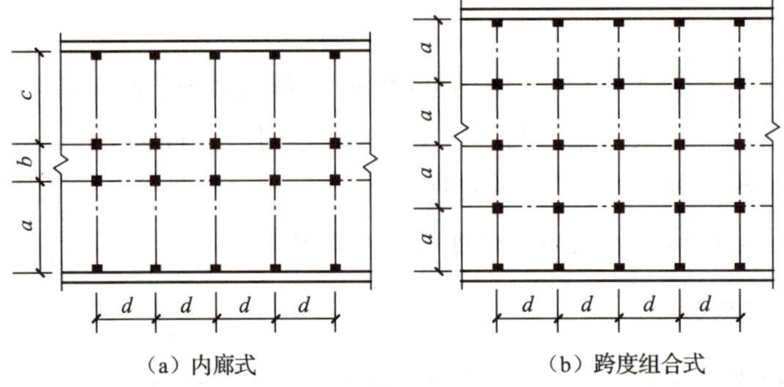

图 9.13　柱网布置形式

采用内廊式布置时，常用跨度为 6.0m、6.6m、6.9m，走廊跨度常用 2.4m、2.7m、3.0m，开间方向柱距为 3.6～8.0m。等跨式柱网的跨度常用 6.0m、7.5m、9.0m、12.0m，柱距一般为 6.0m。

工业建筑底层往往有较大设备和产品，甚至有起重运输设备，故底层层高一般较大。底层常用层高为 4.2m、4.5m、4.8m、5.4m、6.0m、7.2m、8.4m，楼层常用层高为 3.9m、4.2m、4.5m、4.8m、5.6m、6.0m、7.2m 等。

3. 变形缝设置

变形缝包括伸缩缝、沉降缝、防震缝。

变形缝的设置原则：钢筋混凝土框架结构的沉降缝一般设置在地基土层压缩性有显著差异，或房屋高度或荷载有较大变化等处。

当建筑平面过长、高度或刚度相差过大，以及各结构单元的地基条件有较大差异时，钢筋混凝土框架结构应考虑设置防震缝。

9.4 剪力墙结构

9.4.1 剪力墙的组成

剪力墙又称抗风墙、抗震墙或结构墙，是建筑物中主要承受风荷载或地震作用引起的水平荷载的墙体，用以提高结构的抗侧力性能，防止结构发生剪切破坏。剪力墙结构整体性好、刚度大，在水平荷载作用下侧向变形很小，抗震性能好，广泛应用于各种高层建筑中。

剪力墙在竖向荷载和水平荷载的共同作用下，其墙肢为压弯剪或拉弯剪构件。为方便表达，将剪力墙分为剪力墙身、剪力墙梁和剪力墙柱三部分，如图 9.14 所示。

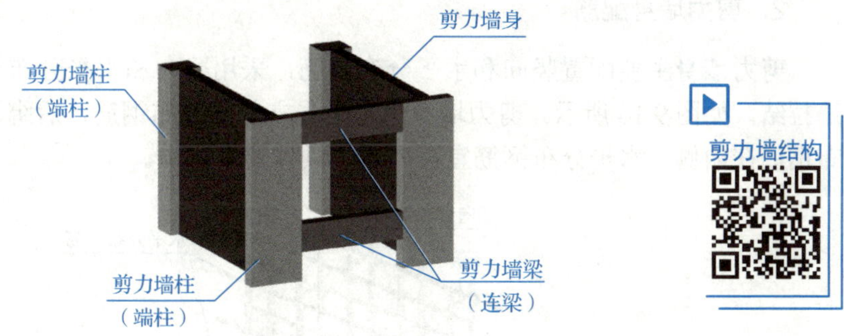

图 9.14 剪力墙的组成

9.4.2 剪力墙身

1. 剪力墙身厚度

剪力墙身如图 9.15 所示，其厚度 h 应符合表 9-3 的规定。

表 9-3 剪力墙身厚度

抗震等级		墙厚 h	底部加强部位的墙厚 h
一、二	一般情况下	≥160mm 且≥无支长度的 1/20	≥200mm 且≥无支长度的 1/16
	无端柱或翼墙时	≥层高或无支长度的 1/16	≥层高或无支长度的 1/12
三、四	一般情况下	≥140mm 且≥无支长度的 1/25	≥160mm 且≥无支长度的 1/20
	无端柱或翼墙时	≥层高或无支长度的 1/20	≥层高或无支长度的 1/16

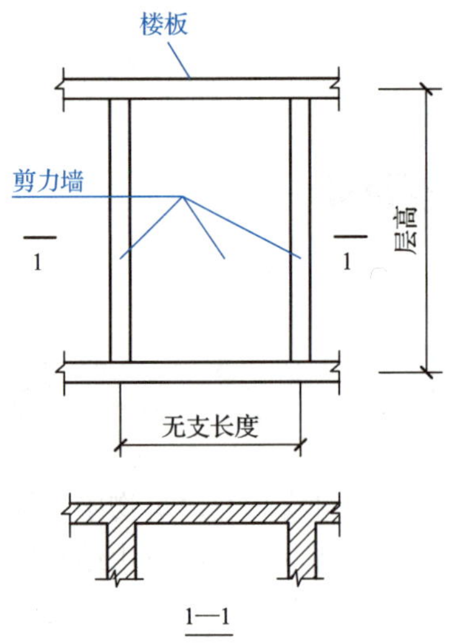

图 9.15　剪力墙身

2. 剪力墙身配筋

剪力墙身主要配置竖向和水平分布钢筋，采用竖向和水平分布钢筋双排布置，并用拉筋拉结，如图 9.16 所示。剪力墙身施工是先立竖向分布钢筋，后绑水平分布钢筋，竖向分布钢筋在内侧，水平分布钢筋宜在外侧，具体要求如下。

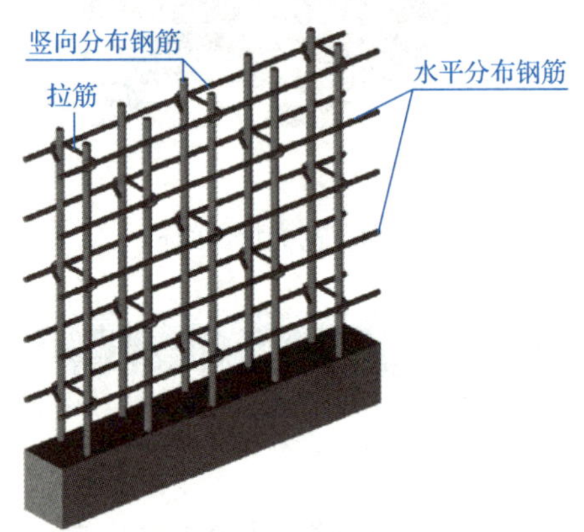

图 9.16　剪力墙身配筋

（1）一、二、三级抗震等级剪力墙的竖向和水平分布钢筋配筋率均不应小于 0.25%，四级抗震等级剪力墙不应小于 0.20%。

（2）部分框支剪力墙结构的落地剪力墙底部加强部位，竖向和水平分布钢筋配筋率均不应小于 0.30%，钢筋间距不宜大于 200mm。

（3）钢筋最大间距不宜大于 300mm。竖向和水平分布钢筋的直径均不宜大于墙厚的 1/10 且不应小于 8mm；竖向分布钢筋直径不宜小于 10mm。

（4）拉筋的间距不应大于 600mm，直径不应小于 6mm；在底部加强部位，边缘构件以外的拉筋间距应适当加密。

9.4.3 剪力墙柱

剪力墙柱包括暗柱、端柱、翼墙和转角墙等剪力墙的边缘构件，一般设置在剪力墙墙肢两端和洞口两侧，其实质是剪力墙边缘的集中配筋加强部位。边缘构件分约束边缘构件YBZ 和构造边缘构件 GBZ 两类。剪力墙柱主要配置纵向钢筋和箍筋。

9.4.4 剪力墙梁

剪力墙梁包括连梁 LL、暗梁 AL、边框梁 BKL，如图 9.17 所示。连梁的作用是将两侧的剪力墙肢连接在一起，共同抵抗地震作用，其受力原理与一般的梁有很大区别；而暗梁和边框梁则不属于受弯构件，其实质是剪力墙在楼层位置的水平加强带。剪力墙梁主要配置上部纵向钢筋、下部纵向钢筋和箍筋。

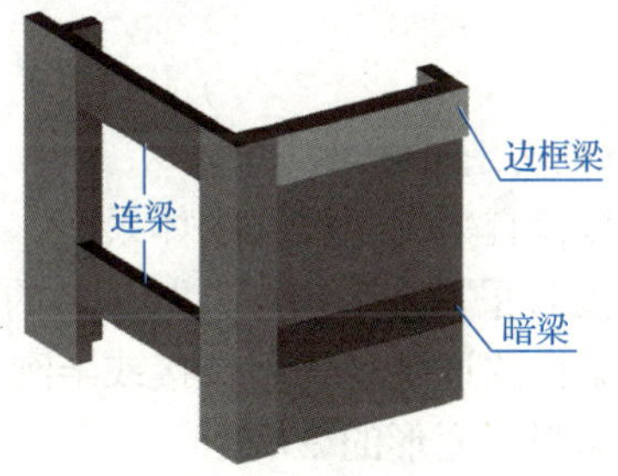

图 9.17　剪力墙梁

9.5 框架-剪力墙结构

1. 配筋要求

抗震设计时，框架-剪力墙结构中剪力墙的竖向和水平分布钢筋配筋率均不应小于0.25%，非抗震设计时均不应小于 0.20%，并应至少双排布置。各排分布钢筋之间应设置拉筋，拉筋直径不应小于 6mm，间距不应大于 600mm。

2. 构造要求

(1) 剪力墙的截面厚度应符合下列规定。

① 抗震设计时，一、二级剪力墙的底部加强部位不应小于 200mm。

② 除第①项以外的其他情况下不应小于 160mm。

(2) 剪力墙的水平分布钢筋应全部锚入边框柱内，锚固长度不应小于 l_a（非抗震设计）

或 l_{aE}（抗震设计）。

（3）与剪力墙重合的框架梁可保留，亦可做成宽度与墙厚相同的暗梁，暗梁截面高度可取墙厚的 2 倍或与该榀框架梁截面等高，暗梁的配筋可按构造配置且应符合一般框架梁相应抗震等级的最小配筋要求。

（4）剪力墙截面宜按工字形设计，其端部的纵向受力钢筋应配置在边框柱截面内。

（5）边框柱截面宜与该榀框架其他柱的截面相同，边框柱应符合框架柱构造配筋规定；剪力墙底部加强部位边框柱的箍筋宜沿全高加密；当剪力墙上的洞口紧邻边框柱时，边框柱的箍筋宜沿全高加密。

9.6　框架-核心筒结构

框架-核心筒结构应符合下列构造要求。

（1）核心筒与框架之间的楼盖宜采用现浇梁板体系。

（2）抗震设防烈度低于 9 度且采用加强层时，加强层的大梁或桁架应与核心筒内的墙肢贯通；大梁或桁架与周边框架柱的连接宜采用铰接或半刚性连接。

（3）结构整体分析应计入加强层变形的影响。

（4）抗震设防烈度为 9 度时不应采用加强层。

（5）在施工程序及连接构造上，应采取措施减小结构竖向温度变形及轴向压缩对加强层的影响。

模块小结

（1）在我国，建筑高度大于 27m 的住宅建筑，和建筑高度大于 24m 的非单层公共建筑且高度不大于 100m 的为高层建筑，否则称为多层建筑。

（2）多高层建筑常用的结构类型有混合结构、框架结构、剪力墙结构、框架-剪力墙结构和筒体结构。

（3）多高层建筑承受的竖向荷载较大，同时还承受水平力作用。结构布置的合理性对多高层建筑的经济性及施工的合理性影响较大。所以多高层建筑设计应该注重概念设计，重视结构选型与建筑平面、立面布置的规律性，选择最佳结构体系，加强构造措施以保证建筑结构的整体性，使整个结构具有必要的强度、刚度和延性。

（4）利用建筑物的墙体作为竖向承重和抵抗侧向力的结构称为剪力墙结构。剪力墙实质上是固结于基础上的钢筋混凝土墙片，具有很高的抗侧移能力。

（5）在框架结构中的适当部位增设一定数量的剪力墙，形成的框架和剪力墙结合在一起共同承受竖向和水平荷载的体系称作框架-剪力墙结构，简称框剪结构。

习　题

一、填空题

1. ____________是用不同的材料做成的构件组成的结构。
2. 利用建筑物的墙体作为竖向承重和抵抗侧向力的结构称为____________。
3. 根据开孔的多少，筒体有____________和____________之分。

二、选择题

1. 框架结构按施工方法可分为（　　）。
   A. 现浇式框架　　B. 装配式框架
   C. 装配整体式框架　　D. 横向承重框架
2. 框架结构常见的柱网布置形式有（　　）两种。
   A. 内廊式　　B. 跨度组合式
   C. 横向承重框架　　D. 纵向承重框架
3. 变形缝包括（　　）。
   A. 伸缩缝　　B. 沉降缝
   C. 防震缝　　D. 施工缝
4. 框架结构设计中，“梁比柱的屈服尽可能先发生和多出现，底层柱的塑性铰最晚形成，同一层中各柱两端的屈服过程越长越好”这一原则称为（　　）。
   A. 强柱弱梁　　B. 强剪弱弯
   C. 强节点弱构件　　D. 延性设计
5. 当建筑平面过长、高度或刚度相差过大，以及各结构单元的地基条件有较大差异时，钢筋混凝土框架结构应考虑设置（　　）。
   A. 伸缩缝　　B. 沉降缝
   C. 防震缝　　D. 施工缝

三、判断题

1. 10层及10层以上或高度大于28m的房屋称为高层房屋，否则称为多层房屋。（　　）
2. 框架结构以梁和柱为主要承重构件。（　　）
3. 剪力墙结构抗侧移能力不大，不能承受水平荷载——剪力。（　　）
4. 框架-剪力墙结构体系可用于较高（10～20层）的高层建筑。（　　）
5. 房屋有较大错层者，且楼面高差较大处宜设置沉降缝。（　　）
6. 沉降缝应该从基础底部断开。（　　）

在线答题

模块 10 装配式混凝土结构

思维导图

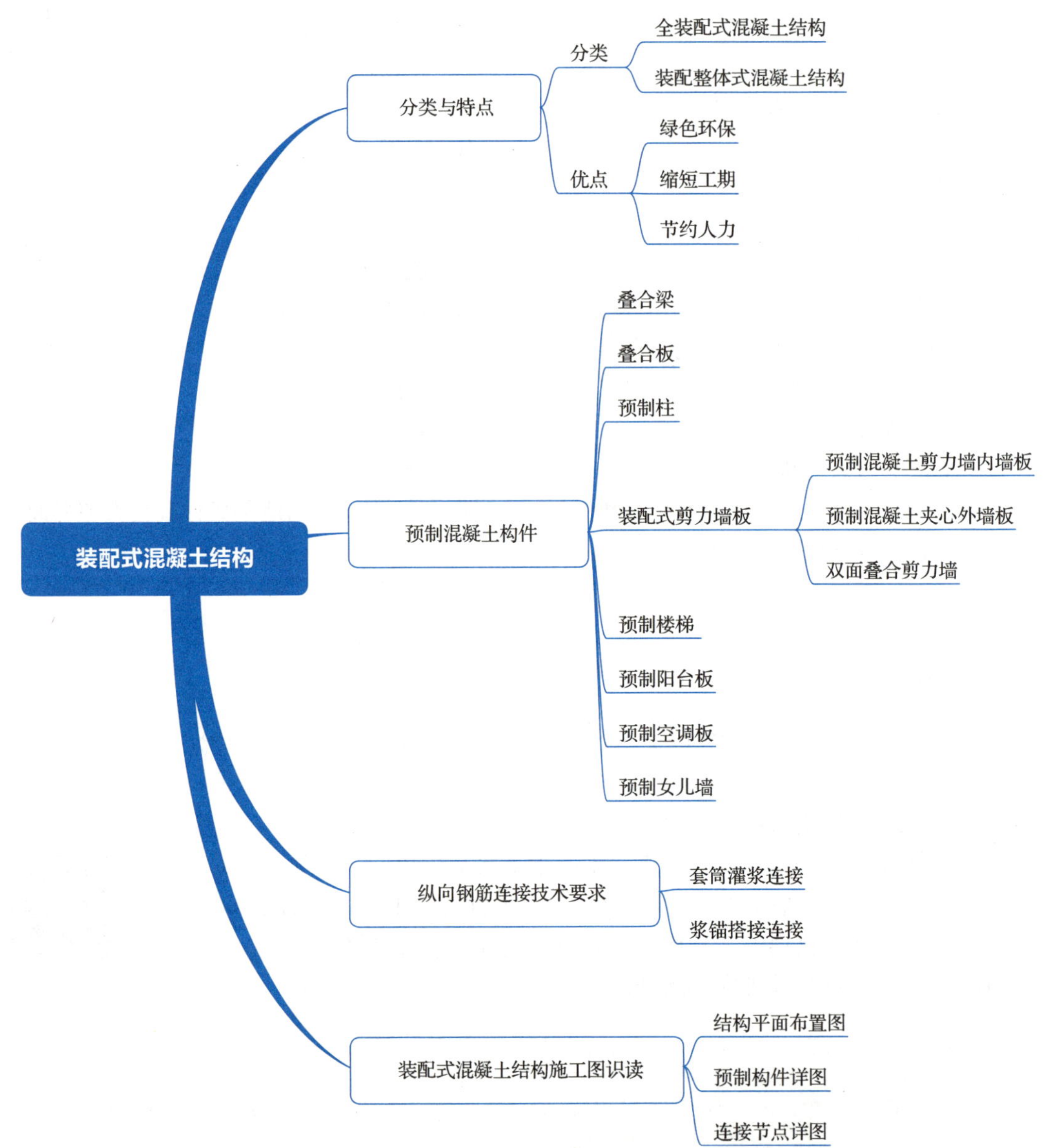

引例

装配式建筑是指将建筑的部分或全部构件在工厂预制完成，然后运输到施工现场，将构件通过可靠的连接方式加以组装而建成的建筑产品。其主要有装配式混凝土结构、钢结构、现代木结构三种结构形式。装配式建筑的发展是建筑业建造方式的重大变革，有利于节约资源能源，减少施工污染，提升劳动生产效率和质量安全水平，促进建筑业与信息化、工业化深度融合，培育新产业、新动能，推动和化解过剩产能。例如，武汉为应对新型冠状病毒感染疫情，8 天建成的火神山、雷神山医院，就是采用了装配式钢结构箱式板房，其施工速度快，集成化程度高。近年来，各地陆续出台一系列文件鼓励使用装配式建筑，许多装配式预制工厂应运而生。

建设现代化产业体系，要推进新型工业化，加快建设制造强国[①]。以装配式建筑、BIM 等新技术为代表的新型建筑体系正是我国建筑业当前及未来的发展方向，从而构建出现代化基础设施体系。

10.1 装配式混凝土结构概述

装配式混凝土结构是由预制混凝土构件通过可靠的连接方式装配而成的混凝土结构，包括全装配式混凝土结构、装配整体式混凝土结构等。全装配式混凝土结构是指全部的墙、板、梁、柱等构件均采用预制混凝土构件，通过可靠的连接方式进行连接，如图 10.1 所示。装配整体式混凝土结构是指由预制混凝土构件通过各种可靠的连接方式进行连接，并与现场后浇混凝土、水泥基灌浆料形成整体的装配式混凝土结构，简称装配整体式结构。这种结构整体性能好，施工质量易保证，目前在工程实际中应用较为广泛。

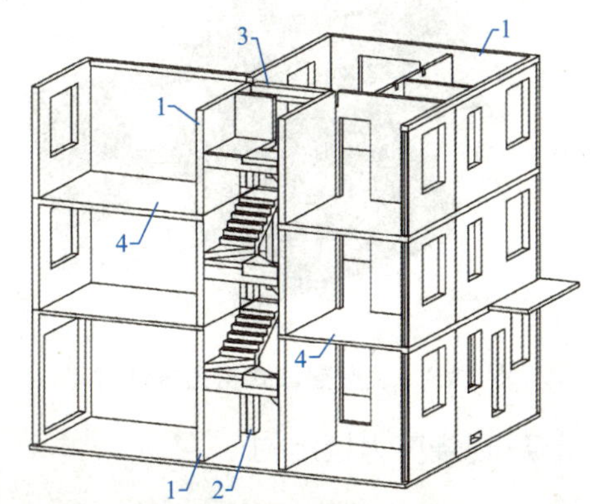

1—预制墙体；2—预制梯柱；3—预制梁；4—预制楼板。

图 10.1　多层全装配式混凝土墙-板结构

① 党的二十大报告提出：“建设现代化产业体系。坚持把发展经济的着力点放在实体经济上，推进新型工业化，加快建设制造强国、质量强国、航天强国、交通强国、网络强国、数字中国。”

10.1.1 装配整体式混凝土结构

1. 装配整体式混凝土框架结构

装配整体式混凝土框架结构是指全部或部分框架梁、柱用预制混凝土构件连接成装配整体式混凝土结构，简称装配整体式框架结构，如图 10.2 所示。装配整体式框架结构平面布置灵活，施工方便，因此在厂房、仓库、商场、停车场、办公楼、教学楼、医院、商务楼等建筑中广泛应用。

图 10.2 装配整体式框架结构

2. 装配整体式混凝土剪力墙结构

装配整体式混凝土剪力墙结构是指除底部加强区以外，根据结构抗震等级的不同，其竖向承重构件全部或部分采用预制墙板构件构成的装配整体式混凝土结构，简称装配整体式剪力墙结构，如图 10.3 所示。其楼板采用叠合楼板，梁采用叠合梁，墙为预制剪力墙，墙端部的暗柱及梁墙节点采用现浇。装配整体式剪力墙结构主要适用于高层建筑。

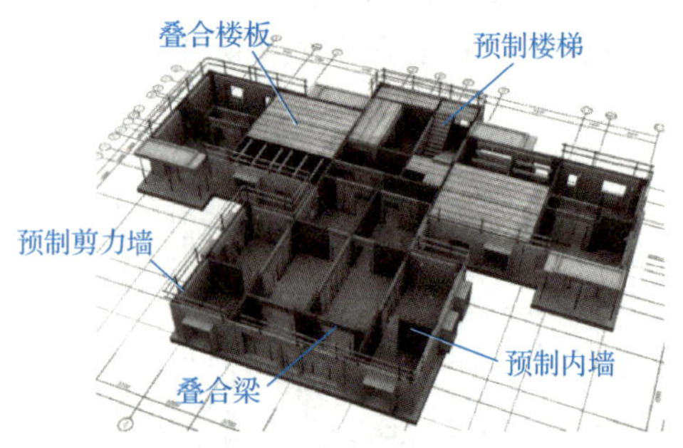

图 10.3 装配整体式剪力墙结构

3. 装配整体式混凝土框架-现浇剪力墙结构

装配整体式混凝土框架-现浇剪力墙结构由装配整体式框架结构和现浇剪力墙（现浇核心筒）两部分组成，是目前我国广泛应用的一种结构体系。其既具备框架结构的布置灵活、使用方便的特点，又有较大的抗侧刚度和抗震能力，可广泛地用于高层建筑中。

10.1.2 装配式混凝土建筑的优点与局限性

装配式混凝土建筑与传统建筑相比，有以下优点与局限性。

1. 装配式混凝土建筑的优点

（1）绿色环保：减少施工过程中的物料浪费，同时大大减少了施工现场的建筑垃圾。

（2）缩短工期：构件生产好之后拉到施工现场装配，减少了一部分工序，可大大加快施工进度。

（3）节约人力：构件在工厂生产完成，减少了施工现场的人力需求，降低了施工人员的劳动强度。

装配式混凝土建筑与传统建筑施工各项目对比，其施工节约率见表 10-1。

表 10-1 装配式混凝土建筑施工节约率

序号	比对项	节约率
1	工期	缩短 30%以上
2	造价（产业化之后）	节约 15%以上
3	材料	节省 20%以上
4	能耗	减少 70%以上
5	人力	减少 40%以上
6	垃圾	减少 80%以上

2. 装配式混凝土建筑的局限性

（1）成本较高：装配式混凝土建筑的工程造价与传统建筑相比要高很多。

（2）运费增加：若构件生产工厂距离施工现场太远，则运输成本会很高。

（3）尺寸限制：由于生产设备的限制，尺寸较大的构件在生产上有一定的难度。

10.2 预制混凝土构件

10.2.1 预制混凝土叠合梁

预制混凝土叠合梁是指预制混凝土梁顶部在现场后浇混凝土而形成的整体梁构件，简称叠合梁，如图 10.4 所示。叠合梁底筋及箍筋在工厂绑扎完成，浇筑一层混凝土，一般浇筑至梁所在位置楼板底部标高，在施工现场吊装完成之后再浇筑一层混凝土，使其与其他受力构件形成一个整体。

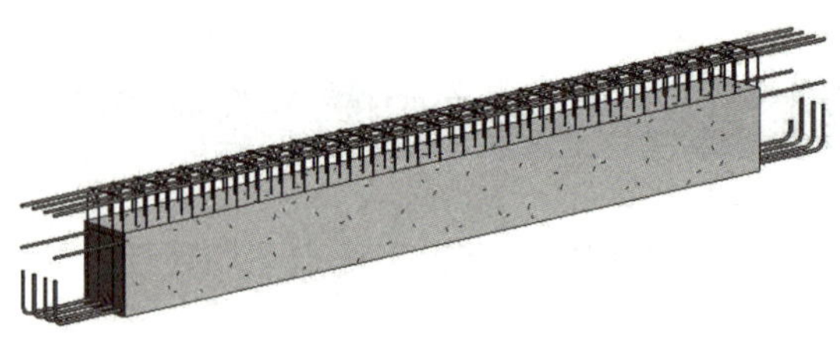

图 10.4　叠合梁

装配整体式框架结构中采用叠合梁时，框架梁的后浇混凝土叠合层厚度不宜小于 50mm，次梁的后浇混凝土叠合层厚度不宜小于 120m。

10.2.2 预制混凝土叠合板

预制混凝土叠合板是指预制混凝土板顶部在现场后浇混凝土而形成的整体板构件，简称叠合板。叠合板可分为桁架叠合板和预应力叠合板。

叠合板的预制板厚度不宜小于 60mm，后浇混凝土叠合层厚度不应小于 60mm。跨度大于 3m 的叠合板，宜采用桁架钢筋混凝土叠合板；跨度大于 6m 的叠合板，宜采用预应力混凝土叠合板；板厚大于 180mm 的叠合板，宜采用空心板。当叠合板的预制板采用空心板时，板端空腔应封堵。

图 10.5　桁架钢筋混凝土叠合板

1. 桁架钢筋混凝土叠合板

桁架钢筋混凝土叠合板（图 10.5）的预制板在待现浇区预留钢筋桁架（图 10.6）。钢筋桁架的主要作用是将后浇筑的混凝土层与预制底板连接成整体，并在制作和安装过程中提供一定刚度。

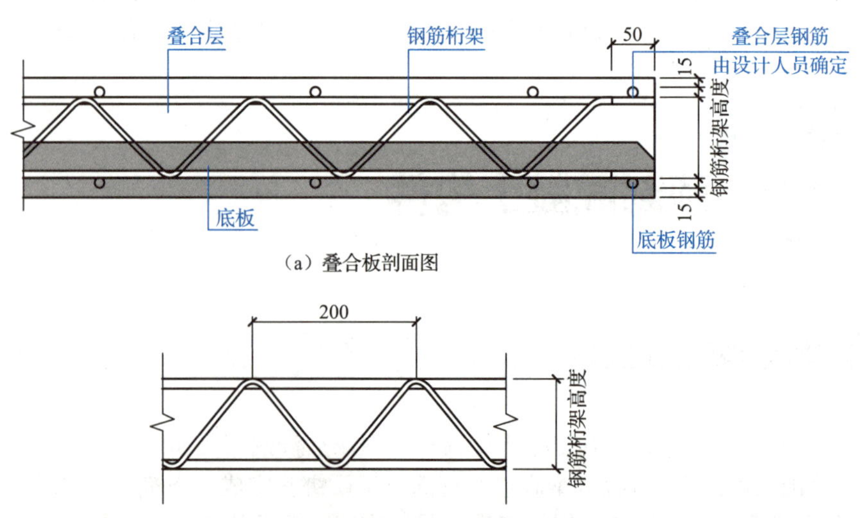

图 10.6　桁架钢筋混凝土叠合板预留钢筋桁架

2．预应力带肋混凝土叠合板

预应力带肋混凝土叠合板（图 10.7）又称 PK 板，是一种新型的装配整体式预应力混凝土楼板。它是以倒 T 形预应力混凝土预制带肋薄板为底板，肋上预留椭圆形孔，孔内穿置横向预应力受力钢筋，然后浇筑叠合层混凝土，从而形成整体双向楼板。

预应力带肋混凝土叠合板具有厚度薄、质量小等特点，同时可以极大提高混凝土的抗裂性能。由于采用了 T 形肋，且肋上预留钢筋穿过的孔洞，使得新老混凝土能够实现良好的互相咬合。

图 10.7　预应力带肋混凝土叠合板

10.2.3 预制混凝土柱

预制混凝土柱的外观多种多样，包括矩形、圆形和工字形等，简称预制柱。矩形预制柱（图 10.8）截面边长不宜小于 400mm；圆形预制柱截面直径不宜小于 450mm，且不宜小于同方向梁宽的 1.5 倍。

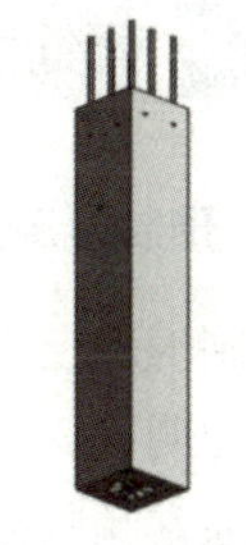

图 10.8　矩形预制柱

10.2.4 装配式剪力墙板

装配式剪力墙板是指在高层剪力墙结构中，作为主要受力构件的剪力墙，通过合理的拆分，分割成一定尺寸的墙板并在工厂进行预制形成的墙板。装配式剪力墙板主要分为预制混凝土剪力墙内墙板、预制混凝土夹心外墙板和双面叠合剪力墙三类。

1．预制混凝土剪力墙内墙板

在施工现场，预制混凝土剪力墙内墙板（图 10.9）侧面通过预留钢筋与剪力墙现浇区段连接，底部通过钢筋灌浆套筒和坐浆层与下层预制剪力墙连接。预制混凝土剪力墙内墙板宜采用一字形，也可采用 L 形、T 形或 U 形。

2．预制混凝土夹心外墙板

预制混凝土夹心外墙板（图 10.10）又称“三明治板”，由内叶板、保温夹层、外叶板通过连接件可靠连接而成。预制混凝土夹心外墙板具有结构、保温、装饰一体化的特点，根据其在结构中的作用，可以分为承重墙板和非承重墙板两类。

3. 双面叠合剪力墙

双面叠合剪力墙（图 10.11）是预制墙板内、外叶用钢筋桁架可靠连接成整体，中间空腔在现场后浇混凝土形成的剪力墙叠合构件。预制墙板内、外叶内表面应设置粗糙面，粗糙面凹凸深度不应小于 4mm。

图 10.9　预制混凝土剪力墙内墙板

图 10.10　预制混凝土夹心外墙板

图 10.11　双面叠合剪力墙

10.2.5 其他预制混凝土构件

1. 预制混凝土楼梯

预制混凝土楼梯即预制楼梯（图 10.12），是装配式混凝土建筑中非常重要的预制构件，具有受力明确、外形美观等优点，避免了现场支模板，安装后可作为施工通道，节约施工工期。通常预制楼梯会在踏步上预制防滑条，并在楼梯临空一侧预制栏杆扶手预埋件。

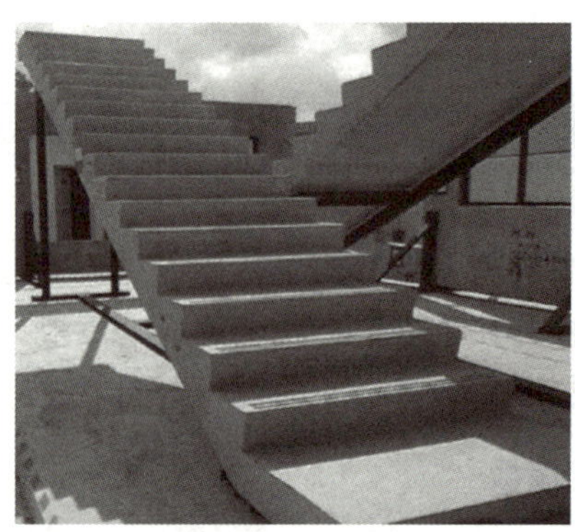

图 10.12　预制楼梯

2. 预制混凝土阳台板

预制混凝土阳台板即预制阳台板，是集承重、围护、保温、防水、防火等功能于一体的重要装配式预制构件。预制阳台板一般有预制实心阳台板和预制叠合阳台板（图 10.13）。

（a）预制实心阳台板

（b）预制叠合阳台板

图 10.13　预制阳台板

3. 预制混凝土空调板

预制混凝土空调板即预制空调板，通常采用预制实心混凝土板，板侧预留钢筋与主体结构相连。预制空调板可与外墙板或楼板通过现场浇筑相连，也可与外墙板在工厂预制时做成一体（图 10.14）。

（a）独立预制空调板

（b）与外墙板做成一体

图 10.14　预制空调板

4. 预制混凝土女儿墙

预制混凝土女儿墙即预制女儿墙（图 10.15），其处于屋顶处外墙的延伸部位，可以是单独的预制构件，也可以将顶层的墙板向上延伸，把顶层外墙与女儿墙预制成一个构件。

图 10.15　预制女儿墙

10.3 装配式混凝土结构的连接构造和制图规则

10.3.1 纵向钢筋连接技术要求

在装配式混凝土结构中，节点及接缝处的纵向钢筋连接宜根据接头受力、施工工艺等要求选用机械连接、套筒灌浆连接、浆锚搭接连接、焊接连接、绑扎搭接等连接方式，并应符合国家现行有关标准的规定。

1．套筒灌浆连接和浆锚搭接连接的技术要求

目前我国标准推荐使用的装配式混凝土结构纵向钢筋的连接方式为套筒灌浆连接和浆锚搭接连接，其技术要求见表 10-2。

表 10-2　钢筋连接技术要求

连接方式		图例	说明	技术要求
套筒灌浆连接	全灌浆套筒	水泥基灌浆料 连接套筒 钢筋 钢筋	两端均采用灌浆方式与钢筋连接，用于装配式剪力墙、预制柱的纵向钢筋的连接，也可用于叠合梁等后浇部位的纵向钢筋连接	套筒灌浆连接是指在预制构件中预埋的金属套筒中插入钢筋并灌注水泥基灌浆料而实现钢筋连接的方式。其作用原理是基于连接套筒内灌浆料较高的抗压强度及微膨胀特点，当其受到连接套筒约束时，在连接套筒内侧筒壁间产生较大的正向应力，钢筋借此正向应力在其带肋的粗糙表面产生摩擦力，传递钢筋轴向力。 灌浆料以水泥为基本材料，配以适当的细骨料和混凝土外加剂及其他材料组成干混料，按规定比例加水搅拌后形成浆体，灌注在连接套筒和带肋钢筋的间隙内
	半灌浆套筒	连接螺纹 连接套筒 水泥基灌浆料 钢筋 钢筋	一端采用灌浆方式与钢筋连接，而另一端采用非灌浆方式与钢筋连接（通常采用螺纹连接）	

续表

连接方式		图例	说明	技术要求
浆锚搭接连接	钢筋约束浆锚搭接连接	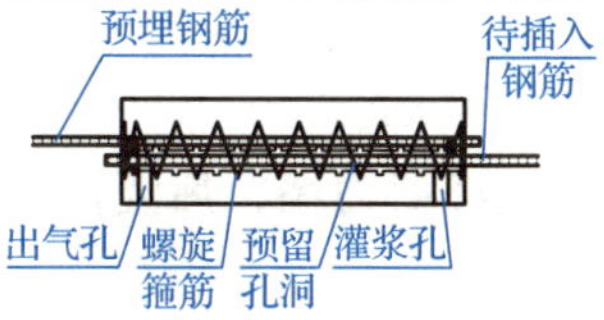 预埋钢筋 待插入钢筋 出气孔 螺旋箍筋 预留孔洞 灌浆孔	在预制构件中有螺旋箍筋约束的孔道中搭接	浆锚搭接连接是指在预制构件中采用特殊工艺制成的孔道中插入需搭接的钢筋，并灌注水泥基灌浆料而实现的钢筋搭接连接方式。其需要将用于搭接的钢筋拉开一定距离，也被称为间接搭接或间接锚固。浆锚搭接连接适用于直径较小的钢筋的连接，具有施工方便、造价较低的特点
	金属波纹管浆锚搭接连接	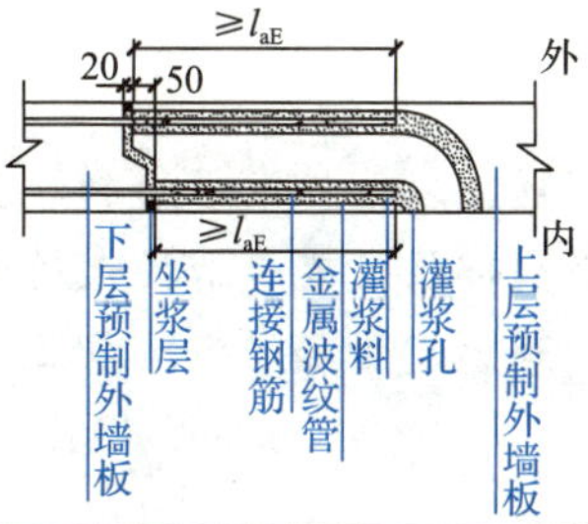 ≥l_{aE} 20 50 外 内 ≥l_{aE} 下层预制外墙板 坐浆层 连接钢筋 金属波纹管 灌浆料 灌浆孔 上层预制外墙板	墙板主要受力钢筋采用插入一定长度的钢套筒或预留金属波纹管孔洞搭接，灌入高性能灌浆料形成	

2. 套筒灌浆连接和浆锚搭接连接的其他规定

纵向钢筋采用套筒灌浆连接时，还应符合下列规定。

（1）接头应满足行业标准《钢筋机械连接技术规程》（JGJ 107－2016）中 I 级接头的性能要求，并应符合国家现行有关标准的规定。

（2）装配式剪力墙中钢筋接头处套筒外侧钢筋的混凝土保护层厚度不应小于 15mm，预制柱中钢筋接头处套筒外侧箍筋的混凝土保护层厚度不应小于 20mm。

（3）套筒之间的净距不应小于 25mm。

（4）预制构件与后浇混凝土、灌浆料、坐浆材料的结合面应设置粗糙面、键槽，并应符合规定。

纵向钢筋采用浆锚搭接连接时，对预留孔成孔工艺、孔道形状和长度、构造要求、灌浆料和被连接钢筋，应进行力学性能及适用性试验验证。直径大于 20mm 的钢筋不宜采用浆锚搭接连接，直接承受动力荷载构件的纵向钢筋不应采用浆锚搭接连接。

10.3.2 装配式混凝土结构施工图识读

1. 装配式混凝土结构施工图组成

装配式混凝土结构施工图是指在结构平面图上采用平面表示方法表达各结构构件的布置，与构件详图、构造详图相配合，并与 15G107—1 等国家建筑标准设计系列图集相配套，形成的一套完整的装配式混凝土结构设计文件。

以装配整体式剪力墙结构施工图为例，其结构施工图主要包括结构平面布置图、各类预制构件详图和连接节点详图。结构平面布置图主要包括基础平面布置图、剪力墙平面布置图、屋面层女儿墙平面布置图、板结构平面布置图、楼梯平面布置图等；预制构件详图包括预制外墙板模板图和配筋图、预制内墙板模板图和配筋图、叠合板模板图和配筋图、阳台板模板图和配筋图、预制楼梯模板图和配筋图等；连接节点详图包括预制墙竖向接缝构造、预制墙水平接缝构造、连梁及楼（屋）面梁与预制墙的连接构造、叠合板连接构造、叠合梁连接构造和预制楼梯连接构造等。

2. 装配整体式剪力墙结构施工图制图规则

装配整体式剪力墙结构可以看成由预制剪力墙、现浇剪力墙、后浇段、现浇梁、楼面梁、水平后浇带、圈梁、预制楼梯等构件构成。

特别提示

预制混凝土剪力墙（简称预制剪力墙）平面布置图应按标准层绘制，应包括上述全部结构构件，应标注结构楼层标高表并注明上部嵌固部位位置，标注未居中承重墙体与轴线的定位，需标明预制剪力墙的门窗洞口、结构洞的尺寸和定位，以及预制剪力墙的装配方向、水平后浇带和圈梁的位置。

预制构件的表达形式应符合规则，主要预制构件的代号及编号规则见表 10-3。

表 10-3　预制构件的代号及编号规则

预制构件类型		代号	编号	示例
预制剪力墙	预制外墙板	YWQ	××	YWQ1 表示预制外墙板，编号为 1
	预制内墙板	YNQ	××	YNQ3a 表示预制内墙板，编号为 3a
预制叠合梁	预制叠合梁	DL	××	DL1 表示预制叠合梁，编号为 1
	预制叠合连梁	DLL	××	DLL3 表示预制叠合连梁，编号为 3
预制外墙模板		JM	××	JM1 表示预制外墙模板，编号为 1
叠合板	叠合楼面板	DLB	××	DLB3 表示楼面板为叠合板，编号为 3
	叠合屋面板	DWB	××	DWB2 表示屋面板为叠合板，编号为 2
	叠合悬挑板	DXB	××	DXB1 表示悬挑板为叠合板，编号为 1
叠合板底板	叠合板底板接缝	JF	××	JF1 表示叠合板底板之间的接缝，编号为 1
	叠合板底板密拼接缝	MF	—	—
水平后浇带		SHJD	××	SHJD1 表示水平后浇带，编号为 1
后浇段	约束边缘构件后浇段	YHJ	××	YHJ1 表示约束边缘构件后浇段，编号为 1
	构造边缘构件后浇段	GHJ	××	GHJ5 表示构造边缘构件后浇段，编号为 5
	非边缘构件后浇段	AHJ	××	AHJ3 表示非边缘构件后浇段，编号为 3
预制楼梯	双跑楼梯	ST	-××-××	ST-28-25 表示预制钢筋混凝土板式楼梯为双跑楼梯，层高为 2800mm，楼梯间净宽为 2500mm
	剪刀楼梯	JT	-××-××	JT-28-26 改表示预制钢筋混凝土板式楼梯为剪刀楼梯，层高为 2800mm，楼梯间净宽为 2600mm，其设计构件尺寸与 JT-28-26 相同，但配筋有区别
预制阳台板、空调板及女儿墙	预制阳台板	YYTB	××	YYTB3a 表示预制阳台板，编号为 3a
	预制空调板	YKTB	××	YKTB2 表示预制空调板，编号为 2
	预制女儿墙	YNEQ	××	YNEQ5 表示预制女儿墙，编号为 5

注：编号可为数字，或数字加字母。

学中做

1. YHJ1 表示编号为____的__________，DLL2 表示编号为____的预制__________，JM3 表示编号为____的预制____________。

2. JF2 表示编号为____的叠合板__________；叠合板底板密拼接缝用符号____表示；SHJD2 表示__________，编号为____。

3. YNEQ4 表示编号为____的__________。

10.3.3 装配整体式剪力墙结构施工图识读案例

本节选取装配整体式剪力墙结构施工图中的剪力墙平面布置图、预制剪力墙详图、叠合板平面布置图及叠合板详图案例，进行装配整体式剪力墙结构施工图识读。

1. 剪力墙平面布置图及预制剪力墙详图识读

1）剪力墙平面布置图识读

剪力墙平面布置图如图 10.16 所示。对图 10.16 剪力墙平面布置图的识读见表 10-4。

表 10-4 对图 10.16 剪力墙平面布置图的识读

种类	编号	示例	备注说明
预制外墙板（6 种）	YWQ1 YWQ2 YWQ3L YWQ4L YWQ5L YWQ6L	YWQ3L 为夹心外墙板，由内叶墙板、保温板和外叶墙板组成，其中内叶墙板编号为 WQC1-3328-1514，是一个窗洞外墙，标志宽度为 3300mm，层高为 2800mm，窗宽为 1500mm，窗高为 1400mm，墙厚为 200mm；外叶墙板为标准外叶墙板，外叶墙板与内叶墙板左右两侧的尺寸差值分别是 190mm、20mm，构件详图见 15G365—1 第 60、61 页	L 表示是左侧构件
预制内墙板（4 种）	YNQ1 YNQ2L YNQ3 YNQ1a	YNQ1 为无洞口内墙，编号为 NQ-2728，标志宽度为 2700mm，层高为 2800mm，墙厚为 200mm，构件详图见 15G365—1 第 16、17 页。YNQ1 和 YNQ1a 仅线盒位置不同，其他参数均相同	L 表示是左侧构件，4 种墙体的斜支撑位置均在右侧（图中三角形示意）
后浇段（9 种）	GHJ1~GHJ8	GHJ 表示边缘构件后浇段	
	AHJ1	AHJ 表示非边缘构件后浇段	
预制外墙模板（1 种）	JM1	预制外墙模板厚度为 60mm，构件详图见 15G365—1 第 228 页	平面形状为 L 形

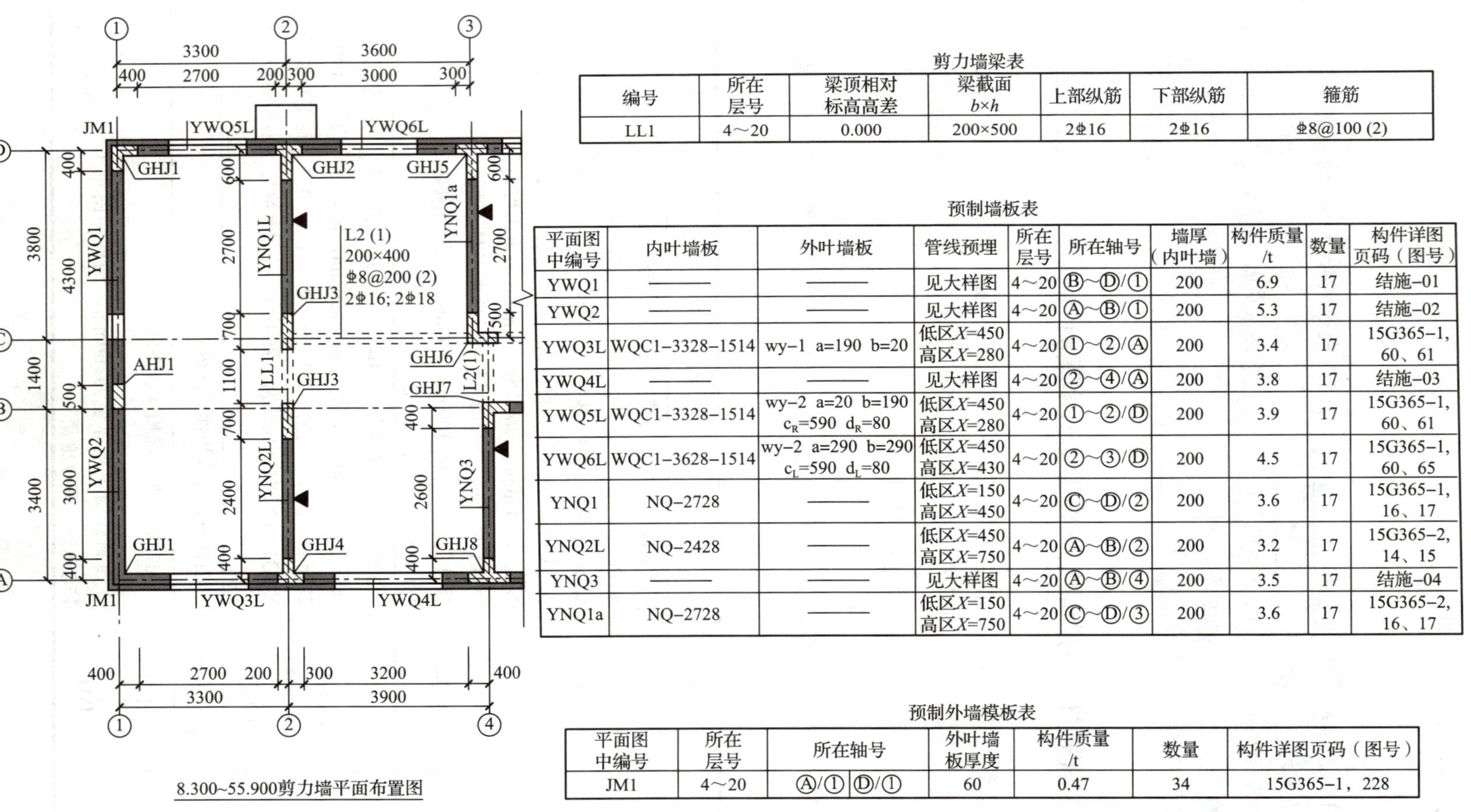

剪力墙梁表

编号	所在层号	梁顶相对标高高差	梁截面 $b \times h$	上部纵筋	下部纵筋	箍筋
LL1	4～20	0.000	200×500	2⌀16	2⌀16	⌀8@100 (2)

预制墙板表

平面图中编号	内叶墙板	外叶墙板	管线预埋	所在层号	所在轴号	墙厚（内叶墙）	构件质量/t	数量	构件详图页码（图号）
YWQ1	——	——	见大样图	4～20	Ⓑ～Ⓓ/①	200	6.9	17	结施–01
YWQ2	——	——	见大样图	4～20	Ⓐ～Ⓑ/①	200	5.3	17	结施–02
YWQ3L	WQC1–3328–1514	wy–1 a=190 b=20	低区X=450 高区X=280	4～20	①～②/Ⓐ	200	3.4	17	15G365–1, 60、61
YWQ4L	——	——	见大样图	4～20	②～④/Ⓐ	200	3.8	17	结施–03
YWQ5L	WQC1–3328–1514	wy–2 a=20 b=190 c_R=590 d_R=80	低区X=450 高区X=280	4～20	①～②/Ⓓ	200	3.9	17	15G365–1, 60、61
YWQ6L	WQC1–3628–1514	wy–2 a=290 b=290 c_L=590 d_L=80	低区X=450 高区X=430	4～20	②～③/Ⓓ	200	4.5	17	15G365–1, 60、65
YNQ1	NQ–2728	——	低区X=150 高区X=450	4～20	Ⓒ～Ⓓ/②	200	3.6	17	15G365–1, 16、17
YNQ2L	NQ–2428	——	低区X=450 高区X=750	4～20	Ⓐ～Ⓑ/②	200	3.2	17	15G365–2, 14、15
YNQ3	——	——	见大样图	4～20	Ⓐ～Ⓑ/④	200	3.5	17	结施–04
YNQ1a	NQ–2728	——	低区X=150 高区X=750	4～20	Ⓒ～Ⓓ/③	200	3.6	17	15G365–2, 16、17

预制外墙模板表

平面图中编号	所在层号	所在轴号	外叶墙板厚度	构件质量/t	数量	构件详图页码（图号）
JM1	4～20	Ⓐ/① Ⓓ/①	60	0.47	34	15G365–1，228

图 10.16 剪力墙平面布置图

2）预制剪力墙详图识读

下面以无洞口内墙板 NQ–1828 为例，通过模板图（图 10.17）和配筋图（图 10.18）识读其基本尺寸和配筋情况。

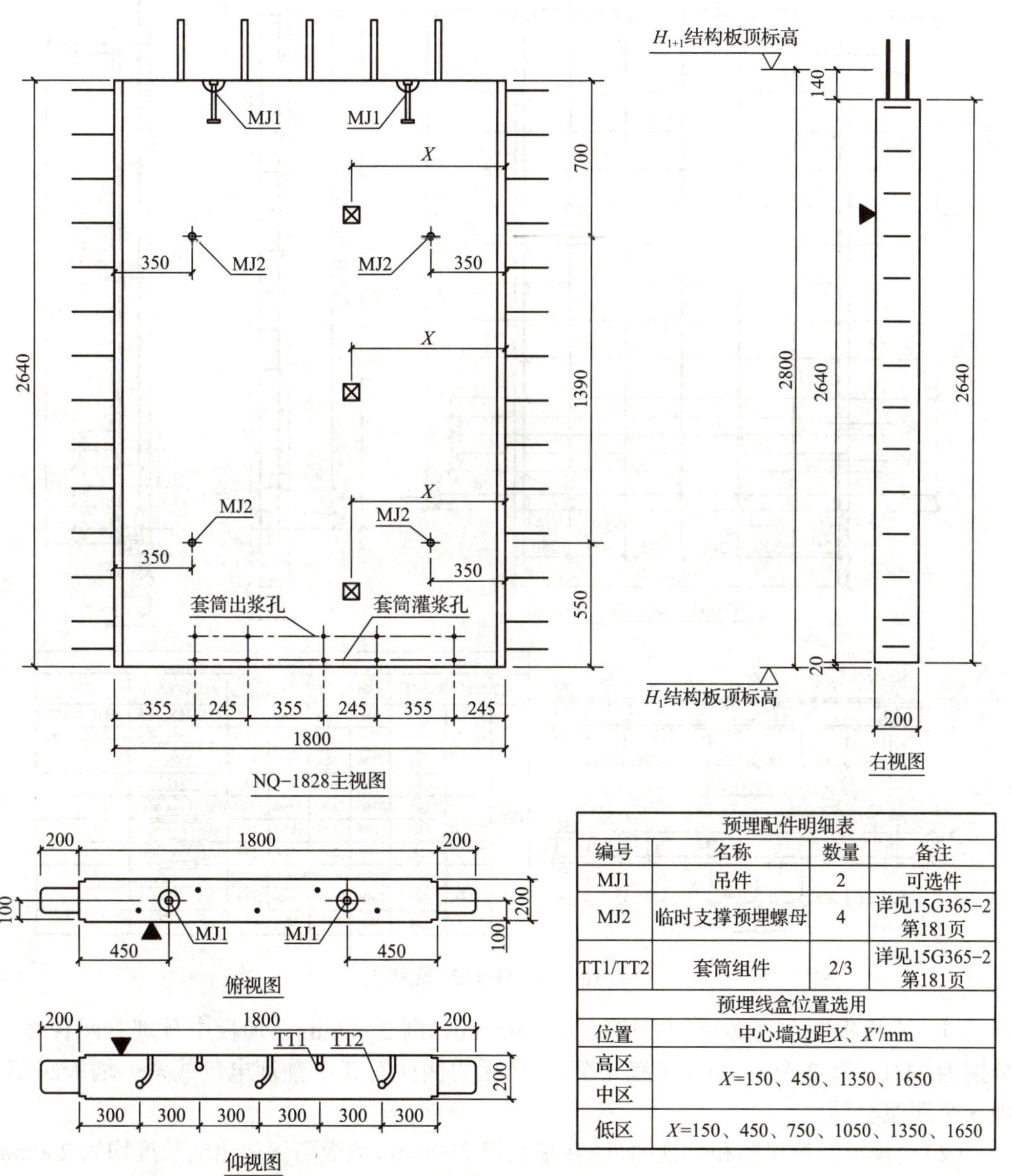

预埋配件明细表

编号	名称	数量	备注
MJ1	吊件	2	可选件
MJ2	临时支撑预埋螺母	4	详见15G365–2第181页
TT1/TT2	套筒组件	2/3	详见15G365–2第181页

预埋线盒位置选用

位置	中心墙边距X、X'/mm
高区	X=150、450、1350、1650
中区	X=150、450、1350、1650
低区	X=150、450、750、1050、1350、1650

图 10.17 NQ–1828 模板图

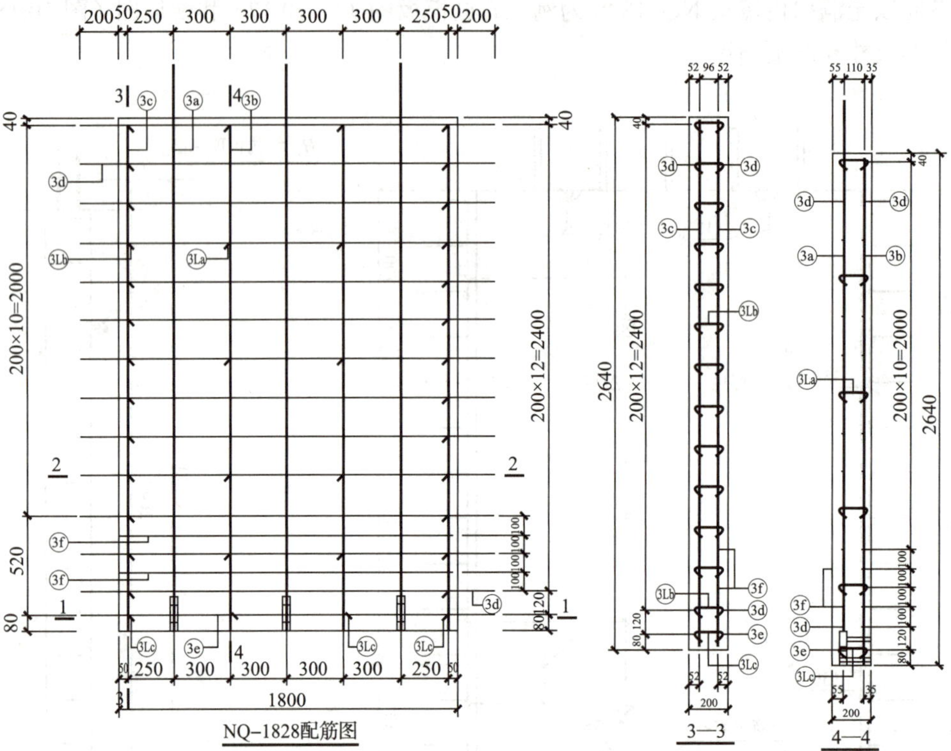

NQ-1828配筋图

3—3

4—4

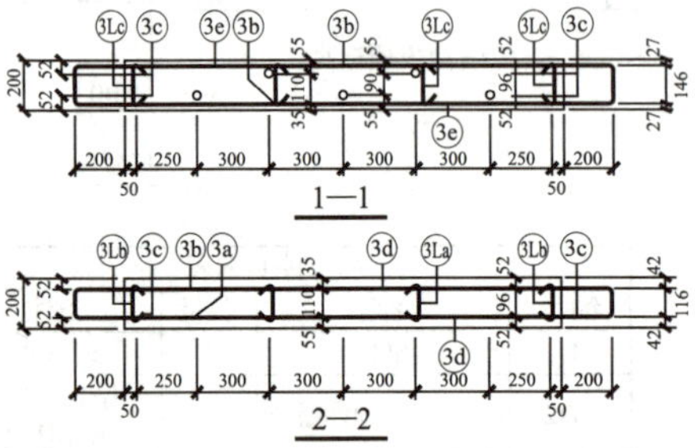

1—1

2—2

NQ-1828 钢筋表								
钢筋类型		钢筋编号	一级	二级	三级	四级非抗震	钢筋加工尺寸	备注
混凝土墙	竖向分布钢筋	3a	5Φ16	5Φ16	5Φ16	–	23，2466，290	一端车丝长度23
						5Φ14	21，2484，275	一端车丝长度21
		3b	5Φ6	5Φ6	5Φ6	5Φ6	2610	
		3c	4Φ12	4Φ12	4Φ12	4Φ12	2610	
	水平分布钢筋	3d	13Φ8	13Φ8	13Φ8	13Φ8	116 200 1800 200 116	
		3e	1Φ8	1Φ8	1Φ8	1Φ8	146 200 1800 200 146	
		3f	2Φ8	2Φ8	2Φ8	2Φ8	116 1750 116	
	拉筋	3La	Φ6@600	Φ6@600	Φ6@600	Φ6@600	30 130 30	
		3Lb	26Φ6	26Φ6	26Φ6	26Φ6	30 124 30	
		3Lc	4Φ6	4Φ6	4Φ6	4Φ6	30 154 30	

图 10.18　NQ-1828 配筋图

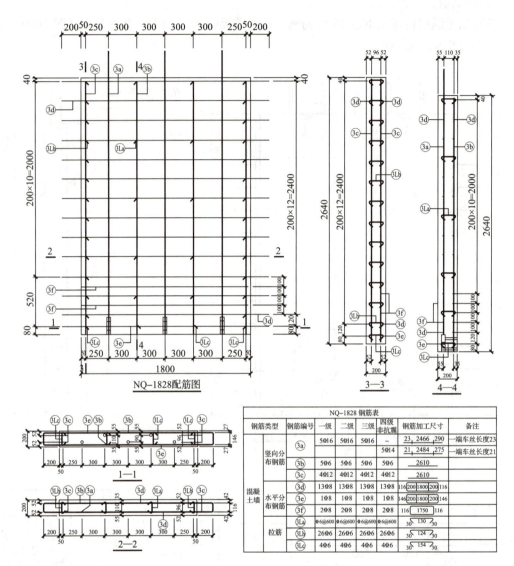

（1）由模板图主视图可知：墙板宽 1800mm，高 2640mm；墙板中预埋有两种埋件，分别为 MJ1（有 2 个）、MJ2（有 4 个）；墙板内侧面有 3 个预埋电气线盒；墙板底部预埋 5 个灌浆套筒。

（2）由模板图俯视图和仰视图可知：墙板厚 200mm，墙板两侧边出筋长度均为 200mm；墙板顶部的埋件 MJ1 在墙板厚度上居中布置。

（3）由模板图右视图可知：墙板底部预留 20mm 高灌浆区，顶部预留 140mm 高后浇区，合计层高为 2800mm。

（4）由模板图的预埋配件明细表可知：埋件 MJ1 是预埋吊件，数量为 2；埋件 MJ2 为临时支撑预埋螺母，数量为 4。

（5）由 NQ-1828 配筋图可知：墙板配筋由内外两层钢筋网片组成，即水平分布钢筋、竖向分布钢筋及拉筋。水平分布钢筋为矩形封闭筋形式，同高度处的两根水平分布钢筋外伸后形成预留外伸 U 形筋的形式，两侧各外伸 200mm，分布间距为 200mm。规格有 3 种，在套筒处规格为③e，仅 1 根；其他区域为③d，有 13 根；在套筒顶部以上 300mm 范围内为③f，有 2 根，形成 100mm 的加密区。竖向分布钢筋也有 3 种规格，与套筒连接处为③a（下端车丝，与本墙板中的灌浆套筒机械连接，上端外伸，与上一层墙板中的灌浆套筒连接），间距为 300mm，两侧隔一设一，共 5 根；与③a对应的③b，不外伸，沿墙板通长布置，与③a间隔布置，也是 5 根；两端端部为③c，距墙板边 50mm，沿墙板高度通长布置，每端设置 2 根，共计 4 根。拉筋也有 3 种规格，墙板中间为③La，间距 600mm，共计 10 根，墙板端部竖向构造钢筋节点处为③Lb，两端共计 26 根；灌浆套筒处水平分布钢筋节点处为③Lc，自端节点起隔一布一，共计 4 根。

学中做

1. NQ-1828 的预埋螺母 MJ2 距离墙板两侧边的距离为________，下部两螺母距离墙板下边缘距离为________，上部两螺母与下部两螺母间距为________。

2. NQ-1828 的构件对角线控制尺寸为________。

3. AHJ1、GHJ1 分别表示________、________。

4. NQ-1828 中与套筒连接的竖向分布钢筋，在一级抗震时为________。

2. 叠合板平面布置图及叠合板详图识读

当以剪力墙、梁为支座时，叠合楼（屋）盖施工图主要包括预制底板平面布置图、现浇层配筋图、水平后浇带或圈梁布置图。下面将举例识读叠合板平面布置图及叠合板详图。

1）叠合板平面布置图和接缝构造识读

叠合板平面布置图如图 10.19 所示，识读如下。

（1）由板结构平面布置图和叠合板预制底板表可知：在结构层标高 5.500~55.900（结构层 3~21 层）范围内，叠合板厚 130mm，预制底板厚 60mm，现浇层厚 70mm。图中均未注明板底标高，所以预制板底标高为结构层标高减去 130mm，降板板底标高为预制板底标高减去 120mm；预制底板有 DLB1、DLB2、DLB3 三种类型，其中，DLB1 水平位置处于定位轴线①、②、Ⓐ、Ⓓ围成的区格内，从前往后由标准图集中的 DBD67-3320-2、DBD67-3315-2、DBS2-67-3317、DBD67-3324-2 组成，DBS2-67-3317 相对于预制板底标高低 120mm，DBD67-3320-2 与 DBD67-3315-2 的接缝构造为 MF，DBS2-67-3317 与 DBD67-3315-2 和 DBD67-3324-2 之间为 JF1。现浇层，沿着轴线①、Ⓐ、Ⓓ的叠合板板顶设置①号板面附加构造钢筋（⌀8@200，从墙边伸出 950mm），沿着轴线②的叠合板板顶设置③号板面附加构造钢筋。

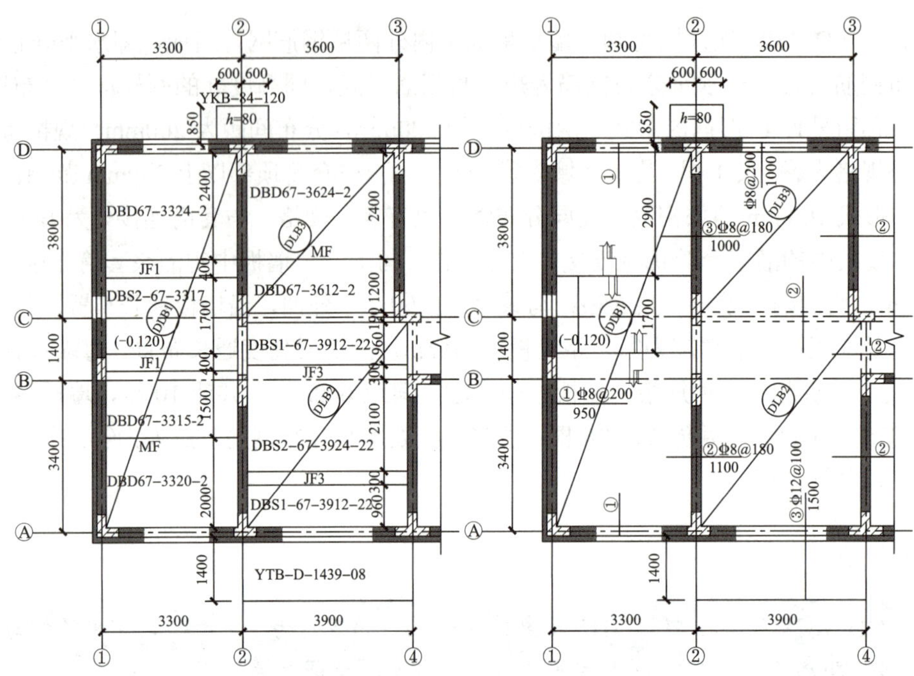

底板平面布置图　　　　现浇层配筋平面图

5.500～55.900板结构平面布置图

叠合板预制底板表

叠合板编号	选用构件编号	所在楼层	构件质量/t	数量	构件详图页码（图号）
DLB1	DBD67-3320-2	3～21	0.93	19	15G366-1，65
	DBD67-3315-2	3～21	0.7	19	15G366-1，63
	DBS2-67-3317	3～21	0.87	19	结施-35
	DBD67-3324-2	3～21	1.23	19	15G366-1，66
DLB2	DBS1-67-3912-22	3～21	0.56	38	15G366-1，22
	DBS2-67-3924-22	3～21	1.23	19	15G366-1，41
DLB3	DBD67-3612-2	3～21	0.62	19	15G366-1，62
	DBD67-3624-2	3～21	1.23	19	15G366-1，66

注：未注明的预制构件板底标高为本层标高减去叠合板板厚。降板部分的板底标高为叠合板底标高减去降板所降高度。

接缝表

平面图中编号	所在楼层	节点详图页码（图号）
MF	3～21	15G310-1，28，B6-1；A_{sd}为Φ8@200，附加通长构造钢筋为Φ6@200
JF1	3～21	××，××
JF3	3～21	××，××

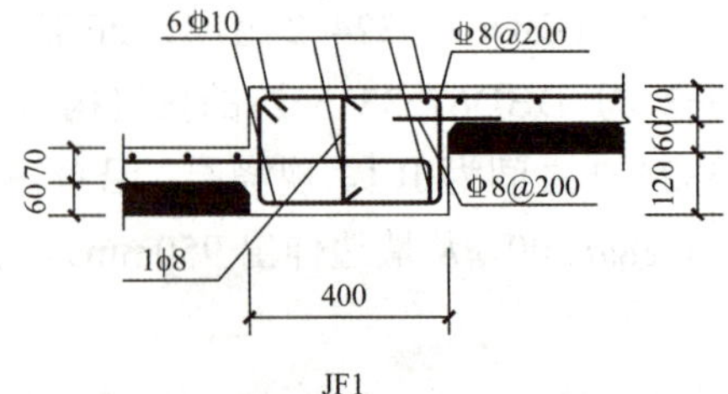

JF1

图 10.19　叠合板平面布置图

（2）由板结构平面布置图、接缝表和 JF1 详图可知：叠合板 JF1 宽 400mm，高 250mm，纵向钢筋 6Φ10，箍筋 Φ8@200（三肢箍），低处叠合板现浇部分纵向钢筋伸入接缝端部向下锚固，高处叠合板结合处设置 Φ8@200 的构造钢筋并伸入接缝锚固。

学中做

1. DLB1、DLB2、DLB3 分别表示________、________、________。
2. DBD67-3320-2、DBD67-3315-2、DBS2-67-3317、DBD67-3324-2 分别表示________、________、________、________。
3. MF、JF 分别表示________、________。
4. 识读②、③号板面附加构造钢筋。

2）预制双向板模板图和配筋图识读

下面以 DBS2-67-3012-11 为例进行预制双向板模板图和配筋图识读，如图 10.20 所示。

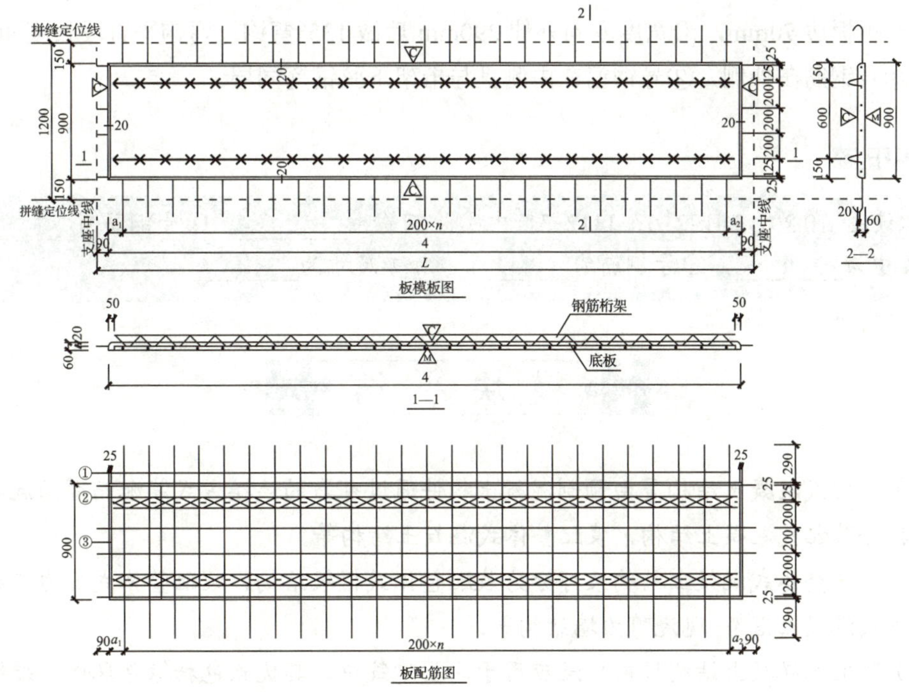

底板参数表

底板编号（×代表1、3）	l_0	a_1	a_2	n	桁架型号 编号	桁架型号 长度	桁架型号 质量/kg	混凝土体积/m³	底板自重/t
DBS2-67-3012-×1	2820	150	70	13	A80	2720	4.79	0.152	0.381
DBS2-68-3012-×1					A90		4.87		
DBS2-67-3312-×1	3120	70	50	15	A80	3020	5.32	0.168	0.421
DBS2-68-3312-×1					A90		5.40		
DBS2-67-3612-×1	3420	150	70	16	A80	3320	5.85	0.185	0.462
DBS2-68-3612-×1					A90		5.94		
DBS2-67-3912-×1	3720	70	50	18	B80	3620	7.18	0.201	0.502
DBS2-68-3912-×1					B90		7.28		
DBS2-67-4212-×1	4020	150	70	19	B80	3920	7.77	0.217	0.543
DBS2-68-4212-×1					B90		7.88		
DBS2-67-4512-×1	4320	70	50	21	B80	4220	8.37	0.233	0.584
DBS2-68-4512-×1					B90		8.48		
DBS2-67-4812-×1	4620	150	70	22	B80	4520	8.96	0.249	0.624
DBS2-68-4812-×1					B90		9.09		
DBS2-67-5112-×1	4920	70	50	24	B80	4820	9.55	0.266	0.665
DBS2-68-5112-×1					B90		9.69		
DBS2-67-5412-×1	5220	150	70	25	B80	5120	10.15	0.282	0.705
DBS2-68-5412-×1					B90		10.29		
DBS2-67-5712-×1	5520	150	50	27	B80	5420	10.74	0.298	0.745
DBS2-68-5712-×1					B90		10.90		
DBS2-67-6012-×1	5820	150	70	28	B80	5720	11.33	0.314	0.785
DBS2-68-6012-×1					B90		11.50		

底板配筋表

底板编号（×代表7、8）	① 规格	① 加工尺寸	① 根数	② 规格	② 加工尺寸	② 根数	③ 规格	③ 加工尺寸	③ 根数
DBS2-6×-3012-11	Φ8	40 1480 40	14	Φ8	3000	4	Φ6	850	2
DBS2-6×-3012-31				Φ10					
DBS2-6×-3312-11	Φ8	40 1480 40	16	Φ8	3300	4	Φ6	850	2
DBS2-6×-3312-31				Φ10					
DBS2-6×-3612-11	Φ8	40 1480 40	17	Φ8	3600	4	Φ6	850	2
DBS2-6×-3612-31				Φ10					
DBS2-6×-3912-11	Φ8	40 1480 40	19	Φ8	3900	4	Φ6	850	2
DBS2-6×-3912-31				Φ10					
DBS2-6×-4212-11	Φ8	40 1480 40	20	Φ8	4200	4	Φ6	850	2
DBS2-6×-4212-31				Φ10					
DBS2-6×-4512-11	Φ8	40 1480 40	22	Φ8	4500	4	Φ6	850	2
DBS2-6×-4512-31				Φ10					
DBS2-6×-4812-11	Φ8	40 1480 40	23	Φ8	4800	4	Φ6	850	2
DBS2-6×-4812-31				Φ10					
DBS2-6×-5112-11	Φ8	40 1480 40	25	Φ8	5100	4	Φ6	850	2
DBS2-6×-5112-31				Φ10					
DBS2-6×-5412-11	Φ8	40 1480 40	26	Φ8	5400	4	Φ6	850	2
DBS2-6×-5412-31				Φ10					
DBS2-6×-5712-11	Φ8	40 1480 40	28	Φ8	5700	4	Φ6	850	2
DBS2-6×-5712-31				Φ10					
DBS2-6×-6012-11	Φ8	40 1480 40	29	Φ8	6000	4	Φ6	850	2
DBS2-6×-6012-31				Φ10					

图 10.20 预制双向板模板图和配筋图

（1）由板模板图、底板参数表和 1—1、2—2 剖面图可知：预制板用作中板，混凝土面宽 900m、长 2820mm，宽度方向上，两侧板边至拼缝定位线均为 150mm，长度方向上，两侧板边至支座中线均为 90mm。4 个侧边及顶面均设置粗糙面，预制板底面为模板面。预制混凝土层厚 60mm。

（2）由板配筋图及底板配筋表可知：双向板配筋包括沿长度方向布置两道钢筋桁架和板底钢筋。桁架中心线距离板边 150mm，桁架中心线间距 600mm，桁架钢筋端部距离板边 50mm。板底沿长度方向设置②号受力钢筋 4⌀8，加工尺寸 3000mm；具体是以钢筋桁架为基准，间距 200mm 布置，在钢筋桁架之间布置 2 道，距板边 25mm 处各布置 1 道，共 4 道，长度方向板筋在两侧支座处均外伸 90mm。板底沿宽度方向设置①号和③号钢筋，③号分布钢筋为 2⌀6，两端不外伸，加工尺寸 850mm，距板边 25mm；①号受力钢筋为 14⌀8，沿长度方向间距 200mm 布置，其中最左侧的宽度方向板筋距板边 150mm，最右侧的宽度方向板筋距板边 70mm，沿宽度方向外伸 290mm 后做 135°弯钩，弯钩平直段长度 40mm。①号和③号钢筋在外侧，②号钢筋在内侧且与桁架下弦钢筋同层。

学中做

识读图 10.20，DBS2-67-3312-31 中①号钢筋为________，②号钢筋为________，加工尺寸为________，③号钢筋为________，加工尺寸为________。

模块小结

（1）装配式混凝土结构是由预制混凝土构件通过可靠的连接方式装配而成的混凝土结构，包括全装配式混凝土结构、装配整体式混凝土结构等。

（2）装配整体式混凝土结构又可分为装配整体式框架结构、装配整体式剪力墙结构、装配整体式混凝土框架-现浇剪力墙结构等。

（3）装配式混凝土结构目前广泛应用于高层建筑中，其优点包括绿色环保、缩短工期和节约人力，但具有成本较高、运费增加和尺寸限制的局限性。

（4）常见的预制混凝土构件包括叠合梁、叠合板、预制柱、剪力墙、预制楼梯、预制阳台板、预制空调板、预制女儿墙等。

（5）目前常用的装配式混凝土结构钢筋连接方式有套筒灌浆连接和浆锚搭接连接。

（6）装配式混凝土结构连接要符合相应的技术要求和国家现行有关标准的规定。

（7）学习装配式混凝土结构施工图的制图规则和识图要求。

习　题

一、填空题

1．装配整体式混凝土结构是指由________构件通过可靠的连接方式进行连接并与现场________、________形成整体的装配式混凝土结构。

2．装配整体式混凝土结构又可分为______________结构、______________结构、______________结构等。

3．常见的预制混凝土构件主要包括________、________、________、________、预制楼梯、预制阳台板、________、预制女儿墙等。

4．目前使用的装配式混凝土结构连接方式有________连接和________连接。

5．钢筋连接用灌浆套筒包括________和________两种形式。

二、选择题（含多项选择题）

1．叠合板的预制部分最小厚度为（　　），叠合楼板在工地安装到位后应进行二次浇筑，从而成为整体实心楼板。

A．3~6cm　　B．3~5cm　　C．2~4cm　　D．2~5cm

2．桁架钢筋混凝土叠合板属于半预制构件，下部为预制混凝土板，外露部分为（　　）钢筋。

A．桁架　　B．受力　　C．分布　　D．加强

3．通过铸造的中空型套筒，钢筋从两端开口穿入套筒内部，不需要搭接或熔接，钢筋与套筒间填充高强度微膨胀结构性砂浆，即完成钢筋续接动作。以上讲述的是（　　）的原理。

A．套筒灌浆连接　　B．浆锚搭接连接

C．半灌浆套筒连接　　D．全灌浆套筒连接

4．浆锚搭接连接是装配式混凝土结构钢筋竖向连接形式之一，即在混凝土中预埋金属波纹管，待混凝土达到要求强度后，将钢筋穿入金属波纹管，再将（　　）灌入金属波纹管养护，以起到锚固钢筋的作用。

A．高强度无收缩灌浆　　B．高强度微收缩灌浆料

C．无收缩灌浆料　　D．等强度无收缩灌浆料

5．当采用套筒灌浆连接时，自套筒底部至套筒顶部并向上延伸（　　）范围内，预制剪力墙的水平分布钢筋应加密。

A．200mm　　B．300mm　　C．400mm　　D．500mm

6．编号为 NQM3-3329-1022 的内墙板，其含义为（　　）。

A．预制内墙板类型为中间门洞，标志宽度 3300mm，层高 2900mm，门宽 1000mm，门高 2200mm

B．预制内墙板类型为固定门垛，标志宽度 3300mm，层高 2900mm，门宽 1000mm，门高 2200mm

C．预制内墙板类型为刀把，标志宽度 2900mm，层高 3300mm，门宽 1000mm，门高 2200mm

D．预制内墙板类型为刀把，标志宽度 3300mm，层高 2900mm，门宽 1000mm，门高 2200mm

7．编号为 WQ-2428 的内叶墙板，其含义为（　　）。

A．预制内叶墙板类型为无洞口外墙，标志宽度 2400mm，层高 2800mm

B．预制内叶墙板类型为无洞口外墙，标志宽度 2800mm，层高 2400mm

C．预制内叶墙板类型为一个窗洞高台外墙，标志宽度 2400mm，层高 2800mm

D．预制内叶墙板类型为一个窗洞矮台外墙，标志宽度 2400mm，层高 2800mm

8．装配式混凝土结构可以分成（　　）类型。

A．装配整体式混凝土结构　　B．部分装配式混凝土结构

C．全装配式混凝土结构　　D．半装配式混凝土结构

9．装配整体式混凝土结构可分为（　　）类型。

A．装配整体式剪力墙结构

B．装配整体式框架结构

C．装配整体式混凝土框架-现浇剪力墙结构

D．装配整体式钢结构

三、简答题

1．什么是装配式混凝土结构？装配式混凝土结构常用的预制构件有哪些？

2．什么是装配整体式剪力墙结构？

3．预制混凝土叠合板最常见的有哪两种？

4．目前常用的装配式混凝土结构连接方式有哪几种？

5．装配整体式剪力墙结构施工图主要包括哪些内容？

模块 11 地基与基础概述

思维导图

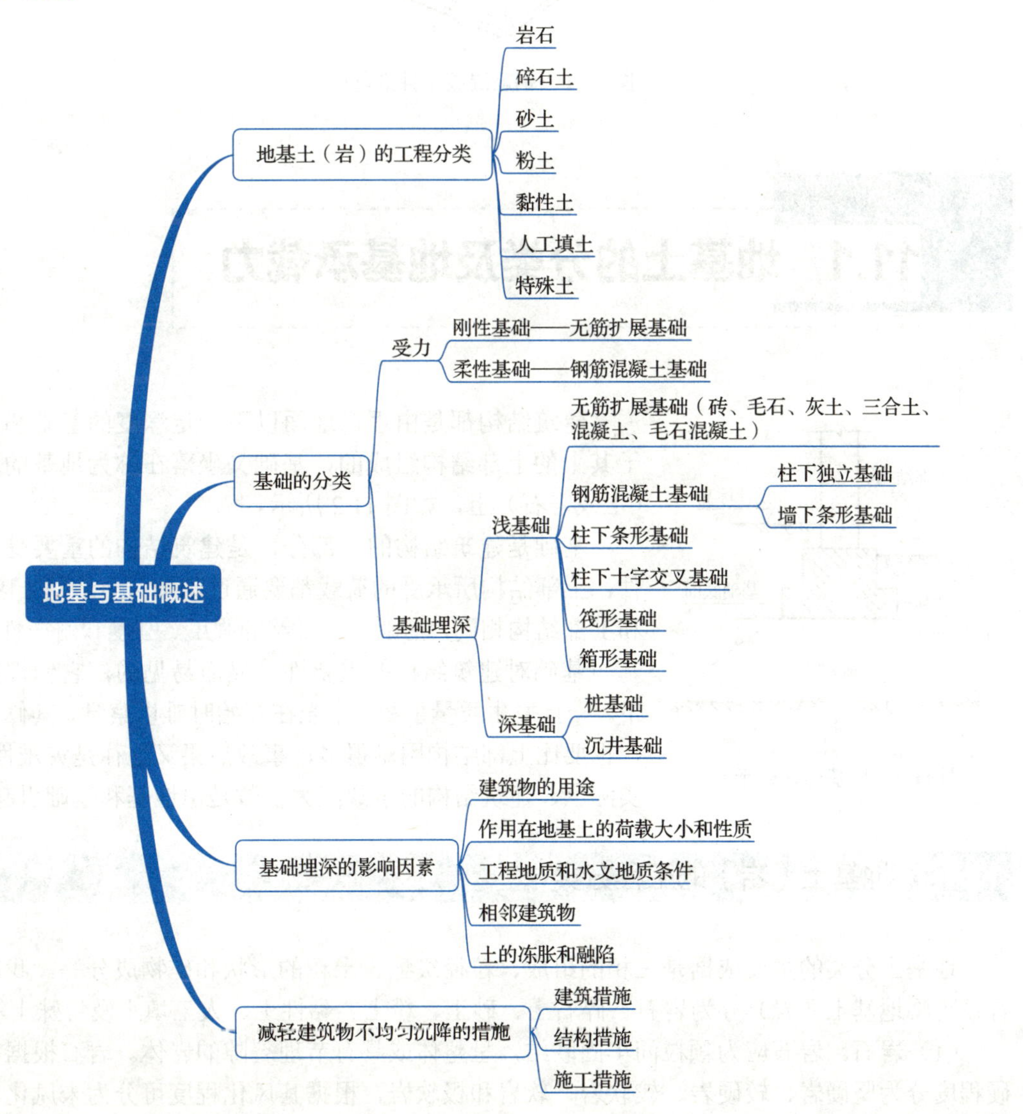

引例

实例中教学楼的基础为柱下钢筋混凝土独立基础，如图 11.1 所示。

请思考：除以上基础外，还有哪些基础类型？

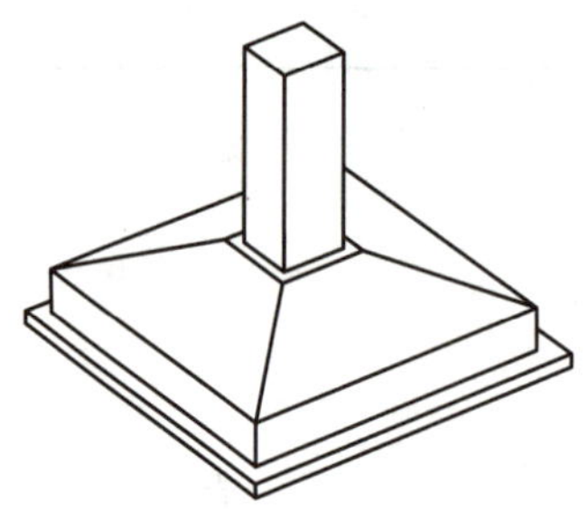

图 11.1 钢筋混凝土独立基础

11.1 地基土的分类及地基承载力

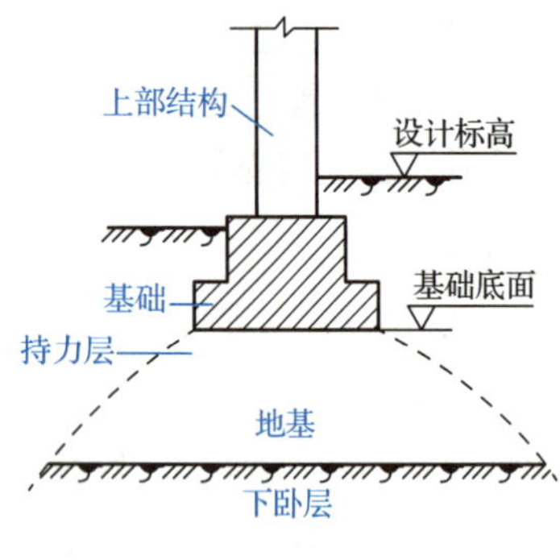

图 11.2 地基与基础示意

建筑结构都是由埋在地面以下一定深度的基础和支承于其上的上部结构组成的，基础又坐落在称为地基的地层（土或岩石）上，如图 11.2 所示。

基础是建筑结构的一部分，是建筑结构的重要受力构件，上部结构所承受的荷载都要通过基础传至地基。因此，和上部结构相同，基础应有足够的强度、刚度和耐久性。地基与基础对建筑结构的重要性是显而易见的，它们埋在地下，一旦发生质量事故，不光在开始时难以察觉，其修补工作也要比上部结构困难得多，事故后果又往往是灾难性的。实际上，建筑结构的事故绝大多数是由地基和基础引起的。

11.1.1 地基土（岩）的工程分类

地基土分类的主要依据是三相的组成、粒径级配、土粒的形状和矿物成分等。我国现行规范将地基土（岩）分为岩石、碎石土、砂土、粉土、黏性土、人工填土及特殊土等。

（1）岩石。岩石应为颗粒间牢固联结，呈整体或具有节理裂隙的岩体。岩石根据其坚硬程度分为坚硬岩、较硬岩、较软岩、软岩和极软岩，根据其风化程度可分为未风化、微风化、中风化、强风化和全风化。

（2）碎石土。碎石土为粒径大于 2mm 的颗粒含量超过全重 50%的土。碎石土可按粒组含量和颗粒形状分为漂石、块石、卵石、碎石、圆砾。碎石土的密实度，可分为松散、稍密、中密、密实。碎石土的密实度按《建筑地基基础设计规范》确定。

（3）砂土。砂土为粒径大于 2mm 的颗粒含量不超过全重 50%、粒径大于 0.075mm 的颗粒含量超过全重 50%的土。砂土可分为砾砂、粗砂、中砂、细砂和粉砂。砂土的密实度，可分为松散、稍密、中密、密实。砂土的密实度按《建筑地基基础设计规范》确定。

（4）粉土。粉土为塑性指数 $I_P \leqslant 10$ 且粒径大于 0.075mm 的颗粒含量不超过全重 50%的土。它介于砂土与黏性土之间。

（5）黏性土。黏性土为塑性指数 $I_p > 10$ 的土。黏性土的状态可按《建筑地基基础设计规范》分为坚硬、硬塑、可塑、软塑和流塑五种状态。

（6）人工填土。人工填土是指由于人类活动堆积的土，可分为素填土、压实填土、杂填土和冲填土。其物质成分杂乱且均匀性较差，堆积时间也各不相同，故用作地基时应特别慎重。

（7）特殊土。特殊土是指具有一定分布区域或工程意义上具有特殊成分、状态和结构特征的土，大体可分为软土、红黏土、黄土、膨胀土、多年冻土、湿陷性土和盐渍土等。

11.1.2 地基承载力

地基承载力是指在保证地基强度和稳定的条件下，建筑物不产生过大沉降和不均匀沉降而安全承受荷载的能力。地基承载力的确定在地基基础设计中是一个非常重要而又十分复杂的问题，它不仅与土的物理力学性质有关，而且与建筑类型、结构特点、基础形式、基础的底面尺寸、基础埋深、施工速度等因素有关。

11.2 天然地基上浅基础

天然地基

11.2.1 基础埋深

基础埋置深度简称埋深，指室外底面标高到基础底面的垂直距离。基础按埋深分为浅基础和深基础。

（1）浅基础。将埋深不大，只需开挖基坑及排水等普通施工工艺建造的基础称为浅基础，一般基础埋深 $d \leqslant 5$m。

（2）深基础。将埋置深度较大，需借助于特殊的施工工艺建造的基础称为深基础，一般基础埋深 $d > 5$m。

11.2.2 浅基础的类型

1. 按材料分类

浅基础按使用的材料分为无筋扩展基础（砖基础、毛石基础、灰土基础、三合土基础、混凝土基础、毛石混凝土基础）和钢筋混凝土基础。

（1）砖基础。砖基础取材容易、施工简便、价格低廉，广泛应用于六层及六层以下的民用建筑中。砖基础的剖面呈阶梯状，这个阶梯称为大放脚，大放脚从垫层上开始砌筑，为保证其刚度，应为两皮砖一收，具体构造要求如图 11.3 所示。砖基础具有一定的抗压强度，但抗拉和抗剪强度较低，抗冻性也较差。

（2）毛石基础。毛石基础用于石料取材容易、价格相对便宜的地方。毛石基础用强度较高又未风化的毛石砌筑，具体构造要求如图 11.4 所示。毛石基础应竖砌、错缝、缝内砂浆饱满。

（3）灰土基础。灰土基础适用于五层和五层以下、地下水位较低的民用混合结构房屋和用墙承重的轻型厂房，如图 11.5 所示。灰土是用经过熟化后的石灰粉和黏性土（以粉质黏土为宜）按一定比例加适量的水拌和分层夯实而成的，其配合比为 3∶7 或 2∶8。一般多采用三步灰土，即分三步夯实，夯实后总厚度为 450mm。

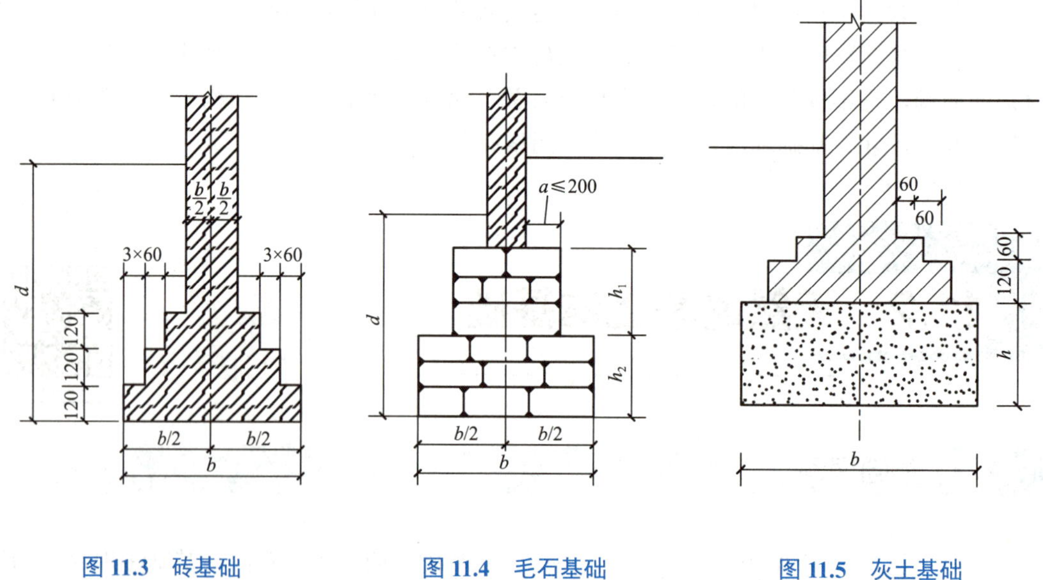

图 11.3　砖基础　　图 11.4　毛石基础　　图 11.5　灰土基础

（4）三合土基础。三合土基础用石灰、砂与骨料（碎石、碎砖、矿渣）加入适当的水经充分拌和后，均匀铺入基槽内，并分层夯实而成（虚铺 220mm，夯至 150mm 为一步），然后在它上面砌砖大放脚。石灰、砂与骨料三合土的体积配合比为 1∶2∶4 或 1∶3∶6。

（5）混凝土和毛石混凝土基础。当荷载较大时，常用混凝土基础。混凝土基础（图 11.6）的强度、耐久性、抗冻性都较好，但因水泥用量较大，造价比砖、毛石基础高。为节约水泥用量，可在混凝土内掺入 25%～30%体积的毛石（毛石尺寸大小不宜超过 300mm），即为毛石混凝土基础。

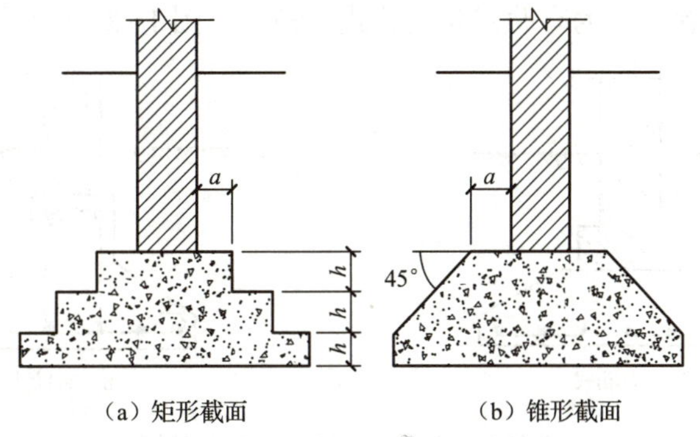

图 11.6　混凝土基础

以上五种类型的基础有个共同的弱点，就是没有配置钢筋，其组成材料的抗拉、抗弯强度都较低。在地基反力作用下，基础下部的扩大部分像悬臂梁一样要向上弯曲，如果悬臂过长，则易产生弯曲裂缝。因此，需要限制大放脚宽高比的容许值以保证基础的强度安全。悬臂长度只要符合宽高比的规定，就不会发生弯曲破坏。这类基础统称为刚性基础，又称无筋扩展基础。

（6）钢筋混凝土基础。将上部结构传来的荷载，通过向侧边扩展成一定底面积，使作用在基底的压应力小于或等于地基土的允许承载力，而基础内部的应力应同时满足材料本身的强度要求，这种起到压力扩散作用的基础称为扩展基础，也称作柔性基础，如柱下钢筋混凝土独立基础和墙下钢筋混凝土条形基础。

2. 按构造分类

1）单独基础

工程中常见的单独基础为柱下独立基础，其竖向截面可做成阶梯形或锥形，如图 11.7（a）和图 11.7（b）所示；预制的柱下独立基础一般做成杯形，如图 11.7（c）所示。

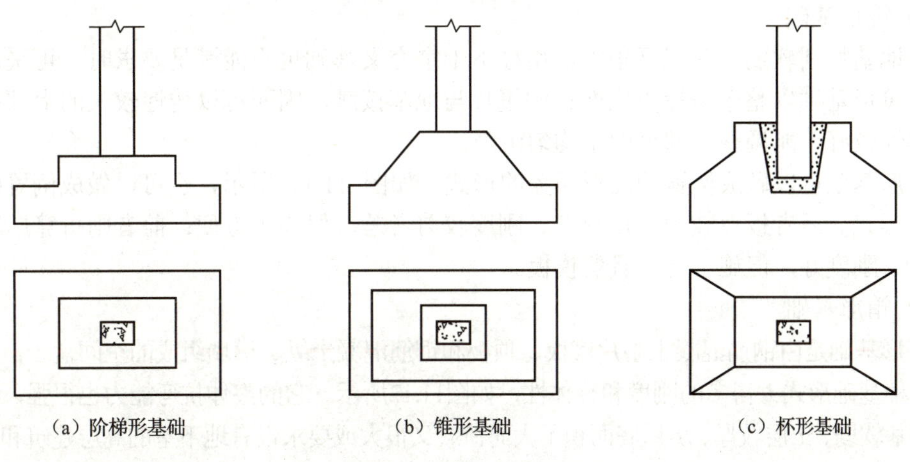

图 11.7　柱下独立基础

2）条形基础

（1）墙下条形基础。条形基础是墙基础的主要类型，常用砖石材料建造，必要时可用钢筋混凝土制成，后者又分为有肋式和无肋式两种，如图 11.8 所示。

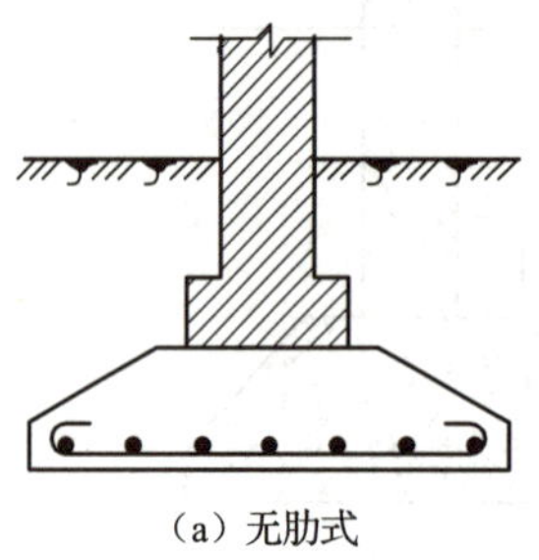

（a）无肋式

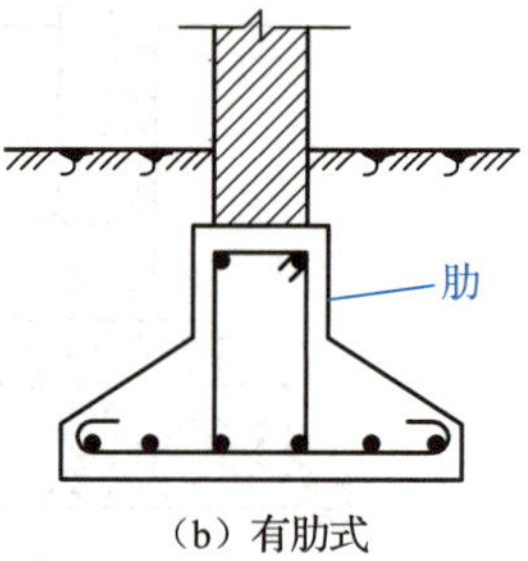

（b）有肋式

图 11.8　墙下钢筋混凝土条形基础

（2）柱下条形基础。当荷载较大而地基软弱时，采用柱下独立基础会使基底面积过大，这时可将同一排（条）柱的钢筋混凝土基础连通做成柱下条形基础，如图 11.9 所示。

（3）柱下十字交叉基础。当荷载更大而地基相对更软弱时，可在柱网的纵、横两个方向都设置柱下条形基础连成柱下十字交叉基础，以提高基础的承载力、刚度和整体性，减少基础的不均匀沉降，如图 11.10 所示。

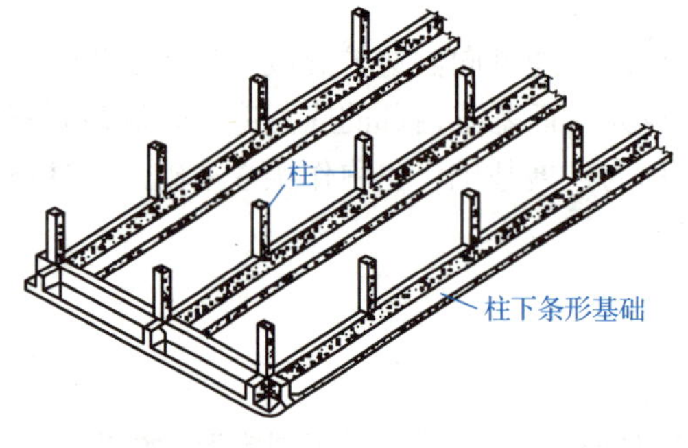

图 11.9　柱下条形基础

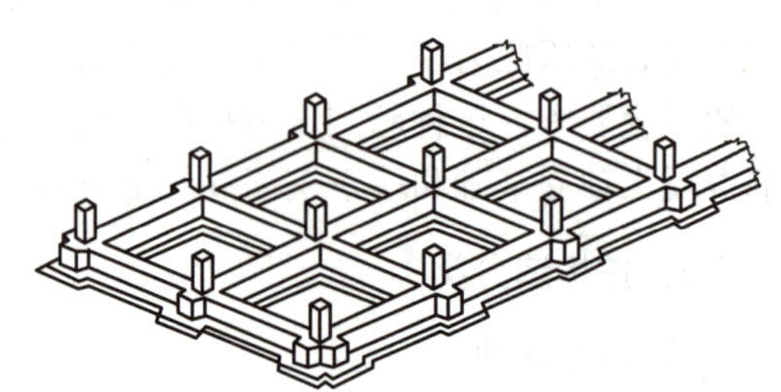

图 11.10　柱下十字交叉基础

3）筏形基础

若地基特别软弱、荷载又很大，用柱下十字交叉基础也不能满足要求时，可采用筏形基础。筏形基础以整个房屋下大面积的筏片与地基接触，因而可以传递较大的上部荷载，其整体性较好，能调整各部分的不均匀沉降。

筏形基础可以做成倒置的肋形楼盖的形式，如图 11.11 所示，也可以做成倒置的无梁楼盖的形式。后者板厚较大、用料多、刚度较前者差，但施工方便；前者则折算厚度小、用料省、刚度好，但施工麻烦且费模板。

4）箱形基础

箱形基础是由钢筋混凝土整片底板、顶板和钢筋混凝土纵、横墙组成的空间盒子，具有比上述各种基础形式大得多的刚度和整体性，如图11.12所示。它的整体抗弯能力也很强，特别适用于地基软弱、土层较厚、房屋底面积不大而荷载又很大或要求设有地下室的高层建筑和重要建筑。箱形基础的空心部分正好可作为地下室，满足各种功能和设施的要求。

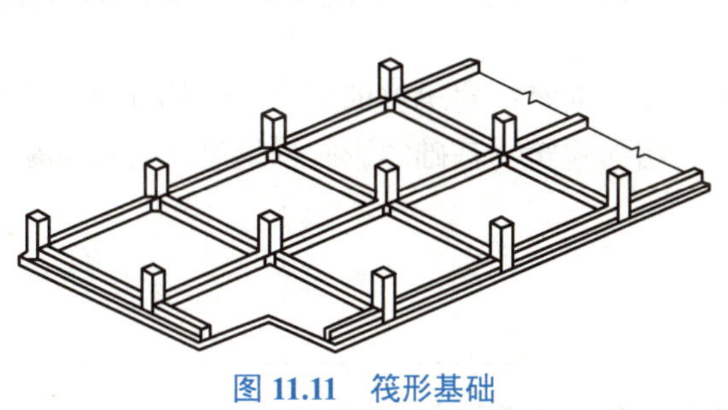
图 11.11 筏形基础

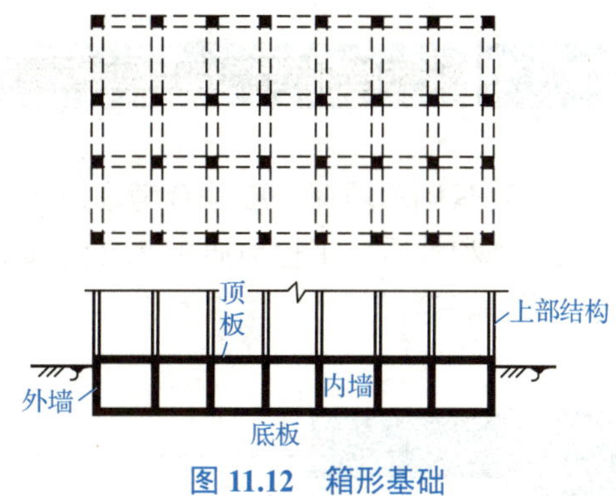

图 11.12 箱形基础

11.3 深基础与基础埋深的影响因素

11.3.1 桩基础

当上部结构荷载太大且浅层地基软弱又不宜采用地基处理，或坚实土层距基础底面较深、采用其他基础形式可能导致沉降过大而不能满足地基变形与强度要求时，必须利用地基下部深层较坚硬的土层作为持力层而设计成桩基础，如图 11.13 所示。桩基础由承台和桩两部分组成，桩基础的作用是将上部结构的荷载通过桩身与桩尖传至深层较坚硬的地层中，故桩基础能承受较大的荷载，减少建筑物不均匀沉降，而且对地基土有挤密作用。桩基础是一种最常用的深基础，它承载力高、稳定性好、沉降量小而均匀、抗震性能好、便于机械化施工、适应性强，在高层建筑、动力设备基础、桥梁及港口工程中应用极为广泛。

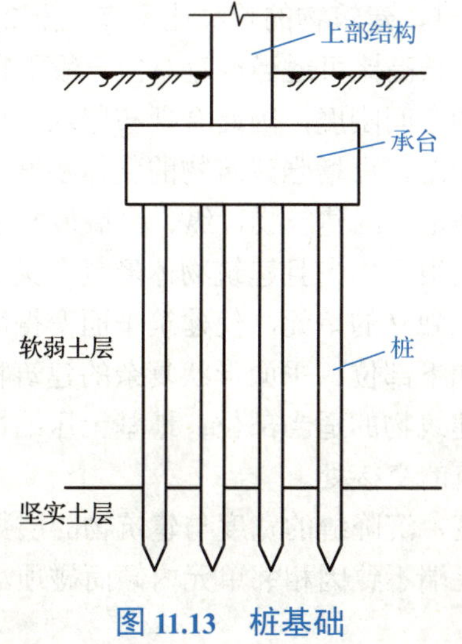

图 11.13 桩基础

11.3.2 影响基础埋深的主要因素

设置基础的埋深，应综合考虑以下几个方面的因素：建筑物的用途，作用在地基上的荷载大小和性质，工程地质和水文地质条件，相邻建筑物基础的影响，地基土冻胀和融陷的影响，等等。

11.4 减轻建筑物不均匀沉降的措施

一般来说，建筑物出现沉降是难以避免的，但是过大的地基变形将使建筑物损坏或影响其使用功能。如何防止和减轻由基础不均匀沉降引起的损害是建筑设计中必须考虑的问题。我们可以从地基、基础和上部结构相互作用的观点出发，综合选择合理的建筑、结构设计及施工方案，并采取相应的措施，以减轻不均匀沉降对建筑物的危害。

1．建筑措施

（1）建筑体形力求简单、高差不宜过大。建筑平面简单、高度一致的建筑物，基底应力较均匀，整体刚度好，即使沉降较大，建筑物也不易产生裂缝和损坏，如平面呈“一”字形的建筑物整体性好。建筑物体形（平面及剖面）复杂，往往会削弱建筑物的整体刚度。建筑物立面体形变化也不宜太大。

（2）控制建筑物的长高比及合理布置纵、横墙。砖石承重的建筑物，当其长度与高度之比较小时，建筑物的刚度好，即使沉降较大，也不至于引起建筑物开裂。相反，长高比大的建筑物，其整体刚度小，纵墙很容易因挠曲变形过大而开裂。根据建筑实践经验，当基础计算沉降量大于 120mm 时，建筑物的长高比不宜大于 2.5；对于平面简单，内、外墙贯通，横墙间隔较小的房屋，长高比可适当放宽，但一般不宜大于 3.0。

纵、横墙构成了建筑物的空间刚度，因此合理布置纵、横墙是增强建筑物刚度的重要措施之一。适当加密横墙的间距，可增强建筑物的整体刚度。纵、横墙转折会削弱建筑物的整体性，所以建造在软弱地基上的建筑物，纵、横墙最好不转折或少转折。

（3）设置沉降缝。当地基很不均匀且建筑物体形复杂又不可避免时，用沉降缝将建筑物从屋面到基础分割为若干个独立的单元，使建筑平面变得简单，可有效地减轻地基不均匀沉降。沉降缝通常设置在如下部位：平面形状复杂的建筑物转折处；建筑物高差或荷载差别很大处；长高比过大的建筑物的适当部位；地基土压缩性有显著变化处；建筑物结构或基础类型不同处；分期建筑的交接处。

沉降缝应留有足够的宽度，沉降缝的宽度与建筑物的层数有关，见表 11-1。缝内一般不填塞材料，以保证沉降缝上端不致因相邻单元内倾而碰顶。

表 11-1　沉降缝的宽度

建筑物层数	沉降缝的宽度/mm
2～3	50～80
4～5	80～120
>5	≥120

（4）控制建筑物基础间距，见表 11-2。相邻建筑物太近，由于地基应力扩散作用，会互相影响，引起相邻建筑物产生附加沉降。建造在软弱地基上的建筑物，应将高低悬殊的部分（或新老建筑物）离开一定距离。如离开距离后的两个单元之间需要连接，应设置能自由沉降的独立连接体或采用简支、悬臂结构。

表 11-2　相邻建筑物基础间的净距/m

影响建筑物的预估平均沉降量 s/mm	被影响的建筑物长高比	
	$2.0 \leqslant \frac{L}{H_f} < 3.0$	$3.0 \leqslant \frac{L}{H_f} < 5.0$
70～150	2～3	3～6
160～250	3～6	6～9
260～400	6～9	9～12
≥400	9～12	≥12

注：1. 表中 L 为建筑物长度或沉降缝分割的单元长度（m）；H_f 为自基础底面标高算起的建筑物高度（m）。

2. 当被影响建筑物的长高比为 $1.5 < \frac{L}{H_f} < 2.0$ 时，其间净距可适当缩小。

2. 结构措施

（1）减轻建筑物自重。基底压力中，建筑物自重所占比例很大。采用高强轻型砌体材料、选用轻型结构、减小基础和回填土质量能大大减少建筑物沉降量。

（2）设置圈梁。不均匀沉降会引起砌体房屋墙体开裂，圈梁的设置可增大建筑物的整体性、刚度和承载力。

（3）减少和调整基底附加压力。改变基础形式及基底尺寸、增设地下室等架空层可减少和调整基底附加压力。

（4）将上部结构做成静定体系。当发生不均匀沉降时，采用静定结构体系不致引起很大的附加应力，故在软弱地基上建造的公共建筑以及单层工业厂房、仓库等，可考虑采用静定结构体系，以避免不均匀沉降的危害。

3. 施工措施

合理安排施工顺序和注意选用施工工艺可减少或调整不均匀沉降。当建筑物存在高低或轻重不同部分时，应先施工高层及重的部分，后建轻的及低层部分。当在高低层之间使用连接体时，应最后修建连接体，以调整高低层之间部分沉降差异。不要扰动基底土的原来结构，通常在基底保留约200mm厚的土层，如发现基底土已被扰动，应将已扰动土挖去，再用砂、碎石等回填夯实。在软弱地基土上、已建和在建建筑物外围应避免大量、长时间堆放回填土，以免引起新老建筑物的附加沉降。

模块小结

建筑结构都是由埋在地面以下一定深度的基础和支承于其上的上部结构组成的，基础又坐落在称为地基的地层土（土或岩石）上。基础是建筑结构的重要受力构件，上部结构所承受的荷载都要通过基础传至地基。

我国现行规范将地基土（岩）分为岩石、碎石土、砂土、粉土、黏性土、人工填土、特殊土等。

基础按埋深的不同，可分为浅基础和深基础两类。一般在天然地基上修筑浅基础，其施工简单，造价低，而人工地基及深基础往往施工复杂，造价较高。因此，在保证建筑物安全和正常使用的条件下，应首先选用天然地基上的浅基础方案。

习　题

一、填空题

1．________是建筑结构的重要受力构件，上部结构所承受的荷载都要通过基础传至________。

2．我国现行规范将地基土（岩）分为________、________、________、粉土、黏性土、人工填土、特殊土等。

3．按使用材料的不同，基础可分为________和________。

4．按结构形式的不同，扩展基础可分为________、________、________、________、________和________。

二、选择题

1．划分浅基础和深基础的标准是（　　）。

A．埋深小于5m的基础是浅基础　　B．埋深小于6m的基础是浅基础

C．埋深大于10m的基础是深基础　　D．主要按照基础的施工方法来划分

2．（　　）具有良好的抗剪能力和抗弯能力，并具有耐久性和抗冻性好、构造形式多样，可满足不同的建筑和结构功能要求、能与上部结构结合成整体共同工作等优点。

A．墙下无筋扩展基础　　B．钢筋混凝土基础

C．柱下无筋扩展基础　　D．墙下独立基础

3．扩展基础不包括（　　）。

A．柱下条形基础　　B．柱下独立基础

C．墙下条形基础　　D．无筋扩展基础

4．单独基础主要指（　　），通常有现浇阶梯形基础、现浇锥形基础和预制柱的杯形基础等。

A．墙下基础　　B．柱下基础

C．十字交叉条形基础　　D．箱形基础

5．下列措施中，（　　）不属于减轻不均匀沉降危害的措施。

A．建筑物的体形应力求简单　　B．相邻建筑物之间应有一定距离

C．设置沉降缝　　D．设置伸缩缝

6．下列说法中错误的是（　　）。

A．沉降缝宜设置在地基土的压缩性有显著变化处

B．沉降缝宜设置在分期建造房屋的交界处

C．沉降缝宜设置在建筑物结构类型截然不同处

D．伸缩缝可兼作沉降缝

7．下列说法中错误的是（　　）。

A．原有建筑物受邻近新建重型或高层建筑物影响

B．设置圈梁的最佳位置在房屋中部

C．相邻建筑物的合理施工顺序是先重后轻、先深后浅

D．在软土地基上开挖基坑时，要注意尽可能不扰动土的原状结构

三、简答题

1．常见的基础类型有哪些？简述各自的特点及适用范围。

2．什么是地基承载力？影响地基承载力的因素有哪些？

3．选择基础埋深时应考虑哪些因素？

4．简述减轻地基不均匀沉降的措施。

模块 12 钢结构

思维导图

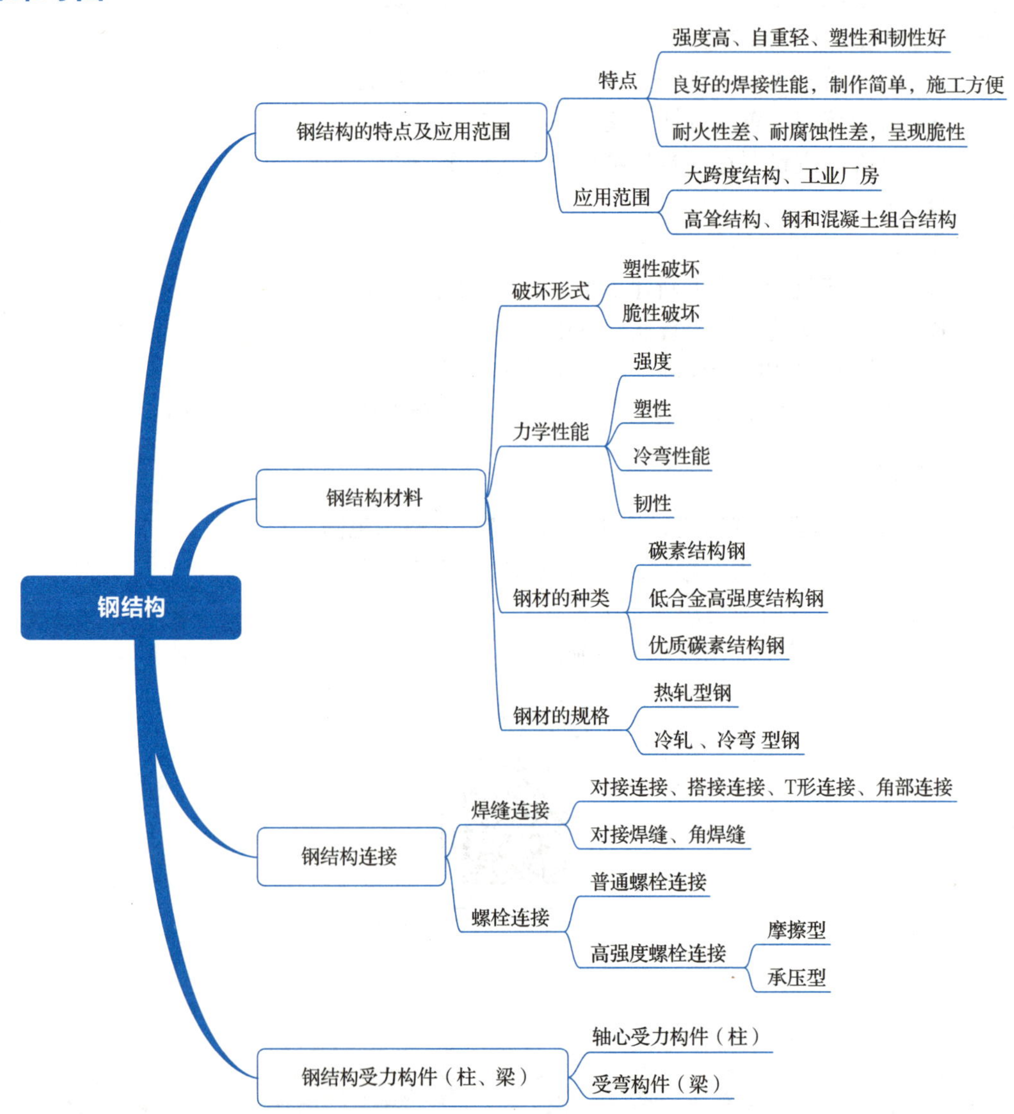

引例

钢结构是以钢材为主建筑的结构，是主要的建筑结构类型之一，已成为现代建筑工程中较为普遍的结构形式。我国是最早用铁制造承重结构的国家，远在公元前 246—前 219 年的秦朝就能用铁制作简单的承重结构，而西方国家在 17 世纪才开始使用金属承重结构。清康熙四十五年（1706 年）建成的泸定桥（图 12.1），是四川省泸定县的一座跨大渡河铁索桥，为中国古代桥梁建筑之杰作。自 20 世纪 90 年代以来，我国钢结构进入蓬勃发展时期，相继建成了一批特大跨桥梁，钢结构在超高层建筑领域规模逐渐宏大（图 12.2），随着我国社会主义现代化国家新征程的不断推进，钢结构还将应用于更多现代建筑领域。

图 12.1　泸定桥

图 12.2　上海中心大厦

12.1　钢结构的特点及应用范围

钢结构是将钢板、圆钢、钢管、钢索、各种型钢等钢材经过加工、连接、安装而组成的工程结构，具有足够的可靠性和良好的社会经济效益，在我国发展前景广阔。

12.1.1　钢结构的特点

（1）强度高而自重轻（轻质高强）。钢的容重大，但强度高，结构需要的构件截面小。与其他材料相比，钢的容重与屈服点的比值最小，在承受同样荷载和约束的条件下，采用钢材时结构的自重比其他结构轻。例如，当跨度和允许荷载均相同时，钢屋架的自重仅为钢筋混凝土屋架的1/4～1/3，冷弯薄壁型钢屋架的自重甚至仅为钢筋混凝土屋架的1/10。由于钢结构自重较轻，便于运输和安装，因此其特别适用于跨度大、高度高、荷载大的结构。

（2）材质均匀，且塑性、韧性好。与砖石和混凝土相比，钢材属单一材料，组织构造比较均匀，且接近各向同性，在正常使用情况下具有良好的塑性，一般情况下钢结构不会由于偶然超载而突然断裂，给人以安全保证；韧性好，说明钢材具有良好的动力工作性能，使得钢结构具有优越的抗震性能。

（3）良好的焊接性能。钢结构可采用工厂制造、工地安装的施工方法，既可保证工程质量，又可缩短工期、降低造价、提高经济效益。

（4）制作简单，施工方便，具有良好的装配性。钢结构由各种型材采用机械加工在专业化的金属结构厂制作而成，制作简单且成品的精确度高，制成的构件在现场可直接拼接，且构件质量较轻、施工方便，建成的钢结构也易于拆卸、加固或改建，具有良好的装配性。

（5）钢材的可重复使用性。钢结构构件加工制造过程中产生的余料和碎屑，以及废弃或破坏了的钢结构构件，均可回炉重新冶炼成钢材重复使用，因此钢材被称为绿色建筑材料或可持续发展材料。

（6）钢材的水密性和气密性适用于密闭容器。因钢材本身组织非常致密，采用焊接连接的钢板结构具有较好的水密性和气密性，可用来制作压力容器、管道，甚至载人太空船结构。

（7）钢材耐热但不耐火。钢材长期经受 100℃辐射热时，性能变化不大，具有一定的耐热性能。但当温度超过 200℃时，会出现蓝脆现象；当温度达 600℃时，钢材进入热塑性状态，将丧失承载能力。因此，在有防火要求的建筑物中采用钢结构时，必须采用耐火材料加以保护。

（8）耐锈蚀性能差。钢材耐锈蚀的性能较差，因此必须对钢结构采取防护措施。不过在没有侵蚀性介质的一般厂房中，钢结构构件经过彻底除锈并涂上合格的油漆后，锈蚀问题并不严重。对处于湿度大、有侵蚀性介质环境中的钢结构构件，可采用耐候钢或不锈钢提高其耐锈蚀性能。

（9）低温冷脆倾向。由厚钢板焊接而成的承受拉力和弯矩的构件及其连接节点，在低温下有脆性破坏的倾向，应引起足够的重视。

12.1.2 钢结构的应用范围

随着我国国民经济的不断发展和科学技术的进步，钢结构在我国的应用范围也在不断扩大。目前钢结构应用范围大致如下。

1. 大跨度结构

结构跨度越大，自重在荷载中所占的比例就越大。由于钢结构具有强度高、自重轻的优点，故其被广泛应用于大跨度结构，如国家体育场、武汉长江大桥等。

2. 工业厂房

吊车起重量较大或者工作较繁重的车间的主要承重骨架多采用钢结构，鞍钢、武钢、宝钢等著名集团的冶金车间都采用了不同规模的钢结构厂房。

近年来，随着压型钢板等轻型屋面材料的采用，轻钢结构工业厂房得到了迅速的发展。其结构形式主要为实腹式变截面门式刚架，如图 12.3 所示。

图 12.3　门式刚架

3. 多高层民用建筑

由于钢结构的综合效益指标优良，近年来在多高层民用建筑中也得到了广泛的应用。其结构形式主要有多层框架、框架-支撑结构、框筒、悬挂、巨型框架等。

4. 高耸结构

高耸结构包括塔架和桅杆结构，如高压输电线路的塔架，广播、通信和电视发射用的塔架和桅杆，火箭（卫星）发射塔架，等等。

5. 容器和其他构筑物

冶金、石油、化工企业中大量采用钢板做成的容器结构，包括油罐、煤气罐、高炉、热风炉等。此外，经常使用的钢构筑物还有皮带通廊栈桥、管道支架、锅炉支架等，海上采油平台也大多采用钢结构。

6. 钢和混凝土的组合结构

钢构件和板件受压时因必须满足稳定性要求，往往不能充分发挥其强度高的优势，而混凝土则最宜于受压，不适于受拉。将钢材和混凝土并用，使两种材料都充分发挥各自的长处，从而形成一种很合理的结构，即钢和混凝土的组合结构。近年来，这种结构广泛应用于高层建筑（如深圳的赛格广场）、大跨度桥梁、工业厂房和地铁站台承重柱等，主要构件形式有钢与混凝土组合梁和钢管混凝土柱等。

12.2 钢结构材料

钢是以铁和碳为主要成分的合金，其中铁是最基本的元素，碳和其他元素所占比例很小，但却左右着钢材的物理和化学性能。为了确保质量和安全，钢结构用钢材应具有较高的强度、塑性和韧性，以及良好的加工性能。《钢结构设计标准》推荐碳素结构钢中的 Q235 和低合金高强度结构钢中的 Q345、Q390、Q420、Q460 和 Q345GJ 等牌号的钢材作为承重结构用钢材。

12.2.1 建筑钢材的破坏形式

建筑钢材的破坏形式分为塑性破坏和脆性破坏。

（1）塑性破坏的特征是钢材在断裂破坏时产生很大的塑性变形，又称延性破坏，其断口呈纤维状，色泽发暗，有时能看到滑移的痕迹。钢材的塑性破坏可通过一种标准圆棒试件进行拉伸破坏试验加以验证。钢材在发生塑性破坏时变形特征明显，很容易被发现并及时采取补救措施，因而不致引起严重后果，而且适度的塑性变形能起到调整结构内力分布的作用，使原先结构应力不均匀的部分趋于均匀，从而提高结构的承载能力。

（2）脆性破坏的特征是钢材在断裂破坏时没有明显的变形征兆，其断口平齐，呈有光泽的晶粒状。由于脆性破坏无显著变形，破坏突然发生、无法预测，故其造成的危害和损失往往比塑性破坏大得多，在钢结构工程设计、施工与安装中应采取适当措施尽力避免。

12.2.2 建筑钢材的力学性能

建筑钢材的主要力学性能包括强度、塑性、冷弯性能和韧性，它们是钢结构设计的重要依据，这些性能指标主要靠试验来测定。

1. 拉伸试验

钢材的强度和塑性一般由常温静载下的单向拉伸试验曲线表明。钢材的单向拉伸试验所得的屈服强度 f_y、抗拉强度 f_u 和伸长率 δ 是钢材力学性能要求的三项重要指标。

1）强度

钢结构设计中，将钢材达到屈服强度 f_y 作为承载能力极限状态的标志。钢材的抗拉强度 f_u 是钢材抗破坏能力的极限。

钢材的屈服强度与抗拉强度之比 f_y/f_u 称为屈强比，它是表明设计强度储备的一项重要指标，f_y/f_u 越大，强度储备越小，结构越不安全；反之，f_y/f_u 越小，强度储备越大，结构越安全，但强度利用率低且不经济。因此，在设计中要选用合适的屈强比。

2）塑性

钢材的伸长率 δ 是反映钢材塑性的指标之一。其值越大，钢材破坏吸收的应变能越多，塑性越好。建筑钢材不仅要求强度高，还要求塑性好，能够调整局部高应力，提高结构抗脆断能力。

2. 冷弯性能

冷弯性能用弯曲试验测得，它是将钢材按原有厚度做成标准试件，放在冷弯试验机上，用具有一定弯心直径 d 的冲头，在常温下对标准试件中部施加荷载，使之弯曲达 180°，然后检查试件表面，如果不出现裂纹和起层，则认为试件材料冷弯试验合格。

3. 韧性

实际应用中钢结构常常会承受冲击或振动荷载，如厂房中的吊车梁、桥梁结构等。韧性是指钢材抵抗冲击或振动荷载的能力，其衡量指标称为冲击韧性。冲击韧性值由冲击试验求得。

12.2.3 影响钢材性能的主要因素

1. 化学成分

钢结构主要采用碳素结构钢和低合金高强度结构钢。钢的主要成分是铁（Fe）。碳素结构钢中铁含量占99%以上，其余是碳（C）、硅（Si）、锰（Mn）及硫（S）、磷（P）、氧（O）、氮（N）等冶炼过程中留在钢中的杂质元素。在低合金高强度结构钢的冶炼中，人们还特意加入少量合金元素，如钒（V）、铜（Cu）、铬（Cr）、钼（Mo）等。这些合金元素通过冶炼工艺以一定的结晶形态存在于钢材中，可以改善钢材的性能。

1）碳（C）

碳是各种钢中的重要元素之一，在碳素结构钢中是除铁以外的最主要元素。碳是钢材强度的主要影响因素，随着含碳量的提高，钢材的强度逐渐增高，而塑性和韧性下降，冷弯性能、焊接性能和耐锈蚀性能等也变差。钢按碳的含量区分，小于0.25%的为低碳钢，大于0.25%而小于0.6%的为中碳钢，大于0.6%的为高碳钢。

2）硫（S）

硫是有害元素，属于杂质。硫会降低钢材的韧性、疲劳强度、耐锈蚀性能和焊接性能等。硫作为杂质元素常以非金属化合物（如FeS）形式存在于碳素钢中，形成非金属杂质，从而导致材料性能劣化，会引起钢材的热脆。硫的含量必须严格控制，一般不得超过0.05%。

3）磷（P）

磷可以提高钢材的强度和耐锈蚀性能，但却严重降低了钢材的塑性、韧性、冷弯性能和焊接性能，特别是在温度较低时促使钢材变脆，即钢材的冷脆。

4）锰（Mn）

锰是有益的元素，它能显著提高钢材的强度，同时又不显著降低塑性和韧性。我国低合金高强度结构钢中锰的含量一般为0.1%～1.8%。

5）硅（Si）

硅也是有益元素，有更强的脱氧作用，是强氧化剂。硅在镇静钢中的含量一般为0.12%～0.3%，在低合金高强度结构钢中的含量一般为0.2%～0.55%。

6）氧（O）、氮（N）

氧和氮是有害元素，氧能使钢热脆，氮能使钢冷脆。

2. 焊接性能

钢材的焊接性能是指在一定的焊接工艺条件下能获得性能良好的焊接接头（可焊性好）。

知识链接

评定为可焊性好的标准如下。

（1）在一定的焊接工艺条件下，焊缝和近缝区均不产生裂纹（施工上的可焊性）。

（2）焊接接头和焊缝的冲击韧性及近缝区塑性不低于母材性能（使用性能上的可焊性）。

3. 冶炼与轧制

根据冶炼过程中脱氧程度的不同，钢材可分为镇静钢、半镇静钢、特殊镇静钢和沸腾钢，脱氧程度越高，钢材性能越好。钢材的轧制是在1200～1300℃高温下进行的。轧制能使金属晶粒变细，消除气泡和裂纹等。

4. 温度

温度升高时，钢材的强度和弹性模量变化的总趋势是降低的。当温度低于常温时，随着温度的降低，钢材的强度提高，而塑性和韧性降低，逐渐变脆，这种现象称为钢材的低温冷脆。

5. 构造缺陷——应力集中现象

钢结构的构件中不可避免地存在孔洞、槽口、凹角、裂纹、厚度变化、形状变化及内部缺陷等，统称为构造缺陷。由于构造缺陷，钢材中的应力不再保持均匀分布，而是在构造缺陷区域的某些点产生局部高峰应力，而其他一些点的应力则降低，这种现象称为应力集中。应力集中是构件脆性破坏的主要原因之一。

12.2.4 钢结构用钢材的种类、规格与选用

1. 钢结构用钢材的种类

钢结构用钢材的种类主要是碳素结构钢和低合金高强度结构钢两种，有时也使用优质碳素结构钢。在碳素结构钢中，建筑钢材只使用低碳钢（含碳量不大于0.25%）。低合金高强度结构钢是在冶炼碳素结构钢时添加一些合金元素炼成的钢，目的是提高钢材的强度、韧性、耐锈蚀性能等，而不致过多降低其塑性。

1）碳素结构钢

国家标准《碳素结构钢》（GB/T 700—2006）将碳素结构钢按屈服强度数值分为四个牌号：Q195、Q215、Q235及Q275。《钢结构设计标准》中所推荐的碳素结构钢是Q235钢材，含碳量在0.22%以下，属于低碳钢，钢材的强度适中，塑性、韧性均较好。该牌号钢材又根据化学成分和冲击韧性的不同划分为A、B、C、D共四个质量等级，表示质量等级由低到高。

《碳素结构钢》（GB/T 700—2006）中钢材牌号表示方法由字母Q、屈服强度数值（单位N/mm^2）、质量等级代号（A、B、C、D）及脱氧方法代号（F、Z、TZ）四个部分组成。Q是“屈”字汉语拼音的首位字母，质量等级中以A级最差、D级最优，F、Z、TZ分别是“沸”“镇”及“特、镇”汉语拼音的首位字母，分别代表沸腾钢、镇静钢及特殊镇静钢，其中代号Z、TZ可以省略。Q235中A、B级有沸腾钢、镇静钢，C级全部为镇静钢，D级

有特殊镇静钢、镇静钢。例如，Q235B 代表屈服强度为 235N/mm^2 的 B 级镇静钢。

2）低合金高强度结构钢

《低合金高强度结构钢》（GB/T 1591—2018）将低合金高强度结构钢按屈服强度数值分为四个牌号：Q355、Q390、Q420 及 Q460。

《低合金高强度结构钢》（GB/T 1591—2018）中钢材牌号由字母 Q、屈服强度数值、交货状态代号及质量等级代号四个部分组成。其中交货状态代号有 AR 或 WAR（可省略）、N、M；质量等级有 B、C、D、E、F 共五个级别，表示质量等级由低到高。

3）优质碳素结构钢

优质碳素结构钢与碳素结构钢的主要区别在于钢中含杂质较少，磷、硫等有害元素的含量均不大于 0.035%，其他缺陷的限制也较严格，应符合《优质碳素结构钢》（GB/T 699—2015）的规定。优质碳素结构钢具有较好的综合性能，但由于价格较高，在钢结构中使用较少，仅用经热处理的优质碳素结构钢冷拔高强钢丝或制作高强度螺栓、自攻螺钉等。

2. 钢结构用钢材的规格与选用

钢结构构件宜直接选用型钢，这样可减少制造工作量，降低造价，型钢尺寸不合适或构件很大时则用钢板制作。构件间或直接连接，或辅以连接钢板进行连接。可见，钢结构中的元件是型钢和钢板。型钢有热轧和冷成型两种成型方式，其具体分类见表 12-1。

表 12-1 型钢的分类

类型		用途	表示方法	图例
热轧型钢	钢板	厚板厚度为 4.5～60mm，用于组成焊接构件和连接钢板； 薄板厚度为 0.35～4mm，为冷弯薄壁型钢的原料	厚度×宽度×长度，如 10×200×450	
	工字钢	用作受弯构件较为经济	I 外轮廓高度（厘米），如 I32a	
	槽钢	用作双向受弯构件或格构柱的肢件	[外轮廓高度（厘米），如[30a	
	角钢	两边相互垂直，与其他构件连接方便，常用于制作桁架、塔架	∟边长×厚度，如 ∟100×10 或 ∟长边宽度×短边宽度×厚度	
	H 型钢	翼缘内外两侧平行，便于与其他构件相连，广泛使用于梁、柱等构件	HW/HM/HN 高度×宽度×腹板厚度×翼缘厚度，如 HM450×300×11×18	

续表

类型		用途	表示方法	图例
热轧型钢	钢管	常用于网架结构及钢管桁架	ϕ 外径×壁厚，如 ϕ 219×14	
冷轧、冷弯型钢	冷弯薄壁型钢	适用于轻钢结构的承重构件	C 轮廓尺寸，如 C250×83×20×1.6	
	压型钢板	适用于轻钢结构的屋面、墙面构件	YX 波高—波距—有效覆盖宽度，如 YX35—190—950	

12.3 钢结构连接

12.3.1 钢结构的连接方法和特点

钢结构的连接方法有焊缝连接、螺栓连接和铆钉连接三种（图12.4）。

（a）焊缝连接

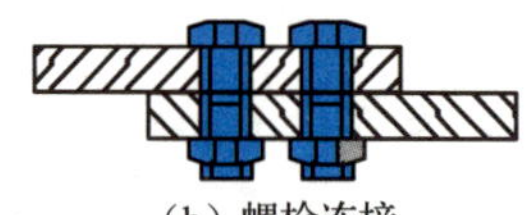
（b）螺栓连接

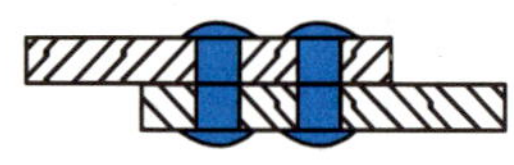
（c）铆钉连接

图 12.4 钢结构的连接方法

1. 焊缝连接

焊缝连接（图 12.5）是通过电弧产生的热量使焊条和焊件局部熔化，经冷却凝结成焊缝，从而将焊件连接成为一体，是现代钢结构连接中最常用的方法。其优点是构造简单，制造省工；不削弱截面，经济；连接刚度大，密闭性能好；易采用自动化作业，生产效率高。其缺点是焊缝附近有热影响区，该处材质变脆。

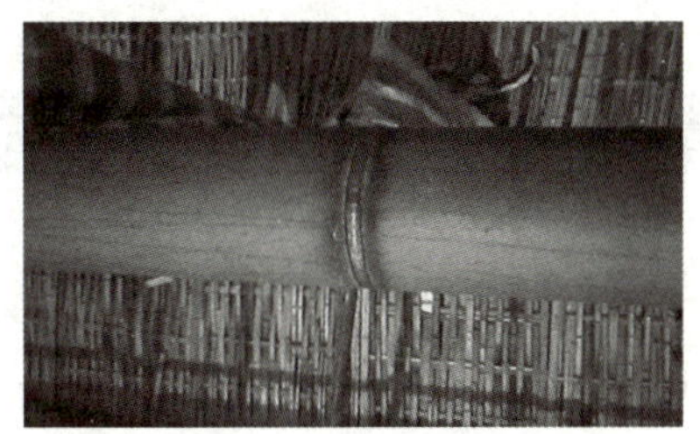

图 12.5　焊缝连接

2. 螺栓连接

螺栓连接（图 12.6）是通过螺栓这种紧固件将被连接件连接成为一体的。螺栓有普通螺栓和高强度螺栓两种。普通螺栓通常采用 Q235 钢材制成，安装时用普通扳手拧紧；高强度螺栓则用高强度钢材经热处理制成，用能控制螺栓杆的扭矩或拉力的特制扳手，拧紧到规定的预拉应力值，将被连接件高度夹紧。

图 12.6　螺栓连接

普通螺栓分 A、B、C 共三级。其中 A 级和 B 级为精制螺栓，其螺栓材料性能等级为 5.6 级和 8.8 级，C 级螺栓材料性能等级为 4.6 级和 4.8 级。C 级螺栓由未加工的圆钢压制而成。由于螺栓表面粗糙，一般采用在单个零件上一次冲成或不用钻模钻成的孔（II类孔）。螺栓孔的直径比螺栓杆的直径大 1.5～2mm。其安装方便，且能有效地传递拉力，故一般可用于沿螺栓杆轴受拉的连接中，以及次要结构的抗剪连接或安装时的临时固定。

高强度螺栓材料性能等级为 8.8 级和 10.9 级，一般采用 45 号钢、40B 钢和 20MnTiB 钢加工制作，经热处理后制成。

螺栓连接的优点是施工工艺简单、安装方便，特别适用于工地安装连接，工程进度和质量易得到保证。其缺点是因开孔对构件截面有一定的削弱，有时在构造上还须增设辅助连接件，故用料增加，构造较繁杂。

3. 铆钉连接

铆钉连接由于构造复杂、费钢费工，现已很少采用。但是铆钉连接的塑性和韧性较好、传力可靠、质量易于检查，在一些重型和直接承受动力荷载的结构中仍有采用。

12.3.2 焊缝连接的方法和形式

1.焊缝连接方法

常用的焊缝连接方法是电弧焊，包括手工电弧焊、自动或半自动埋弧焊及气体保护焊等。

1）手工电弧焊

手工电弧焊是由焊条、焊钳、焊件、电焊机和导线等组成的电路，通电引弧后，在涂有焊药的焊条端和焊件间的间隙中产生电弧，使焊条熔化，熔滴滴入被电弧吹成的焊件熔池中，同时焊药燃烧，在熔池周围形成保护气体，稍冷后在焊缝熔融金属的表面又形成熔渣，如图 12.7 所示。

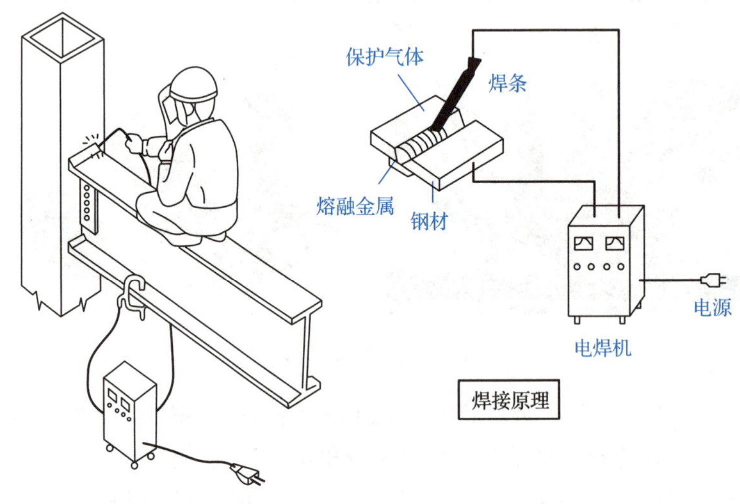

图 12.7　手工电弧焊

手工电弧焊常用的焊条有碳钢焊条和低合金钢焊条，其牌号有 E43 型、E50 型、E55 型和 E60 型等。其中 E 表示焊条，两位数字表示焊条熔融金属抗拉强度的最小值（单位 N/mm^2）。焊条应符合国家标准的规定。在选用焊条时，其应与主体金属相匹配。一般情况下，对 Q235 钢采用 E43 型焊条，对 Q345、Q390 钢采用 E50、E55 型焊条，对 Q420 钢采用 E55、E60 型焊条。当不同强度的两种钢材进行连接时，宜采用与低强度钢材相适应的焊条。

2）自动或半自动埋弧焊

埋弧焊的原理如图 12.8 所示。其特点是焊丝成卷装置在焊丝转盘上，焊丝外表裸露不涂焊药。焊药呈散状颗粒装置在焊药漏斗中，通电引弧后，当电弧下的焊丝和附近焊件金属熔化时，焊药也不断从漏斗流下，将熔融的焊缝金属覆盖，其中部分焊药将熔成焊渣浮在熔融的焊缝金属表面。由于有覆盖层，焊接时看不见强烈的电弧光，故称为埋弧焊。当埋弧焊的全部装备固定在小车上，由小车按规定速度沿轨道前进进行焊接时，称为自动埋弧焊。如果焊机的移动是由人工操作的，则称为半自动埋弧焊。

3）气体保护焊

气体保护焊的原理是在焊接时用喷枪喷出的惰性气体将电弧、熔池与大气隔离，从而保持焊接过程的稳定，如图 12.9 所示。由于焊接时没有熔渣，故气体保护焊便于观察焊缝的成型过程，但操作时须在室内避风处，若在工地施焊则须搭设防风棚。

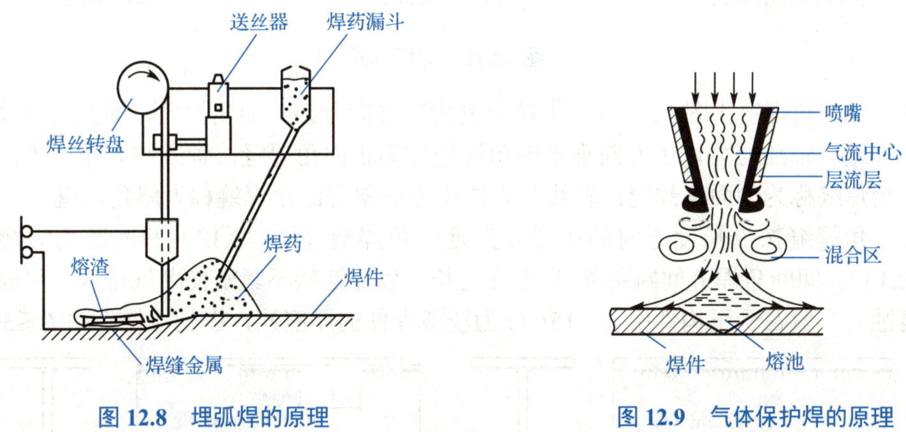

图 12.8　埋弧焊的原理　　　　图 12.9　气体保护焊的原理

2. 焊缝连接形式及焊缝形式

1）焊缝连接形式

按所连接构件相对位置可分为对接连接、搭接连接、T形连接、角部连接四种焊缝连接形式（图12.10）。

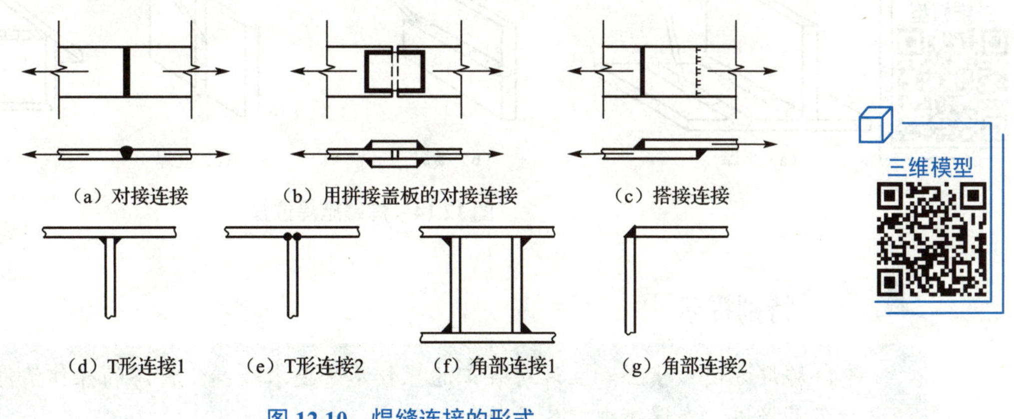

三维模型

图 12.10　焊缝连接的形式

2）焊缝形式

焊缝包括对接焊缝和角焊缝，每一种又有多种分类形式，形式各不相同。

（1）对接焊缝按受力的方向分为正对接焊缝、斜对接焊缝。与力作用方向正交的对接焊缝称为正对接焊缝［图 12.11（a）］；与力作用方向斜交的对接焊缝称为斜对接焊缝［图 12.11（b）］。

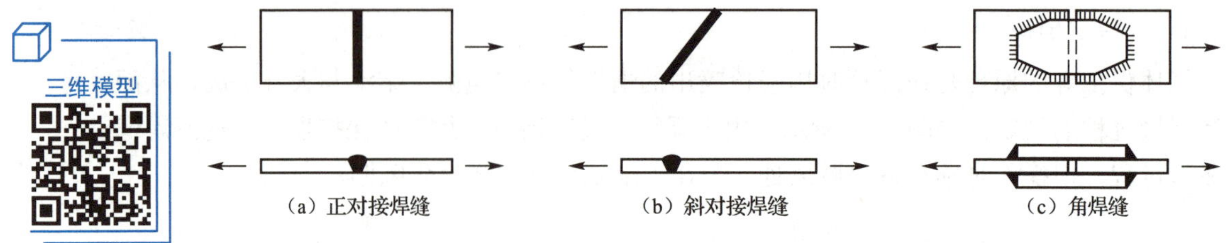

（a）正对接焊缝　（b）斜对接焊缝　（c）角焊缝

图 12.11　焊缝形式

（2）角焊缝［图 12.11（c）］按所受力的方向分为正面角焊缝、侧面角焊缝和斜角焊缝。轴线与力作用方向垂直的角焊缝称为正面角焊缝；轴线与力作用方向平行的角焊缝称为侧面角焊缝；轴线与力作用方向斜交的角焊缝称为斜角焊缝。

角焊缝按沿长度方向的布置分为连续角焊缝（图 12.12）和间断角焊缝（图 12.13）。间断角焊缝间断距离 L 不宜过长，以免连接不紧密使潮气侵入，引起构件腐蚀。一般在受压构件中 $L \leqslant 15t$（t 为较薄焊件的厚度），在受拉构件中 $L \leqslant 30t$。

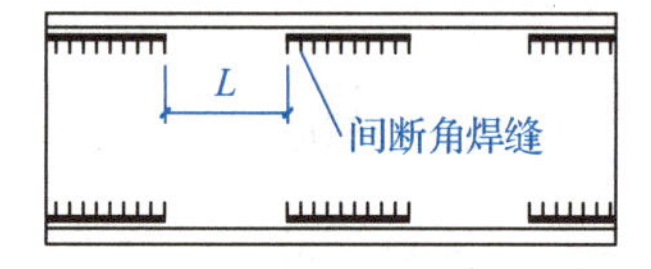

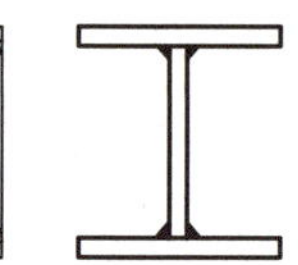

图 12.12　连接角焊缝　　图 12.13　间断角焊缝

（3）焊缝按施焊位置分为平焊、横焊、立焊及仰焊（图 12.14）。

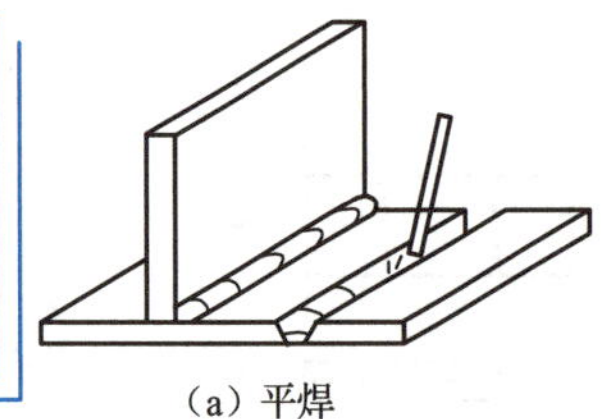

（a）平焊

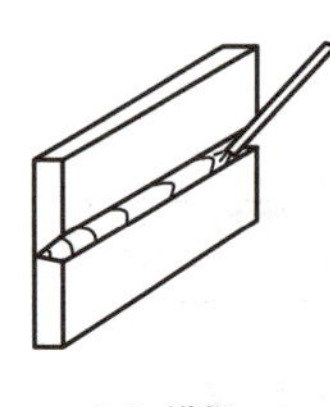

（b）横焊

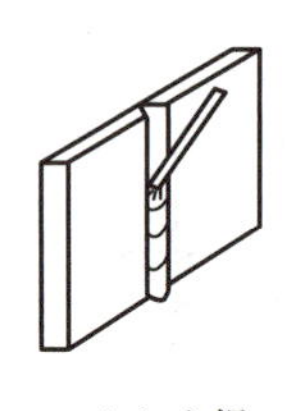

（c）立焊

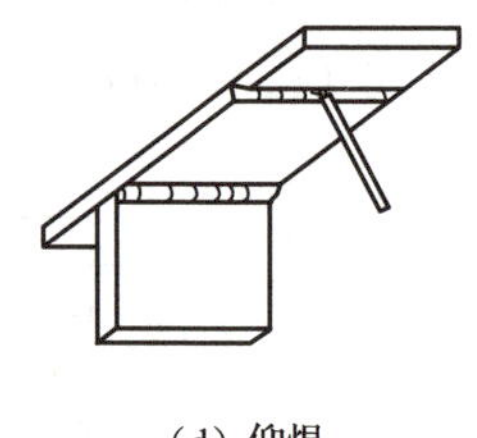

（d）仰焊

图 12.14　焊缝施焊位置

特别提示

平焊施焊方便；横焊和立焊对焊工的操作水平要求较高；仰焊的操作条件最差，焊缝质量不易保证，在焊接中应尽量避免。

3. 焊缝连接的缺陷、质量检验和焊缝质量级别

焊缝连接的缺陷是指在焊接过程中，产生于焊缝金属或附近热影响区钢材表面或内部的缺陷。最常见的缺陷有裂纹、烧穿、气孔、焊瘤、弧坑、夹渣、咬边、未熔合、未焊透（规定部分焊透者除外）及焊缝外形尺寸不符合要求等（图 12.15）。它们将直接影响焊缝质量和连接强度，使焊缝受力面积削弱，且在缺陷处引起应力集中，导致产生裂纹，并引起断裂。

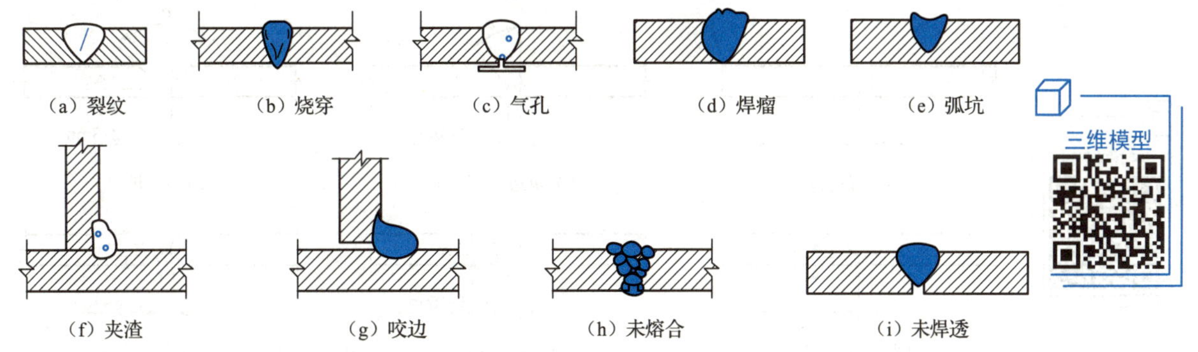

三维模型

图 12.15　焊缝连接的缺陷

焊缝连接的质量检验方法一般可用外观检查和内部无损检验。焊缝质量按《钢结构工程施工质量验收标准》（GB 50205—2020）分为三级，其中三级焊缝只要求对全部焊缝做外观检查；一、二级焊缝要求对全部焊缝做外观检查及无损探伤检验。

知识链接

焊缝连接质量控制

（1）焊工资质：持证上岗，合格焊位。

（2）焊接工艺：焊接材料烘干、防潮，清理焊面，焊件定位；焊前焊后进行热处理，保证焊接环境温度、湿度，防风避雨；控制焊接过程温度。

（3）质量检验：焊缝外观检查，无损探伤检验。

12.3.3 焊缝的构造要求与计算

1. 对接焊缝

1）对接焊缝的构造要求

对接焊缝包括焊头对接焊缝和部分焊头对接焊缝。为了保证焊缝质量，对接焊缝两侧的焊件常做出坡口。坡口的形式大多与焊件的厚度有关。当焊件厚度很小（手工电弧焊 6mm、埋弧焊 10mm）时，可采用直边缝；对于一般厚度的焊件，可采用单边 V 形或 V 形坡口，其坡口和根部间隙共同组成一个焊条能够运转的施焊空间，使焊缝易于焊透，钝边有托住熔融金属的作用；对于较厚的焊件（t>20mm），则采用 U 形、K 形、X 形坡口，如图 12.16 所示。

其中 V 形坡口和 U 形坡口为单面施焊，但在焊缝根部还需要补焊。没有条件补焊时，要事先在根部加垫块，如图 12.17 所示。当焊件可随意翻转施焊时，使用 K 形坡口和 X 形坡口较好。

三维模型

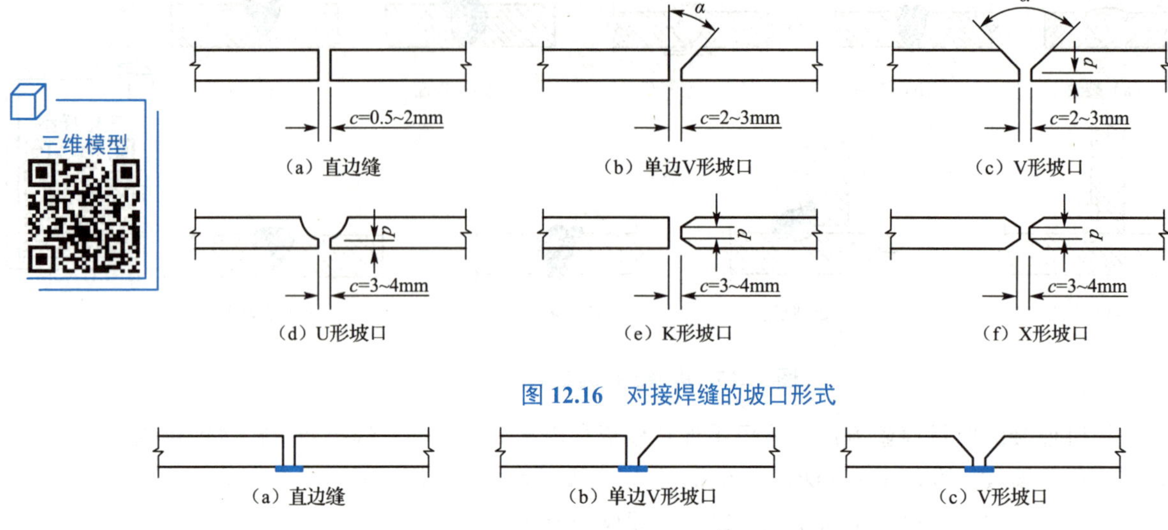

图 12.16 对接焊缝的坡口形式

图 12.17 根部加垫块

在对接焊缝的拼接处，当焊件的宽度不同或厚度相差 4mm 以上时，应分别在宽度方向或厚度方向从一侧或两侧做成坡度不大于 1/4（对承受动荷载的结构）或 1/2.5（对承受静荷载的结构），以使截面过渡缓和，减小应力集中，如图 12.18 所示。

在焊缝的起弧灭弧处，常会出现弧坑等缺陷，这些缺陷对承载力影响极大，故焊接时一般应设置引弧板或引出板，焊后割除，如图 12.19 所示。

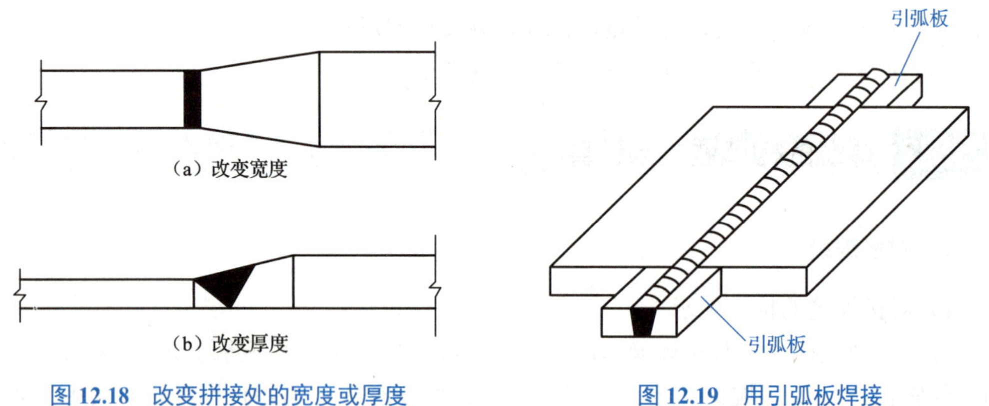

图 12.18 改变拼接处的宽度或厚度

图 12.19 用引弧板焊接

2）对接焊缝的计算

对接焊缝的截面与被连接件截面基本相同，故设计时采用的强度计算式与被连接件的基本相同。轴心受力对接焊缝的计算如下。

图12.20（a）所示对接焊缝受垂直于焊缝长度方向的轴心力（拉力或压力），其焊缝强度按式（12-1）计算。

$$\sigma = \frac{N}{l_w t} \leqslant f_t^w \text{ 或 } f_c^w \tag{12-1}$$

式中 N ——轴心拉力或压力；

l_w——焊缝的计算长度，当采用引弧板时，取焊缝的实际长度，当未采用引弧板时，每条焊缝取实际长度减去$2t$；

t——取连接件的较小厚度，T 形连接中为腹板厚度；

f_t^w、f_c^w——对接焊缝的抗拉和抗压强度设计值。

当正对接焊缝不能满足强度要求时，可采用斜对接焊缝，如图 12.20（b）所示。

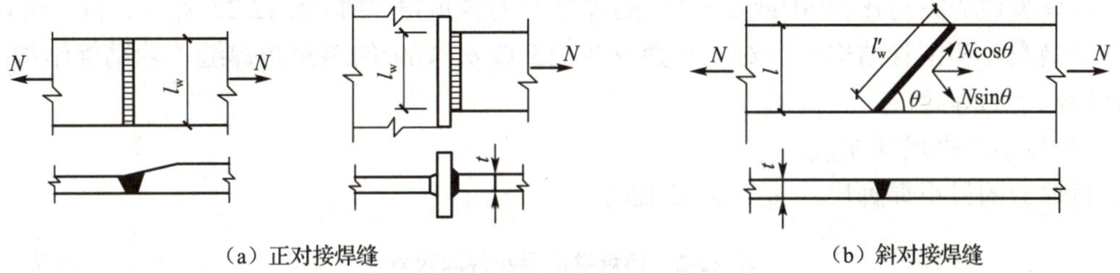

图 12.20　轴心受力对接焊缝的计算

特别提示

（1）在一般加引弧板的情况下，所有受压、受剪的对接焊缝以及受拉的一、二级焊缝均与母材强度相等，不用进行强度计算，只有受拉的三级焊缝才需要进行计算。

（2）当斜对接焊缝倾角$\theta \leqslant 56°$，即$\tan\theta \leqslant 1.5$时，可认为焊缝与母材等强，不用进行强度计算。

2. 角焊缝

角焊缝是最常见的焊缝。角焊缝按其与作用力的关系分为正面角焊缝、侧面角焊缝和斜角焊缝，按其截面形式分为直角角焊缝和斜角角焊缝，如图 12.21 和图 12.22 所示，图中h_f为焊脚尺寸。

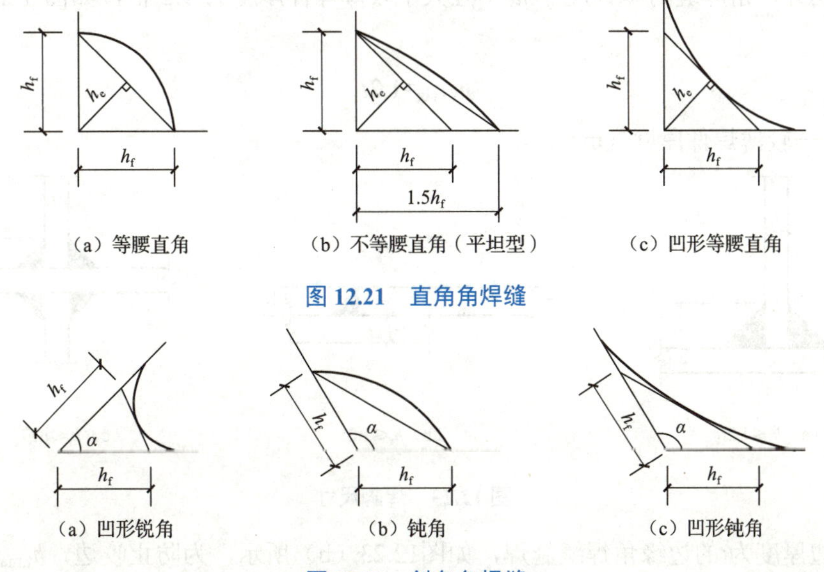

图 12.21　直角角焊缝

图 12.22　斜角角焊缝

当角焊缝的两焊脚边夹角为90°时，称为直角角焊缝。图 12.21（a）所示焊缝为表面微凸的等腰直角三角形，施焊方便，是最常见的一种角焊缝形式，但是不能用于直接承受动力荷载的结构中，在直接承受动力荷载的结构中，正面角焊缝宜采用如图 12.21（b）所示的平坦型，且长边沿内力方向；侧面角焊缝则采用如图 12.21（c）所示的凹形等腰直角角焊缝。

两焊脚边的夹角 $\alpha>90°$ 或 $\alpha<90°$ 的焊缝称为斜角角焊缝，图 12.22 所示的斜角角焊缝常用于钢漏斗和钢管结构中。对于夹角 $\alpha>135°$ 或 $\alpha<60°$ 的斜角角焊缝，除钢管结构外，不宜用作受力焊缝。

1）最小焊脚尺寸 $h_{f,min}$

角焊缝的最小焊脚尺寸 $h_{f,min}$ 见表 12-2。

表 12-2　角焊缝的最小焊脚尺寸 $h_{f,min}$　　单位：mm

母材厚度 t	最小焊脚尺寸 $h_{f,min}$
$t \leqslant 6$	3
$6 < t \leqslant 12$	5
$12 < t \leqslant 20$	6
$t > 20$	8

注：1．采用不预热的非低氢焊接方法进行焊缝连接时，t 等于焊缝连接部位中较厚件厚度，宜采用单道焊缝；采用预热的非低氢焊接方法或低氢焊接方法进行焊缝连接时，t 等于焊缝连接部位中较薄件厚度。

2．焊脚尺寸 h_f 不要求超过焊缝连接部位中较薄件厚度的情况除外。

2）最大焊脚尺寸 $h_{f,max}$

为了避免较薄焊件烧穿，减小焊接残余应力和残余变形，角焊缝的焊脚尺寸不宜过大。除钢管结构外，角焊缝的焊脚尺寸 h_f 不宜大于较薄焊件厚度的 1.2 倍，如图 12.23（a）所示，即

$$h_{f,max}=1.2t_1 \tag{12-2}$$

式中　t_1——较薄焊件厚度（mm）。

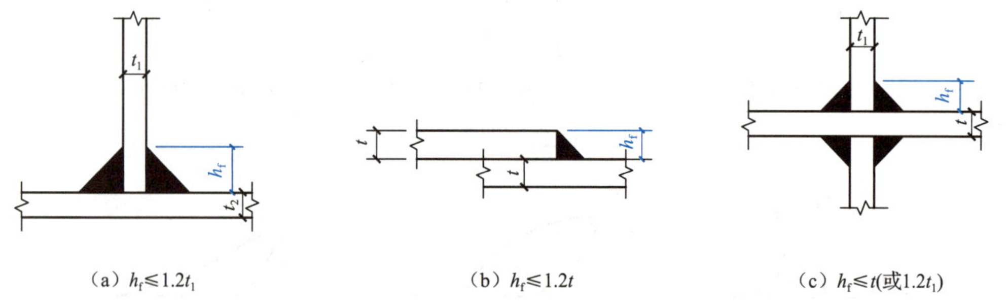

（a）$h_f \leqslant 1.2t_1$　　（b）$h_f \leqslant 1.2t$　　（c）$h_f \leqslant t$(或$1.2t_1$)

图 12.23　焊脚尺寸

对板边厚度为t的边缘角焊缝施焊，如图12.23（b）所示，为防止咬边，$h_{f,max}$尚应满足下列要求。

（1）当板件厚度 $t \leqslant 6$mm 时，$h_{f,max}=t$。

（2）当板件厚度 $t>6$mm 时，$h_{f,max}=t-(1\sim2)$mm。

如果另一焊件厚度 $t^1<t$ 时，还应满足 $h_f \leqslant 1.2t^1$ 的要求，如图 12.23（c）所示。

3）角焊缝的计算长度 l_w

侧面角焊缝的计算长度不宜大于 $60h_f$，即 $l_w \leqslant 60h_f$。当计算长度大于上述限值时，其超过部分在计算中不予考虑。

4）角焊缝的最小计算长度 $l_{w,min}$

若 l_w 过小，则焊件局部受热严重，且起灭弧弧坑太近对焊缝强度影响较为敏感，会降低焊缝可靠性。因此，《钢结构设计标准》规定，侧面角焊缝或正面角焊缝的计算长度均不得小于 $8h_f$ 及 40mm。考虑焊缝两端的缺陷，其最小实际焊接长度还应加大 $2h_f$。即最小计算长度 $l_{w,min}=8h_f$ 及 40mm，实际长度 $l=l_w+2h_f$。

5）两侧面角焊缝间距 b

当板件端部仅有两条侧面角焊缝连接时（图 12.24），每条侧面角焊缝的计算长度 l_w 不宜小于两侧面角焊缝之间的距离 b，即 $b/l_w \leqslant 1$；且 $b \leqslant 16t$（当 $t>12$mm）或 190mm（当 $t \leqslant 12$mm），t 为较薄焊件的厚度。

6）杆件与节点板的连接

杆件与节点板的连接宜采用两面侧焊，也可用三面围焊，对角钢杆件可采用 L 形围焊，所有围焊的转角处必须连续施焊；对于非围焊情况，当角焊缝的端部在构件转角处时，可连续地做长度为 $2h_f$ 的绕角焊（图 12.24）。

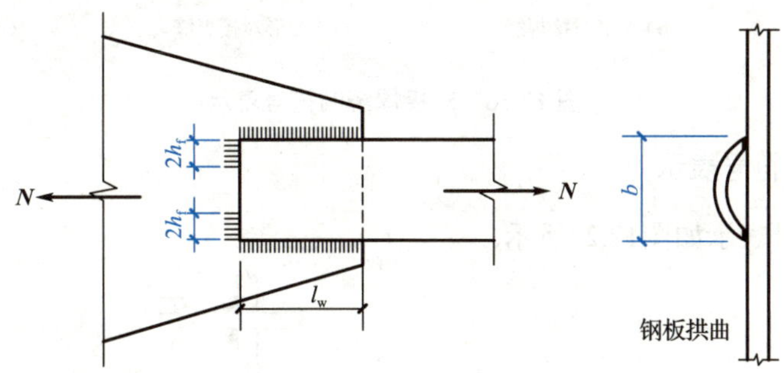

图 12.24　焊缝长度及两侧面角焊缝间距

7）搭接长度

在搭接连接中，搭接长度≥5t 且≥25mm（图 12.25），t 为较薄焊件的厚度。

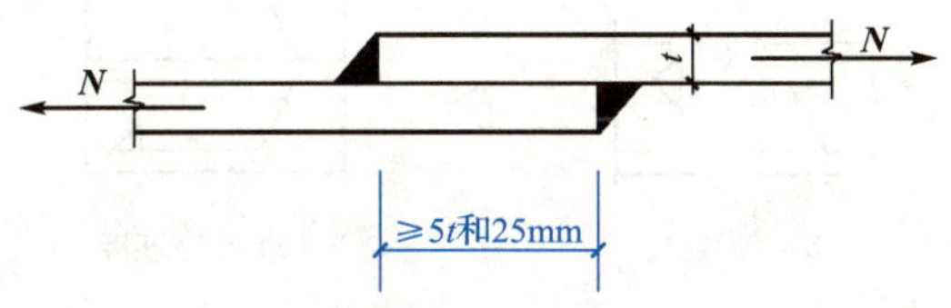

图 12.25　搭接连接

12.3.4 焊缝符号表示法

《焊缝符号表示法》（GB/T 324—2008）规定：在图样上标注焊缝时通常采用指引线和基本符号。指引线由横线和带箭头的斜线组成。箭头指到图形上的相应焊缝处，横线的上面和下面用来标注基本符号和焊缝尺寸。当指引线的箭头指向焊缝所在的一面时，应将基本符号和焊缝尺寸等标注在水平横线的上面；当指引线的箭头指向焊缝所在的另一面时，则应将基本符号和焊缝尺寸等标注在水平横线的下面。必要时可在水平横线的末端加一尾部作其他说明之用。基本符号表示焊缝的基本形式，如用“◺”表示角焊缝，用“V”表示V形坡口的对接焊缝。有时也用辅助符号表示辅助要求，如用“⚑”表示现场安装焊缝等。

1. 对接焊缝的符号表示

对接焊缝的符号表示如图12.26所示。

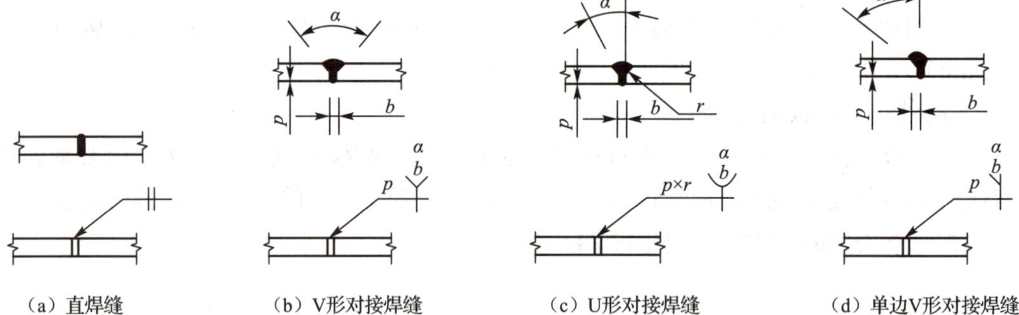

图 12.26 对接焊缝的符号表示

2. 角焊缝的符号表示

角焊缝的符号表示如图12.27所示。

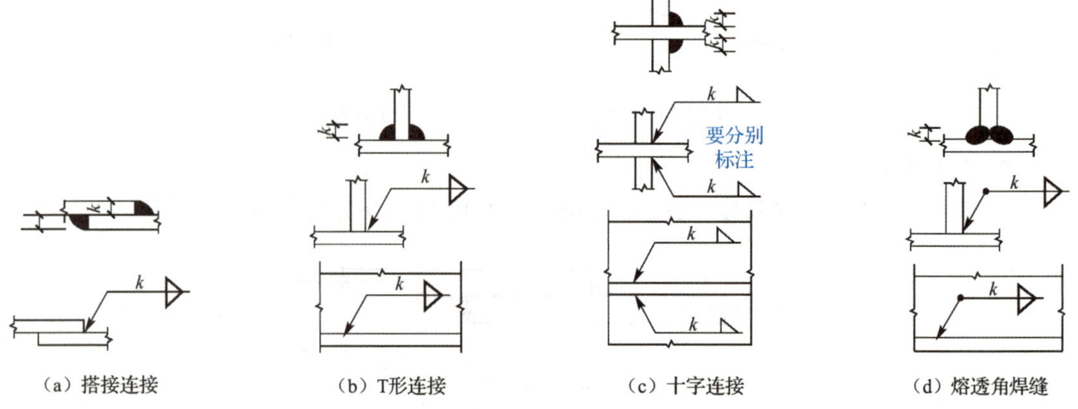

图 12.27 角焊缝的符号表示

3. 不规则焊缝的符号表示

不规则焊缝的符号表示如图 12.28 所示。

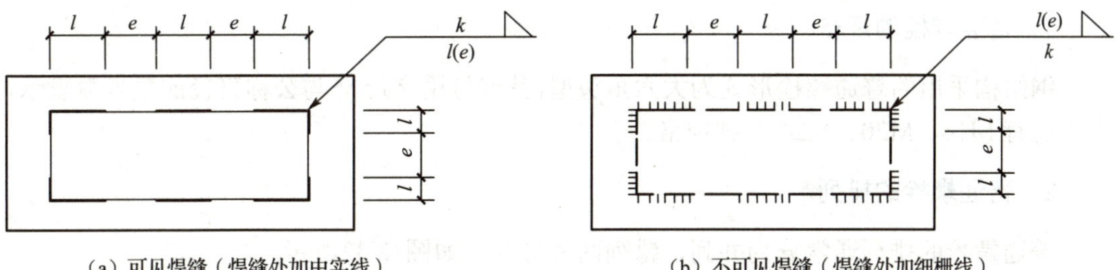

图 12.28 不规则焊缝的符号表示

4. 相同焊缝的符号表示

在同一张图上，当焊缝的形式、断面尺寸和辅助要求均相同时，可只选择一处标注焊缝的符号和尺寸，并加注相同焊缝符号，相同焊缝符号为 3/4 圆弧，绘在指引线的转折处，如图 12.29 所示。

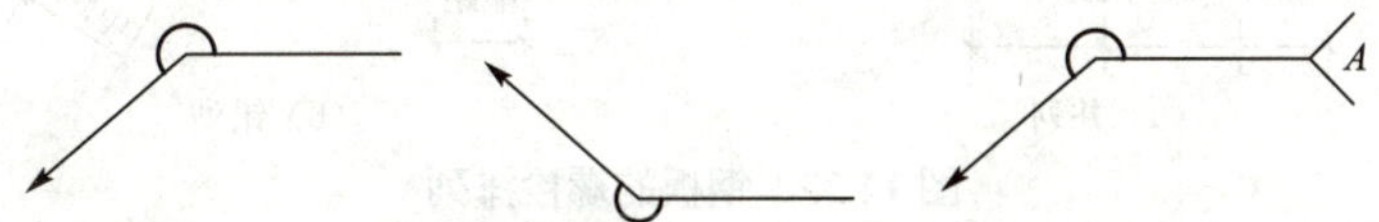

图 12.29 相同焊缝的符号表示

5. 现场安装焊缝的符号表示

现场安装焊缝的符号表示如图12.30所示。

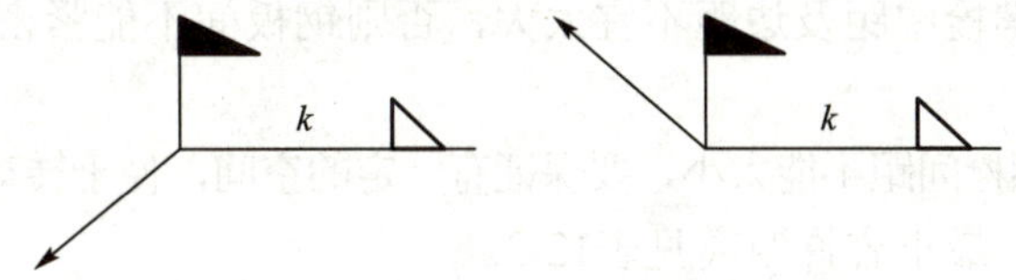

图 12.30 现场安装焊缝的符号表示

6. 较长角焊缝的符号表示

对较长的角焊缝，可直接在角焊缝旁标注焊缝尺寸 k，如图 12.31 所示。

7. 局部焊缝的符号表示

局部焊缝的符号表示如图 12.32 所示。

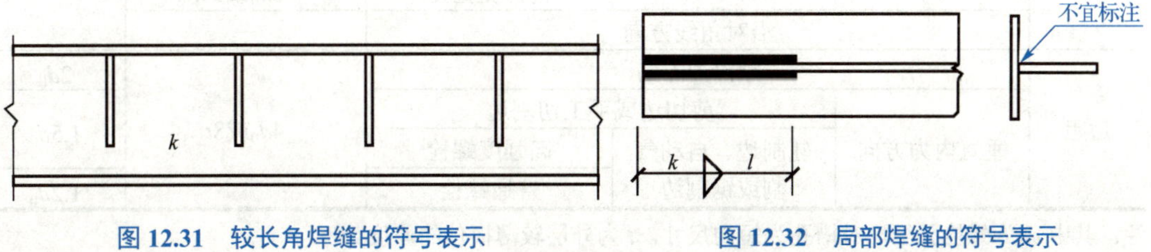

图 12.31 较长角焊缝的符号表示

图 12.32 局部焊缝的符号表示

12.3.5 普通螺栓连接

1. 普通螺栓的规格

钢结构采用的普通螺栓形式为大六角头型，其代号用字母M与公称直径的毫米数表示，常用的有M16、M20、M24三种规格。

2. 普通螺栓的排列

普通螺栓的排列通常分为并列、错列两种形式，如图12.33所示。

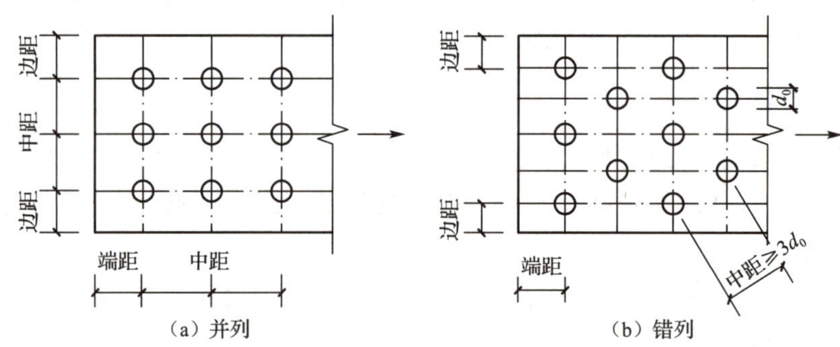

（a）并列　　（b）错列

图 12.33　钢板的螺栓排列

螺栓在构件上的排列要满足以下三方面的要求。

（1）受力要求。在受力方向螺栓的端距过小时，钢材有剪断或撕裂的可能。各排螺栓中距太小时，构件有沿折线或直线破坏的可能。对受压构件，当沿作用力方向螺栓中距过大时，被连接板件间易发生鼓曲和张口现象。

（2）构造要求。螺栓中距及边距不宜太大，否则钢板间不能紧密贴合，潮气易侵入缝隙使钢材锈蚀。

（3）施工要求。螺栓间距不能太小，要保证有一定的空间，便于转动螺栓扳手拧紧螺帽。

螺栓排列的最大、最小容许距离见表12-3。

表 12-3　螺栓排列的最大、最小容许距离

<table>
<tr><th>名称</th><th colspan="3">位置和方向</th><th>最大容许距离（取两者较小者）</th><th>最小容许距离</th></tr>
<tr><td rowspan="5">中距</td><td colspan="3">外排（垂直内力方向或顺内力方向）</td><td>$8d_0$或$12t$</td><td rowspan="5">$3d_0$</td></tr>
<tr><td rowspan="3">中间排</td><td colspan="2">垂直内力方向</td><td>$16d_0$或$24t$</td></tr>
<tr><td rowspan="2">顺内力方向</td><td>构件受压力</td><td>$12d_0$或$18t$</td></tr>
<tr><td>构件受拉力</td><td>$16d_0$或$24t$</td></tr>
<tr><td colspan="3">沿对角线方向</td><td>—</td></tr>
<tr><td rowspan="4">边距</td><td colspan="3">顺内力方向</td><td rowspan="4">$4d_0$或$8t$</td><td>$2d_0$</td></tr>
<tr><td rowspan="3">垂直内力方向</td><td colspan="2">剪切边或手工切割边</td><td rowspan="2">$1.5d_0$</td></tr>
<tr><td rowspan="2">轧制边、自动气割或锯割边</td><td>高强度螺栓</td></tr>
<tr><td>普通螺栓</td><td>$1.2d_0$</td></tr>
</table>

注：其中d_0为螺栓孔径，对槽孔为短向尺寸，t为外层较薄板件的厚度。

3．普通螺栓连接的构造要求

（1）为使连接可靠，每一杆件在节点上及拼接接头的一端，永久性螺栓数不宜少于两个。

（2）对于直接承受动力荷载的普通螺栓连接，应采用双螺帽或其他防止螺帽松动的有效措施。例如，采用弹簧垫圈，或将螺帽或螺杆焊死等方法。

（3）C 级螺栓与孔壁有较大间隙，只宜用于沿其杆轴方向受拉的连接。在承受静力荷载结构的次要连接、可拆卸结构的连接和临时固定构件用的安装连接中，也可用 C 级螺栓承受剪力。但在重要的连接中，如制动梁或吊车梁上翼缘与柱的连接，由于传递制动梁水平支承反力，同时受到反复动力荷载作用，不得采用 C 级螺栓。柱间支承与柱的连接，以及在柱间支撑处吊车梁下翼缘的连接，因承受着反复的水平制动力和卡轨力，应优先采用高强度螺栓。

（4）沿杆轴方向受拉的螺栓连接中的端板（法兰板），应适当增强其刚度（如加设加劲肋），以减少撬力对螺栓抗拉承载力的不利影响。

12.3.6 高强度螺栓连接

高强度螺栓连接分为摩擦型连接和承压型连接两种类型。螺栓由高强度钢材经热处理做成，安装时用特制扳手施加强大的预拉力，使构件接触面间产生与预拉力相同的紧压力。摩擦型高强度螺栓仅利用接触面间的摩擦阻力传递剪力，因此，螺栓的预拉力（即板件间的法向压紧力）、摩擦面间的抗滑移系数和钢材种类等都直接影响到摩擦型连接的承载力。其整体性能好、抗疲劳能力强，适用于承受动力荷载和重要的连接。承压型高强度螺栓允许外力超过构件接触面间的摩擦力，利用螺杆与孔壁直接接触传递剪力，使承压型连接的承载力比摩擦型连接提高较多，可用于不直接承受动力荷载的情况。

高强度螺栓分大六角头型和扭剪型两种型号，如图 12.34 所示。这两种型号都是通过拧紧螺帽，使螺杆受到拉伸作用产生预拉力，从而使被连接板件间产生压紧力。

（a）大六角头型

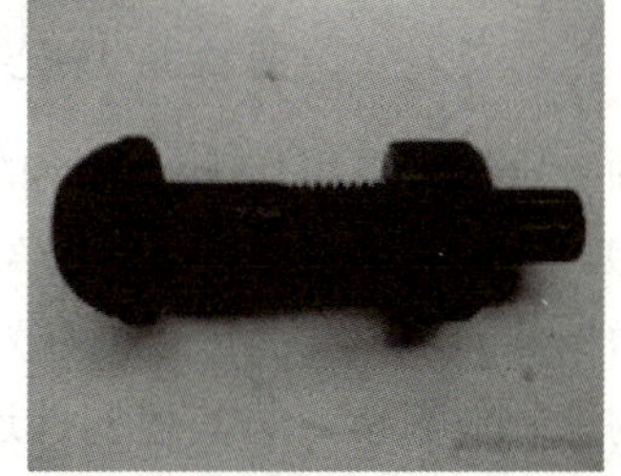
（b）扭剪型

图 12.34　高强度螺栓

高强度螺栓连接除应满足普通螺栓连接的构造要求外，其拼接件不能采用型钢，只能采用钢板（型钢抗弯刚度大，不能保证摩擦面紧密结合）。

特别提示

在钢结构构件连接中，可单独采用焊缝连接或螺栓连接，也可同时采用焊缝连接和螺栓连接。一般情况下，翼缘采用焊缝连接，腹板采用螺栓连接。

12.4 轴心受力构件

12.4.1 轴心受力构件的应用

对平面桁架、塔架、网架和网壳等杆件体系，通常假设其节点为铰接连接。当杆件上无节间荷载时，杆件内力只是轴向拉力或压力，这类杆件称为轴心受拉构件或轴心受压构件，统称轴心受力构件。轴心受力构件在工程中的应用如图 12.35 所示。

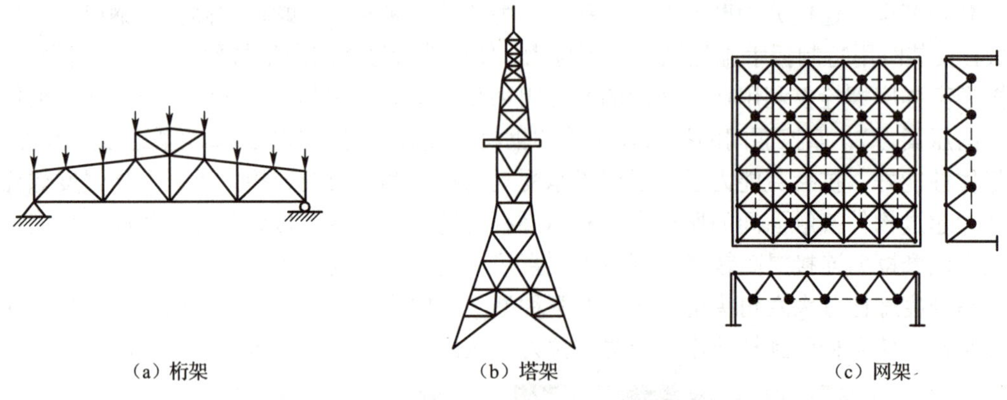

图 12.35 轴心受力构件在工程中的应用

例如，轴心压杆经常用作工业建筑的工作平台支柱。柱由柱头、柱身和柱脚三部分组成（图 12.36）。柱头用来支承平台或桁架，柱脚坐落在基础上，将轴心压力传给基础。

轴心受力构件的常用截面形式可分为实腹式和格构式两大类。

实腹式构件制作简单，与其他构件连接也比较方便。其常用形式有：单个型钢截面，如圆钢、钢管、角钢、T 型钢、槽钢、工字钢、H 型钢等；组合截面，由型钢或钢板组合而成的截面；一般桁架结构中的弦杆和腹杆，除 T 型钢外，常采用热轧角钢组合成 T 形的或十字形的双角钢组合截面；在轻型钢结构中则可采用冷弯薄壁型钢截面，如图 12.37 所示。

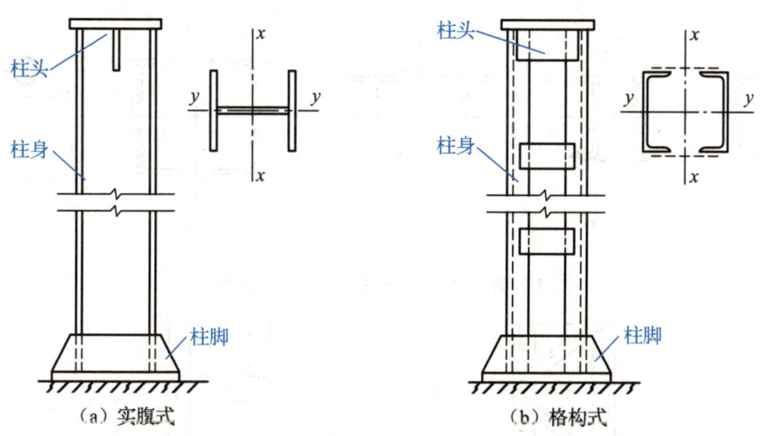

（a）实腹式　（b）格构式

图 12.36　柱的组成

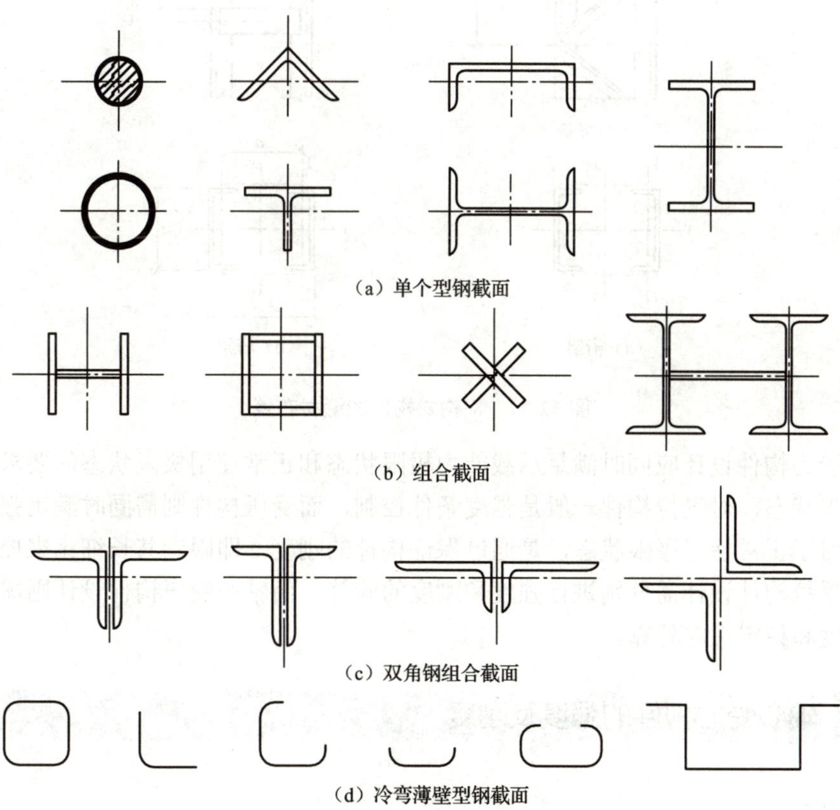

（a）单个型钢截面

（b）组合截面

（c）双角钢组合截面

（d）冷弯薄壁型钢截面

图 12.37　实腹式构件的截面形式

格构式构件容易实现压杆两主轴方向的等稳定性，刚度大，抗扭性能也好，用料较省。其截面一般由两个或多个型钢肢件组成（图12.38），肢件间通过缀条［图12.39（a）］或缀板［图12.39（b）］连接而成为整体，缀板和缀条统称为缀材。

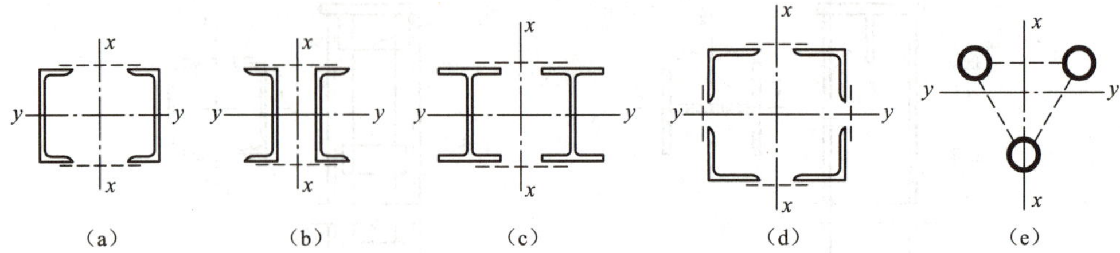

图 12.38　格构式构件的常用截面形式

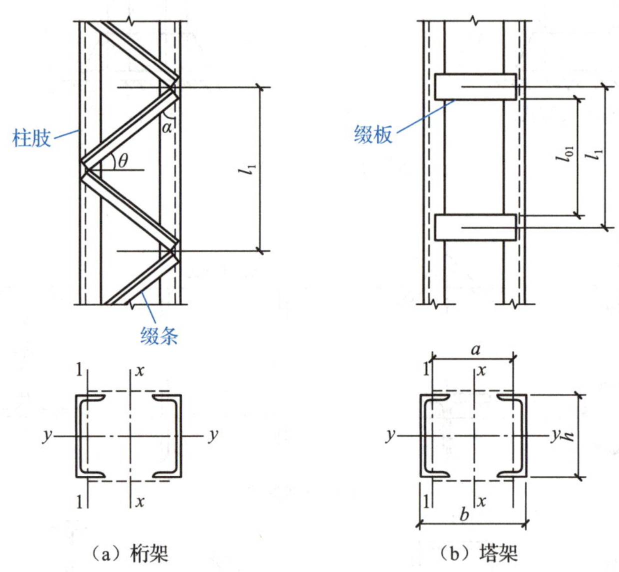

图 12.39　格构式构件的缀材布置

轴心受力构件设计应同时满足承载能力极限状态和正常使用极限状态的要求。对于承载能力极限状态，对受拉构件一般是强度条件控制，而受压构件则需同时满足强度和稳定的要求。对于正常使用极限状态，是通过保证构件的刚度，即限制其长细比来控制的。因此，轴心受拉构件设计需分别进行强度和刚度的验算，而轴心受压构件设计则需分别进行强度、刚度和稳定性的验算。

12.4.2 轴心受力构件的强度及刚度

1. 强度

轴心受力构件的强度，除高强度螺栓摩擦型连接外，应按式（12-3）和式（12-4）计算。

毛截面屈服

$$\sigma=\frac{N}{A}\leqslant f \tag{12-3}$$

净截面断裂

$$\sigma=\frac{N}{A_{\mathrm{n}}}\leqslant 0.7f_{\mathrm{u}} \tag{12-4}$$

式中 N——构件的轴心拉力或压力设计值；

f——钢材的抗拉强度设计值；

A——构件的毛截面面积；

f_u——钢材的抗拉强度最大值；

A_n——构件的净截面面积。

2. 刚度

轴心受力构件的刚度要求轴心受力构件的长细比不超过规定的容许长细比，即

$$\lambda=\frac{l_0}{i}\leqslant[\lambda] \tag{12-5}$$

式中 λ——构件的最大长细比；

l_0——构件的计算长度；

i——截面的回转半径；

$[\lambda]$——构件的容许长细比，见表12-4和表12-5。

表 12-4 受拉构件的容许长细比

项次	构件名称	承受静力荷载或间接承受动力荷载的结构			直接承受动力荷载的结构
		一般建筑结构	对腹杆提供平面外支点的弦杆	有重级工作制起重机的厂房	
1	桁架的构件	350	250	250	250
2	吊车梁或吊车桁架以下的柱间支承	300	—	200	—
3	其他拉杆、支承、系杆（张紧的圆钢除外）	400	—	350	—

注：1. 承受静力荷载的结构中，可仅计算受拉构件在竖向平面内的长细比。

2. 对于直接或间接承受动力荷载的结构，计算单角钢受拉构件的长细比时，应采用角钢的最小回转半径；但在计算交叉杆件平面外的长细比时，应采用与角钢肢边平行轴的回转半径。

3. 中、重级工作制起重机桁架的下弦杆长细比不宜超过 200。

4. 在设有夹钳起重机或刚性料耙起重机的厂房中，支承（表中第 2 项除外）的长细比不宜超过 300。

5. 受拉构件在永久荷载与风荷载组合作用下受压时，其长细比不宜超过 250。

6. 跨度等于或大于 60m 的桁架，其受拉弦杆和腹杆的长细比不宜超过 300（承受静力荷载）或 250（承受动力荷载）。

表 12-5　受压构件的容许长细比

项次	构件名称	容许长细比
1	柱、桁架和天窗架中的压件	150
	柱的缀条、吊车梁或吊车桁架以下的柱间支承	
2	支承	200
	用以减小受压构件长细比的杆件	

注：1．桁架（包括空间桁架）的受压腹杆，当其内力等于或小于承载能力的50%时，容许长细比可取200。

2．计算单角钢受压构件的长细比时，应采用角钢的最小回转半径；但在计算交叉杆件平面外的长细比时，应采用与角钢肢边平行轴的回转半径。

3．跨度等于或大于 60m 的桁架，其受压弦杆和端压杆的容许长细比宜取 100，其他受压腹杆可取 150（承受静力荷载）或 130（承受动力荷载）。

应用案例 12-1

如图 12.40 所示为一桁架轴心受拉柱，其截面为双轴对称焊接工字钢，钢材为 Q235，翼缘 b=200mm，t=12mm，h_0=220mm，t_w=10mm，翼缘为火焰切割边，该柱对两个主轴的计算长度分别为 l_{0x}=6m，l_{0y}=3m，验算轴心受拉柱的强度及刚度。

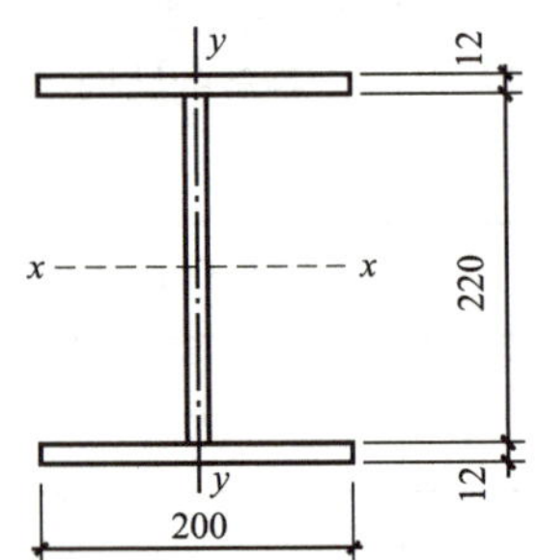

图 12.40　桁架轴心受拉柱

解：截面特征如下。

$$A = 220\times10 + 2\times200\times12 = 7000(\text{mm}^2) = 70\text{cm}^2$$

$$I_x = 1\times22^3/12 + 2\times20\times1.2\times11.6^2 \approx 7346(\text{cm}^4)$$

$$I_y = 2\times1.2\times20^3/12 = 1600(\text{cm}^4)$$

$$i_x = \sqrt{\frac{I_x}{A}} = \sqrt{\frac{7346}{70}} \approx 10.24(\text{cm})$$

$$i_y = \sqrt{\frac{I_y}{A}} = \sqrt{\frac{1600}{70}} \approx 4.78(\text{cm})$$

杆件的强度：$\dfrac{N}{A} = \dfrac{1000\times10^3}{7000} \approx 142.86(\text{N/mm}^2) < f = 215\text{N/mm}^2$

杆件的刚度：$\lambda_x = \dfrac{l_{0x}}{i_x} = \dfrac{600}{10.24} \approx 58.6 < [\lambda] = 350$，$\lambda_y = \dfrac{l_{0y}}{i_y} = \dfrac{300}{4.78} \approx 62.8 < [\lambda] = 350$

12.4.3 轴心受压构件的稳定性

钢结构及其构件除应满足强度及刚度条件外，还应满足稳定条件。所谓稳定，是指结构或构件受荷变形后，所处平衡状态的属性。

当结构处于不稳定平衡时，轻微扰动将使结构整体或其组成构件产生很大的变形而最后丧失承载能力，这种现象称为失稳。在钢结构工程事故中，因失稳导致破坏者较为常见。

因此，对钢结构的稳定性必须加以足够的重视。

1. 理想轴心受压构件的屈曲形式

所谓理想轴心受压构件，就是杆件为等截面理想杆件，压力作用线与杆件形心轴重合，材料均质、各向同性、无限弹性且符合胡克定律，没有初始应力的轴心压杆。此种杆发生失稳现象，也可以称为屈曲。理想轴心受压构件的屈曲形式可分为弯曲屈曲、扭转屈曲和弯扭屈曲，如图 12.41 所示。

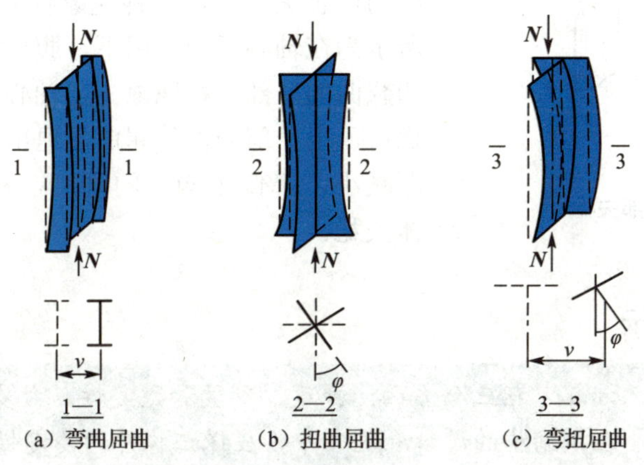

图 12.41　理想轴心受压构件的屈曲形式

特别提示

(1) 轴心受压构件不宜采用无任何对称轴的截面。

(2) 理想轴心受压构件在实际工程中是不存在的，在设计时应考虑截面残余应力、构件初弯曲和受力初偏心的影响。

2. 轴心受压构件的整体稳定计算

实际工程中，理想轴心受压构件并不存在，实际构件都具有一些初始缺陷和残余应力，它们使得构件的稳定性下降。对轴心受压构件的整体稳定计算采用式（12-6）。

$$\frac{N}{\varphi \cdot A \cdot f} \leqslant 1.0 \qquad (12\text{-}6)$$

式中　N——轴心压力设计值；

A——构件的毛截面面积；

f——钢材抗压强度设计值；

φ——整体稳定系数。

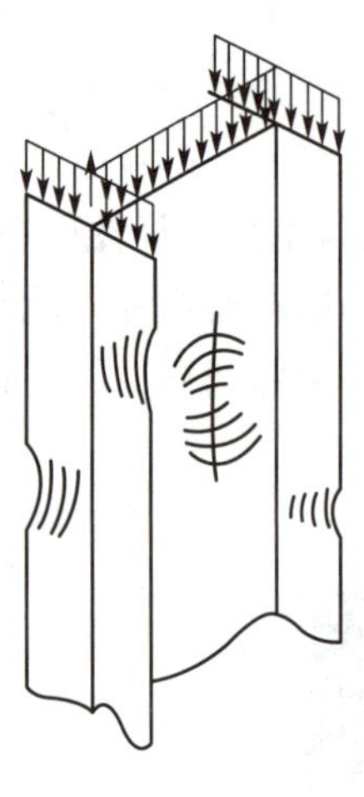
图 12.42　局部失稳

轴心受压构件的整体稳定系数（取截面两主轴稳定系数中的较小者）根据构件的长细比（或换算长细比）、钢材屈服强度和截面分类查得。

3. 轴心受压构件的局部稳定

实腹式轴心受压构件在轴向压力作用下，在丧失整体稳定之前，其腹板和翼缘都有可能达到极限承载能力而丧失稳定，此种现象称为局部失稳。图 12.42 所示为在轴心压力作用下，腹板和翼缘发生侧向鼓曲和翘曲的局部失稳现象。当轴心受压构件发生局部失稳后，由于部分板件屈曲而退出工作，使构件有效截面减小，降低了构件的刚度，从而加速了构件的整体失稳。

特别提示

轴心受压构件的计算包括三个方面：强度、刚度和稳定性。大多数情况是由稳定性起控制作用。因此，在钢结构的设计和施工中，应保证构件的稳定性。

12.5　受弯构件

承受横向荷载的构件称为受弯构件，其截面形式有实腹式和格构式两类，在实际工程中受弯构件一般指前一类。钢梁为钢结构中主要的受弯构件。

12.5.1 钢梁的分类

钢梁分为型钢梁和组合梁两大类。

型钢梁的截面有热轧工字钢［图 12.43（a）］、热轧 H 型钢［图 12.43（b）］和槽钢［图 12.43（c）］三种，其中以 H 型钢的截面分布最为合理，翼缘内外边缘平行，与其他构件连接较方便，应予优先采用。某些受弯构件（如檩条）采用冷弯薄壁型钢［图 12.43（d）～（f）］较经济，但此类型钢防腐要求较高。

组合梁一般为采用三块钢板焊接而成的工字形截面［图 12.43（g）］，或由 T 型钢（H 型钢剖分而成）中间加板的焊接截面［图 12.43（h）］。当焊接组合梁翼缘需要很厚时，可采用两层翼缘板的截面［图 12.43（i）］。受动力荷载的梁当钢材质量不能满足焊接结构的要求时，可采用高强度螺栓或铆钉连接而成的工字形截面［图 12.43（j）］。荷载很大而高度受到限制或梁的抗扭要求较高时，可采用箱形截面［图 12.43（k）］。组合梁的截面组成比较灵活，可使材料在截面上的分布更为合理，从而节省钢材。

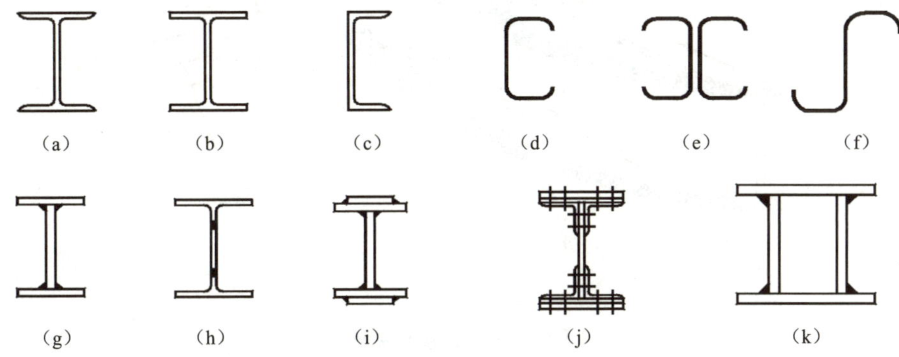

图 12.43　钢梁的截面形式

在土木工程中，梁格通常由若干梁平行或交叉排列而成，图 12.44 即为工作平台梁格布置示例。

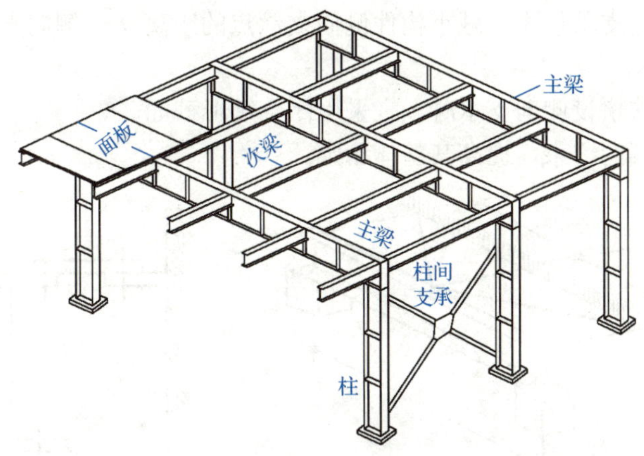

图 12.44　工作平台梁格布置示例

12.5.2 钢梁的整体稳定

1. 整体稳定的概念

梁在竖向荷载作用下，当荷载较小时，梁开始弯曲并产生变形，此时梁的弯曲平衡是稳定的，当弯矩增大到某一数值时，梁会在偶然的、很小的侧向干扰力下，突然向侧面发生较大的弯曲，同时发生扭转，如图 12.45 所示。这时即使除去侧向干扰力，侧向弯扭变形也不再消失，如果弯矩再稍微增大，则弯扭变形迅速增大，从而使梁失去承载能力。这种因弯矩超过临界限值而使钢梁从稳定平衡状态转变为不稳定平衡状态并发生侧向弯扭屈曲的现象，称为钢梁弯扭屈曲或钢梁整体失稳。使梁整体失稳的弯矩或荷载称为临界弯矩或临界荷载。

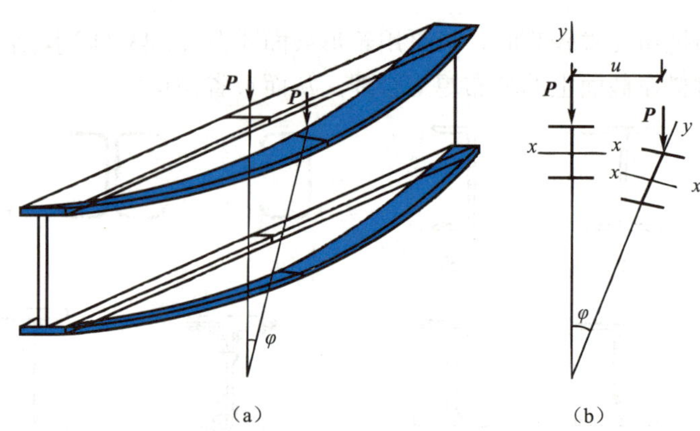

图 12.45　梁整体失稳

2．增强钢梁整体稳定的措施

一般可采用下列方法增强钢梁的整体稳定。

（1）增大梁截面尺寸，其中增大受压翼缘的宽度是最有效的。

（2）增加梁侧向支承体系，减小构件侧向支承点的距离 l_1，侧向支承应设在受压翼缘处，如图 12.46 所示。

（3）当跨内无法增设侧向支承时，宜采用闭合箱形截面。

（4）增加梁两端的约束，提高其整体稳定。

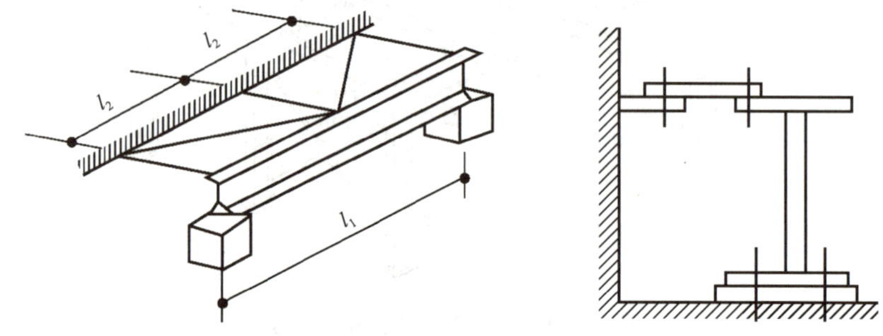

图 12.46　梁侧向支承体系

模 块 小 结

本模块对钢结构做全面讲述，包括钢结构的组成、特点及应用范围，钢结构的材料性能，钢结构的连接，钢结构轴心受力构件强度、刚度和稳定性的概念及计算、受弯构件的整体稳定。

（1）钢结构由钢板、圆钢、钢管、钢索、各种型钢等钢材经过加工、连接、安装而成。

（2）钢结构的特点：轻质、高强，塑性、韧性好，有良好的焊接性能，制作简单、施工方便，可重复使用，耐热不耐火，耐锈蚀性差，有低温冷脆倾向。

（3）钢材的力学性能包括：屈服强度，抗拉强度，塑性，韧性，冷弯性能。影响钢材性能的主要因素有：化学成分，焊接性能，冶炼与轧制，温度，应力集中现象。

（4）钢结构的连接包括焊缝连接、螺栓连接和铆钉连接。

（5）对接焊缝和角焊缝的表示方法。

（6）轴心受力包括轴心受拉和轴心受压。轴心受拉构件需进行强度和刚度验算，轴心受压构件应进行强度、刚度和稳定性的验算。

（7）受弯构件应采取措施增强其整体稳定。

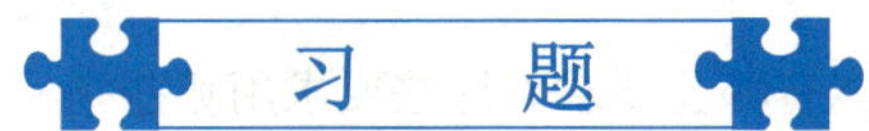

习 题

一、选择题

1．大跨度结构常采用钢结构的主要原因是钢结构（　　）。

A．密封性好　　B．自重轻　　C．制造工厂化　　D．便于拆装

2．钢材的设计强度是根据（　　）确定的。

A．比例极限　　B．弹性极限　　C．屈服强度　　D．极限强度

3．Q235 钢按照质量等级分为 A、B、C、D 共四级，由 A 到 D 表示质量由低到高，其分类依据是（　　）。

A．冲击韧性　　B．冷弯性能　　C．化学成分　　D．伸长率

4．钢号 Q345A 中的 345 表示钢材的（　　）值。

A．f_p　　B．f_u　　C．f_y　　D．f_{vy}

5．钢材所含化学成分中，需严格控制含量的有害元素为（　　）。

A．碳、锰　　B．钒、锰　　C．硫、氮、氧　　D．铁、硅

6．对于普通螺栓连接，限制端距 $e \geqslant 2d_0$ 的目的是避免（　　）。

A．螺杆受剪破坏　　B．螺杆受弯破坏

C．板件受挤压破坏　　D．板件端部冲剪破坏

7．Q235 与 Q345 两种不同强度的钢材进行手工焊接时，焊条应采用（　　）。

A．E55 型　　B．E50 型　　C．E43 型　　D．H10MnSi

8．在搭接连接中，为了减小焊接残余应力，其搭接长度不得小于较薄焊件厚度的（　　）。

A．5 倍　　B．10 倍　　C．15 倍　　D．20 倍

9．高强度螺栓承压型连接比摩擦型连接（　　）。

A．承载力低，变形大　　B．承载力高，变形大

C．承载力低，变形小　　D．承载力高，变形小

10．对于直接承受动力荷载的结构，宜采用（　　）。

A．焊缝连接　　B．普通螺栓连接

C．高强度螺栓摩擦型连接　　D．高强度螺栓承压型连接

11．角焊缝的最小焊脚尺寸 $h_{f,min}=1.5t_2$，最大焊脚尺寸 $h_{f,max}=1.2t_1$，式中的 t_1 和 t_2 分别为（　　）。

A．t_1 为腹板厚度，t_2 为翼缘厚度

B．t_1 为翼缘厚度，t_2 为腹板厚度

C．t_1 为较薄的被连接板件的厚度，t_2 为较厚的被连接板件的厚度

D．t_1 为较厚的被连接板件的厚度，t_2 为较薄的被连接板件的厚度

二、简答题

1．钢结构对钢材的性能有哪些要求？这些要求用哪些指标来衡量？

2．钢材受力有哪两种破坏形式？它们对结构安全有何影响？

3．钢结构的连接方法有哪些？

4．焊缝的形式主要有几类？

5．角焊缝的尺寸有哪些构造要求？

6．普通螺栓连接和高强度螺栓连接有哪些相同点和不同点？

7．怎样计算轴心受力构件的强度和刚度？

8．什么是轴心受压构件的整体稳定？

9．什么是受弯构件的整体稳定？保证钢梁整体稳定的措施有哪些？

附录 A 实例：框架结构教学楼建筑施工图及结构施工图

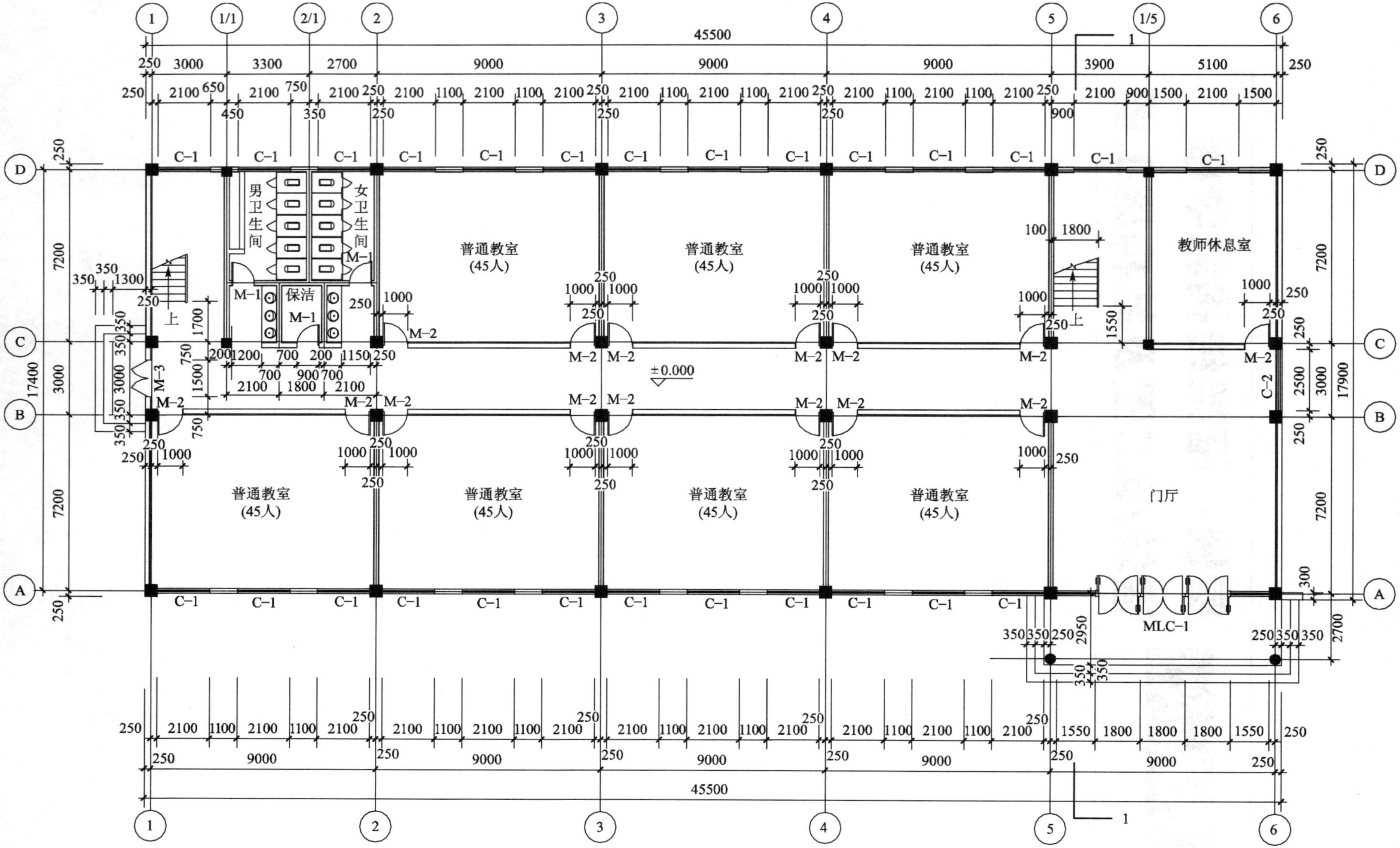

男卫生间
女卫生间
保洁
普通教室
(45人)
普通教室
(45人)
普通教室
(45人)
教师休息室
普通教室
(45人)
普通教室
(45人)
普通教室
(45人)
普通教室
(45人)
门厅
MLC-1
±0.000

一层平面图 1:100

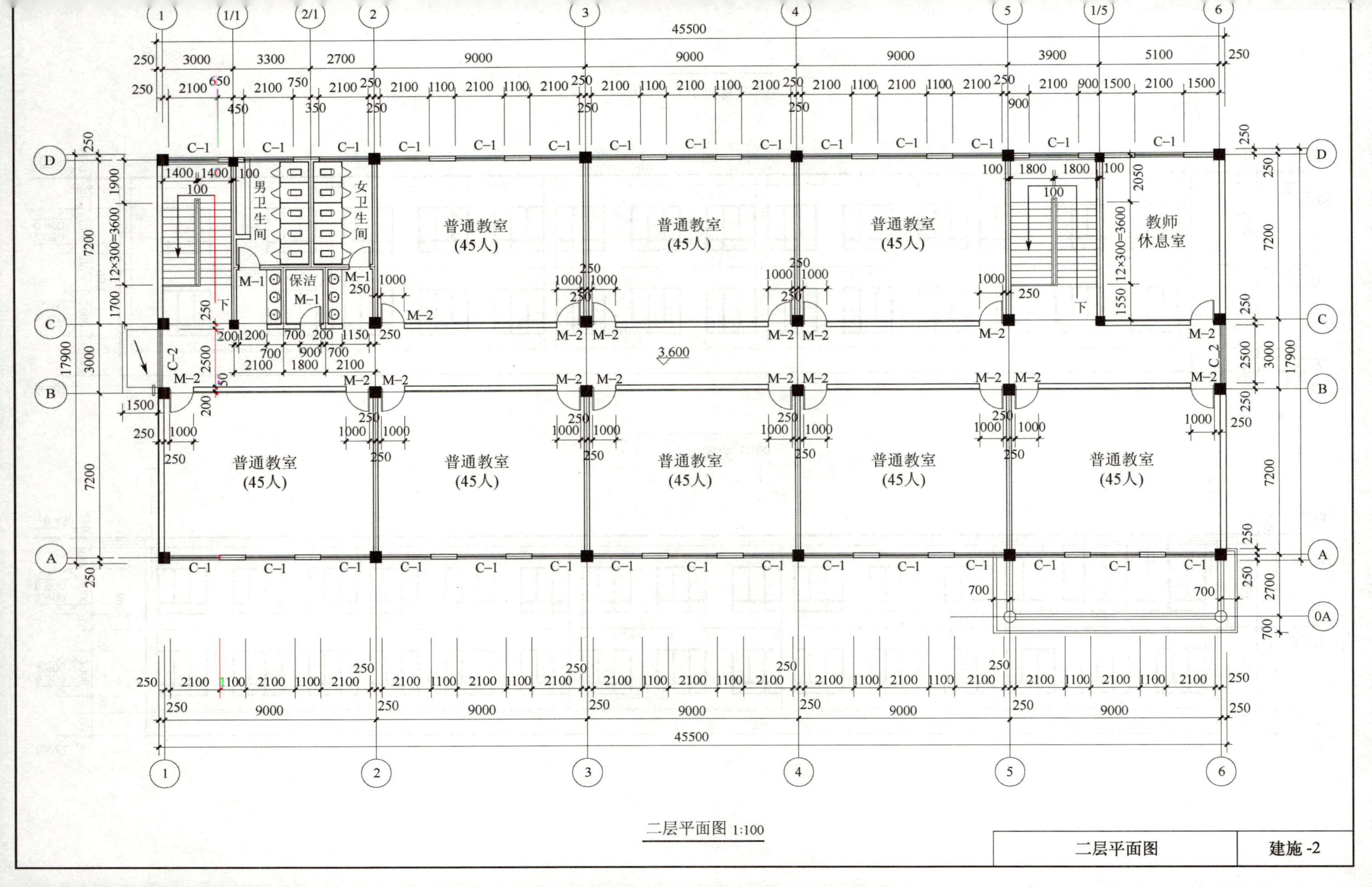

普通教室
(45人)
教师
休息室
男卫生间
女卫生间
保洁
3.600
二层平面图 1:100
二层平面图
建施 -2

①~⑥立面图 1:100

⑥~①立面图 1:100

1. 工程概况

本工程为 ×× 学校教学楼，位于 ×× 市 ×× 路。主体地上 2 层，室内外高差0.450m，建筑高度 7.560 m。本工程设计 ±0.000标高对应黄海高程为 98.500 m。结构体系为全现浇钢筋混凝土框架结构。采用天然地基，柱下独立基础。

2. 建筑结构安全等级及设计使用年限

2.1 建筑结构安全等级：二级
2.2 设计使用年限：50 年
2.3 建筑抗震设防类别：重点设防类（乙类）
2.4 地基基础设计等级：丙级
2.5 抗震等级：现浇框架抗震等级为三级，该项目为重点设防类建筑，按高于本地区抗震设防烈度一度的要求加强其抗震措施，即框架采取二级抗震构造措施

3. 自然条件

3.1 基本风压：W_0=0.45 kN/m² （50 年重现期）
地面粗糙度类别：B 类
3.2 场地地震基本烈度：7 度
抗震设防烈度：7 度 (0.15g) （设计地震分组第一组）
建筑场地类别：Ⅱ类

4. 场地的工程地质条件

4.1 本工程基础设计依据 ×× 勘测院 2008 年 10 月 20 日提供的 ×× 学校教学楼《岩土工程勘察报告》（详勘）进行设计，拟建场地自上而下各土层的工程地质特征如下：
(1) 粉土 1 层，层底埋深 2.1 ~ 2.60 m　(3) 粉土 3 层，层底埋深 6.80 ~ 7.50 m
(2) 粉土 2 层，层底埋深 3.80 ~ 4.20 m　(4) 粉土 4 层，层底埋深未揭穿

4.2 地下水条件
场地地下水对混凝土无腐蚀性，对混凝土中钢筋具弱腐蚀性，历史最高水位为自然地坪下 3.00 m。

4.3 场地土分析评价
拟建场地无液化及湿陷地质情况，未发现影响工程安全的地下埋藏物，属于可进行建设的一般场地。

4.4 基础方案及结论
采用天然地基，柱下独立基础，选择第1层作为持力层。

5. 本工程设计遵循的标准、规范、规程

《建筑工程抗震设防分类标准》 (GB 50223—2008)
《建筑结构荷载规范》 (GB 50009—2012)
《建筑抗震设计规范（2016年版）》 (GB 50011—2010)
《混凝土结构设计规范（2015年版）》 (GB 50010—2010)
《建筑地基基础设计规范》 (GB 50007—2011)
《混凝土结构工程施工质量验收规范》 (GB 50204—2015)
《建筑结构可靠性设计统一标准》 (GB 50068—2018)

本工程按现行国家设计标准进行设计，施工时除应遵守本说明及各设计图纸说明外，尚应严格执行国家及工程所在地区的有关规范或规程。

6. 设计计算程序

本工程采用中国建筑科学研究院《多层及高层建筑结构空间有限元分析与设计软件(SATWE)》(2008年8月网络版）进行结构整体分析，采用《基础 CAD 设计软件(JCCAD)》(2007年8月网络版）进行基础设计。

7. 设计采用的荷载标准值 (kN/m²)

7.1 设计采用的均布活荷载标准值
教师休息室、普通教室、卫生间　2.5
走廊、门厅　3.5
楼梯　3.5
不上人屋面　0.5
7.2 楼梯、屋面等栏杆顶部水平活荷载　0.5
7.3 未经设计许可或技术鉴定，不得改变结构用途和使用环境。

8. 地基基础

8.1 开挖基槽时，不应扰动土的原状结构，机械挖土时应按有关规范要求进行，坑底应保留 200 mm 厚的土层用人工开挖。开挖基槽后，应及时组织验槽。施工中如发现实际情况与地质报告不符或不良地质情况，应及时联系设计、勘察等有关单位协商处理。

8.2 本工程基坑施工时应注意确保道路、现有管线、现有建筑物的安全和施工的顺利进行。非自然放坡开挖时，边坡支护应由有相应设计施工资质的单位承担。

9. 主要结构材料

9.1 混凝土强度等级要求。
基础为 C30，基础垫层为 C20；现浇框架柱、梁、楼板及楼梯均采用 C30 混凝土；构造柱、过梁等非承重构件为 C20。

9.2 钢筋及钢材。
(1) 钢筋采用 HPB300级 (ф)；HRB400 级 (ф)。
钢筋设计强度 HPB300：f_y=f'_y=210 N/mm²。HRB400：f_y=f'_y=360 N/mm²。
纵向受力钢筋的抗拉强度实测值与屈服强度实测值的比值不应小于 1.25；钢筋的屈服强度实测值与强度标准值的比值不应大于 1.3；且钢筋在最大拉力下的总伸长率实测值不应小于 9%。
(2) 钢板采用 Q235-B 钢。

9.3 焊条：HPB300钢筋采用 E43 型焊条，HRB400 钢筋采用 E60 型焊条。钢筋焊接依据《钢筋焊接及验收规程》(JGJ18—2012)。

9.4 油漆：凡外露钢铁件必须在除锈后涂防腐漆、面漆两道，并经常注意维护。

9.5 填充墙。
(1) 砌块：±0.000以下墙体采用 MU10 非黏土类实心砖；以上填充墙体均为加气混凝土砌块（体积密度级别为 B06，强度级别为 A3.5，砌筑等级为 B 级），卫生间地 / 楼面以上 300mm 高范围内用 C20 素混凝土。
(2) 砂浆：±0.000 以内采用 M7.5 水泥砂浆，其他部位均为 M5 混合砂浆。

10. 结构构造

10.1 本工程采用国家标准图集《混凝土结构施工图平面整体表示方法制图规则和构造详图》(22G101—1、22G101—3) 的表示方法。施工图中未注明的构造要求应按照标准图集的有关要求执行。

10.2 主筋的混凝土保护层厚度如下表所示。基础钢筋混凝土保护层厚度为 40 mm。

环境类别	板	梁	柱	环境类别	板	梁	柱
一	15	25	30	二 b	25	35	35
二 a	20	30	30				

注：各部分主筋混凝土保护层厚度同时应满足不小于钢筋直径的要求。各构件中可以采用不低于相应混凝土构件强度等级的素混凝土垫块来控制主筋的保护层厚度。

10.3 结构混凝土环境类别及耐久性的基本要求。
±0.000 以下结构、上部雨篷女儿墙为二 b 类；卫生间为二 a 类；其他为一类。耐久性基本要求见下表。

环境类别	最大水灰比	最小水泥用量 /(kg/m³)	最大氯离子含量 /%	最大碱含量 /(kg/m³)
一	0.65	225	1.0	不限制
二 a	0.60	250	0.3	3.0
二 b	0.55	275	0.2	3.0

10.4 钢筋锚固及连接：受拉钢筋的锚固长度及搭接长度均详见 22G101—1 第 2-3～2-5页。当有些部位的锚固长度不能满足 $0.4l_{aE}+15d$时，应采用机械锚固，其形式及构造要求详见22G101—1 第2-4页。钢筋焊接应按《钢筋焊接及验收规程》(JGJ 18—2012) 的有关规定执行。钢筋机械连接应按《钢筋机械连接技术规程》(JGJ 107—2016) 的有关规定执行。

10.5 钢筋接头：框架柱的纵向钢筋应采用Ⅱ级机械连接或焊接连接，其构造大样详见22G101—1第2-4页。其他各类构件接头位置及连接构造详见河南省标准图集《钢筋混凝土结构抗震构造详图》(02YG002)。

10.6 楼板、屋面板的构造要求。
(1) 双向板的底部钢筋，长跨钢筋置上排，短跨钢筋置下排。跨度大于 3.6 m 的板施工时应按规范要求起拱。
(2) 板的底部钢筋伸入支座≥ 10*d* 且至少伸至梁的中心线。
(3) 板内分布钢筋包括楼梯跑板，除注明者外均为ф 8@200。
(4) 当板与梁底平时，板底筋伸入梁内须置于梁下部纵向钢筋之上。
(5) 梁的腰筋按锚固要求伸入混凝土框架柱内，长度满足钢筋锚固长度。
(6) 板上孔洞应预留，一般结构平面图中只表示出洞口尺寸≥ 300 mm 的孔洞，施工时各工种必须根据各专业图纸配合土建预留全部孔洞，不得后凿。当孔洞尺寸≤ 300 mm 时，洞边不再另加钢筋，板内外钢筋由洞边绕过，不得截断（图一）。当洞口尺寸 >300 mm 时，应设洞边加筋，按平面图示出的要求施工。当平面图未交代时，一般按图二要求。
(7) 混凝土现浇板内需预埋管道时，其管道应位于板厚度中部 1/3 范围内，以防止因埋管造成的混凝土现浇板裂缝。当板内埋管处板面没有钢筋时，应沿埋管方向增设 400 宽ф 6@200 钢筋网片。

11. 填充墙构造要求

11.1 加气混凝土砌块墙体应在主体结构施工完成后逐层砌筑，每层砌块砌至板底或梁底附近时，应待砌块沉实后（一般 7 天），再用斜砖塞紧砌实。

11.2 砌体填充墙其洞口过梁可按河南省标准图集《钢筋混凝土过梁》(02YG301)选用矩形断面即A型，荷载级别为2级，支承长度不小于250 mm，过梁可采用预制或现浇。过梁要求。

12. 构造柱的设置要求及框架柱、构造柱与填充墙的拉结要求

12.1 本工程所有楼面的内外填充墙交接处，较小的 (<100mm) 外墙墙垛，填充墙上较大洞口两侧（≥2100mm）均应设置钢筋混凝土构造柱，墙长大于等于 5 m时应增设构造柱，构造柱断面200mm × 墙厚，配筋 4 ф 12，ф 6@100/200。构造柱的设置方案参考图三。

12.2 本工程所有填充墙与混凝土框架柱和构造柱之间都必须采取以下拉结措施。
沿填充墙高每隔 500 mm（砖墙）或二皮砌块。在墙宽范围留出 2 ф 6 拉结钢筋，拉结钢筋锚入框架柱或构造柱内 30 *d*，伸入填充墙内长度≥ 700 mm 且≥ 1/5 墙长或伸至较小墙垛边两端加弯钩，填充墙顶应用斜砖塞紧。

13. 防雷接地结构措施

对于电气专业(详见电施相关图纸)有避雷或接地要求的混凝土柱内应有四根钢筋上下焊通作为引下线，施工中应将这四根钢筋做好标记以利施工防雷引下线下端与基础内钢筋焊牢。
上端伸出对应屋面飘板挑沿面与屋面防雷网相焊。

14. 凡图中未做说明，遇下述情况时做如下处理

14.1 梁边与柱边相齐时，梁的钢筋从柱钢筋内侧绕过。
14.2 楼梯踏步上的预埋件，请参照建施选定的相关图集要求预留。楼梯间分开施工时，应注意在相邻的梁处预留钢筋。
14.3 本工程为现浇混凝土结构，土建施工单位对各专业的留洞留槽及预埋件现场需配合各工种图纸进行核对，且与安装单位密切配合施工，正确预留图中所注明的留洞、留槽及预埋件。
14.4 建筑门窗和屋面女儿墙、楼梯、栏板等的预埋件，必须配合建筑图纸和其总说明有关部分要求施工。
14.5 本工程开工前应由建设单位、施工、设计三方进行图纸会审工作，弄清设计意图，对图纸上的错漏及时提出复核无误后方可施工。
14.6 结构设计总说明与单项设计不一致时以单项设计规定为准。
14.7 本图纸说明未尽之外，按相关施工及验收规范、规程要求认真施工。
14.8 本图纸未详尽之构造做法均按22G101—1 执行。
14.9 悬挑构件需待混凝土设计强度达到底模。
14.10 当梁与柱斜交时，梁的纵向钢筋应放样下料，满足钢筋锚固长度的要求。
14.11 本套结构施工图纸中标高均为 m，尺寸为 mm。

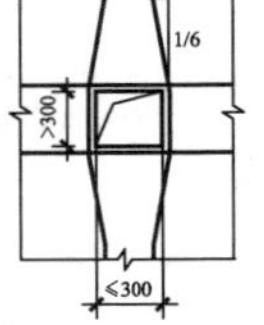

1/6
≥300
≤300
图一

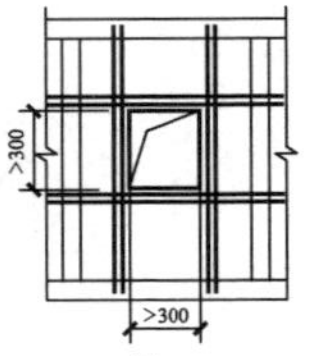

>300
>300
图二

构造柱插筋
4ф12
楼板面标高
500
500
隔墙厚
图三
构造柱锚固
预埋钢筋方案

图纸目录

图纸编号		图纸名称	图纸规格
新图	标、通、统、重用图		
1	结施-1	结构设计总说明及图纸目录	A2
2	结施-2	基础平面布置图	A2
3	结施-3	柱平法施工图	A2
4	结施-4	楼面板模板配筋图	A2
5	结施-5	楼面梁平法施工图	A2
6	结施-6	屋面板模板配筋图	A2
7	结施-7	屋面梁平法施工图	A2
8	结施-8	楼梯详图	A2
	13J104	蒸压加气混凝土砌块、板材构造	
	02YG002	钢筋混凝土结构抗震构造详图	
	02YG301	钢筋混凝土过梁	

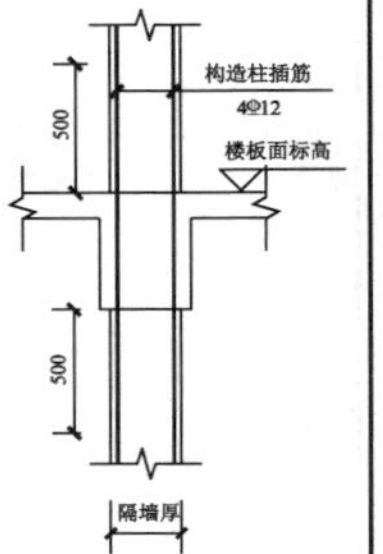

结构设计总说明及图纸目录　结施 -1

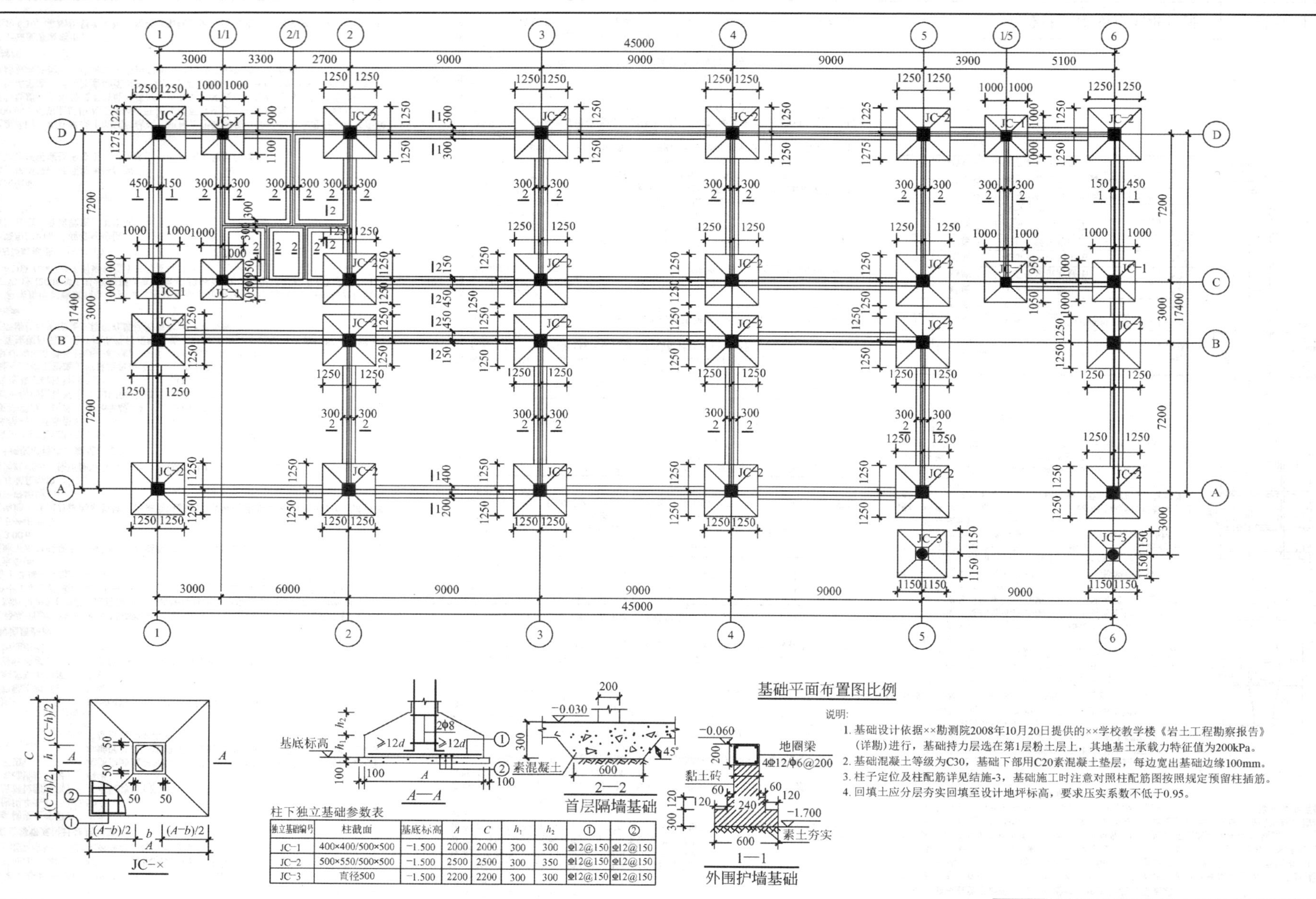

柱下独立基础参数表

独立基础编号	柱截面	基底标高	A	C	h_1	h_2	①	②
JC−1	400×400/500×500	−1.500	2000	2000	300	300	Φ12@150	Φ12@150
JC−2	500×550/500×500	−1.500	2500	2500	300	350	Φ12@150	Φ12@150
JC−3	直径500	−1.500	2200	2200	300	300	Φ12@150	Φ12@150

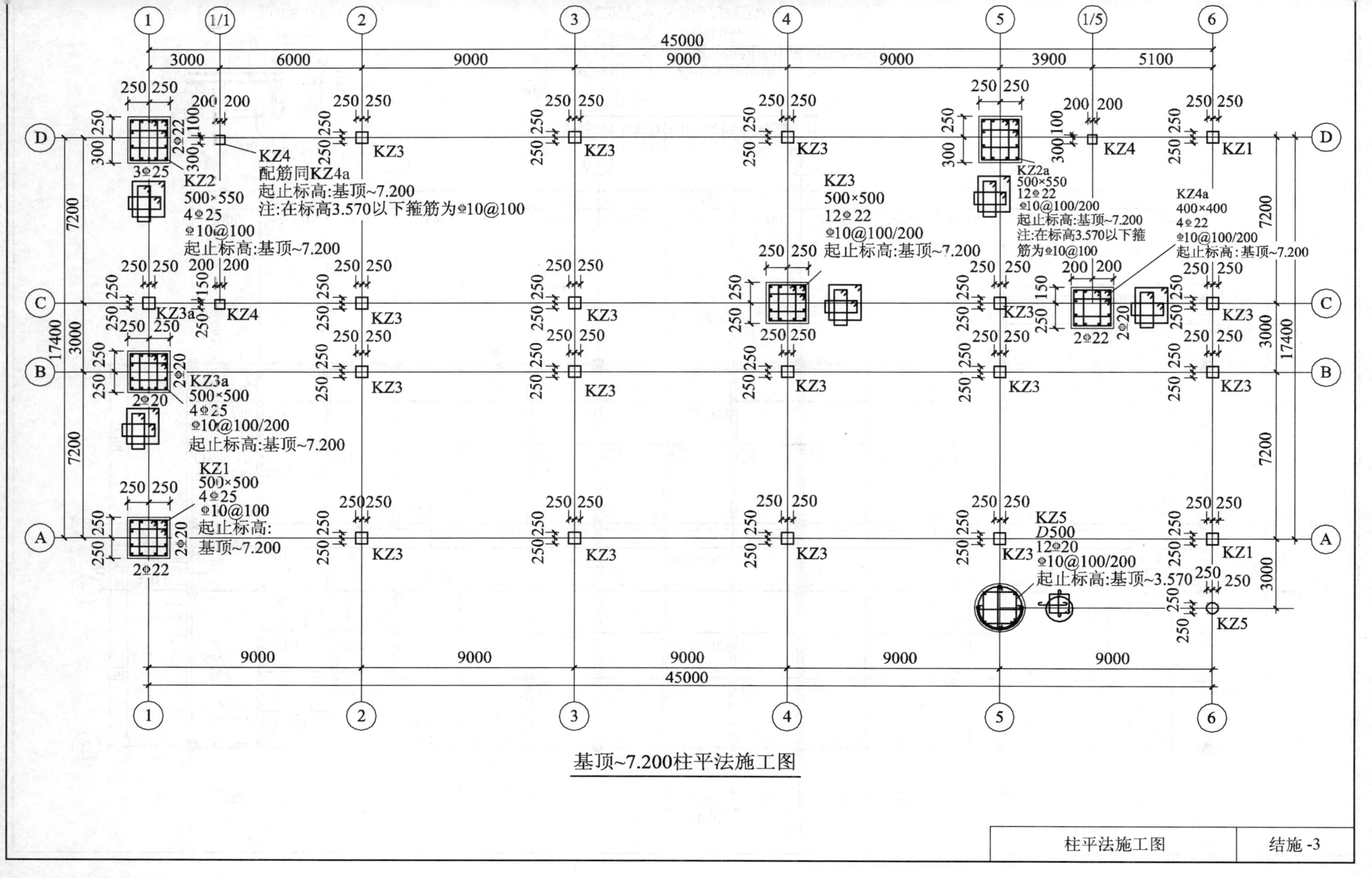

基顶~7.200柱平法施工图

柱平法施工图	结施 -3

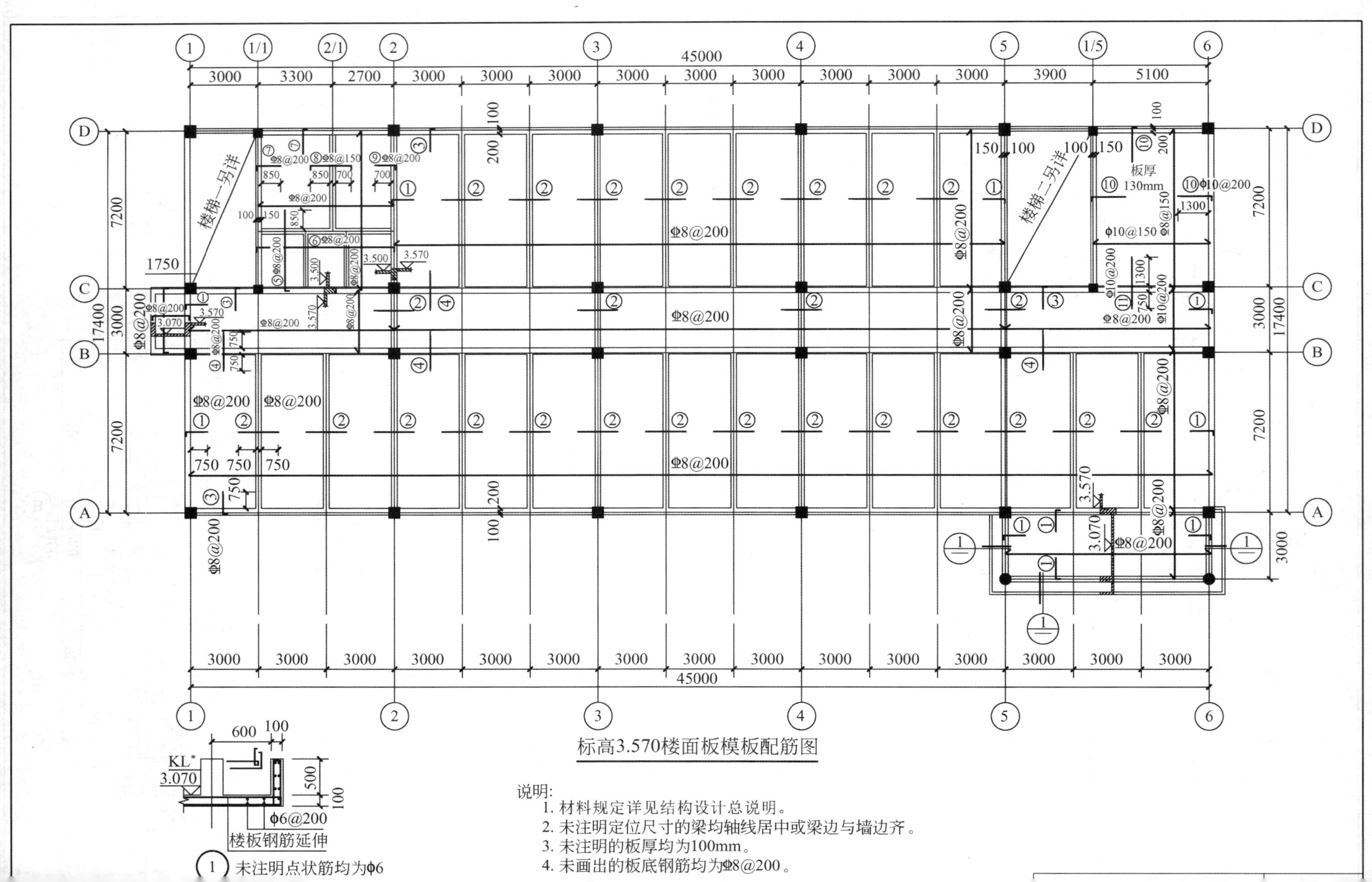

标高3.570楼面板模板配筋图
说明:
1. 材料规定详见结构设计总说明。
2. 未注明定位尺寸的梁均轴线居中或梁边与墙边齐。
3. 未注明的板厚均为100mm。
4. 未画出的板底钢筋均为Φ8@200。
楼梯一另详
楼梯二另详
板厚 130mm
KL*
3.070
600
100
500
ϕ6@200
楼板钢筋延伸
1 未注明点状筋均为ϕ6
45000
17400

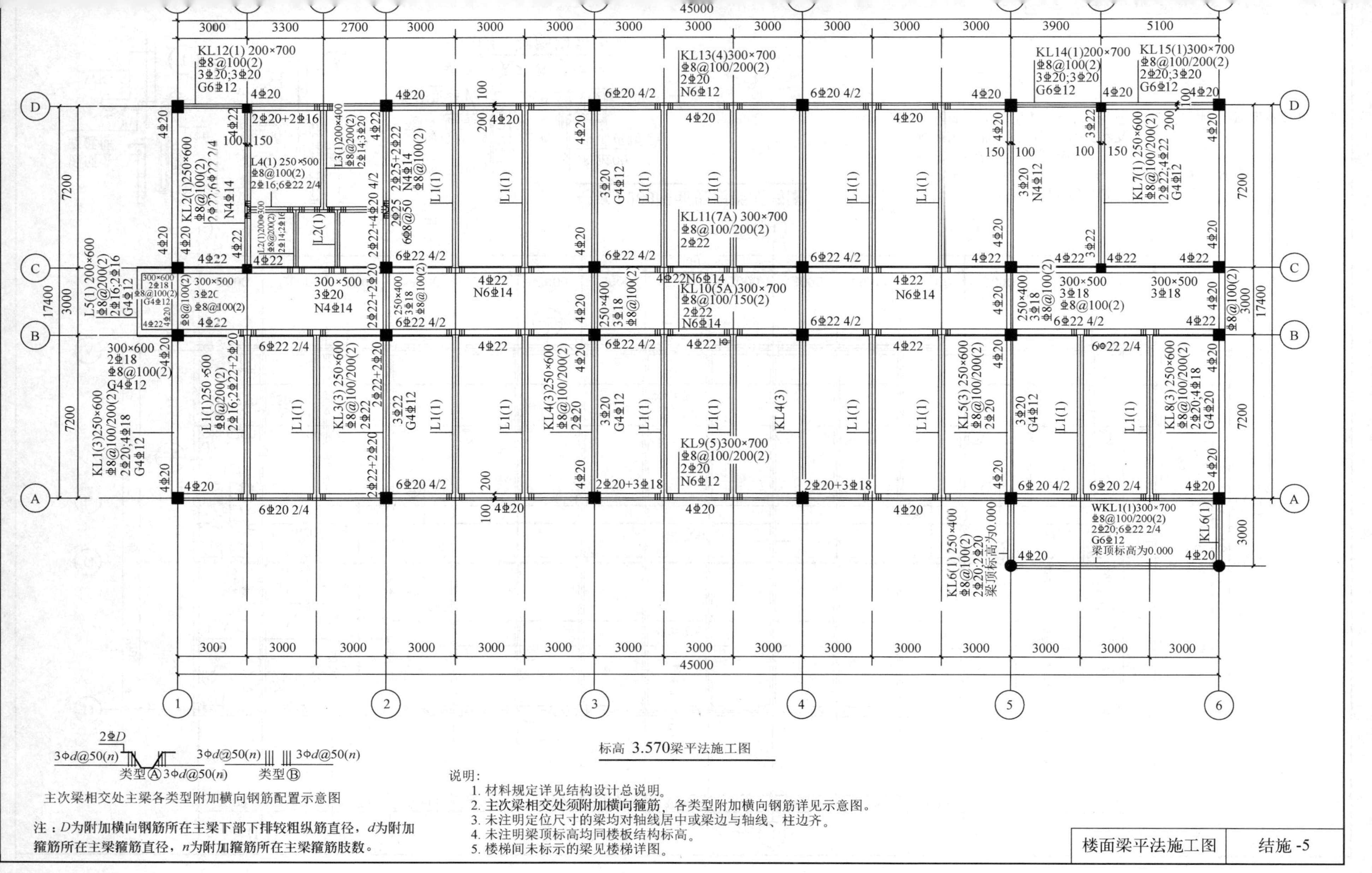

标高 3.570梁平法施工图
2ΦD
3Φd@50(n)
类型Ⓐ 3Φd@50(n)
3Φd@50(n)
3Φd@50(n)
类型Ⓑ
主次梁相交处主梁各类型附加横向钢筋配置示意图
注：D为附加横向钢筋所在主梁下部下排较粗纵筋直径，d为附加箍筋所在主梁箍筋直径，n为附加箍筋所在主梁箍筋肢数。
说明：
1. 材料规定详见结构设计总说明。
2. 主次梁相交处须附加横向箍筋，各类型附加横向钢筋详见示意图。
3. 未注明定位尺寸的梁均对轴线居中或梁边与轴线、柱边齐。
4. 未注明梁顶标高均同楼板结构标高。
5. 楼梯间未标示的梁见楼梯详图。
楼面梁平法施工图
结施 -5

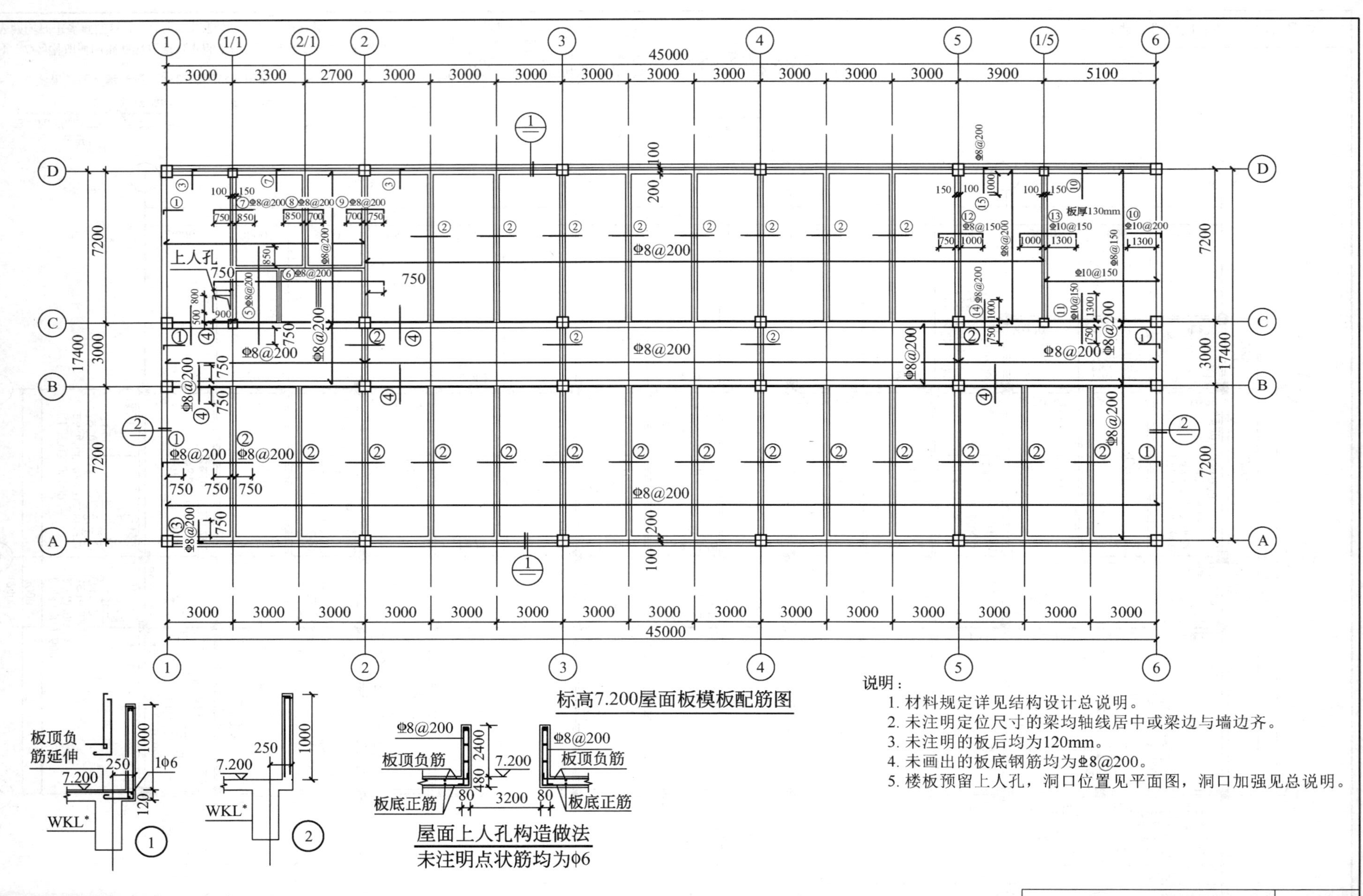

标高7.200屋面板模板配筋图
说明：
1. 材料规定详见结构设计总说明。
2. 未注明定位尺寸的梁均轴线居中或梁边与墙边齐。
3. 未注明的板后均为120mm。
4. 未画出的板底钢筋均为Φ8@200。
5. 楼板预留上人孔，洞口位置见平面图，洞口加强见总说明。
屋面上人孔构造做法
未注明点状筋均为Φ6
板顶负筋
板底正筋
板顶负筋延伸
上人孔
板厚130mm
WKL*
45000
17400

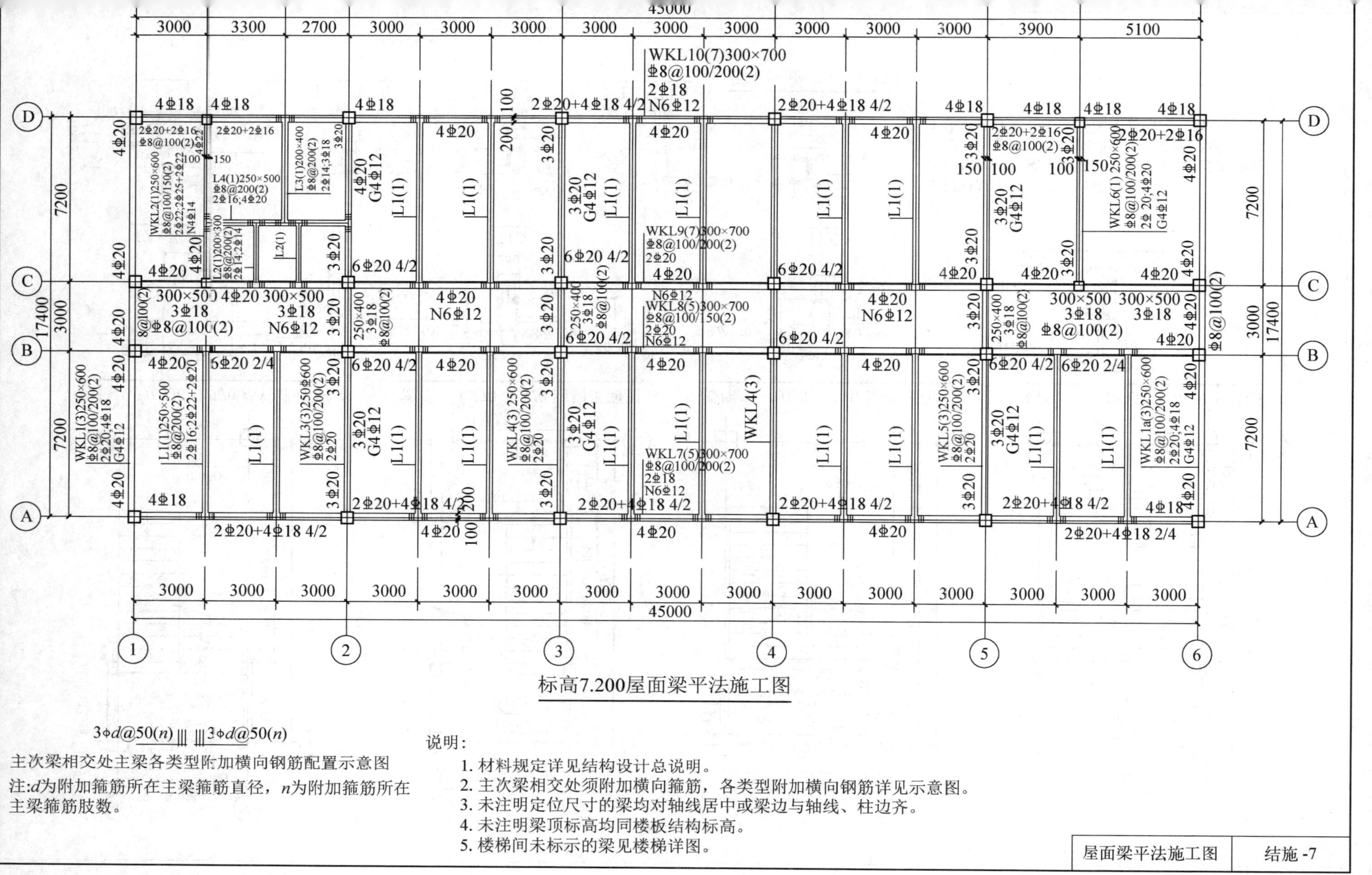
标高7.200屋面梁平法施工图
3φd@50(n) 3φd@50(n)
主次梁相交处主梁各类型附加横向钢筋配置示意图
注:d为附加箍筋所在主梁箍筋直径，n为附加箍筋所在主梁箍筋肢数。
说明:
1. 材料规定详见结构设计总说明。
2. 主次梁相交处须附加横向箍筋，各类型附加横向钢筋详见示意图。
3. 未注明定位尺寸的梁均对轴线居中或梁边与轴线、柱边齐。
4. 未注明梁顶标高均同楼板结构标高。
5. 楼梯间未标示的梁见楼梯详图。
屋面梁平法施工图
结施-7

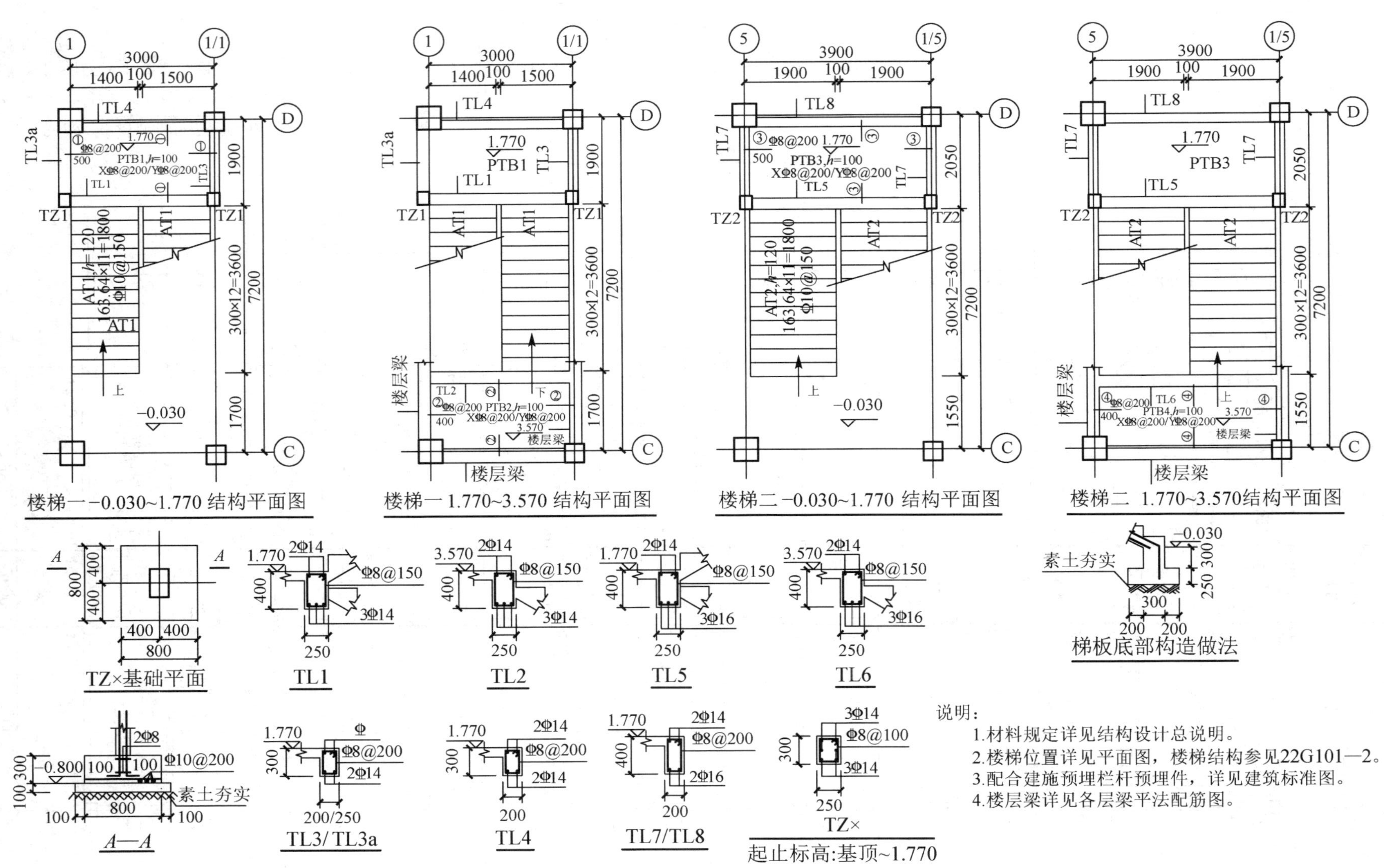
楼梯一 −0.030~1.770 结构平面图
楼梯一 1.770~3.570 结构平面图
楼梯二 −0.030~1.770 结构平面图
楼梯二 1.770~3.570结构平面图
TZ×基础平面
TL1
TL2
TL5
TL6
梯板底部构造做法
A—A
TL3/ TL3a
TL4
TL7/TL8
TZ×
起止标高:基顶~1.770
说明:
1.材料规定详见结构设计总说明。
2.楼梯位置详见平面图，楼梯结构参见22G101—2。
3.配合建施预埋栏杆预埋件，详见建筑标准图。
4.楼层梁详见各层梁平法配筋图。

附录 B 常用荷载表

表 B1 常用材料和构件重度表

名　　称	重度/（kN/m³）	备　　注
铸铁	72.5	
钢	78.5	
铝合金	28	
蒸压粉煤灰加气混凝土砌块	5.5	
混凝土空心小砌块	11.8	390mm×190mm×190mm
石灰砂浆、混合砂浆	17	
水泥石灰焦渣砂浆	14	
石灰炉渣	10～12	
水泥炉渣	12～14	
石灰焦渣砂浆	13	
灰土	17.5	石灰：土=3：7，夯实
纸筋石灰	16	
石灰三合土	17.5	石灰、砂、卵石
水泥砂浆	20	
水泥蛭石砂浆	5～8	
素混凝土	22～24	振捣或不振捣
泡沫混凝土	4～6	
加气混凝土	5.5～7.5	单块
钢筋混凝土	24～25	
普通玻璃	25.6	
水磨石地面	0.65kN/m²	10mm 面层，20mm 水泥砂浆打底
硬木地板	0.2kN/m²	
木块地面	0.7kN/m²	
钢屋架	0.12+0.011l kN/m²	无天窗，包括支撑，按屋面水平投影面积计算，跨度 l 以 m 计
钢框玻璃窗	0.4～0.45kN/m²	
木门	0.1～0.2kN/m²	
钢铁门	0.4～0.45kN/m²	
石棉板瓦	0.18kN/m²	仅瓦自重

续表

名　称	重度/（kN/m³）	备　注
波形石棉瓦	0.2kN/m²	1820mm×725mm×8mm
镀锌薄钢板	0.05kN/m²	24 号
油毡防水屋面（包括改性沥青防水卷材）	0.05kN/m²	一层油毡刷油两遍
	0.25～0.3kN/m²	四层做法，一毡二油上铺小石子
	0.3～0.35kN/m²	六层做法，二毡三油上铺小石子
	0.35～0.4kN/m²	八层做法，三毡四油上铺小石子

表 B2　民用建筑楼面均布活荷载标准值及其组合值、频遇值和准永久值系数

项次	类　别	标准值/（kN/m²）	组合值系数 ψ_c	频遇值系数 ψ_f	准永久值系数 ψ_q
1	（1）住宅、宿舍、旅馆、办公楼、医院病房、托儿所、幼儿园	2.0	0.7	0.5	0.4
	（2）实验室、阅览室、会议室、医院门诊室	2.0	0.7	0.6	0.5
2	教室、食堂、餐厅、一般资料档案室	2.5	0.7	0.6	0.5
3	（1）礼堂、剧场、影院、有固定座位的看台	3.0	0.7	0.5	0.3
	（2）公共洗衣房	3.0	0.7	0.6	0.5
4	（1）商店、展览厅、车站、港口、机场大厅及旅客等候室	3.5	0.7	0.6	0.5
	（2）无固定座位的看台	3.5	0.7	0.5	0.3
5	（1）健身房、演出舞台	4.0	0.7	0.6	0.5
	（2）运动场、舞厅	4.0	0.7	0.6	0.3
6	（1）书库、档案库、储藏室	5.0	0.9	0.9	0.8
	（2）密集柜书库	12.0			
7	通风机房、电梯机房	7.0	0.9	0.9	0.8
8	汽车通道及客车停车库： （1）单向板楼盖（板跨不小于 2m）和双向板楼盖（板跨不小于 3m×3m）				
	客车	4.0	0.7	0.7	0.6
	消防车	35.0	0.7	0.7	0.6
	（2）双向板楼盖（板跨不小于 6m×6m）和无梁楼盖（柱网尺寸不小于 6m×6m）				
	客车	2.5	0.7	0.7	0.6
	消防车	20.0	0.7	0.7	0.6
9	厨房： （1）一般的	2.0	0.7	0.6	0.5
	（2）餐厅的	4.0	0.7	0.7	0.7
10	浴室、卫生间、盥洗室	2.5	0.7	0.6	0.5

续表

项次	类　　别	标准值/（kN/m²）	组合值系数ψ_c	频遇值系数ψ_f	准永久值系数ψ_q
11	走廊、门厅： （1）宿舍、旅馆、医院病房、托儿所、幼儿园、住宅 （2）办公楼、餐厅、医院门诊室 （3）教学楼及其他可能出现人员密集的情况	 2.0 2.5 3.5	 0.7 0.7 0.7	 0.5 0.6 0.5	 0.4 0.5 0.3
12	阳台： （1）一般情况 （2）当人群有可能密集时	 2.5 3.5	 0.7 0.7	 0.6 0.6	 0.5 0.5
13	楼梯： （1）多层住宅 （2）其他	 2.0 3.5	 0.7 0.7	 0.5 0.5	 0.4 0.3

表B3　屋面均布活荷载

项次	类　　别	标准值/（kN/m²）	组合值系数ψ_c	频遇值系数ψ_f	准永久值系数ψ_q
1	不上人的屋面	0.5	0.7	0.5	0
2	上人的屋面	2.0	0.7	0.5	0.4
3	屋顶花园	3.0	0.7	0.6	0.5
4	屋顶运动场地	3.0	0.7	0.6	0.4

注：1. 不上人的屋面，当施工或维修荷载较大时，应按实际情况采用；对不同结构应按有关设计规范的规定采用，但不得低于0.3kN/m²。

2. 上人的屋面，当兼作其他用途时，应按相应楼面活荷载采用。

3. 对于因屋面排水不畅、堵塞等引起的积水荷载，应采取构造措施加以防止；必要时，应按积水的可能深度确定屋面活荷载。

4. 屋顶花园活荷载不包括花圃土石等材料自重。

附录 C　钢筋混凝土用表

表 C1　普通钢筋强度标准值、强度设计值及弹性模量

牌号	符号	公称直径 d/mm	屈服强度标准值 f_{yk} /（N/mm²）	极限强度标准值 f_{stk} /（N/mm²）	抗拉强度设计值 f_y /（N/mm²）	抗压强度设计值 f'_y /（N/mm²）	钢筋弹性模量 E_s/（×10⁵N/mm²）
HPB300	ϕ	6～22	300	420	270	270	2.10
HRB400 HRBF400 RRB400	Φ $Φ^F$ $Φ^R$	6～50	400	540	360	360	2.00
HRB500 HRBF500	Φ $Φ^F$	6～50	500	630	435	410	2.00

表 C2　预应力钢筋强度标准值、强度设计值及弹性模量

种类		符号	公称直径 d/mm	屈服强度标准值 f_{pyk} /（N/mm²）	极限强度标准值 f_{ptk} /（N/mm²）	抗拉强度设计值 f_{py} /（N/mm²）	抗压强度设计值 f'_{py} /（N/mm²）	弹性模量 E_s/（×10⁵N/mm²）
中强度预应力钢丝	光面 螺旋肋	$ϕ^{PM}$ $ϕ^{HM}$	5、7、9	620	800	510	410	2.05
				780	970	650		
				980	1270	810		
预应力螺纹钢筋	螺纹		18、25、32、40、50	785	980	650	410	2.00
				930	1080	770		
				1080	1230	900		
消除应力钢丝	光面 螺旋肋	$ϕ^P$ $ϕ^H$	5	1380	1570	1110	410	2.05
				1640	1860	1320		
			7	1380	1570	1110		
			9	1290	1470	1040		
				1380	1570	1110		

续表

种类		符号	公称直径 d/mm	屈服强度标准值 f_{pyk} /（N/mm²）	极限强度标准值 f_{ptk} /（N/mm²）	抗拉强度设计值 f_{py} /（N/mm²）	抗压强度设计值 f'_{py} /（N/mm²）	弹性模量 E_s/（×10⁵N/mm²）
钢绞线	1×3（三股）	ϕ^S	8.6、10.8、12.9	1410	1570	1110	390	1.95
				1670	1860	1320		
				1760	1960	1390		
	1×7（七股）		9.5、12.7、15.2、17.8	1540	1720	1220		
				1670	1860	1320		
				1760	1960	1390		
			21.6	1590	1770	—		
				1670	1860	1320		

注：当预应力钢筋的强度标准值不符合表中规定时，其强度设计值应进行相应的比例换算。

表 C3　混凝土强度标准值、强度设计值及弹性模量

混凝土强度等级	轴心抗压强度/（N/mm²）		轴心抗拉强度/（N/mm²）		弹性模量（×10⁴N/mm²）
	标准值 f_{ck}	设计值 f_c	标准值 f_{tk}	设计值 f_t	E_c
C20	13.4	9.6	1.54	1.10	2.55
C25	16.7	11.9	1.78	1.27	2.80
C30	20.1	14.3	2.01	1.43	3.00
C35	23.4	16.7	2.20	1.57	3.15
C40	26.8	19.1	2.39	1.71	3.25
C45	29.6	21.1	2.51	1.80	3.35
C50	32.4	23.1	2.64	1.89	3.45
C55	35.5	25.3	2.74	1.96	3.55
C60	38.5	27.5	2.85	2.04	3.60
C65	41.5	29.7	2.93	2.09	3.65
C70	44.5	31.8	2.99	2.14	3.70
C75	47.4	33.8	3.05	2.18	3.75
C80	50.2	35.9	3.11	2.22	3.80

表 C4　混凝土结构的环境类别

环境类别	条　　件
一	室内干燥环境； 无侵蚀性水浸没环境
二a	室内潮湿环境； 非严寒和非寒冷地区的露天环境； 非严寒和非寒冷地区与无侵蚀性的水或土壤直接接触的环境； 严寒和寒冷地区冰冻线以下与无侵蚀性的水或土壤直接接触的环境
二b	干湿交替环境； 水位频繁变动环境； 严寒和寒冷地区的露天环境； 严寒和寒冷地区冰冻线以上与无侵蚀性的水或土壤直接接触的环境
三a	严寒和寒冷地区冬季水位变动区环境； 受除冰盐影响环境； 海风环境
三b	盐渍土环境； 受除冰盐作用环境； 海岸环境
四	海水环境
五	受人为或自然的侵蚀性物质影响的环境

注：1．室内潮湿环境是指构件表面经常处于结露或湿润状态的环境。

2．严寒和寒冷地区的划分应符合国家现行标准《民用建筑热工设计规范》（GB 50176—2016）的有关规定。

3．海岸环境和海风环境宜根据当地情况，考虑主导风向及结构所处迎风、背风部位等因素的影响，由调查研究和工程经验确定。

4．受除冰盐影响环境为受到除冰盐盐雾影响的环境；受除冰盐作用环境指被除冰盐溶液溅射的环境以及使用除冰盐地区的洗车房、停车楼等建筑。

5．露天环境是指混凝土结构表面所处的环境。

表 C5　混凝土保护层的最小厚度 c　　单位：mm

环境等级	板、墙、壳	梁、柱
一	15	20
二a	20	25
二b	25	35
三a	30	40
三b	40	50

注：1．混凝土强度等级不大于 C25 时，表中混凝土保护层厚度数值应增加 5mm。

2．钢筋混凝土基础宜设置混凝土垫层，其受力钢筋的混凝土保护层厚度应从垫层顶面算起，且不应小于 40mm。

表 C6 现浇钢筋混凝土板的最小厚度

单位：mm

板的类别		最小厚度
实心楼板、屋面板		80
密肋楼盖	上、下面板	50
	肋高	250
悬臂板（固定端）	悬臂长度不大于500mm	80
	悬臂长度1200mm	100
无梁楼盖		150
现浇空心楼板		200

表 C7 钢筋混凝土结构构件中纵向受力钢筋的最小配筋率 ρ_{min}

单位：%

受力类型			最小配筋率
受压构件	全部纵向钢筋	强度等级 500N/mm^2	0.50
		强度等级 400N/mm^2	0.55
		强度等级 300N/mm^2	0.60
	一侧纵向钢筋		0.20
受弯构件、偏心受拉、轴心受拉构件一侧的受拉钢筋			0.20 和 $45f_t/f_y$ 中的较大值

注：1. 受压构件全部纵向钢筋最小配筋率，当采用 C60 及以上强度等级的混凝土时，应按表中规定增大 0.10。

2. 受压构件的全部纵向钢筋和一侧纵向钢筋的配筋率以及轴心受拉构件和小偏心受拉构件一侧受拉钢筋的配筋率应按构件的全截面面积计算。

3. 当钢筋沿构件截面周边布置时，“一侧纵向钢筋”指沿受力方向两个对边中的一边布置的纵向钢筋。

表 C8 钢筋的计算截面面积及公称质量表

直径 d/mm	不同根数钢筋的计算截面面积/mm^2									单根钢筋公称质量/（kg/m）
	1	2	3	4	5	6	7	8	9	
6	28.3	57	85	113	142	170	198	226	255	0.222
6.5	33.2	66	100	133	166	199	232	265	199	0.260
8	50.3	101	151	201	252	302	352	402	453	0.395
8.2	52.8	106	158	211	264	317	370	423	475	0.432
10	78.5	157	236	314	393	471	550	628	707	0.617
12	113.1	226	339	452	565	678	791	904	1017	0.888
14	153.9	308	461	615	769	923	1077	1230	1387	1.21

续表

直径 d/mm	不同根数钢筋的计算截面面积/mm²									单根钢筋公称质量/（kg/m）
	1	2	3	4	5	6	7	8	9	
16	201.1	402	603	804	1005	1206	1407	1608	1809	1.58
18	254.5	509	763	1017	1272	1526	1780	2036	2290	2.00（2.11）
20	314.2	628	941	1256	1570	1884	2200	2513	2827	2.47
22	380.1	760	1140	1520	1900	2281	2661	3041	3421	2.98
25	490.9	982	1473	1964	2454	2945	3436	3927	4418	3.85（4.10）
28	615.3	1232	1847	2463	3079	3695	4310	4926	5542	4.83
32	804.3	1609	2418	3217	4021	4826	5630	6434	7238	6.31（6.65）
36	1017.9	2036	3054	4072	5089	6107	7125	8143	9161	7.99
40	1256.1	2513	3770	5027	6283	7540	8796	10053	11310	9.87（10.34）
50	1963.5	3928	5892	7856	9820	11784	13748	15712	17676	15.42（16.28）

注：括号内为预应力螺纹钢筋的数值。

表 C9　各种钢筋按一定间距排列时每米板宽内的钢筋截面面积表

钢筋间距/mm	当钢筋直径（mm）为下列数值时的钢筋截面面积/mm²													
	3	4	5	6	6/8	8	8/10	10	10/12	12	12/14	14	14/16	16
70	101.0	179	281	404	561	719	920	1121	1369	1616	1908	2199	2536	2872
75	94.3	167	262	377	524	671	859	1047	1277	1508	1780	2053	2367	2681
80	88.4	157	245	354	491	629	805	981	1198	1414	1669	1924	2218	2513
85	83.2	148	231	333	462	592	758	924	1127	1331	1571	1811	2088	2365
90	78.5	140	218	314	437	559	716	872	1064	1257	1484	1710	1972	2234
95	74.5	132	207	298	414	529	678	826	1008	1190	1405	1620	1868	2116
100	70.6	126	196	283	393	503	644	785	958	1131	1335	1539	1775	2011
110	64.2	114.0	178	257	357	457	585	714	871	1028	1214	1399	1614	1828
120	58.9	105.0	163	236	327	419	537	654	798	942	1112	1283	1480	1676
125	56.5	100.6	157	226	314	402	515	628	766	905	1068	1232	1420	1608
130	54.4	96.6	151	218	302	387	495	604	737	870	1027	1184	1366	1547
140	50.5	89.7	140	202	281	359	460	561	684	808	954	1100	1268	1436
150	47.1	83.8	131	189	262	335	429	523	639	754	890	1026	1183	1340
160	44.1	78.5	123	177	246	314	403	491	599	707	834	962	1110	1257

续表

钢筋间距/mm	当钢筋直径（mm）为下列数值时的钢筋截面面积/mm²													
	3	4	5	6	6/8	8	8/10	10	10/12	12	12/14	14	14/16	16
170	41.5	73.9	115	166	231	296	379	462	564	665	786	906	1044	1183
180	39.2	69.8	109	157	218	279	358	436	532	628	742	855	985	1117
190	37.2	66.1	103	149	207	265	339	413	504	595	702	810	934	1058
200	35.3	62.8	98.2	141	196	251	322	393	479	565	668	770	888	1005
220	32.1	57.1	89.3	129	178	228	292	357	436	514	607	700	807	914
240	29.4	52.4	81.9	118	164	209	268	327	399	471	556	641	740	838
250	28.3	50.2	78.5	113	157	201	258	314	383	452	534	616	710	804
260	27.2	48.3	75.5	109	151	193	248	302	368	435	514	592	682	773
280	25.2	44.9	70.1	101	140	180	230	281	342	404	477	550	634	718
300	23.6	41.9	65.5	94	131	168	215	262	320	377	445	513	592	670
320	22.1	39.2	61.4	88	123	157	201	245	299	353	417	481	554	628

附录 D　AI 伴学内容及提示词

表 D1　AI 伴学内容及提示词

序号	AI 伴学内容	AI 提示词
AI 伴学工具		生成式人工智能（AI）工具，如 DeepSeek、Kimi、豆包、通义千问、文心一言、ChatGPT 等
1	模块 1 概述	讲解北京故宫太和殿的梁架结构
2		列举一个建筑超过承载能力极限状态的例子
3		列举一个建筑超过正常使用极限状态的例子
4		列举一个建筑超过耐久性极限状态的例子
5		郑州市辖区的抗震设防烈度
6		帮我制订一份“建筑力学与结构”课程的学习计划
7	模块 2 建筑结构施工图	给出一份结构设计总说明模板
8		楼层结构平面布置图中包含的信息
9		剪力墙平法施工图制图规则
10		总结平法施工图的制图规则
11	模块 3 建筑力学基本知识	建筑的承力结构体系
12		举例说明建筑中力的平衡现象
13		对比介绍柔体约束、光滑接触面约束、圆柱铰链约束和链杆约束
14		对比介绍固定铰支座、可动铰支座和固定端支座
15		出 5 道静力学基础选择题
16	模块 4 结构上的荷载及支座反力计算	举例说明永久荷载、可变荷载和偶然荷载
17		举例说明建筑中的均布面荷载、均布线荷载和集中荷载
18		荷载设计值与荷载标准值的换算
19		出 1 道简支梁的支座反力计算题
20		出 1 道悬臂梁的支座反力计算题
21	模块 5 构件内力计算及荷载效应组合	举例说明轴力、剪力和弯矩
22		钢筋混凝土结构的荷载效应解析
23		如何在钢筋混凝土梁中布置受力钢筋
24		截面法求内力的计算过程
25		剪力图与弯矩图的特性、表达方式、区别与联系
26		出一套构件内力计算自测题

续表

序号	AI 伴学内容	AI 提示词
27	模块 6 钢筋混凝土梁、板构造	钢筋的品种、级别、特性及其在钢筋混凝土结构中的应用
28		混凝土的强度等级、特性、养护及应用
29		钢筋混凝土梁的材料选择
30		钢筋混凝土板的构造要求
31		列举一个配筋不足导致的结构问题
32	模块 7 钢筋混凝土楼盖、楼梯及雨篷构造	举例说明不同类型钢筋混凝土楼盖的优缺点和适用范围
33		楼盖内的钢筋应如何布置
34		装配式楼梯的产品、特点和适用范围
35		举例说明雨篷的几种破坏形式
36	模块 8 钢筋混凝土柱和框架结构	钢筋混凝土柱的受力特点
37		钢筋混凝土柱的材料选择
38		钢筋混凝土柱的配筋要求
39		对比分析框架柱和框架梁的钢筋构造
40		划分建筑结构抗震等级有何意义
41		对比中国和日本的建筑抗震设计，各举 3 个实例
42	模块 9 多高层建筑结构概述	现代建筑的发展趋势
43		我国超高层建筑的代表作品
44		满足高层建筑要求的新型结构体系有哪些
45		举例并赏析一个框架-剪力墙结构建筑
46		举例并分析一个剪力墙结构建筑的构造特点
47		现代高层建筑中的核心筒结构的创新之处
48	模块 10 装配式混凝土结构	我国推出了哪些与装配式建筑有关的政策
49		装配式建筑在我国的发展前景
50		分析武汉火神山、雷神山医院的构造特点
51		现代装配式结构施工如何与 AI 结合
52		装配式建筑与绿色施工的意义
53		装配式建筑如何推动建筑工业化发展
54	模块 11 地基与基础概述	我国华东地区的地基土分布特征
55		基础在建筑结构中的作用
56		不同类型浅基础的材料、特点、构造及适用范围
57		深基础在现代建筑、桥梁、港口工程中的应用
58		介绍一个我国的深桩基础工程
59		如何减轻建筑物的不均匀沉降
60	模块 12 钢结构	举例说明钢结构的应用范围
61		钢结构在超高层建筑发展中的作用
62		钢结构材料的类型、特点及发展趋势
63		钢结构相关的新材料、新技术、新工艺
64		建立一套焊缝连接的质量控制体系
65		建筑中常见的轴心受力构件和受弯构件

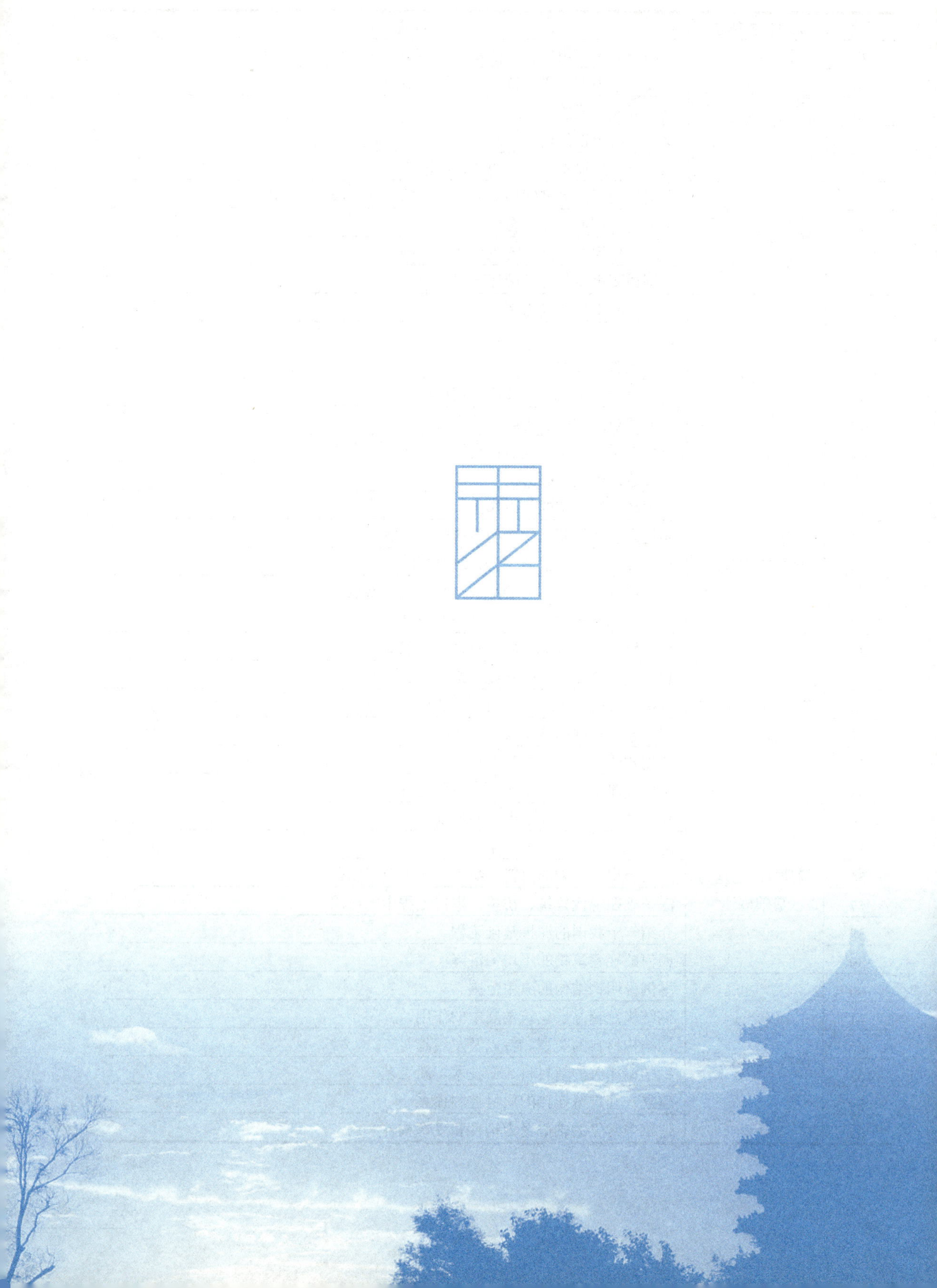

参考文献

白丽红，2014．建筑工程制图与识图[M]．2 版．北京：北京大学出版社．

长沙远大教育科技有限公司，湖南城建职业技术学院，2019．装配式混凝土建筑施工技术[M]．长沙：中南大学出版社．

丁梧秀，2011．地基与基础[M]．2 版．郑州：郑州大学出版社．

侯治国，陈伯望，2011．混凝土结构[M]．4 版．武汉：武汉理工大学出版社．

侯治国，周绥平，2011．建筑结构[M]．3 版．武汉：武汉理工大学出版社．

胡兴福，2018．建筑力学与结构[M]．4 版．武汉：武汉理工大学出版社．

胡兴福，2021．建筑结构[M]．5 版．北京：中国建筑工业出版社．

黄世敏，罗开海，2008．汶川地震建筑物典型震害探讨[C]//中国科学技术协会．中国科学技术协会 2008 防灾减灾论坛专题报告：130-141．

李思丽，2015．建筑制图与阴影透视[M]．2 版．北京：机械工业出版社．

刘丽华，王晓天，2015．建筑力学与建筑结构[M]．3 版．北京：中国电力出版社．

陆叔华，2007．建筑制图与识图[M]．2 版．北京：高等教育出版社．

莫章金，毛家华，2022．建筑工程制图与识图[M]．5 版．北京：高等教育出版社．

石立安，2013．建筑力学[M]．2 版．北京：北京大学出版社．

王刚，司振民，2019．装配式混凝土结构识图[M]．北京：中国建筑工业出版社．

王仁田，林宏剑，2015．建筑结构施工图识读[M]．北京：高等教育出版社．

魏国安，秦华，姚玉娟，2020．平法识图与钢筋算量[M]．3 版．西安：西安电子科技大学出版社．

吴承霞，林宏剑，2021．建筑力学与结构[M]．2 版．北京：高等教育出版社．

熊丹安，程志勇，2011．建筑结构[M]．5 版．广州：华南理工大学出版社．

杨鼎久，2016．建筑结构[M]．3 版．北京：机械工业出版社．

杨太生，2019．建筑结构基础与识图[M]．4 版．北京：中国建筑工业出版社．

张波，2016．装配式混凝土结构工程[M]．北京：北京理工大学出版社．

张小平，2018．建筑识图与房屋构造[M]．3 版．武汉：武汉理工大学出版社．

张小云，2018．建筑抗震[M]．4 版．北京：高等教育出版社．

张学宏，2016．建筑结构[M]．4 版．北京：中国建筑工业出版社．

周道君，田海风，2008．建筑力学与结构[M]．北京：中国电力出版社．